普通高等教育规划教材

自然科学史十二讲

卢晓江 主 编
欧建志 副主编
卢晓江 欧建志 何迎春 赵丽娟 周 亮 邢 浩 刘蕴莲 编

中国轻工业出版社

图书在版编目（CIP）数据

自然科学史十二讲/卢晓江主编. —北京：中国轻工业出版社，2025.2

普通高等教育规划教材

ISBN 978-7-5019-5718-7

Ⅰ. 自… Ⅱ. 卢… Ⅲ. 自然科学史-高等学校-教材 Ⅳ. N09

中国版本图书馆 CIP 数据核字（2006）第 136757 号

内 容 提 要

本书介绍世界自然科学发展史，共分十二讲，主要内容包括四大文明古国的科学，古希腊科学，中世纪的科学技术，近代科学的兴起，第一次工业革命，18世纪的科学，电磁的世界，新物理学革命，现代科学的进展，高科技革命及新科技革命等。另有两个专题，介绍了诺贝尔奖和新中国科学事业的发展。书末还附有两个附录：推荐书目和相关网址，以便读者的进一步阅读和学习。

本书可作为高等院校、高等职业院校的教材，也适合更为广泛的读者阅读。

责任编辑：林 媛 李 红

策划编辑：林 媛　　责任终审：孟寿萱　　封面设计：水长流文化

版式设计：马金路　　责任校对：郎静瀛　　责任监印：张 可

出版发行：中国轻工业出版社（北京鲁谷东街 5 号，邮编：100040）

印　　刷：三河市万龙印装有限公司

经　　销：各地新华书店

版　　次：2025 年 2 月第 1 版第 16 次印刷

开　　本：787×1092　1/16　印张：18

字　　数：445 千字

书　　号：ISBN 978-7-5019-5718-7　定价：38.00 元

邮购电话：010-85119873

发行电话：010-85119832　　010-85119912

网　　址：http://www.chlip.com.cn

Email：club@chlip.com.cn

250205J1C116ZBW

理解科学　创新未来

科学是人类文明的结晶，科学知识是全人类共同创造的财富，为时代所积累，为全人类所共有，具有连续性和传承性。无论在什么时代，无论处在什么样的条件之下，一切科学活动都是在先人的科学思想和实践基础上的活动。人类只有很好地传承先辈的科学遗产并不断地发展、出新，才能不断地推动社会的进步。作为一个科学工作者和学习科学技术的学生，全面系统地了解人类科学发展的历程，把握科学进步的步伐，总结先人成功与失败的经验教训，无疑是非常必要的。

创新是时代发展的要求，创新是科学技术进步的根本保证。科学发展的历史已经证明，无论何种形式的创新都不是凭空产生的，都是在原有的基础上实现的，因此，继承与创新是密切相连，是人类文明发展的根本保证。从这一角度看，科学史教育对创新精神的培养具有重要的意义和不可替代的作用。

科学史向我们展现了人类追求文明、探索自然和促进社会发展的历程。每一个重大科学发现、技术发明的过程无不揭示了科学的内涵与本质；每一位科学家的科学生涯也无不告诉了我们科学精神的力量。让学生理解自然科学的起源与历程，有利于他们从历史维度去把握科学的本质。

历史是人类活动的镜子，科学史是人类对自然的全部思想活动的镜子。科学史可以使我们从历史的联系中去研究前人如何发现需要探讨的课题，如何找到解决问题的途径和方法，如何得出正确的见解和结论，使我们从成功或失败的科学案例中，获得有益的启示，开始原始性创新的征程。科学史是科学的成功之路，对发展我们认识和实践水平具有重要意义，科学史是进行原始性创新的一面镜子。

科学史内容是人类精神的资源宝库，进行科学史的教育，可以更好地促进学生的人性发展。如果我们忽视科学自身发展的历史，必将导致学生不能动态地把握科学的本质，自然科学中的精神资源也就不能有效地变成学生的精神财富。

虽然历史上的科学已经成为过去，但是，科学的历史中所蕴涵的具有生命的精神传统却将永存，科学史为人类留下的是永恒的赤金。科学史上重大科学发现创新的过程以及科学家的非智力因素对其科学活动的影响则向人们传达着科学的精神传统，给人以思想的启迪，成为人们进行原始性创新的不竭动力与源泉。让我们了解历史，理解科学，创新未来！

中国工程院院士　华南理工大学教授　（陈克复）

2006年8月　于广州华南理工大学

写在前面的话（代前言）

这是一个科学技术飞速发展的时代；这是一个新理论、新技术日新月异，层出不穷，无数的高新技术产品走进并影响着我们的生活的时代。今天，无论我们生活在什么样的环境中，时时都会感受到科学技术发展对生活的改变；无论你从事何种职业，科技进步的浪潮都会让我们每个人感到社会的飞速发展。科学技术的发展已把人类带入了一个崭新的历史时期，人类社会的进步更加依赖于科学与技术的发展，人类的未来与科学技术息息相关。

科学是人类认识自然规律的结晶。科学与技术作为人类认识自然的成果，已成为人类改造自然的方法和有力的工具。然而，随着社会的发展，人们也越来越清醒地认识到科学技术这种方法和工具是具有两重性的，它可以造福于人类，也可以损害人类的利益。核物理的研究成果，可以用于医学、能源，也可以用来制造威胁人类的武器。某些技术发明，有促进社会生产力发展的一面，又有着损害生态环境、恶化人类生存条件的一面。

现代文明发展的过程，是科学的作用日益深入到社会的每一个方面并从根本上改变整体文明面貌的过程，是科学和理性不断得到上扬的过程，同时也是科学文化与人文文化相裂分的过程。科学家对社会的不闻不问，科学家人文修养的逐渐降低，科学界功利主义的浓厚，也越来越引起了人们的关注。现代社会必须对于科学的性质及其历史作出深刻的理解与反思，并以此作为实施科学文化—人文文化之整合的理论基础。当然社会进步，科学发展是不可能倒退的，若要使人类朝向一个富足安乐的社会，就要善于利用科学的成果，要使科学的成果用于造福人类，就要提高科学家的人文修养，使其具有“科学人文”精神。而训练科学人文的最好方法，便是学习科学史，使科学工作者知道他这行业的先祖是如何地努力，他在这行业的地位是如何举足轻重，及他这行业未来对人类的展望如何。这样，科学工作者眼界就会更为开阔，心胸就会更为宽大，更能与他行业人员合作，从而更好地服务于人类社会。

正如培根所说：“世界史里没有科学史正像独眼巨人普来费莫斯没有眼睛。提倡科学，非从科学史着手不可。”

科学史为我们展现了科学发展的宏伟画卷，真实、丰富地反映了科学家的学术生涯和科学的演变过程。从科学形成与发展的历史中我们可以真切地感受到前人在科学研究中所遇到的艰难困苦，表现出的巨大创造智慧和不畏崎岖的攀登精神，因而具有极大的教育价值。从对理解科学本质的促进作用而言，在课程与教学中融合科学史，让学生在历史背景或框架中学习科学，可以使学生在了解科学概念、定律和理论的发现和演变过程的基础上，更准确地理解科学的本质。从学生发展角度而言，学生不仅从中可以获得现成的、具体的科学知识，而且可以学习科学方法，提高科学思维能力，受到一定科学态度和科学精神的熏陶。正如歌德所说：“一门科学的历史，就是这门科学本身。”

科学史的创始人萨顿把科学史定义为：“客观真理发现的历史，人的心智逐步征服自然的历史；它是描述漫长而无止境的为思想自由，为思想免于暴力、专横、错误和迷信而斗争的历史。”

科学史在很大程度上是思想解放的历史，是与愚昧迷信斗争的历史，是与错误和非理性作斗争的历史，是人类追求真理并逐渐接近真理的历史。人类在发现客观真理的同时，人类自身的精神世界也获得了发展。科学在协调人与自然关系的同时，也促进了人的心灵境界的提升。

必须注意到的是，目前在我国的各类教育中，科学教育偏重科学知识点的传授，很少涉及科学史的内容。即使科学教科书编入了少量的科学史，有些教师在科学课程的教学过程中也插讲一些科学史上的故事，但这样做主要是为了给科学知识裹上一层“糖衣”，以提高学生的学习兴趣，并不是为了更好理解科学的形成过程。因此，加强科学课程的教学与科学发展史的融合，把科学理论与其建立的背景有机结合起来，以帮助学生从科学事实中领悟科学精神、科学发展的一般规律和科学事业的性质是强化素质教育的有效手段。在当前的教育体系下，考虑把科学史作为一门大学生的重要选修课是十分必要的。

自然科学不仅是改造世界的潜在力量，也是人类精神世界不断丰富和发展的宝贵资源。自然科学发展的历史是人类文明史的主线，是自然科学教育的基石，它蕴涵着巨大的教育价值。科学史内容是人类精神的资源宝库，进行科学史的教育，可以更好地促进学生的人性发展。相反，对科学自身发展历史的忽视，导致学生不能动态地把握科学的本质，自然科学中的精神资源不能有效地变成学生的精神财富。

学习科学史，有利于认识自然科学的人性内涵；学习科学史有益于培养学生的批判精神。不仅科学史上的成功与成就有积极的教育意义，科学史上的挫折、失败、错误也不乏教育的价值。

科学史这门学科的基本使命就在于：从历史文化角度对科学的性质、科学在人类社会中的整体运作方式及过程，作出系统的理解和全面反思，并在人类文明的整体历史框架中重建人类科学活动的历史。学习科学史对于了解科学发展，认识科学本质，树立科学理念，培养科学精神，掌握科学方法是非常有帮助的。

在一个过度重视考试的文化环境中，科学史的教育很容易滑向对科学历史事实细节的记忆。学生学习科学史内容应该知道一些事实，但科学史教育的根本目的并不是记住这些历史事实。让我们从历史中探询今天科学发展的脚步，让我们站在现实的角度体味着历史的进程。这是我们编写本书的主要目的，也是期望读者从书中能够体会到的关键。但愿我们的书能做到这一点。

本书按通史的结构进行编写。在材料的组织上以重大事件为基本线索，以主要人物为重点对象，按时间年表展开叙述，着力体现科学精神、科学方法。

全书共分十二讲，另有两个专题和附录。由卢晓江担任主编，欧建志为副主编。卢晓江编写第四、十二讲，欧建志编写第一、二讲，何迎春编写第七、八讲，赵丽娟编写第五、六讲，周亮编写第三、九讲，邢浩编写第十、十一讲，刘蕴莲编写专题一、专题二。附录由卢晓江和何迎春编写。全书由卢晓江、欧建志统稿。

在本书的编写过程中，得到了中国轻工业出版社的大力支持和帮助，在此表示衷心的感谢！编写中还参考了部分网站的图文资料，在此向有关资料的提供者致以感谢。

卢晓江

2006年8月于天津

目　录

第一讲　古老文明的开始——四大文明古国的科学技术……1
1. 古埃及的科学技术……1
2. 古代印度的科学技术……6
3. 古代两河流域的科学技术……10
4. 古代中国的科学技术……15
第二讲　科学精神的起源——古希腊科学……20
1. 古希腊科学精神的形成和基本内容……20
2. 古希腊自然哲学的主要流派……23
2. 1 最早的自然哲学派别——米利都学派……23
2. 2 毕达哥拉斯及其学派……25
2. 3 “四根说”和“种子说”……25
2. 4 原子论思想……26
2. 5 亚里士多德主义……27
3. 古希腊的科学技术……28
3. 1 天文学……28
3. 2 数学……29
3. 3 物理学……31
3. 4 生物学和医学……31
3. 5 工程技术……32
4. 罗马帝国时代的科学技术……33
4. 1 罗马人与古希腊文化的关系……34
4. 2 罗马帝国初期古希腊科学的余辉……34
4. 3 罗马帝国时期的技术成就……36
公元前—中世纪科学大事记……38
第三讲　东方科学的灿烂辉煌——中世纪科学……40
1. 中世纪欧洲科学技术……40
1. 1 中世纪前期欧洲科学技术的停滞……40
1. 2 中世纪后期欧洲科学技术的复苏……41
2. 阿拉伯科学技术……42
3. 中国科学技术的发展与成就……45
3. 1 封建社会中国科学技术的成就……45
3. 2 封建社会中国科学技术的特点……49
4. 欧洲学术复兴与大学的出现……50
4. 1 欧洲学术复兴……50

4.2 大学的兴起……52
中世纪科学大事记……56
第四讲 近代科学技术的兴起——16—17世纪的科学技术……59
1. 文艺复兴与地理大发现……59
2. 科学革命与近代科学的兴起……62
2.1 日心说和天文学革命……63
2.2 认识人体：生理学的发展……64
2.3 物理学革命……68
2.4 数学的发展……72
2.5 化学的诞生……74
16、17世纪科学大事记……76
第五讲 蒸汽机时代——第一次工业革命……80
1. 技术革命的背景……80
2. 第一次技术革命的动因……81
2.1 英国新兴的棉纺织业急需新的动力机械……81
2.2 英国采煤业急需新的动力机械……82
2.3 自然科学新成就和生产技术水平的提高是蒸汽机发明的必要条件……82
3. 蒸汽机的诞生与应用……83
3.1 蒸汽机的诞生……83
3.2 蒸汽机的应用……86
4. 第一次技术革命的意义……89
第六讲 群星争辉——18世纪的科学……92
1. 科学奇才——欧拉……92
2. 科学世家的骄子——伯努利……94
3. 推动天体运动的人——拉格朗日……96
4. 理性启蒙先驱——达朗贝尔……97
5. 电学大师——库仑……99
6. 最富有的学者，最有学问的富翁——卡文迪什……101
7. 电池的发明——伏打……103
8. 一切都是显而易见的——拉普拉斯……105
9. 数学王子——高斯……107
10. 植物王国的调理者——林奈……110
18世纪科学大事记……113
第七讲 经典科学的辉煌——19世纪的科学……115
1. 电学和磁学的新进展……115
1.1 电、磁现象的早期认识……115
1.2 电磁现象的内在联系……116
1.3 电磁效应的发现……117
1.4 电流的其他性质……117

2. 热力学与能量守恒定律的发现……118
2.1 热本质的认识……119
2.2 热力学的创立……119
2.3 能量转化与守恒定律的发现……120
2.4 热力学第二定律——能量耗散定律的创立……121
3. 进化论……122
3.1 进化论的早期思想……122
3.2 达尔文的进化论思想……123
4. 生物学……125
4.1 细胞学说的建立……126
4.2 孟德尔的遗传学说……127
4.3 微生物学的建立……129
第八讲 电磁学与动力技术的新发展……131
1. 电的发现——电磁感应原理……131
2. 麦克斯韦与电磁学理论……133
2.1 麦克斯韦构建电磁学体系……133
2.2 麦克斯韦在近代科学史上的地位……134
2.3 赫兹验证电磁波的存在……134
3. 电力技术的发展与应用……135
3.1 电动机的发明与应用……135
3.2 发电机的发明……136
3.3 发电站和输电技术的开创……137
4. 不断涌现的电器发明……138
4.1 电灯的发明……139
4.2 电影……140
4.3 留声机……141
5. 无线电与电信通讯……142
5.1 电报的发明……142
5.2 电话的发明……143
5.3 无线电的诞生……144
6. 内燃机的发明与发展……145
19世纪科学大事记……147
第九讲 新物理学革命——20世纪的科学……152
1. 危机的乌云……152
2. 物理学三大发现……154
2.1 X射线的发现……155
2.2 天然放射线的发现……155
2.3 放射性元素钋和镭的发现……156
2.4 电子的发现……158

3. 原子核物理的建立……159
4. 爱因斯坦与相对论……163
4.1 1905年的奇迹……165
4.2 广义相对论的探索……166
4.3 科学成就的第二个高峰……166
5. 物理学的新起点：量子力学……168
5.1 量子力学的产生与发展……168
5.2 量子力学的基本内容……170
5.3 量子力学的二次革命……171
20世纪物理学大事记……173
第十讲 20世纪科学的进展……177
1. 天文学……177
2. 地质学……180
3. 生物学……181
4. 系统论、信息论和控制论……186
20世纪科学大事记……189
第十一讲 高科技时代——20世纪的技术……191
1. 原子能的发现与利用……191
2. 航空与航天技术……193
3. 电子信息时代……198
4. 计算机的诞生与应用……202
5. 生物技术与生命科学……205
20世纪技术大事记……209
第十二讲 新科技革命与未来……213
1. 科技强国的兴衰……213
1.1 文艺复兴时期的意大利（1540年—1610年）……213
1.2 资本主义兴起时期的英国（1660年—1730年）……214
1.3 启蒙运动与法国的科学（1770年—1830年）……215
1.4 称雄世界百年的德国科技（1810年—1920年）……215
1.5 当代世界科技中心——美国（1920年—）……216
2. 新科技革命……217
3. 科学的未来……221
专题一 诺贝尔自然科学奖……224
1. 诺贝尔其人其事……224
2. 诺贝尔奖的由来……225
3. 诺贝尔奖产生的过程（评选机构）……229
4. 关于诺贝尔奖的统计……231
5. 历届诺贝尔自然科学奖获得者……233

专题二　中国科学的新生与辉煌……256
1. 迎来中国科学技术的新纪元……256
2. 向科学进军……259
3. 创造辉煌的中国科学技术……262
4. 新世纪的科学的春天……264
5. 共和国科技人物……266
附录1　推荐书目……269
附录2　相关网站……274
参考文献……276

第一讲　古老文明的开始——四大文明古国的科学技术

在结束了漫长的原始时代，人类进入了有文字可考的文明时代以后，人类掌握的自然知识逐步形成为科学的状态，并得以越来越广泛的传播和越来越快的发展。因为农业文明是最早出现的，而农业又与自然环境条件有着密切的关系，所以，人类最早的文明与水等自然条件有关，世界上最早期的文明都不约而同地出现和成长于几条大河的流域地区。古埃及、巴比伦、古印度和中国被称为四大文明古国，正是在这些地方，孕育了人类的早期文明，人类的现代文明是在这些古老文明的基础上逐步发展起来的。在人类文明诞生与发展的漫长历程中，科学与技术始终占据着非常重要的地位。与人类基本社会生活密切相关的科学技术最早受到人类的重视，所以，数学、天文学和医学成为各古老民族最早发展的三大学科。四大文明古国都曾经在这三大学科上做出过开创性的贡献，取得的成就也各具特色。古埃及人注重具体事物的存在及其结构的自然观使得他们在医学、几何学和建筑学等领域取得了突出的成就；古巴比伦人对天象的关注使得他们创造了以占星术体系为主要内容的天文学；古印度人出于商业贸易中计算的需要，在数学领域（特别是在算术、代数和几何学等方面）取得了非凡的成就；而中国则独自发展出了技术型、经验型和实用型的科学技术体系。这些科学技术成就都成为世界人类文明的宝贵财富，它们有力地促进了近代科学技术的诞生和发展。

1. 古埃及的科学技术

位于非洲东北部的尼罗河由南向北倾泻而下，注入地中海。它每年定期泛滥，不仅使河流沿岸的土地得到灌溉，而且水退后留下肥沃的黑土，非常有利于各种农作物的生长，这就给人类的生存、繁衍提供了良好的自然条件。在距今约两万年以前，尼罗河谷两边的高地就有人类居住，距今约12000年至10000年前的旧石器和中石器时代，埃及的气候较今温和湿润，高地水草繁茂，比较适于人类居住。后来由于气候变得日益干燥，所以河西一带成为大片沙砾。大约自公元前6000年至公元前5000年，人们开始逐渐移居于尼罗河谷地，经营农牧业。后来在沿尼罗河两岸狭长的地带上，建立了古埃及王国。尼罗河不仅养育了埃及人民，而且也孕育了灿烂的古埃及文明。

古埃及是人类历史上最早建立王朝的地区之一，公元前3500年在尼罗河下游三角洲一带建立了下埃及王国（北部）；在尼罗河河谷地区建立了上埃及王国（南部）。史称前王朝时期。约在公元前3000年，上埃及王美尼斯征服下埃及建立了第一王朝，在古埃及形成了统一的奴隶制国家。

古埃及的历史是指从上埃及王美尼斯的统一至希腊征服古埃及（公元前332年）为止，期间共划分为31个王朝，即为早期王国时期（第一、第二王朝）；古王国时期（第三至第八王朝）；中王国时期（第九至第十七王朝）；新王国时期（又称帝国时期）（第十八至第二十王朝）；衰败时期（第二十一至第三十一王朝）。在第七和第八王朝（约公元前22世纪）期间，古埃及陷于分裂，从此再也没有建立起统一的政权。公元前2000年中期是古埃及社会发展比较稳定的时期，同时也是科学技术较为发达的时期。

人类的聚居生存需要进行必要的交往和交流活动，随着交往和交流活动的发展和深入，仅用口耳相传的有声语言已不能满足深层次思想交流和行动交往的需求，因此迫切需要有一种记事的工具和方法。大约在公元前3500年，古埃及人就发明了图形文字，这种图形文字经过长时间的使用，逐渐演变成由字母、音符和词组组成的复合象形文字体系。这些象形文字不但表示着一定的概念，还具有表音的作用，并出现了音节字。在这个基础上，音节字中有一小部分简化成字母符号，共二十四个。所有字母都只标辅音，不标元音。各种符号组成词组，共有六百多个词组。不断演变的古埃及文字，对西方文字的发展曾经产生过很大的影响。居住在地中海东岸的腓尼基（约在现在的黎巴嫩和叙利亚沿地中海一带）人，以海上贸易和殖民著称，大约在公元前13世纪，腓尼基人主要依据由古埃及文字演变出来的北闪米特字母制定了历史上第一批由22个辅音字母（无元音）组成的字母文字，被称为腓尼基字母。后来腓尼基字母文字传入古希腊就产生了希腊字母。以后又从希腊字母产生出拉丁字母和斯拉夫字母，成为欧洲各种文字字母的共同来源。在尼罗河三角洲地带，盛产一种形似芦苇的植物——纸草，利用纸草进行文字书写是古埃及人的一项重要发明。人们把纸草切成长度合适的小段，将其剖开压平，拼排整齐，连接成片，晒干以后即成为一种草纸。他们用芦苇秆之类的东西作笔，蘸上油菜汁和黑烟末调制而成的墨，在草纸上书写文字。由于纸草长时间干燥会变脆裂成碎片，所以，只有极少量的纸草文书能够流传至今。英国大英博物馆内至今还保存着古埃及抄写家阿摩斯（约公元前1650年）在草纸上抄写的数学论文——《揭露事物一切奥秘之指南》。保留下来的为数不多的纸草书和刻在金字塔、庙宇墙壁和棺椁上的象形文字，现代学者已经能够译读，其中的内容成为现代人研究人类文明发展史极为宝贵的古代资料。

腓尼基字母

埃及的纸草

掌握季节的变化对于农业的发展是非常重要的，古埃及人在长期的生产实践中发现，季节的变化与天文现象的变化有关，因而他们开始有意识地观察天文现象的变化，逐渐形成了世界上最早的天文学，并在此基础上制订了相应的历法。自然界有日落日出、月缺月圆和四季轮回的周期现象，分别构成了相应的日、月和年三个时间单位。在农业生产中，年的确定是非常重要的。一年中，只有在适当的时间内分别进行播种、耕作和收获等工作才有可能取得较好的收成。古埃及的农业生产和日常生活与尼罗河有着十分密切的关系，古埃及人经过长期的实践观察发现，在尼罗河三角洲地区，每当出现天狼星与太阳同时从地平线上升起的自然现象时，尼罗河便开始泛滥，出现汛期。根据这一自然现象，人们把历法的制订与尼罗河水情的变化联系在一起。所以，当时古埃及的历法将尼罗河开始泛滥的这一天定为一年的开始。大约在公元前4000年，古埃及人就已经将一年定为365天，具体规定一年分为三季；每季四个月；每月30天；年终再加5天。这与现在使用的历法已经十分接近。古埃及人精确的历法与他们的天文观测紧密相关，当时他们已经能够正确识别许多恒星，出土棺材盖上绘制的星图就是有力的证明。刻于公元前1350年至公元前1100年间法老陵墓石壁上的天牛像，实际上就是一幅宇宙结构图，这在一定程度上反映了当时古埃及天文学所达到的水平。

数学知识最早源自于社会生产、物品交换和天文学计算等方面的需要，古埃及人在数学领域也取得过相当突出的成就。在现存于伦敦大英博物馆的“莱因特纸草”和莫斯科普希金艺术博物馆的“莫斯科纸草”上，分别记载有85个和25个数学问题及相应的解法，通过对它们的研究发现，古埃及人当时就已经采用了10进制记数法，但表示高位数的方法与现代的表示方法相比要复杂得多，如要表示999这个数字，要依次写9个100、9个10和9个1的符号。古埃及人的算术主要是加减法，乘除法通常要化成加减法才能进行运算。古埃及人能够进行分数运算，但对于分子不是1的分数，一般都要先将分数进行拆分成单位分数（即分子为1的分数），然后再进行加减运算，如将7/29拆分成1/6+1/24+1/58+1/87+1/232。很显然，这种拆分方法相当烦琐复杂，为此，古埃及人专门创造了一个数表，利用这个数表可以比较方便地对分子不是1的分数进行拆分。为什么要进行这样的拆分？当时是怎样找到这种拆分方法的？至今仍有一些不解之谜。但有专家认为，这种过于麻烦的分数算法在某种程度上阻碍了古埃及算术的更进一步发展。古埃及人的数学成就突出表现在几何学领域，这主要是出于尼罗河每年泛滥后要重新进行丈量土地、测定地界的需要。古埃及人计算圆面积时，是将圆的直径减去其1/9后再平方，虽然当时古埃及人并没有圆周率的概念，但这种算法相当于圆周率$\pi=(8/9)^2\times4=3.16$，与现在所用3.14的圆周率已经非常接近。古埃及人当时还能计算矩形、三角形和梯形的面积以及立方体、锥体和柱体的体积。被称为人类奇迹之一的古埃及金字塔，建造时就使用了四棱台的体积计算公式，其结果的精确度与用现代计算方法所得基本接近。

古埃及的医学成就也非常突出。古埃及人相信人死后能在另一个世界上继续生活，因而他们将死者的尸体解剖制成木乃伊（干尸），以利于长期保存。古埃及人制作木乃伊的一般方法是先将尸体的内脏掏出，并用含有香料的酒冲洗腹腔，再用盐、树脂和香料对尸体进行处理。处理后的尸体经风干后，安上蓝宝石眼睛，最后用麻布层层包裹，并外涂树胶（以免尸体直接接触空气）。这样就制成了经久不腐的木乃伊。古埃及人通过木乃伊的制作，积累了大量的人体生理和解剖知识，这些知识无疑大大促进了当时古埃及医学的发展。古埃及人的纸草书卷中曾经记载了对许多种疾病病理的描述、诊断和治疗方法，同时也有一些医学论文。在1862年发现的“史密斯医学纸草”中，记载了48种身体各部位外伤的诊断与治疗方法，包括头部、肩部、胸部和脊椎部位等。治疗所使用的药物种类有植物药、动物药和矿物药，甚至还有人体的分泌物等；药物制剂有外用药膏、内服药、熏蒸剂和嗅药等。据考证，“史密斯医学纸草”写于公元前1700年，被誉为世界第一部外科学著作。写于公元前1500年的另一份重要的古埃及医学纸草书——“埃伯斯纸草”，长20.23米，宽30厘米。记述了人体700种疾病的症状及诊断方法，提供了877个治疗药方。“埃伯斯纸草”中还有一些生理学、病理学方面的内容。按现代医学的分科方式，“埃伯斯纸草”中记载的疾病种类已涉及内科、外科、妇科、儿科和眼科等诸多现代医学科目。这些都表明了当时古埃及的医学已经达到了很高的水平。但当时古埃及的医学是与巫术结合在一起的，人们对疾病的治疗往往是药物和咒语并用。

谈到古埃及的建筑，甚至谈到古埃及的科学技术史，就不能不提到举世闻名的金字塔和神庙。金字塔是古埃及法老（国王）生前为自己建造的陵墓。金字塔的外形呈角锥体，形似汉字的“金”字，故中文翻译成金字塔。在埃及，现今知道的金字塔大约共有80多座，其中最大的一座是修建于公元前2600年的胡夫（古王国第四王朝国王）金字塔。胡夫金字塔由230万块巨石（每块均重约2.5吨）堆砌而成，高146.5米，底边边长230米，塔底占地约52900平方米，绕金字塔一周大约为1千米。经过数千年的风化剥落，塔高和塔底边长尺寸都有所减小，现在的塔高138米，底边边长220多米。堆砌金字塔的每块巨石都经过精磨加工，堆砌时虽然没有用灰泥连接，但石块间的砌缝非常严密。胡夫金字塔还设有结构复杂的“地下宫殿”，整体结构设计精密，建造牢固，虽然历经五千年的沧桑，但还安然屹立于尼罗河畔。以当时的技术水平来看，能够建造如此雄伟非凡的金字塔，简直有些难以想象！经过对现存金字塔的测量发现，其底边的周长正好是以其高为半径画圆的周长；从塔北面的入口进入地下宫殿的通道与地平线恰好成30度的倾角，正对着当地当时的北极星；230万块均重为2.5吨的巨石堆砌成100多米高的角锥体，并能在没有灰泥连接的情况下，保证砌缝严密、结构牢固，显然是预先经过精确的设计计算。多年以来，有关专家围绕金字塔进行了大量的研究工作，但时至今日，围绕金字塔的秘密还没有被完全揭开。所以，至今还有人相信金字塔是由外星人建造的；或者说当时金字塔建造者所创造的人类文明已经灭绝，现在的文明是重新发展起来的。随着对金字塔研究工作的进一步深入，这些看法会逐步改变。胡夫金字塔被称为古代世界十大奇观之一。胡夫儿子哈夫拉的金字塔比胡夫金字塔的高度大约矮8米，但它的前面有一座用整块石头雕刻的狮身人面像，狮身人面像高22米，长约60米，希腊人称之为斯芬克斯。据说狮身人面像的面部是哈夫拉的脸形。建筑宏伟壮观的金字塔和威风凛凛的狮身人面像，充分体现了古埃及人的聪明智慧。同时也应该认识到，古埃及建造金字塔的目的是为了显耀法老凌驾于一切的威严，维护

胡夫金字塔

当时的奴隶制统治。据说胡夫金字塔是由10万人通过艰苦的劳动用30年的时间才完成的，因此金字塔的建造一方面反映了古埃及人高超的建筑技术，另一方面也给当时的人民带来了巨大的苦难。胡夫以后直到第六朝代的诸代法老，虽然都建有金字塔，但建造的规模越来越小，这在某种程度上也表明了古埃及法老的专制王权在逐步削弱。到了中王国的帝国时期，神庙取代了金字塔成为古埃及最主要的建筑形式。古埃及的神庙建筑也闻名于世。古埃及人是多神教徒，他们崇拜很多的神，神的名字一般以生物或其他自然物命名，如鹰神、鳄鱼神、太阳神、月亮神和河神等，这反映了当时古埃及人对生物与自然力量的恐惧和崇拜。宗教是古埃及人当时最重要的精神生活之一，建造神庙主要是为了显耀神的力量。在古埃及的诸多神庙中，最雄伟的神庙要属位于现今开罗以南600多公里卢克索的卡纳克神庙，该神庙建造于公元前14世纪，它主要是祭祀太阳神和月亮神。卡纳克神庙的主殿占地约5000平方米，矗立着134根巨大的圆形石柱，其中最大的12根石柱直径约为3.6米，高约为21米。庙中的尖塔高约30米，重320吨，是由一整块大理石雕刻而成的。在当时的技术条件下，古埃及人能建造出像金字塔和神庙这样宏伟的建筑，实在是人类历史的奇迹。伴随着高超的建筑技术，古埃及的浮雕技艺也具有相当高的水平。在法老墓室的墙壁和甬道等人们认为神圣的地方，有大量的浮雕作品保存至今。古埃及的浮雕多为图像低于背景平面的凹雕。浮雕表现的内容非常广泛，其中很多题材再现了当时普通人的生活，如农业、园艺、手工作坊和造船的劳动场面等，这些都为现代人研究古埃及的科学技术提供了可靠的佐证材料。

卡纳克神庙

尼罗河谷地的土地肥沃，水力资源丰富，所以古埃及的农业和畜牧业一直都比较发达。公元前3000年古埃及人就修建了一些大堤坝和水库，还发明了畜耕。人们用牛和驴等畜力代替人力牵犁耕地，大大提高了农业生产的效率。尼罗河东西两侧的高山蕴藏着丰富的石灰石、花岗岩和玄武岩资源，古埃及人用这些岩石来制作工具和器皿，也用做建筑的材料。在尼罗河谷地的新石器时代文化遗址中，已发现有大量的石刀、石簇、石斧、石镰等工具。古埃及人最早使用的犁是木石结构的，即在木制的犁架上装上石制的犁头，后来又用上了铜犁头。古埃及人在农业生产实践中还培植了许多农作物，如粮食作物的大麦、小麦、亚麻和豆类等；蔬菜作物的胡萝卜、蒜、黄瓜和莴苣等。此外，还有葡萄、椰枣和无花果等作物。当时他们饲养的畜类主要有牛、羊、猪、鸭和鹅等。

农业的繁荣也促进了各种手工业的发展，如纺织业和制陶业等。在出土的古埃及第一王朝时期的一块亚麻布残片上，经纬线的密度已达到每平方厘米63根×74根，这表明当时古埃及的纺织技术已有了相当高的水准。古埃及人先是使用一种比较简陋的卧式织机，后又改用一种俩人操作、可织出宽幅布的立式织机。制陶业也是当时重要的手工业门类之一，陶器是古埃及人最重要的日常生产和生活用具，现存的一些壁画上可以看到当时古埃及人制陶的情景。制造玻璃的技术是古埃及人对世界的一大贡献，约在公元前16世纪，古埃及已开始大规模地制造玻璃，到公元前15世纪中叶，古埃及制造玻璃的工艺技术水平得到了进一步的提高。从现存古埃及玻璃作坊的遗址中，仍然可以看出当时制造玻璃的整个工艺过程。当时古埃及人已经知道在玻璃的烧制过程中，加入不同的金属氧化物可以生产出各种不同颜色的玻璃。他们先是用玻璃制造玻璃珠和玻璃管等一些装饰物，后来又制成玻璃杯、花瓶和香水瓶等各种日用生活器皿。

当时古埃及人主要是通过尼罗河、地中海和红海来运送货物、进行贸易的，有史料记载：在公元前7世纪，古埃及人便开始开凿沟通红海和地中海的运河（即现在苏伊士运河的前身）。这些情况大大地刺激了古埃及造船业的发展。大约在公元前2000年，古埃及已能制造54米长、18米宽，可供120人乘坐的大船。古埃及修建金字塔的大量石料可能就是用他们自己制造的船通过尼罗河漕运去的。现今留存的一些古埃及壁画也反映了当时造船业的发达。

公元前4000年左右，古埃及开始进入金石并用期。在新王国时期（约公元前16世纪），古埃及已出现了青铜冶炼技术。考察这个时期坟墓中发现的刀、钻、斧、锄等工具，可以了解当时青铜冶炼技术达到的水平。在古埃及一些坟墓中的壁画和浮雕中，可以看到当时人们冶铜的情形。由于知道改进鼓风技术可以提高炉温，所以，人们将用嘴吹鼓风（通过管子）改为脚踏鼓风，提高了鼓风效率，从而使青铜冶炼技术有了很大程度的提高。在古埃及，铁器的使用比较晚，大约一直到公元前7世纪人们才普遍用铁器代替铜器。

2. 古代印度的科学技术

印度的名称起源于印度河，是一个有着5000多年历史的文明古国。我国西汉时称古代印度为“身毒”，东汉时称之为“天竺”，唐玄奘取经归来以后始称之为印度。古代印度一般是指南亚次大陆及其邻近岛屿，其区域包括今天的巴基斯坦、印度、孟加拉、尼泊尔、锡金、不丹和斯里兰卡等国，相当于现今所说的印度次大陆（或南亚次大陆）。印度次大陆三面环海，一面靠山（喜马拉雅山），形成了天然封闭的地理环境。在南亚次大陆境内，有两条比较大的河流，即分别位于次大陆西北部的印度河和东北部的恒河，两河都发源于喜马拉雅山脉北侧，流经印度次大陆后分别从其两边流入印度洋。印度河和恒河所形成的冲积平原，成为世界上人类最古老文明的发源地之一。

古代印度在相当长的时期内，一直是大小王国林立，从未形成过高度统一的中央集权制国家。印度次大陆本身是黑种人（尼格罗种）、黄种人（蒙古利亚种）和白种人（高加索种）的交汇地区，加之在较长时期内，屡次遭受外族人的入侵、占领，所以，印度人种繁多，血统混杂。古代印度从来没有形成统一的语言，在印度次大陆，各民族和各部落所使用的语言和方言大约有150种以上。古代印度最古老的文字是梵文，梵文共有字母47个。古代印度的许多佛教经典都是用梵文写成的。古代印度的文字除了极少数是刻在石头、竹片、木片或铜器上的之外，大量的文字都是书写在白桦树皮和树叶子上的。古时的喜马拉雅山下有很大的一片桦树林，早在公元前若干世纪，印度人就把他们的梵文写在这种树皮或树叶上。据说唐玄奘从印度取回来的佛经几乎都是写在这种白桦树皮或树叶上的。古代印度文化发展的过程是一个多民族融合的过程，先后在这里生活过的有达罗毗荼人、雅利安人，也有先后从外地来到这里的希腊人、波斯人、突厥人和阿拉伯人等，他们共同创造了具有自己特色的古代印度的科学文化。公元前3000年代中叶，印度河流域出现许多早期城市国家。大约在公元前2500年，印度河中下游地区就出现了较高程度的农业文明，史称“哈拉巴文化”时代（又称史前时代），创造这一文化的是当地原始居民达罗毗荼人。公元前1750年前后“哈拉巴文化”突然销声匿迹，其原因至今不明。公元前2000年代中叶，印欧语系的雅利安人陆续自中亚南下进入印度次大陆，首先占领了印度河流域，后东移至恒河流域，由此开创了古代印度的“吠陀”文化时代。“吠陀”的原意是“知识”，中国古人也译作“明”。“吠陀”文化时代是因为有留传至今的四部以“吠陀”为名的神话诗集而得名，这些诗集间接记述了那个时期的社会状况，是现代人了解和研究“吠陀”时期古代印度历史的重要依据。在“吠陀”文化时代初期，社会原有的原始氏族组织逐渐解体。大约公元前9世纪至公元前8世纪，雅利安人在这块土地上建立起新的奴隶制国家，并形成了严格的社会等级制度，即“种姓制度”。全部古代印度人被分为四个等级的种姓，等级由高到低为：婆罗门（从事文化教育和祭祀活动的僧侣）、刹帝利（从事行政管理和打仗的武士）、吠舍（从事商业贸易活动的平民）和首陀罗（从事农业及各种手工业劳动的贱民）。种姓为世袭制，并且严格规定不同种姓之间不能通婚。大约在公元前600年左右，印度次大陆上形成了20个左右的奴隶制国家，至此古代印度进入了列国争雄时代。在此后长达2000多年中，各国长年争战不已，经历了很多次的分裂与统一。列国争雄时代中比较著名的王朝有：孔雀王朝（公元前4世纪到公元前2世纪）、贵霜王朝（公元前200年到公元3世纪）和笈多王朝（公元4世纪）等。在列国争雄时代，也发生过多次外族入侵事件，如公元前6世纪时的波斯帝国、公元前4世纪时的亚历山大帝国、公元5世纪的匈奴人、公元13至16世纪初的突厥人（建立德里苏丹国）和蒙古人后裔（建立莫卧尔王朝）等。基于这些历史原因，古代印度的人种、民族和文化类型都非常复杂，与其文化的多样性相伴随，古代印度是一个到处笼罩着宗教气氛的神秘国度，人们信仰的宗教及教派极多。有意思的是，在古代印度最为流行的是婆罗门教（即印度教），而发源于印度、且在亚洲拥有众多信徒的佛教在古代印度却不是很流行。

古代印度人很早就开始了天文学的研究。古代印度的天文学不仅服务于历法制订，而且与其宗教活动有着直接和密切的关系。现代学者对于古代印度天文学的研究主要依据于一些宗教著作。公元前6世纪开始形成、公元1世纪后成书的《太阳悉檀多》，是现存最早的古代印度著名的天文学著作。“悉檀多”的汉语意思是“知识”，该书讲述了时间的测量、日月食、行星运动和天文观测仪器等诸多天文学问题。古印度天文学家圣使大约在公元5世纪后期所著的《圣使集》也是古代印度一部重要的天文学著作，书中主要讨论了日、月和行星的运动及推算日食、月食的方法。公元505年，天文学家彘日汇集古代印度五种最重要的天文历法著作，编成了《五大历数全书》，它在天文学史的研究方面有一定的参考价值。古代印度天文学的一个明显的不足之处在于它不太注重实际的天文观测。一直到18世纪，印度人才在德里等地建立起拥有较为复杂观测仪器的天文台。在“吠陀”文化时代，古代印度人认为天地中央是一座名为须弥山的大山，天似一个由须弥山支撑着的伞盖，日月五星都绕着此山运行，太阳绕行一周即为一昼夜。《太阳悉檀多》则说大地为球形，北极为一称做墨路山的山顶，那里是神仙的住所。日、月和五星的运行是由一股宇宙风所驱使。古代印度的早期历法五花八门，但基本上是阴阳合历。在“吠陀”时代，古代印度人已经认识到月亮运行1周不到30天，他们将一年定为360天，每年分冬、春、夏、雨、秋和露六季，每季两个月。为了观察日月运动的方便，古代印度人把天球附近的恒星分为二十八宿，这与古代中国的做法极为相似。

古代印度人在数学方面的最杰出贡献是发明了科学数字记数法，它直接导致了计算技术的重大变革。大约在“哈拉巴文化”时期，古代印度人就采用了10进制记数法。到公元前3世纪前后，出现了数的记号，但没有零，也没有进位记法。现存最早的古代印度数学著作是大约写于公元前6世纪的《准绳经》（实际上是“吠陀”经中的一篇附文），这是一部讲述祭坛修筑的书，内容包括各种祭坛的形状、大小、如何建造以及座位怎样布置等。由此涉及了一些几何学知识，如勾股定理、边长为1的正方形的对角线长度等。写于公元前200年的《昌达经》中，提出了印度最古老的帕斯卡三角形（即二项式系数三角形），它相当于二项式定理的内容。在此之后，古代印度的数学研究出现了较长时间的停滞。公元3世纪以后，希腊数学传到了印度，使古代印度的数学研究有了较大的进展，特别是算术和代数得到了更进一步的发展。公元5世纪初，古代印度人提出了“零”的概念及其数字符号0。零号是古代印度人在数学领域的卓越发明，没有零号，就没有完整的位值制记数法，这种记数法能用简单的几个数码表示一切的数。写于公元5世纪的《圣史历书》中出现了平面图形的求积，并通过算术级数的求和方法算出了圆周率$\pi=3.1416$。此时古代印度人已建立起了完备的10进位制数值体系。此后至公元13世纪，是古代印度数学取得辉煌成就的时期，这期间涌现出很多著名的数学家，出现了很多新的研究成果。写成于公元628年的《梵明满悉檀多》一书，对许多数学问题进行了深入的探讨，其内容主要涉及整数运算、分数运算、数列、比例问题、平面几何和立体几何等诸多方面，同时该书还讨论了负数的运算法则。明确地提出了“零”作为一个数的概念，并探讨了“零”的运算法则。在古代印度人确定的“零”的运算法则中，除了“零除以零等于零”的这个认识是错误的以外，其他关于“零”的论述都是正确的。零号对于完善位值制记数法和数学的进一步发展有着非常重要的作用，零号概念和相应符号的引入，使得人们可以方便地利用0、1、2、3、4、5、6、7、8和9十个数码符号的组合表示任何一个大或小的数字。古代印度的数码符号经阿拉伯传入欧洲（由此古代印度的数码一般称为阿拉伯数字），至今仍被作为世界统一通用的数码符号。这是古代印度人对于世界数学发展做出的一个重要贡献。

古代印度的医学可以称得上比较发达，这可能与古代印度思想中的大慈大悲、普度众生的仁爱意识有一定的关系。在古代印度，医学的知识体系称之为“阿柔吠陀”，汉语的意思为“长寿的知识”，这意味着古代印度的医学不仅关注治病，而且还注重防病和养生。古代印度的文献中很早就有医学方面的记载。现在所知古代印度最早的有关医学的文字记载，出现于《吠陀》一书中。这本书中记载有许多疾病的名称，如发烧、咳嗽、水肿、肺病等，并提出了一些治病的方法。大约成书于公元前1世纪的《阿柔吠陀》是古代印度最早的一部医学著作，书中提出躯干、体腔、体液、胆汁和气是人体的五大要素，并与自然界中的地、空、水、火和风五大元素一一对应，以此来解释人的生理和病理。在人体的五大要素中，躯干和体腔是人体中比较稳定的因素，而体液、胆汁和气则属于相对不稳定的因素。疾病是由于人体中体液、胆汁和气这三种不稳定因素失去平衡而引起的。因此，古代印度人认为，治病是试图恢复人体中体液、胆汁和气三者之间的平衡；而防病和养生则是维持这种平衡。以上这些论述构成了古代印度医学最重要的理论基础。《阿柔吠陀》中还记载有内科、外科、儿科等许多疾病的治疗方法及相应的药物。在古代印度较早期的医学文献中，混杂着很多有关巫术的内容，以后随着医学研究的发展，医学与巫术才逐步分离，转为以医学治疗为核心。《阇罗迦本集》和《妙闻集》是古代印度最著名的两部医学名著，它们被认为是古代印度独特的医学知识体系走向成熟的标志。《阇罗迦本集》在阐述古代印度医学理论的基础上，对人体很多种疾病的病因、病理进行了比较深入的研究，并提出了一套相应的诊断和治疗方法，这本书被认为是古代印度内科医学的经典；而《妙闻集》则记载了一些解剖学、生理、病理、内外科、妇科、儿科等方面的知识，书中涉及的各种病症达1120种，采用的治疗方法多以外科手术为主，并记载有外科手术器材120种，这本书被认为是古代印度外科医学的经典。在历史上，古代印度的医学曾经与外界医学相互产生过影响，如古代印度的医学就曾经受到过古希腊和古代中国医学等的影响；而阿拉伯帝国的医学和中国西藏地区的藏医则显然受到过古代印度医学的影响。然而，在社会上居支配地位的宗教观念把疾病看做是一种命中注定的报应，认为人体解剖是不可饶恕的恶行，这在某种程度上妨碍了古代印度医学的应用和更进一步发展。

印度河和恒河的中下游地区土地肥沃，气候温和，雨量充沛，是比较适宜于进行农业生产的地区。大约在公元前3500年前，印度次大陆北部的居民已开始经营农业。到公元前2500多年的“哈拉巴文化”时期，农业生产已经达到了较高的技术水平，畜耕技术得到了广泛的应用。近代考古发现的这个时期用青铜制造的兵器和锄、镰等农具，表明当时的古代印度已进入了青铜器时代。古代印度的农作物主要有大麦、小麦、水稻、豌豆、甜瓜和棉花等，古代印度人是世界上最早的棉花种植者。当时他们饲养的家畜已有羊、猪、狗等，甚至可能还有大象。“哈拉巴文化”时期的繁荣中断以后，原先以畜牧业为主的雅利安人又重新发展了农业。到了“吠陀”时代，畜耕技术得到了更进一步的发展，人们已经懂得通过人工灌溉和施肥可以提高农作物的产量。到“吠陀”时代的后期，由于铁器的使用，农业生产的技术水平得到了更大程度的提高。公元前4世纪末，孔雀王朝统一印度之后，政府设高级官吏专门管理全国的水利事业，大规模兴修水利。中国唐代僧人玄奘在《大唐西域记》一书中记载了许多反映古代印度农业经济繁荣的事例。

早在“哈拉巴文化”时期，古印度的冶金技术就达到了比较高的水平。有证据表明，当时的人们已经掌握了青铜冶炼技术，这比古巴比伦人大约早了1000多年。人们广泛地用铜或青铜来制造斧、锯、凿、锄、鱼钩、剑、矛头、匕首和箭镞等工具和兵器。通过对一些出土文物的分析发现，那时人们已经基本掌握了锻打、铸造和焊接等金属加工技术。“哈拉巴文化”时期的工匠们已经能够熟练地制作金银饰物，且已达到了很高的技术水平。根据史料记载，大约在公元前4世纪，古印度人就已经能够炼钢了。现仍矗立在德里的一根铁柱（高为7.25米、重约6.5吨），是在公元5世纪初笈多王朝期间建造的。这根铁柱至今几乎没有被锈蚀。在同一时期，古代印度还铸有很多工艺精美的铜佛像，其中有的竟高达2米。这些都反映出当时古代印度高超的冶金技术水平。

印度次大陆是世界上最早种植棉花的地区，因而古代印度也成为棉纺织的发源地。“哈拉巴文化”时期遗址中出土的一些棉布残片表明，当时的古代印度人已经掌握了棉布染色技术。公元前2世纪（孔雀王朝时期）古代印度的棉纺织技术达到了更高的水平，当时已有一些棉纺织产品销往国外，成为当时古代印度出口的大宗货物。此外，古代印度人还从中国学会了养蚕和丝织技术。

出于货物运输和贸易的需要，古代印度的造船业比较发达。“哈拉巴文化”时期的遗址中已发现一座造船台。笈多王朝时期已能建造可容数百人的大海船。古代印度人曾经向东航行通过马六甲海峡到达过中国，向西航行经阿拉伯海到达过红海。

古代印度人在建筑技术方面也取得过一定的成就，他们在世界上最早发明了采用烧制方法制取建筑用的砖块，当时古代印度的建筑物大多为砖木结构。经过考古发掘，在印度次大陆发现有“哈拉巴文化”时期的城市建筑遗址100多处，其中规模最大的城市建筑遗址有哈拉巴和摩亨佐·达罗两处。这两座城市都是由卫城和下城两部分组成。摩亨佐·达罗城占地260公顷，街道布局整齐，主要街道宽达10米。其卫城建有用烧制砖砌筑的高厚城墙和塔楼，城内建有许多公用建筑物，其中最大的建筑物是占地面积1800多平方米的一个大浴室，处于大浴室中心的浴池长12米、宽7米、深2.4米，浴池四周布有房屋与走廊。卫城内其他较大的建筑物还包括一座占地1200平方米的大谷仓和一座占地600平方米的会议室。下城为居民区，建有许多民用住宅，其中包括一些砖木结构的二层或三层楼房。城内布有平直相交的交通网，并配置有给排水系统。整个遗址展现的是一座经过规划设计并精心建成的大城市。远在4000多年前就能建成如此宏伟的城市，确实体现了古代印度人非凡的聪明才智。孔雀王朝以后，由于当时在古代印度佛教盛行，因而出现了许多佛教建筑，主要是一些庙宇和佛塔，还有一些开山凿石而建成的石窟。后来在德里苏丹国时期，由于很多人信奉伊斯兰教，这里又出现了许多伊斯兰式的建筑。莫卧儿帝国于公元17世纪建造的泰吉-玛哈尔陵墓，是现在能看到的古代印度最华丽的建筑物之一，整个建筑物完全采用白色大理石砌成，并镶有各种宝石。据说这是由波斯、土耳其等许多国家和本地的建筑师、工匠共同参与设计建造完成的，前后共用了20多年的时间。这座建筑物坐落在现今印度北方邦亚格拉附近，是世界穆斯林建筑的代表作之一。

3. 古代两河流域的科学技术

两河指的是幼发拉底河和底格里斯河，它们发源于现今处于土耳其境内的亚美尼亚高原。两河流出山岭地区后平行地向东南方向流去，最后汇合起来排入波斯湾。两河流域的中心地带在现今的伊拉克境内。幼发拉底河和底格里斯河流域是肥沃的平原，历史上通常称之为美索不达米亚，希腊语的意思为“两河之间的土地”，这个地方也是世界上人类古老文明最重要的发源地之一。

古代两河流域文明的发展分为苏美尔王国、古巴比伦王国、亚述帝国和新巴比伦王国四个阶段，有人也将古代两河流域文明简称为巴比伦文明。在公元前数千年的漫长历史中，曾先后有多个不同的民族在两河流域地区建立起自己的王国，他们在继承先前文明的基础上，又创造了高度发达的新文明。最早在这块土地上定居的是苏美尔人，公元前3500年以前，苏美尔人在两河流域就已建立起了一些奴隶制城邦国家，苏美尔文化在公元前2250年达到顶峰。大约在公元前3000年代初期，来自西方的闪米特人侵入两河流域地区，在现今伊拉克的巴格达附近建立了阿卡德城邦国。而后阿卡德国王逐渐统治了整个两河流域地区。大约在公元前2000年代初期，闪米特语系的阿摩利人以巴比伦（位于现今巴格达以南100多公里处）为都城建立了巴比伦王国（史称古巴比伦王国）。此后地处两河流域中部的巴比伦王国逐步兴盛起来，开创了美索不达米亚文明的第二阶段。巴比伦王国最著名的国王汉谟拉比（第六代国王）统一了两河流域，建立起了高度中央集权的奴隶制国家。汉谟拉比曾经制订过一部著名的法典（史称《汉谟拉比法典》），至今这部法典仍是现代人了解、研究古巴比伦王国的重要历史文献。大约在公元前1650年，古巴比伦王国开始遭到外族的入侵。公元前1300年左右，居于底格里斯河上游的亚述人开始崛起，两河流域进入亚述帝国称霸的时期。至公元前8世纪，亚述帝国达到鼎盛时期，这是美索不达米亚文明的第三阶段。公元前612年，亚述帝国被迦勒底人推翻，迦勒底人以巴比伦为都，重建巴比伦王国（史称新巴比伦王国），旨在重新复兴巴比伦文化，这意味着美索不达米亚文明进入最后一个阶段。公元前538年，波斯帝国征服了新巴比伦王国。两河流域的古代文明史，一般是以公元前3500年苏美尔王国的文明为起点，至公元前538年新巴比伦王国的灭亡为终结。但两河流域的科学技术史却一直延续到公元3世纪。两河流域的文明和科学技术曾对整个人类的发展产生过非常重要的影响。

楔形文字

文字是人类文明发展的重要条件之一，文字可以使人们的知识和信息交流更为可靠而有效。早在公元前3500年左右，定居在两河流域的苏美尔人就创造发明了象形文字，后来阿卡德人将象形文字逐渐发展成为便于书写的表意和指意符号。这些表意和指意符号到公元前2800年左右基本形成成形文字。这种文字多以软泥作为书写对象，用削尖了的芦苇秆或动物骨头当笔，在软泥上进行压刻书写。书写时，落笔力度大而速度慢，形成的压痕宽而深；提笔力量小而速度快，形成的压痕窄而浅。因此书写后的每一笔画都形似木楔，故通常称之为“楔形文字”。为了便于长期保存，一般要将书写有文字的软泥板晒干或烘烧成砖，形成可长久流传于后世的泥板书。保存至今的泥板书大约有3万块，其记载的文字内容涉及当时文学、法律和医学等诸多方面的知识。现代学者已经能够认读泥板书上的“楔形文字”了，泥板书上的内容成为现代人了解和研究两河流域历史和文明的重要依据之一。“楔形文字”在两河流域地区沿用了几千年，直到大约公元前后，“楔形文字”才逐渐成为死

泥　板

文字。

古代两河流域地区的天文学成就较之古埃及更为突出，这可能是由于幼发拉底河和底格里斯河的自然条件与尼罗河有所不同的缘故。尼罗河每次河水泛滥时间的间隔都有一定的规律性，而幼发拉底河和底格里斯河的涨落并无一定的规律性。这就使得古代两河流域地区一年四季的确定更需要依赖于天象的观测结果，因此可以说自然条件的差异和农业生产的需要大大地促进了古代两河流域地区天文学的发展。人们在长期的生产与生活实践中发现，季节的变化与一些天文现象的变化密切相关，因而人们开始有意识地观察天象。通过长时间天象观察经验和结果的积累和总结，就逐渐形成了世界上最早的天文学。当时人们将天象的观测结果与周围的事物相联系，他们习惯于用一些兽类的名字来命名星座，如鱼、蟹、羊、牛和狮子等，这种方法一直沿用至今。在长期进行天象观测的基础上，古代两河流域地区的人们逐渐形成了一种对外界事物的解释系统——占星术，即通过星象变化的周期性和偶然性来解释各种事物的变化，占星术的盛行促使了天文学的更进一步发展。古代两河流域地区比古埃及更早制订历法，大约在公元前4000年，苏美尔人就发明了阴历历法，他们以月亮的盈亏现象作为计时标准。到公元前2000年，他们又将月亮盈亏的每一个周期的29.5天作为一个月，把一年定为29天和30天相间排列的12个月，这样每一年的天数为354天，不足的天数用置闰（过几年加一闰月）的办法来解决。在开始实施这种历法的很长一段时间内，置闰并无一定的规律，而是由国王根据具体情况随机而定。到了公元前500年，置闰开始有了比较固定的规则，此后置闰规则几经改动，其精度也越来越高，最终于公元前383年定为19年7闰，这样每19年的累积误差还不到一天。到公元前 7 世纪，又逐渐形成了七天一星期的计时制度，每天各有一位星神“值勤”，并以他的名字命名这一天，其顺序是：星期日（太阳神）、星期一（月神）、星期二（火星神）、星期三（水星神）、星期四（木星神）、星期五（金星神）、星期六（土星神），七天为一星期的计时制度一直沿用至今。在古代两河流域地区，人们很早就开始进行天象的观测，并将观测结果和有关数据等绘制在泥板上。早在公元前2000年，古代两河流域地区的人们就发现了金星运行的周期性，现存的泥板书中记载有当时的一些天象观测结果和数据，其准确性令后人惊讶不已。当时人们已能够将行星和恒星区别开来，并且对行星的运行规律进行了深入的研究，取得了相当精确的数据。太阳一年中在恒星背景下走过的路径，天文学上称之为黄道。古代两河流域地区的人们知道太阳的位置是周年变动的，他们将黄道划分为12个段，每段中的恒星为一个星座，一年的每一个月对应一个星座。这样就形成了沿用至今的所谓黄道十二宫，它也是占星术中的常用术语。古代两河流域地区的计时方法对后世产生了重要的影响，如一年12个月、7天为一周、1小时为60分和1分为60秒等都沿用至今。古代两河流域地区的人们对日、月和五大行星的运行规律进行了细致的观测，观测结果也比较精确。大约在公元前9世纪，古代两河流域地区的人们就可以预测月食发生的时间了。古代两河流域地区最重要的天文学成就是编制了日月运行表，这一工作大约是从公元前311年开始进行的。日月运行表的主要内容包括太阳在黄道上的位置、昼夜长度、合朔日期和月亮的纬度等，用此表来计算月食发生的时间极为方便。据考证，远在公元前600年左右，古代两河流域地区的人们就发现日食是月球正好处于日地之间而形成的，他们认为233个朔望月为一个日食周期，这个周期史称沙罗周期，沙罗是巴比伦文中“恢复”的音译。当时观测的五大行星会合周期，与近代的天文观测结果非常接近。古代两河流域地区天文学发展有两个非常显著的特点，一是与历法的制订紧密联系，二是与占星术密切相关。

古代两河流域地区的数学成就比较突出，这可能与其天文学发达有关，因为在古代涉及天文学的数学问题往往都比较复杂。在现存的泥板书中，可以发现有很多在当时看来比较复杂的数学问题。例如在公元前18世纪的泥板书上，记载有这样一道代数题目：两个正方形的面积之和为1000，其中一个正方形的边长比另一个正方形边长的2/3还少10，求两个正方形的边长。这可能是世界上所知最早的代数题目，虽然泥板书上并没有明确记载这道题目的解法，但在当时能提出这样的问题，相信他们也一定有了相应的解法。在代数学方面，人们已能解一元一次方程、多元一次方程、一元二次方程和一些特殊的三次方程和四次方程，甚至还能解指数方程。在一些泥板书上，可以看到人们为了方便计算而编制的许多数学用表，有乘法表、倒数表、平方表、平方根表、立方表、立方根表等，但当时古代两河流域地区的人们并没有负数的概念。与代数相比，古代两河流域地区在几何学方面的成就要略逊一筹，他们当时只能进行一些简单立体的体积计算。他们的几何学具有代数性质，许多几何问题都被化为代数问题来处理。在求圆面积时，他们用3（有时也用3.1）来代替圆周率π。古代两河流域地区的数学已实行了十进制和六十进制并用的位值制，采用六十进制可能是与涉及天文学的计算有关。

古代两河流域地区的人们也掌握了一些生物学知识。在世界上，他们最早对动植物进行了分类，在现存的一些两河流域地区的泥板书中可以看到大约100种动物和250种植物的名称。

古代两河流域地区的医学并没有取得什么显著的成就，甚至有些不值得一提。在现存的泥板书中，几乎找不到早于公元前10 世纪的任何有关医学的文献。不过在《汉谟拉比法典》中，规定了外科手术成功的医生应该获得的报酬，并有处罚医生的内容，如果外科手术失败则砍掉医生的手。这些表明当时是有医生这一职业的。这可能是世界上最早的医疗立法。

城市建设是古代两河流域地区最重要的技术成就之一。他们很早就建立了城市，而且城市的建设非常考究。在新巴比伦时期，其建筑技术水平达到顶峰。建于公元前7世纪的新巴比伦城就是他们注重城市建设的一个典型例子，该城中有用白色或玫瑰色石板铺砌的宽阔道路，并设有地下水道系统。新巴比伦城有内外三道城墙，有100多座高达12米的城门，城门的门框和横梁都是用铜铸造而成的。全城共有塔楼300多座，城墙主墙每隔44米就设有一座塔楼，城墙和塔楼上镶嵌着很多浮雕。新巴比伦城中最大的建筑物是马都克神庙，最高的建筑物是巴比伦塔。新巴比伦城内还建有富丽堂皇的王宫，在王宫旁建有被后人誉为世界七大奇观的空中花园。空中花园阿拉伯语称其为“悬挂的天堂”。相传当时的国王尼布甲尼撒为了治愈爱妻的思乡病，特地建造了这座超豪华的空中花园作为献给她的礼物。空中花园为立体结构，共7层，高25米。底层由石块铺成，每一层用石柱支撑。层层都有奇花异草，蝴蝶在上面翩翩起舞。园中有小溪流淌，溪水源自于幼发拉底河。由于园中的人工小山平地而起，远看花园仿佛悬挂在空中，给人以凌空悬浮之感。古代两河流域地区建筑物所用的建筑材料主要是木材和未曾烧制的泥砖（用黏土掺上切碎的麦秸制作的土砖），采用石头的较少，因此能保存下的建筑物极少，很多著名的建筑物现今仅剩下一些遗迹。

古代两河流域地区土地肥沃，雨量充足，气候温和，非常适宜于进行农业生产。这里也曾出现过世界上最早的农业文明。由于两河河水经常泛滥，因此人们认识到兴修水利对于农业生产的重要性，只有建设起堤坝沟梁来蓄水排涝，人们才能正常地耕作，获得更好的收成。《汉谟拉比法典》中就有好几条与水利有关的条文，这表明当时国家已经通过立法来保证水利设施的合理利用。大约在公元前4500年，苏美尔人开始兴修水利，发展以灌溉为主的定居农牧业。古代两河流域地区的人们主要通过牛、驴等牲畜拉着木犁来进行耕作，当时最主要的农作物是小麦和大麦，人们也大量种植蔬菜、水果，饲养的牲畜有牛、羊、驴、马等。椰枣是当时人们的主要食物之一，据现存的泥板书记载，古代两河流域地区的人们当时已经懂得在椰枣树开花时进行人工授粉，可以增加椰枣的产量。他们甚至还编写了世界历史上最早的农书——《农人历书》，这本书是以一个老农民教育儿子的口气写的。这位老农民对儿子不厌其烦地讲述应该如何务农，以及在农业耕作中要注意的各种事情。比如，怎样节省灌溉用水，不要让牲畜践踏田地，驱赶食谷的飞鸟，及时收割等等。

为了满足贸易及货物运输的需要，交通工具的制造受到很高程度的重视。两河流域的贸易主要靠陆路运输。最初人们货物运输的方式主要是人力搬运、牲畜驮运和采用牲畜牵引的泥橇，大约在5000年前，有轮子的车辆在古代两河流域地区出现，这里是世界上最早出现有轮车辆的地方，有轮车辆的发明是陆路交通工具的重大变革，它大大提高了货物的运输效率。古代两河流域地区的人们很早就可以造船，他们最初是制造用柳条编成的船，船缝用沥青涂塞。后来又用牛皮柳条制船。大约在公元前7000年，两河流域地区出现了独木船。

大约在5000年前，古代两河流域地区的人们就能够制作陶器了。陶器是当时人们的主要日常生活用具，因此制陶业是当时重要的手工业部门之一。在两河流域地区出土过4000多年前的陶轮。他们制作的陶器主要是彩陶，色彩富丽夺目，有的还有涂层。当时人们常用的生活用具如酒杯、油缸、炉子和灯盏等几乎全是陶制品，甚至人死后用的棺椁也用陶土烧制，其形状像个有盖的长方形大箱。

古代两河流域地区的另一个重要的技术成就是它的金属冶炼技术。最早人类发现的金属是在大自然中能以单体形式存在的金属，如金、银、铜等。其中铜被用来制造工具等，铜虽然打制比较容易，但不够坚硬，不耐磨。后来人们发现在铜中加入锡形成铜锡合金（即青铜），可大大提高其硬度和强度，古代两河流域地区的人们发明了青铜冶炼技术。大约在公元前4000年，苏美尔人就能较为熟练地掌握青铜的冶炼和铸造技术，并开始制造青铜器，青铜器的大量出现是在古巴比伦王国时期，其制造工艺达到了相当纯熟的水平，当时已有重达约 2 吨的青铜铸像，人们还用青铜制造斧、锯、刀、剑等工具和武器。公元前1800年前后的古巴比伦时期，青铜器的使用已相当普遍，其技术水平比古埃及人更为先进。铁器的出现是科技史上更重要的事件，铁由于自身的特性，因而比铜的用途更广。铁在自然界只有成分复杂的铁矿石，而没有铁的单体存在。人类最早认识铁是通过偶尔从天上落下的单体陨铁，但自然界陨铁的量很少，人们将它视做圣物，苏美尔人将其称为“天降之火”。在公元前1900年前后，生活在两河流域地区西北部小亚细亚半岛上的赫梯人发明了冶铁技术，并且向两河流域其他地区推广。公元前8世纪两河流域地区已大量使用铁来制造工具和武器，造就了强大的亚述帝国。现今考古已发现了大量亚述帝国时代用铁制造的工具和武器，它表明此时两河流域地区已率先进入铁器文明时代。原始的炼铁方法是块炼法，即把成块的富铁矿石，放在炉内烧红，然后取出锤炼，经过这样多次反复，即可炼成铁。这样炼出的铁虽然是一种杂质含量较高的海绵铁，按现在的要求其质量不是太好，但总体来看，这种铁的性能还是优于青铜。加之铁矿石储量多，所以冶铁业迅速发展起来，从而使铁器逐渐取代了青铜器，并使石器也最终退出了历史舞台。

4. 古代中国的科学技术

中国也是世界人类文明最古老的发源地之一，它位于亚洲的东部，太平洋的西部，其幅员辽阔，历史悠久。境内的两条大河——黄河、长江，千百年来一直哺育着繁衍和生息在这块土地上的华夏民族。

中国有着比较特殊的地理环境，它的北面是寒冷的沙漠和人烟稀少的西伯利亚荒原；东面和南面是烟波浩淼的大海；西面有喀喇昆仑山脉、喜马拉雅山脉。这样的地理环境形成了这块土地与外界的相对封闭，使得古代中国与其他文明古国在较长时期内缺乏必要的联系和交往，因而古代中国的文明独立发展，构成了相对独立的体系。古代中国的文明延续了几千年，而且中间几乎从来没有中断过，这在世界人类的文明史上实属一个罕见的奇迹。

中华民族自称为炎黄子孙，有着5000多年的灿烂文明史。中国历史上第一个王朝是始建于公元前21世纪的夏朝，夏朝大约延续了400多年。大约公元前1700年中国历史上第二个王朝——商朝建立，商朝共延续了约600年。约公元前1100年，周武王灭商朝建立周朝，至公元前770年，周平王东迁，史称西周。自西周共和元年（公元前841年）起，中国开始有了正式的史书纪年，从此古代中国历史上的年代可以与公元纪年准确对照。西周末年，王室权力日渐衰弱，各地诸侯势力逐渐增大，形成了长期相互割据争战的局面，至此古代中国进入春秋战国时期，这段时间大约持续了800多年。春秋战国时期是中国历史上思想文化空前繁荣的时期，思想领域出现了“百家争鸣”的活跃局面，产生了许多学派名家，最著名的有孔子、墨子、孟子和庄子等，直到今天，他们的思想主张和观点还在对中国和世界产生重要的影响。一直到公元前221年秦始皇才重新统一了中国，实行中央集权统治，建立起了强大的统一帝国。但好景不长，在秦朝统治者的残酷统治下，社会矛盾日益尖锐，强大的秦王朝在公元前207年就很快灭亡了。此后经过了四五年项羽与刘邦之间的争战，最后在公元前202年，刘邦定都长安称帝，建立了汉朝（历史上称西汉）。

古代中国大约在商代起就有了文字，商朝的文字，往往都是刻写在龟骨和兽骨上，所以称之为“甲骨文”。商代的人们遇事（如祭祀、战争、年成、天气、疾病和狩猎等）通常都要占卜定吉凶，然后会将占卜结果刻写在龟骨和兽骨上，形成一篇或长或短的记事文，称为卜辞。现存的甲骨卜辞主要发现于“殷墟”（当时殷商的都城所在地，现今的河南安阳小屯村一带），那里先后出土的刻有文字的甲骨约有十万片，其上甲骨文单字总数约有4500个，目前已能认知的有2000字左右。由于商朝时占卜非常普遍，所以出土甲骨卜辞上的内容涉

甲骨文

及当时商代社会的各个领域，它记录和反映了商王的活动和商朝的政治、经济、科学技术情况，是现代研究古代中国商朝历史最重要的史料之一。它的出现，使中国从商代开始了有文字可考的历史。甲骨文是一种象形文字，当时已是一种比较成熟的文字，已经成为一套比较完整的记录和表达汉语的符号体系。与甲骨文同时存在的人类的古老文字大都早已“死亡”，如两河流域地区的楔形文字、古埃及的象形文字等。唯有甲骨文逐渐演变成了现今使用的汉字，其间大约经过了6000多年的演变，大致的演变过程是：甲骨文→金文→小篆→隶书→楷书→行书。早期中国各地的文字差异很大，在历史上的战国时期（公元前475年—公元前221年）社会发生剧烈动荡，文字的使用更加频繁和广泛。但由于诸侯割据，汉字出现了一字多形、异体等情况，形成了较大的差异，致使各个诸侯国的文字出现基本上不相通的局面。公元前221年，秦始皇统一中国后，以秦国的文字为标准，统一全国的汉字。从此奠定了中华民族文化统一的基础，促进了经济文化的交流与发展。秦代的统一文字为小篆，后又演变为隶书。它的出现使得汉字的笔画和结构基本定型，奠定了汉字方块形的基础。

古代中国在天文学方面有着辉煌的成就，其成就主要体现在天象观测和历法制订两个方面。古代中国天象观测的连续性、资料保存的完整性是世界上任何一个国家和地区无与伦比的。与其他文明古国的情况基本相似，古代中国的天文学也主要是由于农业生产的需要而逐渐发展起来的。古代中国以农立国，历代统治者都比较重视与农业生产关系密切的天象观测和历法制订。经考古发现，在大约公元前24世纪的帝尧时代就设有专职的天文官员，专门从事观象授时，并且这一做法在后来的朝廷中一直延续。古代中国流传于后世的著作中有很多涉及天文学的内容，其中不乏一些天文学的专著（如战国时期齐国人甘德所著的《天文星占》、魏国人石申所著的《天文》等）。根据星象观测确定季节，古代中国从远古时代就已开始，据《尚书·尧典》记载，当时的人们可以通过观察黄昏时处于南方天空是什么恒星，就能确定一年中的季节。在夏朝流传下来的《夏小正》一书中，记载了许多天文学的知识，其中提到人们可以通过一些显著的天文现象作为一年12个月的标志，即每月北斗斗柄所指的方向有变化。关于太阳黑子和哈雷彗星等天象的记载最早出现在古代中国的天文学史料中，其中有关太阳黑子的记载（最早的记载出现于公元前140年的《淮南子》一书中），比欧洲早800多年；哈雷彗星的记载（最早的记载出现于公元前613年的《春秋》一书中），比其他国家大约早500多年。世界上最早的星表出自于公元前4世纪中叶春秋战国时期的甘德和石申俩人之手，他们各自记录了数百颗恒星的方位。古代中国为了能够识别恒星和方便地观测天象，构建了自己的星空区划体系。他们将几个恒星组合成星官，每个星官都有自己的名字，这在《诗经》中就有过记载。《春秋》和《左传》中也记载有大量的天文学资料。古代天象观测的主要目的在于制订较好的历法，以指导农业生产和便于日常生活。为追求与天象观测结果更为符合，古代中国前后共制订了100多种历法，制订天文历法的数量为世界各国第一。从甲骨卜辞中可考证出殷商时代以干支记日，用数字记月，大月30日，小月29日，闰月置于年末。据史料记载，古代中国在商周年间就有了春分、夏至、秋分和冬至，春秋战国时期发展为24节气。公元前5世纪初（春秋末年），古代中国已经开始使用“四分历”，即以365又四分之一天（365.25日）为一年。这与今天测得的准确值只差11分14.53秒，比古希腊早了100多年。

古代中国在数学方面最早有据可查的史料出现于商代，这要比古埃及和两河流域地区稍迟一些。数学在古代中国称为“算学”，主要侧重于解决实际应用问题（如天文历法中的数学计算等），后来发展起来的珠算便是古代中国数学注重实际应用问题的一个例证。古代中国是世界上较早实行十进位制的地区，商代甲骨文中就记载有十进制的记数方法。这种记数方法在商代甲骨文中有十三个基本符号，即一、二、三、四、五、六、七、八、九、十、百、千和万。数字表示采用合文书写方式，分纵、横式两种，纵式表示个位、百位和万位等；横式表示十位、千位和十万位等，遇零空位。这种方式可表示任意的自然数。十进制记数法是当时世界上最先进的科学记数法。分数概念在古代中国出现于春秋战国时期，并有了分数运算和乘法运算。古代中国最早的数学著作可能也出现在春秋战国末年。古代中国采用的是特有的筹算制度，筹算制度方便快捷，但其计算过程难以保留，影响到计算结果的检验。这在某种程度上制约了古代中国数学向更高层次的发展。《九章算术》是古代中国数学的经典著作，其成书年代不迟于西汉时期，它对中国数学的影响不亚于欧几里德《几何原本》对西方数学的影响。《九章算术》共分九章，讲述了九大类246个数学问题的解法。对于每一个问题，都采用先提出问题，再介绍算式给出答案的形式。书中内容涉及分数四则运算、负数运算、解联立方程组、开平方和开立方等，其中某些问题的解法已达到或超过当时的世界水平。但从总体水平来看，当时古代中国在数学方面的成就还不是最突出的。

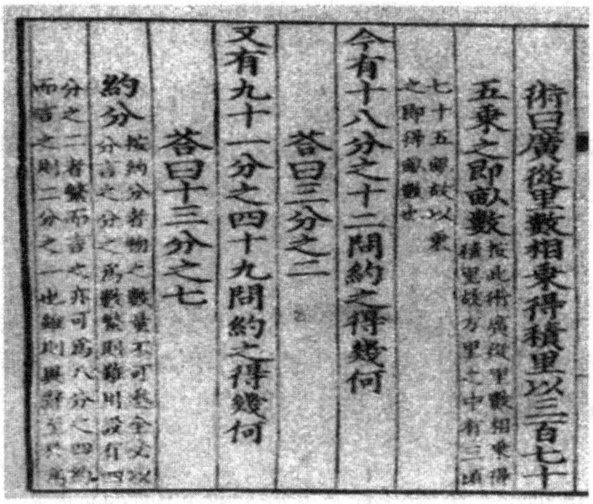
術曰廣從里數相乘得積里以三百七十五乘之即畝數
今有十八分之十二問約之得幾何
荅曰三分之二
又有九十一分之四十九問約之得幾何
荅曰十三分之七
約分

《九章算术·约分》书影

中医在世界医学领域独树一帜，至今仍在世界现代医学中占据着重要的地位。据传说，中医始于农耕社会，民间早有医食同源的说法。中医可靠的文字记载始出于商代，出土的甲骨卜辞中有大量关于医学的记载，只不过当时巫医不分，疾病治疗主要依赖于求拜神灵、逐妖驱魔等迷信活动，但也采用一些药物治疗的方式。在商代，人们已经认识到某些植物的汤液对疾病有治疗作用，所以汤液成为中药的一种沿用至今的主要剂型。到了周朝，巫医职责已经分开，至此有了专职的医生和医事制度，这在《周礼·天官·冢宰》中已有记载。从经验积累到形成理论是医学发展的重要与漫长过程，经过成百上千年疾病治疗经验的积累，到春秋战国时期，古代中国已初步建立了自己独特的中医学体系。中国最早的一部医学理论著作——《黄帝内经》就成书于春秋战国末期。《黄帝内经》包括“素问”和“灵枢”两大部分，共有十八卷，计一百六十二篇。它集当时医学各方面的大全，第一次提出了一套脏腑和经络学说，奠定了日后中医理论进一步发展的基础。它采用阴阳五行学说作为处理医学各种问题的原理，记载的“望、闻、问、切”的四种疾病诊断方法，一直沿用到今天。针灸是中医学的重要组成内容，关于针灸的起源，人们往往与“伏羲氏”和“黄帝”相联系，这说明针灸很早就出现在古代中国了。针灸疗法在春秋战国时期就得到了比较普遍的应用。公元前5世纪的名医扁鹊，不仅精于望诊切脉、开方下药，而且善于针灸。关于针灸的基本理论和方法在《黄帝内经》的“灵枢”部分中有着比较详细的论述。针灸学的发展必然导致针灸工具的改进，古代中国早期的针灸用针是用石头或骨做的，后来使用了金属针。因此中医从治疗方法上说，除了像其他文明古国一样使用自然药物之外，针灸疗法是其独特的治疗方法。

古代中华民族是务实的农业民族，历代统治者都非常重视农业。现存最早的农学著作是公元前3世纪后期的《吕氏春秋》，该书分为《上农》、《任地》、《辨土》和《审时》四篇。主要论述了农业生产的重要性，并讨论了在农业生产中，如何因时因地制宜、充分发挥人的主观能动性的问题。它对于研究古代中国的农业问题，在理论上有着重要的研究价值。出土的商代甲骨卜辞中有很多是占卜农业丰收的。古代中国的农业发达，无论是耕作技艺、品种改良、水肥管理，还是各种农具的发明和改进等各项农业技术都发展全面，达到了当时世界的先进水平。人们已经认识到精耕细作对于农业生产的重要性。与此同时，古代中国的畜牧业也有了相应的发展。西周时期，古代中国已经基本形成以农为主、畜牧业为辅的生产格局。古代中国是世界上最早培植水稻和粟的国家，商、周时期，农作物的品种有显著的增加，粮食作物除了有水稻和粟以外，还有黍、稷（俗称糜子）、麦和菽（即大豆）等，并有一些少量的蔬菜作物。畜牧业饲养的牲畜主要有猪、狗、羊、鸡、牛和马等。商、周时期使用的农具材料主要是石、木、骨和蚌器，并有少量的青铜农具。春秋时期，铁器逐步推广到各个社会领域，铁农具也开始得到普遍应用。战国中、后期至汉代，铁农具逐渐成为农业生产不可缺少的工具。与此同时出现的牛耕技术也得到了逐渐推广。经考古有大量各个时期的农具出土。春秋战国时期开始兴建了很多与农业生产有关的大型水利工程，其中芍陂和都江堰历经2000多年，至今仍发挥着重要的作用。

冶金铸造是中国上古时期最突出的技术成就之一。现代考古成果表明，古代中国在夏朝就基本掌握了金属冶金技术。到商周时期，青铜铸造技术已达到了相当高的水平，人们不仅用青铜制造生产工具和兵器，还用青铜制造祭祀用的礼器。春秋战国时期的青铜铸造技术更是达到了炉火纯青的地步。1974年在郑州出土的两件商代前期的大方鼎，其重量已分别达到64.25千克和82.25千克。1939年在河南安阳出土的商代司母戊青铜鼎，其重量和鼎高分别达到875千克和133厘米。晚商时期铸造的青铜器上还铸有精致清晰的花纹和铭文。最令人赞叹不已的是在湖北随州曾侯已墓出土的一套三层八组六十五枚编钟，其总体重量为2500多千克，它们是在战国早期铸造的。各枚编钟的造型精致，极具观赏性；音色准确优美，极具艺术性。它们不仅体现了古代中国高超的青铜铸造技术成就，也堪称古代中国音乐史上的奇迹。古代中国早期的青铜铸造采用的是石范，后来在制陶技术发达的基础上改用泥范。在长期冶铜实践的基础上，人们逐渐掌握了青铜中所含合金成分与其性能、用途之间的关系。成书于春秋战国时期的技术典籍《考工记》中，详细记载了青铜铸造的“六齐”规律，所谓“齐”是配方的意思，“六齐”规律是指铜与锡六种不同的比例，分别适用于铸造不同用途的青铜器，这是世界上最早的金属铸造经验的总结。根据现代考古发现，古代中国开始用矿石冶铁的时间不晚于春秋中期，因为现今已出土了多件春秋晚期的铁器，如用块炼铁制成的铁条和白口铸铁丸（出土于江苏六合程桥的两座东周墓）、白口铸铁鼎和用中碳钢制成的剑（出土于湖南长沙的一座春秋晚期古墓）等。这些不同种类的铁器（特别是那把中碳钢制成的剑）同时出现在春秋晚期的古墓中，说明古代中国冶铁技术当时已完成了从块炼铁到铸铁甚至铸钢的过渡。在世界其他国家和地区，完成从块炼铁到铸铁的过渡，其间都有一个比较漫长的发展过程，如西方大约经历了一千多年。古代中国在块炼铁技术出现后很快就掌握了铸铁技术，在短时间内完成了冶铁技术上一次革命性的飞跃，堪称世界冶铁史上的奇迹。据分析，这可能是由于先前掌握的高超青铜铸造技术，促进了铸铁技术的诞生。

中国是世界上种桑、养蚕和利用蚕丝最早的国家。早在5000多年以前，古代中国就出现了比较发达的养蚕和丝织业，考古已发现了生产于4000多年以前的丝织品。《诗经》中也有当时妇女从事采桑养蚕劳动场景的描述。丝织品（丝绸）以其华丽的外观和优异的特性而深受当时人们的喜爱，在某种程度上，西方人正是通过丝绸来了解和认识中国的，后来的中西方文化和物质交流的主要通道也是以丝绸命名的（“丝绸之路”）。早期的缫丝（将蚕丝从蚕茧上抽引下来的工序）是由手工操作完成的，效率很低；而丝织则采用与当时棉纺和麻纺基本相同的简单纺车。汉代开始出现了缫丝机和更新型的丝织机。丝织技术也是古代中国最突出的一项技术成就。

四大古老文明的科学技术成就在人类文明史上占有重要地位。它们都起源于自然条件优越，利于农业发展的大河流域，这不是偶然的。人类由原始狩猎采集发展到农业生产方式，必然推动相应的科学技术萌芽的发展。一方面农业能够提供稳定的食物来源，利于形成萌生科学技术所必要的社会规模；另一方面，农业本身的运作又要求更加深化的认识自然的能力。这正是几大古老文明的科学技术萌芽相继诞生于农业文明，并逐渐壮大为相对独立的文明形态的原因。

此后，在经历了一个非常漫长的过程后，各大古老文明的知识源流在古希腊文明那里汇集起来，在古希腊人的逻辑、理性因子的催化之下，又创造出更加辉煌的科技文明，深刻影响了人类文明进程。此后古华夏科技文明、古印度科技文明在中世纪的黑暗映衬之下同样熠熠生辉。应该说，现代科技文明是以四大古老文明的科技萌芽为起源的。

第二讲　科学精神的起源——古希腊科学

古希腊并不仅仅是指今天我们从地图上看到的位于巴尔干半岛南端的希腊半岛，它包括以爱琴海为中心的周围地区，其中有现今的希腊本土、爱琴海东岸（今土耳其西海岸）的爱奥尼亚地区以及意大利南部（包括西西里岛）的一些地区。由于这一地区靠近世界两大文明中心——古埃及和巴比伦，使得古希腊人能够更方便地汲取来自古埃及和巴比伦等国家的文明。古希腊人对待外来文明并不是拒绝或者一味地吸收接受，而是采取开放与批判的态度对待外来文明，吸纳每一种外来文化和传统中真正有价值的部分，并与当地的文明有机地融合起来，创造性地形成了自己独特的古希腊文明。2000多年以前，古希腊人所创造的辉煌的科学文化成就为现代文明的诞生和发展奠定了坚实的基础，其科学思想根源在很大程度上促进了近代科学的产生。在古代世界的所有民族中，几乎没有一个民族能像古希腊人那样，对近代世界的文明产生如此巨大的影响。与世界其他古老文明民族相比，古希腊人更关注产生科学技术成就的思想根源问题，他们虽然在科学技术的物质方面远不如世界其他古老文明民族（如古埃及人、巴比伦人等）取得的成就，但他们在科学技术的精神方面所创造的成就却是无与伦比的。古希腊科学精神的一些精华至今还在影响着世界科学技术的发展，所以，古希腊科学精神是世界人类文明的宝贵财富。罗马人在征服古希腊以后，并没有在接受古希腊人的科学精神的基础上，将它们发扬光大。罗马人甚至逐渐放弃了这些宝贵的文化遗产，这不能不说是一个历史上的遗憾，但罗马人在实用技术方面确实取得了较大的成就。

1. 古希腊科学精神的形成和基本内容

古希腊文化最早出现在希腊半岛南面的克里特岛。早在公元前3000年，克里特岛及其周围岛屿就有了早期的爱琴（农业）文化。大约到公元前2000年前后，在克里特岛上出现了奴隶制国家，公元前2100年至公元前1380年的米诺斯王朝，实际上是由许多个分立的城邦所组成，其后它们的势力还曾经扩展到希腊半岛和爱琴海诸岛。这一时期属于前希腊时期和希腊历史的黎明期。大约在公元前2000年从北方陆续迁入的亚加亚人、爱奥尼亚人、伊奥利亚人和多利安人等，成为古希腊人的祖先。公元前8世纪以后，开始形成古希腊的城邦奴隶制，在古希腊几万平方公里的土地上逐步建立起了大约200多个奴隶制城邦。公元前6世纪后半叶，古希腊南部建立了以斯巴达为盟主的贵族寡头奴隶制国家，它以位于古希腊中部的城市雅典为中心，建立了奴隶主民主政治。到公元前5世纪中叶，雅典在古希腊各城邦中取得了盟主的地位，全面推行奴隶主民主政治，这一段时期是古希腊经济、政治和文化高度繁荣的时期，史称“雅典时期”。公元前338年，崛起于巴尔干的马其顿人战败古希腊，从而控制了各城邦，随后马其顿国王亚历山大（公元前356年—公元前323年）率领由希腊人和马其顿人组成的大军发动东侵打败波斯，吞并了叙利亚、埃及，并彻底摧毁了波斯帝国。他们在东起印度河、西至尼罗河与巴尔干半岛的广大地区，以亚历山大城（现今埃及境内）为中心，建立起了地跨欧、亚、非三大洲的亚历山大帝国。亚历山大帝国时期史称为“希腊化时代”。此时古希腊文化的中心由希腊本土上的雅典逐渐转移到了古希腊人统治下的处于现今埃及境内的亚历山大城，希腊化的亚历山大城很快发展成为一个重要的科学文化贸易中心。亚历山大帝国的统治者有重视科学文化的传统，他们提供优越的物质条件，大力赞助学术活动，举办研究机构，网罗科学人才，搜集古代典籍，建立了历史上最早的、规模宏大的世界学术中心——缪斯学院，并创立了图书馆、动物园、植物园和天文观测所等，广泛地开展学术研究活动，使亚历山大城成为当时世界上知识分子进行学术研究的最大中心。亚历山大帝国时期是古希腊科学技术发展的高峰期。在公元前146年罗马帝国征服了古希腊，古希腊被并入罗马版图。公元前30年，罗马人推翻了古希腊人统治的埃及托勒密王朝。古希腊的历史至此结束。

古希腊人对于世界人类文明的发展（特别是科学精神）曾经作出过最杰出的贡献。古希腊人之所以能够取得如此辉煌的科学成就，与古希腊人与生俱来的“天性”以及当时的政治历史环境有关。古希腊地区的地理位置处于亚、非、欧三大洲的汇交处，古代非洲的文明中心（古埃及）和古代亚洲的文明中心之一的巴比伦都聚集于古希腊地区附近。代表当时世界先进文明的古埃及和巴比伦的科学技术和文化汇合于古希腊，构成了古希腊丰富的外来文化和文明资源。而古希腊人具有乐观，热爱生活的天性，他们热衷于追求自由，对求知有着一种异乎寻常的执著和热忱，对外来文明有宽厚的容纳性和吸收性。他们对外来文明持有一种理性的态度，吸纳与批判相结合，接收与排斥并存。这些都为外来文明的继承光大和创造新的古希腊文明提供了必要的前提条件。与此同时，公元前8世纪开始期间，逐渐形成和发展起来的城邦奴隶制，建立了年轻而富有活力的奴隶主民主政治体制，为外来文明的继承光大和创造新的古希腊文明提供了良好和宽松的社会环境。城邦制的特点是以城市为中心相对独立的政权，当时的古希腊是由数以百计的独立城邦所组成，每一个城邦都具有自己相对独立的个性。因此，在当时的古希腊境内形成了有多个中心的局面，这种多中心的局面必然会使其文明形成多元化的发展。各个城邦对于外来文明所持吸纳和批判态度的差别，加之城邦居民主动参与探索文明发展的意识强烈程度的不同，导致了各城邦在文明发展上的差异。同时，由于各个城邦管辖的范围比较小，人们的交流（包括人口流动、观念交流和物质交流等）十分频繁，实现了整个古希腊区域内在创造新人类文明方面，形成相互借鉴和相互促进的良好氛围。这些在当时其他的国家和地区内是难以实现的。

在古希腊的早期（从城邦奴隶制至雅典时期），古希腊人将自然科学知识与哲学思想交织在一起，从而产生了科学与哲学融为一体的自然哲学，它是早期自然科学的一种特殊形态，综合反映了当时古希腊人对自然界的哲学思考。到亚历山大时期，随着人们对科学与哲学问题认识的进一步提高，科学从哲学中逐步分离出来，从而形成了包括天文学、数学和物理学等学科的自然科学早期理论。

在人类漫长的历史中，世界上大多数民族的早期自然观都是非理性的，一般为神话自然观或宗教自然观。人们认为自然界是神秘而变化无常的，在这种认识的前提下，人类只能选择顺从和屈服于自然。而只有古希腊人首先创造和形成了独具特色的理性自然观，这种理性自然观是古希腊科学精神最基本的因素。首先，古希腊人将自然界作为一个独立于人的整体来看待，在这个基础上，他们以积极的态度探索世界万物的本源；其次，古希腊人致力于建立自然、万物存在的结构性观念，他们认为自然界的各种变化必然存在着一定的规律性，而且人可以通过理性认识和把握这种规律性；第三，古希腊人追求理论认识表述的严密性和准确性，他们创造了一套数学语言力图描述自然界的规律。以上三方面构成了古希腊科学精神的最主要内容。

古希腊科学精神的产生与发展有着一个漫长的历史过程。与世界其他大多数古老民族相同，早期古希腊人的自然观也是一种神话自然观，在这种自然观的基点上，自然界往往被赋予神话的色彩，各种自然现象的变化通常被演绎为神的行为。但古希腊神话自然观与其他古老民族相比，具有两个比较显著的特征：其一，古希腊神话中的神是人神同构，即古希腊人创造的诸神与人类自身相似，但与人类并不完全相同。虽然他们像人一样有个性，有情欲，爱争斗，但与人有着明显而严格的区别。神话尽管是间接反映了人类的世界观，但人神同构，意味着人与神在古希腊人的头脑中是两个不同的概念，首先是区别，其次才是相似。人神同构，形成了古希腊独有的有机自然观念；古希腊神话的第二个显著特征是它具有完备的诸神谱系，在古希腊人创造的神谱中，任何一个神的来龙去脉都交代得非常清楚，并都与其在神谱中的地位一一对应。这种完备的诸神谱系，实际上是逻辑思维系统的一种原始形式，它突出了秩序、规则的概念，是古希腊理性精神的主要来源之一。古希腊神话中人神同构和完备的诸神谱系这两大特征，反映了古希腊人特有的思维方式，即思想的对象性和逻辑性，正是这种特有的思维方式为古希腊科学精神的产生和发展提供了可靠的基本保证。

古希腊人非常重视数学，在数学这一领域，他们创造性地取得了很多突出的成就。古希腊人认为，自然界是有规律和秩序的，并且这种规律和秩序人类可以通过数学方法去把握。他们相信心灵是掌握自然规律最可靠的保证，这一认识极大地促进了逻辑演绎方法和逻辑思维的发展。在天文学、静力学、地理学和光学等领域，他们成功地将一些自然科学问题数学化，并利用数学方法得出了高度量化的结论。这些成就不仅达到了当时古代世界该领域的最高水平，而且对近代科学的诞生和发展起到了一种重要的示范和促进作用。

古希腊最早对自然界形成了一种独立于神话而又系统的理性认识，同时又创造了一套数学语言来描述和把握自然界的规律。因此，科学作为一种独立的精神活动，最早起源于古希腊。

古希腊科学的主要缺陷在于不重视对自然现象进行实际细致的观察，古希腊自然哲学家一般不亲自动手观察自然现象，不亲手制造仪器工具。因此，他们在发展了高度发达的思维技巧和创造了独具特色的自然哲学理论的同时，却在实验科学方面存在着严重不足。古希腊人注重的是说明和理解自然，而不是支配和征服自然，所以，古希腊科学本身并没有构成物质性的力量，这与当时世界其他地区的文明（包括四大文明古国）形成了一定的区别。当时东方人文明（主要指科学技术）的发展主要是为了满足实用目的和宗教需要，为人类提供物质力量，而古希腊人则致力于用科学精神给出自然界的理性认识和理解。近代科学技术正是实现了这两方面的结合而逐渐发展的。我们应该充分认识到，古希腊科学形成于科学产生的萌芽时期和人类认识发展的幼稚阶段，其理论体系是原始而粗浅的，其中还存在着一些缺陷与不足，但是，古希腊科学精神对于近代科学技术发展起到了巨大的推动作用。

2. 古希腊自然哲学的主要流派

古希腊早期的哲学主要是关注自然界的问题，称之为自然哲学，当时科学与哲学是融为一体的，所以说，古希腊人在开启了哲学的同时，也开启了科学。古希腊人最早从哲学的角度上，明确地提出和思考了“世界万物的本原”和“事物运动变化的原因”两个问题，这两个自然界的基本问题构成了古希腊自然哲学的核心问题。这是自人类有意识以来，第一次试图摆脱神的困扰，独立加理性地解决自身面临的自然界问题。在古希腊自然哲学形成和发展的过程中，人们致力于从不同的角度、以不同的方式进行思考，探索以上所述的人类面临的两个自然界基本问题。在思考和探索的过程中，由于角度、观点和认识结果的不同，古希腊的自然哲学产生和形成了很多个不同的流派，其中主要的流派有：

2.1 最早的自然哲学派别——米利都学派

米利都学派的创始人是古希腊第一个集哲学和科学为一身的自然哲学家泰勒斯。泰勒斯也被誉为西方科学——哲学的开拓者和奠基人。他出生于地中海东岸爱奥尼亚地区的希腊城邦米利都（在现今土耳其境内），其详细生卒年月因年代久远已无法准确考证。泰勒斯与同是米利都人的阿那克西曼德和阿那克西米尼等形成了西方哲学史上的第一个学派——米利都学派。

泰勒斯认为，世界万物的本原是水，他力求用水的无定性和流动性来描述自然界万物的生成与变化。泰勒斯作为第一个自然哲学家曾经留下了一句名言：“万物源于水”。对于这句名言的意义不能仅仅从字面上去理解，如果按着近代科学的观点来认识，“万物源于水”的结论并不正确。但在古希腊的那个时代，提出这句名言的真正意义在于，它意味着人类对自然界现象的思考发生了根本性的改变。首先，它提出了一个人类追究自然界万物本原的命题，第一次揭示了人类可以通过理性去认识和解释自然界各种现象的哲学思考方式。这同时也体现了科学对待自然界现象的第一个基本原则，即科学从具体、复杂的自然界现象中找出其共同的原理，再通过原理解释、说明和预言其他更多、更复杂的自然界现象。其次，从“万物源于水”字面上理解，水是自然界中最普通、最常见的一种物质，因而将水作为自然界万物的本原，意味着人们已经开始认识到，自然界的本原是物质性的东西，而不是在此之前所认为的是精神上的东西（如超自然的鬼神等）。这句名言的意义在于人类已开始力求从自然界本身来说明自然界，而不再只求助于非自然界的东西和事物。总体上来说，这句话的真正意义在于它对后世科学与哲学的发展有着重要的导向性作用。

泰勒斯

泰勒斯的学生阿那克西曼德（约公元前610年—公元前546年）也是一位米利都学派的著名学者，他认为宇宙是球状的，星辰镶嵌在圆球上，而大地则是柱状的，有两个像鼓一样并彼此相反的表面，人类就居住生活在其中的一个表面上。同时，他也认为自然界的万物都出自于一种简单的物质本原，但他认为不是水，而是一种处于混沌状态的具体物质，其内部蕴藏着对立倾向，能产生一切事物。同时他认为人是由鱼而衍生出来的。

米利都学派的另一位著名学者阿那克西米尼（他是阿那克西曼德的学生，约公元前585年—公元前525年）改进了阿那克西曼德的宇宙模型，他认为宇宙是个半球，像毡帽一样罩在大地上面，大地则是由一些气体包围着的一个圆盘，仿佛大地在呼吸着似的。进而阿那克西米尼认为自然界的万物都是由空气所组成的，空气稀薄时变成火；空气浓厚时变成风；再浓厚时又变成云、水、土、石头，即阿那克西米尼认为是空气的浓密和稀疏形成和造就了不同的物质，这种万物由气组成的理论具有现代科学的特征。阿那克西米尼为证实自己的理论曾经做过呼气实验，这个实验被认为是世界上人类所做的第一次真正意义上的科学实验。

后来在米利都附近，还曾经出现过一位重要的米利都学派哲学家，他就是赫拉克利特（约公元前540年—公元前480年）。他因为波斯人攻陷了爱奥尼亚地区而逃到了雅典，从而将米利都的文化带到了雅典。赫拉克利特继承了米利都学派的唯物主义传统，发展了米利都学派关于物质本原说的思想，其研究也基本遵循着米利都学派的思路。他认为自然界万物的本原是火，因为火的性质最活泼并变化无定。赫拉克利特的本原火是不断“燃烧—熄灭”周而复始的活火，它作为自然界万物构成的本原，在一定程度上体现了自然界万物运动和变化的过程。赫拉克利特对后世最有影响的论断是“一切皆流，万物常新”，即自然界万物永远处于运动和变化之中。

毕达哥拉斯

2.2 毕达哥拉斯及其学派

毕达哥拉斯（约公元前580年—公元前500年）是古希腊历史上著名的数学家和哲学家，他曾经在数学领域取得过很多成就。关于物质本原说，毕达哥拉斯学派提出了数形合一的物质本原说。

一种单纯的物质为什么能演化出自然界难以数计的万物，这对于当时的古希腊人来说，的确是一个难以作出圆满解答的问题。带有神秘色彩的毕达哥拉斯学派利用数形合一的物质本原说解释了这个问题。他们认为自然界“万物皆数”，但我们应该认识到，“万物皆数”这句话的真正意思并不是说数即万物，而是指自然界万物变化所遵循的规律是数学的。因此，他们不是从感觉对象出发去解释自然界，而是利用抽象的“数”去构造宇宙模型。

毕达哥拉斯在历史上第一次提出了地球的概念（大地是一个圆球），这与以前人们所接受的大地概念相比，具有革命性的意义。地球概念的提出，打破了人类天地有别的固有观念，使地球成为宇宙的天体之一。在此基础上，毕达哥拉斯学派从圆和球是最完美图形和立体的观念出发，进一步提出了整个宇宙也是一个球体的概念（即天球概念），并且宇宙是由一系列半径越来越小的同心球所组成，每个球都是一个行星的运行轨道。毕达哥拉斯学派认为，位于宇宙中心的是“中心火”，其他所有的天体都围绕着“中心火”转动。他们又从10是最完美数字的观念出发，认为宇宙中只能有10个天体。当时人们所知的天体只有地球、月亮、太阳、金星、水星、火星、木星、土星和恒星9个，于是，为了达到数字的完美，毕达哥拉斯学派又臆造了一个天体——“对地星”，意思是这个天体位于“中心火”与地球相对的那一边，所以人类看不到。

数形合一的物质本原说认为万物皆数，可以理解为数是万物的原型，数表现为量和形状（几何学），数的量可以具体表现为点、线、面和体等几何形状。自然界万物的存在形式取决于数的量和形状。当时人们已经知道用正三角形和正方形可以构成四种正多面体，他们用这四种正多面体来代表水、土、气和火“四大元素”，并且这四种“元素”可以以各种不同的方式相互转化，从而形成自然界的万物。毕达哥拉斯学派认为，自然界的一切都服从于一定的比例数，天体的运动受数学关系的支配，形成天体的和谐。这种数学审美观念为近代精确科学的产生奠定了基础。

毕达哥拉斯学派重视数的思想，将自然界的万物都看做可以用数来表述的观念，尽管其中的一些认识，现在看来存在着一定程度的谬误，但它对于近代科学技术的发展起到过重要而积极的作用。直到今天，我们仍然可以看到，许多科学技术的重大突破都是由于发现了新的数学规律而实现的。

2.3 “四根说”和“种子说”

雅典时期的恩培多克勒（约公元前495年—公元前435年）为了更好地说明自然界万物本原的多样性问题，提出了“四根说”，“四根”即火、气、土和水。恩培多克勒认为，这四个根是自然界万物的本原，火、气、土和水在数量上按不同的比例进行混合，构成了万物在性质和形态上的千差万别。在一定意义上，“四根说”也可以被认为是早期的元素说。

与恩培多克勒同时期的另一位自然哲学家阿那克萨哥拉（约公元前500年—公元前428年）提出了“种子说”。这里的“种子”是指种类无限多而又无限小的东西，这实际上提出了无限小的概念。阿那克萨哥拉认为，自然界的万物是由“种子”构成的，构成万物的“种子”可以是同类，也可以是不同类，这种差别形成了自然界不同的物质。“种子”的结合与分离使自然界万物产生了千差万别的变化。自然界的万物有生有灭，而构成万物的“种子”则是永恒的。

2.4 原子论思想

德谟克利特

原子论是古希腊自然哲学中最有价值的成就之一，它大约形成于公元前5世纪中叶，并在公元前5世纪末至公元前4世纪初得到了进一步的发展。原子论的创始人是留基伯（约公元前500年—公元前440年），代表人物主要有德谟克利特（约公元前460年—公元前370年）和伊壁鸠鲁（约公元前341年—公元前270年）等。所谓原子，在希腊文的原意是指不可再分割的东西。值得引起注意的是，这里的原子并不等同于近现代科学中的原子概念，前者是一种自然哲学概念；而后者则是一个现代物理学概念。原子论的物质本原说一方面继承了米利都学派的物质本原思想，继续致力于用比较简单的要素来解释自然界万物的存在及其特性；另一方面又继承了毕达哥拉斯学派关于感官不能把握物质本原的思想，继续探索用一般的抽象规定来解释自然界万物的构成与变化。

原子论者认为，自然界的万物都是由原子和“虚空”所组成的，原子是肉眼观察不到的物质微粒。从微观上来看，原子本身是不可分割、不可改变、不生不灭的物质粒子，它在种类和数量上是无限的，原子只有形状、次序和位置的差别，而在性质上没有根本的差别，原子的这些差异，形成了千差万别的各种事物。原子间存在着供其永恒运动的场所（即所谓“虚空”），自然界中一切变化的实质上就是原子的聚散离合与运动。关于原子的运动，德谟克利特认为其遵循着某种必然性；而随后伊壁鸠鲁又补充提出原子的运动还存在着一定的偶然性。他们认为，自然界万物构成的根本原因是，无数的原子在无限的“虚空”中进行永恒的运动，产生相互的冲击，引起了直线和旋涡式运动，从而使不同形状和不同体积的原子彼此发生结合，由于原子的排列次序和位置的差异，而形成了自然界的万物。原子结合，万物生成；原子分离，万物消失。

原子论观点基于唯物主义的立场，将永恒的运动看成是构成自然界万物的无限原子本身所固有的特性。这实际上是通过事物本身的内在结构来解释事物的存在。原子论者创建和提出了一种从内在结构解释自然界万物构成的构造性系统。原子论作为一种杰出的科学思想，是古希腊自然哲学的最伟大成就之一。近代的很多科学技术成就都根源于2500多年以前古希腊原子论者的天才构想。

2.5 亚里士多德主义

亚里士多德

亚里士多德（公元前384年—公元前322年）是古希腊思想家中知识最渊博的学者，被誉为百科全书式的学者。亚里士多德一生中曾经对许多个学术领域进行过系统的探讨研究，他在总结前人已经取得的成就的基础上，创造性地提出了自己独特的新理论。在诸如哲学、物理学、生物学、天文学和伦理学等学科领域，亚里士多德都给后人留下了很多宝贵的学术著作。他是古代世界最伟大的哲学家和科学家之一。

亚里士多德的哲学博大精深，自成一体。他重视经验观察，把经验资料作为科学研究的真正目的，其哲学目的在于找出事物的本性和原因。就对待自然的态度而言，亚里士多德与他的老师——古希腊大哲学家柏拉图的观点大相径庭。柏拉图的“理念说”认为事物的本质寓于其自身，是内在的，是不可超越的，柏拉图强调理念的超越性，藐视经验世界。正是基于他们各自的不同理念，柏拉图发展了数学；而亚里士多德在生物学领域取得了突出的成就，并创造和发展了目的在于探索研究事物之道理的“物理学”。

在亚里士多德的著作中，哲学与自然科学已经开始逐步分化，这意味着古希腊科学发展的一个重要转折点。因此，亚里士多德的研究成果对古希腊科学的发展起着承前启后的作用。一方面亚里士多德综合了前人的学术研究成果；另一方面他又开创了通过经验考察来探索自然科学领域具体问题的研究方法。在自然界万物本原的问题上，亚里士多德用“四因说”来解释自然界万物的存在与变化，“四因说”即质料因、形式因、动力因和目的因。亚里士多德认为，自然界万物的存在与变化都有这四个方面的原因，整个世界就是由质料趋向于形式的运动过程，这种运动要借助于外力的作用（动力因），而形式则是应该包含着目的的。以一座房子为例，砖瓦木石这些建筑材料是它的质料因；但只有一堆建筑材料而没有构成房子的形式，还不能称其为房子，这需要有形式因；同时，将建筑材料构成一座房子，还必须有某种外力的作用，这就是动力因；房子建成后，又总是为了满足某种需要，这就是目的因。在亚里士多德看来，只有把一件事物的四因弄清楚了，才有可能真正认识这件事物。他还认为，在构成自然界万物的四因中，形式因和目的因最重要，形式是事物的本质，目的是事物的根本。亚里士多德的出发点原本是在承认客观存在的基础上，研究客观存在的，这是具有唯物主义认识的观点。但在具体的“四因说”中，却是向唯心主义靠拢了。虽然亚里士多德也认为运动是永恒的，但他是一位外因论者，在他看来，只能从事物的外部去寻找动力，寻找运动变化的原因。他认为运动着的事物之所以运动，是由于有一个处于事物之外的推动者。这个自身不动的推动者，就是神，就是上帝。他这种在上帝第一推动下，物体才运动的运动观，充满了主观臆断，这种机械的外因论对后人曾产生过很大的影响。

在探讨自然界物质组成的问题上，亚里士多德将自然界的万物分为天上世界和地上世界两大类，认为天上世界是由一种神圣纯洁的“以太”（所谓宇宙气体）所组成的，是不朽和永恒的，天体的运动是完美的匀速圆周运动；而地上世界的物体则是由土、水、气和火四种元素所组成的，其运动是直线运动。地上世界的物体有其天然的处所，并都有回到其天然处所的趋势。在四种元素中，土和水比较重，其天然处所在下，因而它们有向下的天然运动；气和火比较轻，其天然处所在上，因而它们有向上的天然运动。轻重的程度，决定了它们上升或下降速度的快慢。此外，地上世界的物体还可能有受迫运动，受迫运动是推动者施加于被推动者的，取消推动作用，受迫运动将会立刻停止。

亚里士多德认为逻辑是进行科学和哲学研究、获取真正可靠知识的必要方法和工具，因而他非常重视逻辑学。他曾经对形式逻辑进行过比较系统的深入研究，提出了形式逻辑的三大基本规律，即同一律、矛盾律和排中律。通过对概念、判断和推理等逻辑形式的研究，他首创了三段论推理的格和规则的学说。亚里士多德强调思维形式与存在形式的一致性，认为逻辑的形式和规律是客观事物存在形式和规律的反映。他把逻辑论证分为两个方面，即从个别引出一般和从一般推出个别。亚里士多德的研究成果，确定了形式逻辑的基本内容，使之成为了一门科学。亚里士多德曾经将自己在逻辑学方面的发现和研究成果运用到具体的科学研究工作中，在数学领域特别是在几何学方面的研究取得了较大的成功。

3. 古希腊的科学技术

古希腊人在早期的自然哲学中，注重对自然界基本规律的探索。他们善于进行理论思维，形成了他们独特的古希腊科学精神，从而促使其自然科学最早进入理论化、系统化的时代。古希腊文化在亚历山大帝国时期达到了顶峰，他们在科学技术领域的成就主要集中于科学方面。在这一时期，出现了许多当时古代世界最杰出的科学家，取得了很多令后人瞩目的自然科学成就。

3.1 天文学

与世界上其他文明古国一样，古希腊人研究天文学，观测天象，也主要是为了制订自己的历法。但有所区别的是，注重数理的古希腊人在天文学领域的兴趣更多地集中于宇宙模型的构建上。他们认为，整个宇宙是井然有序的，各天体在不同的位置和不同的轨道上成为宇宙的组成部分。

古希腊人在了解和学习古埃及人和巴比伦人天文学知识的基础上，以更加理性的态度看待天文学问题，并对其做了更进一步的深入研究，在天文学领域提出了一些独特的见解。米利都学派的创始人泰勒斯在他的旅行中搜集了迦勒底人和古埃及人所掌握的天文学知识，据说泰勒斯曾经预言了公元前585年所发生的一次日食。阿那克萨哥拉认为月亮和行星都像地球一样是岩石结构，他甚至大胆设想人类可以在月亮上居住。阿那克萨哥拉推证了月亮因反射太阳光而明亮。他用月亮运行到地影里去的说法，来解释产生月食的原因。而毕达哥拉斯学派从唯美主义的观点出发，认为天体和整个宇宙都是球形，并一直在做匀速的圆周运动。正是基于这些早期的大胆设想，使得古希腊人将天文学与几何学结合起来成为可能。他们一直试图以几何模型来说明和解释天体的运动，柏拉图学院的学生欧多克斯（公元前409年—公元前356年）以天文观测为基础，将天文观测结果和宇宙假说联系起来，构建了一个同心球宇宙的几何模型。这个宇宙几何模型以地球为中心，日、月和五大行星及恒星围绕着地球进行匀速旋转。欧多克斯构建的宇宙几何模型共有27个球层，各球层分别解释不同天体的运动，其中1个球层解释恒星的运动；太阳和月亮的运动各用

2个球层来解释；5个已知行星的运动各用4个球层来解释。为了更好地解释一些比较复杂的天体运动现象，古希腊人用增加同心球的办法继续改进欧多克斯的宇宙几何模型，亚里士多德曾把同心球的数量达到最多的55个。宇宙几何模型能够解释日食和月食，但对日月食运动的变化不能做出很好的解释。创建宇宙几何模型的最重要意义在于开创了利用数学和几何学方法描述天体运动的思路。亚历山大时代的希帕克斯创建了本轮—均轮模型来取代同心球模型。在这个模型中，仍以地球为宇宙的中心，各天体沿着自己的“本轮”做匀速的圆周运动，本轮的中心又沿着各自更大的“均轮”绕地球做匀速圆周运动。希帕克斯规定日月在本轮上的运动方向与本轮本身沿均轮运动的方向相反而速度相同；而行星在本轮上的运动方向则与本轮本身在均轮上的运动方向相同而速度不同。本轮—均轮模型比同心球模型更为简单，它能够更好地解释日月距离的变化和行星不规则的视运动现象。在古希腊的天文学中，基本上还是“地心说”占据了主导地位。但在古希腊时代也有天文学家曾经提出过日心地动学说，他就是亚历山大里亚的著名天文学家阿利斯塔克。阿利斯塔克可谓是“日心说”的先驱。他提出，并不是日月星辰绕地球转动；而是地球与星辰一起绕太阳转动。他的这个认识可以看成是毕达哥拉斯学派的“中心火”理论的继承和发展，阿利斯塔克只不过是将太阳放在了中心火的位置上。阿利斯塔克的观点对很多年以后哥白尼创立“日心说”有直接的影响。但在当时的古希腊，这个天才的看法并没有得到人们的接受。阿利斯塔克另一个重要的天文学成就是进行了太阳、月亮与地球之间距离以及相对大小的测量，在他流传至今的天文学著作《论日月的大小和距离》中，记载了这项工作和得到的相应测量数据。尽管阿利斯塔克经过测量得到的估计数值与实际数值的误差较大，但他至少已经认识到，太阳是比地球大很多的天体，这有助于使他相信地球是绕太阳旋转的。

古希腊的天文学虽不乏缺陷和谬误，但与其他文明古国的天文学相比，其理论性最强，体系也最完整，相应的测算方法也达到了古代的高峰。古希腊天文学对后世天文学的发展产生了非常深远的影响。

3.2 数学

古希腊科学精神表现的一个重要方面是追求表述科学认识的准确性，这种追求形成了古希腊人对数学特有的重视习惯，在柏拉图学院门口曾经出现过“不懂数学者免进”的告示。古希腊人认为各种自然事物都可以通过数和图形表现出来，数学是表述对自然界事物认识的一种重要工具和形式。

古希腊人对数学特别是几何学具有非常浓厚的兴趣，在数学领域他们曾经取得过非常辉煌的成就。其中成就比较突出的有毕达哥拉斯学派和柏拉图学派等。毕达哥拉斯学派在公元前6世纪首先证明了毕达哥拉斯定理（即“勾股定理”），他们在研究等腰直角三角形时，发现其斜边是每一直角边的$\sqrt{2}$倍，而且这一数字不能用任何有理数表示出来（当时人们还不认识无理数），后来他们发现可以用一固定线段来表示$\sqrt{2}$等类似的数字，由此他们看到了几何学的优越性。$\sqrt{2}$这一发现是毕达哥拉斯学派在数学领域取得的最卓越功绩之一，也是世界整个数学史上一项非常重要的发现，这一发现给数学和哲学带来了非常深远的影响。柏拉图本人还曾经给几何学中的点下过比较明确的定义：“点是直线的开端”或“点是不可分割的线”。古希腊人把古埃及人和巴比伦人在几何方面的经验和智慧升华为一种新的体系，后人利用这一体系，可以直接通过书本和逻辑就能够掌握几何学。

公元前5世纪的雅典时期，古希腊智者学派的数学家们曾提出了三个著名的几何作图难题（要求只用圆规和直尺进行有限次操作完成），即化圆为方问题（作一正方形使其面积等于一已知圆的面积）、两倍立方问题（作一立方体使其体积等于另一已知立方体体积的两倍）和三等分任意角问题（三等分一圆弧）。这三个几何作图难题曾经在很长的时期内，吸引和困惑了许多数学家。虽然后来证明这些三个几何作图难题都是不可能完成的，但在试图解决这三个几何作图难题的长期过程中，曾经出现过许多重要的数学发现，如希匹阿斯的割圆曲线、安提丰把圆看成无穷正多边形的思想和美尼克谟发现的抛物线、椭圆、双曲线等，这些数学发现都为后来数学的更进一步发展起到了非常重要的作用。

欧几里德

在后来的希腊化时期中，数学达到了古希腊时代的最高水平，出现了许多更为系统化的理论成果。其中最为重要的当属欧几里德的数学研究成果，他的《几何原本》一书被认为是卓越的学术水平与广泛的普及性完美结合的典范。首先，欧几里德把演绎推理应用于数学领域，他集前人数学成就之大成，将较为零散的初等几何学知识构成了一个十分严密完整的理论体系，这是古代数学知识走向系统化的一个重要标志；同时《几何原本》又是一本经典的数学教科书，它在毫无改动的情况下，一直被沿用了两千多年。《几何原本》全书共分为十三篇，几乎涵盖和包括了现今初等几何学课程中所有的内容，其中第十二篇介绍的穷竭法，被认为是近代微积分思想的早期来源。欧几里德的主要贡献在于将前人的几何学成就汇集成了一个近乎完美的知识体系，并对其中的某些定理给出了较前人更为简洁明了的证明。阿波罗尼乌斯所著的《圆锥曲线论》一书，被认为是古希腊时期最杰出的数学著作之一，他在圆锥曲线几何学问题上的研究成果，曾使得后人在相当长的一段时期内在这方面几乎无事可做，它使古希腊数学达到炉火纯青的境地。阿波罗尼乌斯是第一个从同一圆锥的截面上来研究圆锥曲线的数学家。他证明了以一个平面按不同的角度与圆锥相交，可分别得到抛物线、椭圆和双曲线。阿基米德以欧几里德在几何学上达到的水平为起点，继续进行了深入的探讨研究。他的研究工作涉及理论和实用的许多领域，在数学、物理学和天文学等诸多领域都做出过巨大的贡献，阿基米德在数学领域的成就被认为是古希腊数学的顶峰。他着重研究了一些形体复杂面积和体积的计算方法，包括求球体的面积、体积与其外切圆柱的面积、体积之比的方法；计算抛物线所围面积和弓形面积的方法；求著名的阿基米德螺线（$\rho=\alpha Q$）所围面积的方法等。人们还从1906年发现的书写在羊皮纸上的阿基米德所著的《方法论》中看到，德谟克利特是第一个求出锥体和圆锥体体积的古希腊数学家。阿基米德研究数学是为了得到实际中有用的结果。他曾经成功地将数学应用到力学中去，其证明方法精确而严谨。阿基米德既继承和发扬了古希腊研究抽象数学的方法，又使数学的研究与实际应用联系起来。这在世界科学发展史上意义是非常重大的，对后世的影响也是极为深远的。

欧几里德、阿波罗尼乌斯和阿基米德被后人并列称为古希腊时期的三大数学家。

3.3 物理学

古希腊的学者们对自然界的许多物理现象也非常关注，并长期对此进行认真、细致的研究，取得了很多重要的成就。

亚里士多德是古希腊第一个最认真研究物理现象的科学家，其所著的《物理学》一书被认为是世界上最早的物理学专著。亚里士多德在物理学领域侧重研究的是有关力学的问题，他认为地球上物体的自然运动是重者向下，轻者向上，要想改变这种自然状态就要依靠外力。关于自由落体，他的结论是较重物体下落的速度比较轻物体下落的速度快，理由是较重物体冲开介质的力比较大。亚里士多德的物理学研究的缺陷在于其缺乏实验根据，具有纯思辨的倾向，因而其结论大多是不正确的。亚里士多德的很多观点在后来都被伽利略通过实验而得到纠正。

亚历山大时期的阿基米德被后人誉为“静力学之父”，他不仅是一位古希腊著名的数学家，也是古希腊成就最大的物理学家之一。阿基米德曾经在静力学方面取得了一系列的重要研究成果。阿基米德通过实验和数学推理提出和证明了杠杆原理和浮力定律。关于这两项静力学研究成果，有过一些著名的传说，对于杠杆原理，阿基米德曾有一句“给我一个支点，我可以撬动地球”的名言，浮力定律则有判断国王金王冠真假的历史故事。阿基米德还解决过复杂形状物体的求重心问题。在完成这些研究的过程中，阿基米德既重视实验数据的准确获取，又强调对实验数据进行数学推理的重要性。

精通几何学知识的欧几里德曾以几何学的方法研究物理学中的光学问题，开创了物理学“几何光学”的新领域。他著有《光学》和《论镜》两部光学著作，被认为是世界上最早的两部光学专著。欧几里德进行过许多光学实验，当时他已弄清楚了光的反射定律，知道了入射角与反射角相等。他还曾经研究过有关凹面镜与凸面镜的反射问题。

3.4 生物学和医学

生物学与医学是两门关系比较密切的学科，很多医学知识来源于生物学的研究成果。

古希腊学者很早就开始对自然界的生命现象进行了科学细致的观察，并根据观察的结果进行了多方面有益的探讨研究，取得了很多的研究成果。阿那克西曼德认为，生物是从太阳所蒸发的湿元素里产生的，人是从另一种动物产生的，实际就是由鱼产生的，依据是人在胚胎的时候很像鱼。阿那克西曼德认为人的祖先是鱼，体现了一种原始的生物进化思想。亚里士多德是古希腊在生物学领域贡献最大的学者之一，在他众多的学术著作中，大约有三分之一是有关生物学的。在生物学研究中，亚里士多德很重视生物的观察和解剖工作，他曾经对许多生物的器官以及它们的相应功能都作过认真细致的观察研究，在他的生物学著作中，至少记述了约500种动物，据说他至少解剖过50种动物。亚里士多德在生物学研究上的主要贡献在于他按照动物的外部形态和胚胎差异，对各种动物进行了认真的等级分类。他认为，自然界由无生命界进达于有生命动物界的发展是积微而渐进的。在植物界中有一种延续不绝的级序，以逐步趋向于动物界。他还认为各种植物进达于动物，各种动物进达于人类。亚里士多德通过对小鸡胚胎发育的观察，提出了生命起源的“自然发生说”。

医学起源于人类的生存需要，凡是有人类居住生活的地方就会有医学。古希腊早期的医学知识来自于古埃及和两河流域地区，最初的医学是掌握在各地祭司们的手里，后来在古希腊出现了专职的医生，并逐渐形成了比较系统的医学体系。

毕达哥拉斯学派的阿尔克芒被称为古希腊时期的“医学之父”，他为了了解人的生理构造，曾经解剖过人体，通过解剖人体他发现了人的视觉神经以及连接人耳和口腔的欧氏管（咽鼓管），同时阿尔克芒还认识到大脑是人类感觉和思维的器官。古埃及人为了制作木乃伊也曾经解剖过人体，但以医学研究为目的解剖人体，阿尔克芒可谓是世界第一人，他的研究工作实际上开创了解剖生理学的先河。阿尔克芒认为人体的健康是其体内各种物质的和谐，他主张医学研究应当重视哲理。阿尔克芒的有些观点曾长期影响着西方医学界。

希波克拉底（约公元前460年—公元前377年）是古希腊最著名的医生之一，他流传下来的医学著作集成《希波克拉底文集》共有70篇文章。希波克拉底把疾病视为单纯的身体现象，与鬼神无关。他主张人类应该以理性的态度来对待疾病，并注意从临床治疗实践中总结规律。希波克拉底可能是最早作医疗临床记录的医生，现今还保存有他当时的42件临床治疗记录。希波克拉底的最大贡献是将医学从原始巫术中拯救出来，并创造了新的医学体系。希波克拉底曾经创立了颇有影响的“四体液说”，这个学说认为人体中有四种液体，包括黑胆液、黄胆液、血液和黏液。这四种体液的流动维系着人的健康与生命，四种体液协调时身体就健康，四种体液失调时人就会出现疾病。这类似于中医的“阴阳五行说”。

古希腊后期，亚历山大城的赫罗菲拉斯也是一位著名的医生和解剖学家，他曾经对一些判了死刑的囚犯做过活体解剖，据说他曾经当众做过解剖表演。赫罗菲拉斯是世界上第一个区别动脉和静脉的学者；他曾经对人的神经、眼睛、肝脏和其他器官都有过很好的描述；他还给肠子的第一段定名为十二指肠；并对人的生殖系统进行过研究，描述了卵巢和从子宫到卵巢的管道。

古希腊的医学成就对后来西方医学的发展有很大的影响，特别是他们在医学研究中重视解剖的传统，对西方医学的影响更大。古希腊人形成的一些医学观点和取得的成果，后来成为西医学重要的理论基础。

3. 5　工程技术

巴台农神庙

建筑作为一项综合技术，一方面能体现出一个社会的总体技术水平的高低，另一方面，建筑风格在某种程度上也能反映出一个社会的文明特征。古希腊最早的建筑技术大概也是从西亚传入的。约在公元前20世纪克里特岛上已有了大规模的城堡和宫殿建筑。与其他东方古国的建筑相比，古希腊建筑具有自己独特的艺术风格。古希腊人将自己丰富的几何学知识巧妙地应用于建筑实践。考古发掘表明：公元前18世纪—公元前14世纪重建的克诺索斯宫，其建筑面积有16000平方米，整体为烘烤过的泥砖和木制结构，有二、三层楼房，内部装饰十分华丽，反映了当时古希腊米诺斯王朝的盛况。古希腊最著名的建筑物是建于公元前5世纪的雅典卫城，至今尚存一些残迹表明它是用石料砌成的。卫城由大量重要的建筑物所组成，其中建于公元前447年—公元前431年的巴台农神庙堪称古希腊全盛时期建筑与雕刻的主要代表作，该庙因祭祀雅典娜巴台农为主神，故又称“雅典娜巴台农神庙”。巴台农神庙是用白色大理石砌成的，呈长方形，长69.50米，宽30.88米，高20米，有46根多利亚式（古希腊的一种建筑风格）环列圆柱构成的柱廊，柱高约10.4米，底径约1.9米，柱身刻有20道竖向凹槽。庙内设前殿、正殿和后殿，山墙上雕有精美的浮雕。亚历山大城是古希腊人统治埃及时托勒密王朝的首府，城内的建筑物十分宏伟。有文献记载：亚历山大城长约5公里，宽约1.6公里，城中建有90米宽的南北向和东西向的中央大道。亚历山大城的港口有一座建于公元前279年的灯塔，塔高120米，塔上装有金属反射镜，使得远在60公里外船上的人都能看到灯塔。这些都说明古希腊当时的建筑技术已达到了相当高的水平。

在古希腊的亚历山大时期，科学往往被要求具有相应的物质力量，人们将较先进的科学知识用于技术发明，在除建筑以外的技术领域也有一些有价值的技术发明出现。古希腊人较早地从西亚传入了冶铁技术，公元前16世纪至公元前12世纪古希腊就出现了铁器。到公元前9世纪至公元前6世纪，铁器工具得到了普遍的应用，当时人们已经基本掌握了铁件的淬火、焊接和锻铁渗碳法制钢等技术。阿基米德一生中发明过很多机械，其中包括一些十分复杂的生产工具和武器。他曾用一种螺旋（现今仍被称为阿基米德螺旋）发明了一种提水器，这种提水器直到公元20世纪在埃及还有人使用。据传说阿基米德还设计制作过一个可以模拟天体和演示日食、月食的天象仪。当罗马侵略军围攻阿基米德居住的叙拉古城时，他设计制造的投石机把敌人打得抱头鼠窜；他制造的铁爪式起重机，能把敌人的船只从水中提起，并把它们翻倒过来，抛入大海中；他还制造了一面巨大的凹镜，能把太阳光聚焦在靠近的敌船上，使敌船起火燃烧。为此，罗马军队对阿基米德设计的新式武器非常害怕。希罗是亚历山大的发明家，约生活在公元1世纪，那时埃及虽已归属罗马，但希腊化的影子绵延了很久，通常将他归于古希腊。希罗对技术领域的重要贡献反映在他的著作中，他的《机械术》记载有杠杆、滑轮、轮子、斜面、尖劈等机械工具的使用，这些实际上是杠杆原理的具体应用；他的《气体论》记载有空气动力技术的运用，指出空气也是一种物质，并且是可以压缩的；他还在书中描述了用水力、风力和热空气推动的机械、玩具和魔术等，其中包括著名的汽转球（类似于蒸汽机的一种玩具装置）、水力风琴、推动庙门启闭的热空气机等；他的《丈量术》一书描述了一种由水准仪和定直角的经纬仪构成的测量仪和一种用在水平路面缓行车轮上的测距装置——里程仪。古希腊的技术发明大多出现于古希腊的希腊化时期。

4. 罗马帝国时代的科学技术

罗马人的祖先与希腊人的祖先几乎同时进入地中海地区，在古希腊文化处于高度繁荣的“雅典时期”，古罗马人在意大利北部建立了自己共和制的国家。公元前3世纪初，古罗马人统治了整个意大利半岛，公元前2世纪中期，崇尚武力的古罗马人继续向外扩张，先后战败了迦太基人和马其顿人，公元前30年又征服了古希腊人统治下的古埃及托勒密王朝，占领了古希腊人活动的全部领土。在数年的征战期间，武功显赫的古罗马将军们对共和制产生越来越大的不满，到公元前30年，横跨欧亚非三洲的环地中海大帝国——罗马帝国终于取代了有200多年历史的罗马共和国。此后罗马帝国实行军事上的独裁和政治、行政上的统一，维持了大约两百年比较稳定的统治，罗马帝国时代的科学技术主要指的是这段时期的科学技术成就。

4.1 罗马人与古希腊文化的关系

罗马人征服了古希腊以后，没有像古希腊人那样以理性的态度来对待自己所得到的文化遗产。罗马人并没有全面继承古希腊科学精神和方法的精华，随着时间的推移，他们甚至逐渐放弃了这些宝贵的文化遗产。所以，历史学家们普遍认为：罗马人并不是古希腊文化理想的继承者。

罗马人是一个以农业为主的民族，为了保护自己的家园和能够不断获得更多的土地，罗马人进行了多次的侵略战争。在军事和政治上，罗马人有着比较高的天赋，但是罗马人的天性和现实的生存状态使得他们在对待科学的态度上，与古希腊人有着本质上的差别，他们缺乏古希腊人对待科学问题的那种创造性、构造性的思维，相对而言，罗马人更注重实际，重视与现实生活关系更密切的实用技术问题。因此，罗马帝国期间科学技术发展的情况可大致概括为：科学的衰落，技术的发达。

罗马人在经过多年的战争征服了古希腊以后，面对着古希腊雅典时期和希腊化时期留下的丰富科学遗产，他们并没有在此基础上取得更多、更高的成就，将灿烂的古希腊文化发扬光大。罗马人虽然接受了古希腊科学的一些内容和成果，将它们用于工程技术领域，但他们却抛弃了最重要的古希腊科学精神和方法，这在科学史上是一个不容忽视的遗憾。

罗马人不像古希腊人那样，对待自然问题有着不倦的理性探索精神，在自然哲学或理论科学方面的工作基本上是复述古希腊人的知识成就。罗马人总体的国民性格是重技术轻科学，重政治轻艺术，重实际轻思想，重国家轻个人。因此，在罗马帝国时期，代表古希腊人自由探索精神的哲学和科学只是在帝国初期有一点余辉，随后就日渐衰落。由于罗马人的国民性格和当时的具体情况，罗马人只是在军事工程和城市建设等技术领域有过一些比较重要的发明创造。

4.2 罗马帝国初期古希腊科学的余辉

在罗马帝国初期，也曾经出现过一些对古希腊文化继承得比较好的罗马学者，其中的主要代表人物有：托勒密、盖伦、卢克莱修、普林尼和塞尔苏斯等。虽然他们的大部分工作主要是在复述古希腊时期的科学知识成就，但他们的工作对于当时和以后的科学的发展有着一定的历史意义。

卢克莱修（公元前99年—公元前55年）是罗马人中继续研究自然哲学的少数学者之一，他较好地继承了古希腊的文化。其主要贡献在于发展了古希腊自然哲学中的原子论思想，卢克莱修在以长诗体裁写成的《物性论》中，全面阐述了自己的原子论观点。《物性论》是古代原子论唯一流传下来的文献。在这本著作中，卢克莱修继承和发展了古希腊时期的原子论观点，他在全面阐述古希腊原子论者哲学思想的同时，也提出了一些比较新颖的观点。他认为：物质是由永恒不变、不可再分的原子所构成，并且组成物质的原子有形状、大小和位置的差别；物质的具体性质由其原子的结合形式、数量和位置所决定；微观至宏观物质的存在与变化可以用原子运动所体现的因果关系来解释；一切自然现象（如雷、雨、风、地震和火山爆发等）的产生是由于原子的无数次相互结合而造成的；生命起源于无机界，同时也是原子运动、变化的结果，这一观点充分体现了卢克莱修的进化思想。

普林尼（公元23年—79年）可称为罗马时期的一位博学家，他著有长达37卷的科学著作《自然史》。在这部科学巨著中，普林尼对古代自然科学知识进行了百科全书式的系统总结，其内容涉及天文学、地理学、动植物学和医学等诸多学科领域。普林尼对前人的观点更多的是强调忠实性而缺乏必要的批判性，他基本上是在复述前人的观点，各种不同的观点不论正确与否都一概收纳。普林尼的最主要功绩在于将收集到的自然科学知识按条目（全书共有34707个条目）汇编，为后人研究古代自然科学知识（特别是已经失传了的古代自然科学知识）提供了宝贵的依据。

托勒密（约公元90年—168年）是近代人最熟悉的古代天文学家之一，其主要科学成就是他在系统地总结了古希腊天文学的优秀成果的基础上，写出了流传千古的《天文学大成》。这部天文学著作共分13卷，涉及了地心体系的基本构造（第一卷和第二卷）、太阳的运动（第三卷）、月亮的运动（第四卷）、月地和日地距离的计算（第五卷）、日食和月食的计算方法（第六卷）、恒星和岁差现象（第七卷和第八卷）和五大行星的运动（第九卷至第十三卷）等诸多方面的天文学知识。托勒密的工作基本上是沿着古希腊时期欧多克斯、希帕克斯等人的道路，维持和发展地心说理论。在托勒密构造的宇宙体系中，地球以静止状态位于宇宙的中心；地球之外有11层天，太阳和月亮直接绕地球旋转。托勒密在完善地心说体系的过程中，注重进行天象观测，形成了自己独特的天文学研究方法，其中最重要的是利用几何学的知识对自己建立的假说模型和天象观测的结果进行定量分析。《天文学大成》被认为是古代天文学的百科全书，直到哥白尼时代之前，一直在西方天文学理论体系中占据着权威的统治地位。

托勒密（约公元90年—168年）

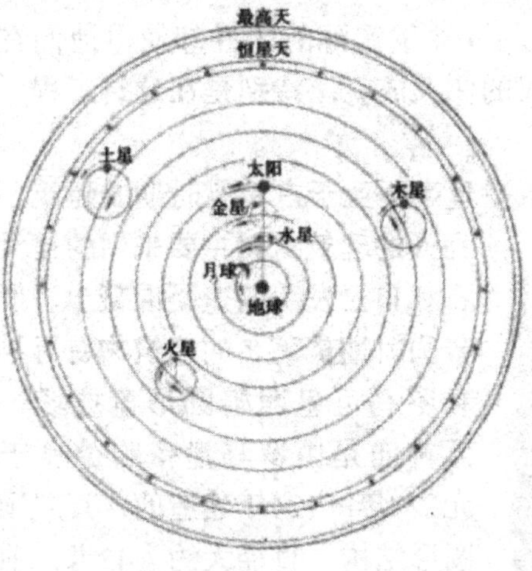

托勒密地心体系简图

盖伦（公元129年—199年）是古代西方最著名的医生之一，其主要贡献是在系统地总结古希腊时期医学成就的基础上，将古希腊的解剖知识和医学知识结合起来并加以系统化，创立了自成体系的医学理论。同时，盖伦的医学理论也基于自己大量的解剖实践和临床治疗实践，他曾经对人体的结构和器官的功能进行过比较正确的说明和描述。由于当时的社会不允许直接进行人体解剖，盖伦只能通过解剖各种动物（如林居猕猴等）来推测人体构造，所以其对人体结构和器官功能的认识难免会出现一些不正确的地方。盖伦的人体生理学以肝脏、心脏和大脑为主要器官，他已经认识到肝脏是人体的造血器官，人体摄取的营养到达肝脏后变成静脉血，这些血液大部分通过静脉在人体全身中做“潮汐运动”；另外一小部分血液则进入心脏，在心脏中被注以“自然灵气”，并通过动脉输送至全身，给全身以活力。大脑则将心脏生成的“自然灵气”转变为“动物灵气”，支配着人体肌肉的活动，并使人有表象、记忆和思维的能力。盖伦认为动脉的功能是输送血液而不仅仅只是输送“灵气”，但他相信这些血液输送到人体各个部位后被吸收。按照现代医学的人体血液循环理论，这种说法和观点很明显是不正确的，但其意义在于它代表了当时人类试图全面阐述自身生理的一种早期尝试。盖伦的病理学主要继承了传统的“四体液说”，体液平衡表示人体健康；体液失衡则表明人体产生疾病。因此，他认为人体疾病治疗主要靠调节体液平衡，排除过剩和腐败的体液。据说盖伦一生中曾经写过131部医学著作（其中83部流传至今），其研究范围涉及到医学理论与实践的各个领域，因此，盖伦的医学理论影响很大，它曾经主导西方医学一千多年，被奉为整个中世纪西方医学的金科玉律。

在复述古希腊时期自然科学知识方面比较突出的罗马学者还有塞尔苏斯，他大约生于公元元年左右。塞尔苏斯出身于罗马贵族，自幼受过良好的古希腊文化教育。据说他用拉丁文写过好几本向罗马人介绍古希腊时期科学知识的著作，但仅有有关医学的著作流传下来，这些医学著作后来被称为罗马医学百科全书。塞尔苏斯医学著作涉及的主要内容虽然取自于古希腊人，但由于是用拉丁文写的，所以对后世的医学发展产生了较大的影响，特别是在外科学和解剖学方面。

4.3 罗马帝国时期的技术成就

罗马帝国时期在科学方面虽然日渐衰落，而罗马人注重实际的天性却使得他们在实用技术方面有着非常杰出的创造，并取得了令人赞叹的伟大成就。特别是在建筑工程、交通、水利和公共医疗等领域取得的成就尤为显著。

罗马时期的建筑规模宏大、结构坚固，其技术水平丝毫不亚于古希腊时期的建筑。罗马人的建筑材料主要采用的是大理石和自己发明的速凝混凝土。罗马帝国时期最著名的建筑物有万神庙和罗马可里西姆圆形竞技场等。万神庙是由罗马皇帝哈德良于公元120年—124年建造的，其屋顶为圆形结构，直径大约为42米，前门有两排16根列柱支撑，整个建筑具有明显的古希腊神庙建筑风格。罗马可里西姆圆形竞技场建造于公元72年—80年间，直径达180米左右，竞技场中间是供奴隶进行角斗的场地，周围是四层高高的看台，据说看台可容纳五万人之多。在建筑理论方面，罗马人也做了一定的研究工作。罗马帝国时期的著名建筑师维特鲁维（大约生活于公元前1世纪左右）所著的《论建筑》一书，在书中维特鲁维总结了古希腊时期以来的建筑经验，重点分析了古希腊爱奥尼亚式神庙、多里亚神庙和科林神庙等建筑的结构，并讨论了其中出现的有关工程技术问题。全书共分十卷，其内容涉及到建筑原理、建

罗马万神庙

筑史、建筑材料、城市整体规划、民居设计以及建筑施工等诸多方面的问题。《论建筑》既是世界上第一部建筑学专著，也是一部建筑学的百科全书。它对西方建筑学的发展产生了重要的影响。

“条条大路通罗马”的成语反映了罗马帝国时期交通的发达。罗马帝国的统治者为了巩固自己的统治，很重视交通运输事业的发展，其四通八达的道路网以首都罗马为中心，总长达8万公里。当时罗马城内的主要街道都用石子铺就而成，而公路网上遇河架桥、逢山开洞，充分体现了当时相当高超的工程技术水平。

高架引水渠

据说到公元1世纪时，罗马城的人口可能已达到了一百万。为了给城市人口提供足够的生活用水，罗马人修建了庞大的引水设施，利用兴建的引水渠从水源地向罗马城内的居民供水。从公元4世纪开始，罗马人陆续修建了9条总长达90公里的引水渠工程，同时引水渠工程逐步扩展到其他区域，除提供居民生活用水外，还提供农业灌溉用水。处于低洼地带的引水渠采用高架结构，有的还采用了虹吸技术。

医学是罗马人继承和学习古希腊科学最好的一门学科，这主要是罗马人比较重视医疗卫生事业。他们在每个行省都设置了医疗中心，城市设有医院，并开办有医学院。这些都大大促进了罗马帝国时期医学的发展。只是到了罗马帝国的后期，罗马人放弃了医生这一神圣的职业，改由奴隶们去给病人治病，这使得罗马帝国医学的发展出现停滞状态。

古希腊的科学文化源远流长，其灿烂的文化成就对西方文化的发展产生了深远影响，成为近代欧洲科学文化起源的基础。古希腊科学文化是古埃及、巴比伦以及其他东方文化与希腊科学文化相交汇、融合的产物。美国科学史家乔治·萨顿曾说：“希腊科学的基础完全是东方的，不论希腊的天才多么深刻，没有这些基础，它并不一定能够创立任何与其成就相比的东西。我们无权漠视希腊天才的埃及父亲和美索不达米亚母亲。”因此，讨论古希腊科学文化的渊源必须首先从西亚和北非的文明中去寻找答案。

亚历山大东征及其跨欧亚非大帝国的建立已为东西方文化交流奠定了基础。亚历山大远征的过程也就是吸收系统的东方文化的过程，体系严密的自然科学正是始于希腊化时代，这是古希腊科学发展的顶峰。在这一过程中，古希腊科学文化将吸收的东方文明成就重新整合，产生了具有独特风格的文化复合体，进而奠定了近代欧洲近代科学的根基。

古罗马帝国在政治、军事方面深刻影响了西方历史。但在科学思想方面却显示出局限性。面对辉煌灿烂的古希腊科学文明，不但没有将其发扬光大，甚至也没有很好的传承，这不能不说是历史性的遗憾。相对而言，我们更应该感谢阿拉伯文明，正是他们传承了古希腊文明的精华，为近代科学的复兴留存了火种。

公元前—中世纪科学大事记

时间	事件
公元前4000年—公元前3000年	古埃及人开始使用纸草作为书写材料，熟悉酒、醋的制法
公元前3500年—公元前3300年	苏美尔人开始使用车轮，发明早期楔形文字（巴比伦泥板）
公元前约2800年—公元前2500年	古埃及人开始建造金字塔；已能够用砂和苏打制取玻璃
公元前约2500年	巴比伦人有了最早的长度、重量和容积的标准；开始使用金属铜
公元前2137年	中国夏朝的《书经》《夏书·胤征》篇中记载了世界最早的日食现象
公元前约2130年	华夏先民开始大禹治水工程
公元前2100年—公元前2000年	苏美尔人有了乘法表及六十进位制，中国殷代及古埃及有十进制记数法；古埃及出现了制作木乃伊的防腐剂；中国夏朝的《夏小正》一书中出现中国最早的养蚕记载
公元前约1950年	巴比伦人已经知道“勾股定理”，能够解一元一次及二次方程
公元前1831年	史书《竹书纪年》中记载了夏朝的泰山地震，是世界上最早的地震记载
约公元前1700 年—公元前1600年	小亚细亚的赫梯人开始使用铁器；希腊进入青铜器时代
公元前约1580年	古埃及人制作了实用的计时水钟
公元前约1500年	中国商前期进入成熟的青铜器时代；小亚细亚的赫梯人掌握冶铁技术
公元前约1450年	中美洲印第安人开始栽种玉米
公元前14世纪	中国商朝甲骨文已有日、月食常规记录及世界最早的日珥记事
公元前约1300年	腓尼基文字诞生，这是古希腊文字及印欧文字的前身
公元前约1200年	古埃及开凿了自尼罗河到红海的运河
公元前约1000年	在地中海一带，金属铁成为贸易商品
公元前770年前后	中国战国时期出现了织机
公元前700年前后	腓尼基与古希腊造船技术产生重大进步，出现了结构复杂的海船
公元前613 年	中国战国时期已有哈雷彗星的最早记录，直至清宣统年间，29次出现皆有记载
公元前6世纪	发展了初等几何学（古希腊泰勒斯）；古希腊毕达哥拉斯学派发现了无理数，引起了所谓第一次数学危机
公元前650年—公元前550年	希腊人发现摩擦起电、磁石吸铁现象

续表

时　间	事　件
公元前585年	古希腊的泰勒斯首次成功地预测日全食
公元前462年左右	古希腊芝诺提出了飞矢不动等有关时间、空间和数的悖论
公元前5世纪—公元前4世纪	战国时期的《墨经》记载了光学、力学、数学的发现，其中包括世界最早的小孔成像实验，杠杆平衡研究
公元前4世纪	古希腊的德谟克利特提出宇宙本原的朴素原子说
公元前335年	古希腊的亚里士多德创立对古希腊科技文明有重要影响的吕克昂学园
公元前3世纪	古希腊的欧几里德出版了《几何原本》；古希腊的阿里斯塔克提出了太阳是宇宙中心和地球绕太阳运转的主张。中国战国时期的甘德、石申编制了第一个星表《天文星占》，后称“甘石星表”。古希腊的阿基米德实验研究了斜面、杠杆、滑轮的规律及浮力原理，奠定静力学基础，发现二次曲线、螺线
公元前约250年	中国战国时期的《韩非子》中有磁指南仪“司南”记载
公元前2世纪	中国西汉时已有关于丝质纤维帛片及麻质纤维帛片的记载
公元前104年	汉武帝定太初历，成为中国古代历法的基本框架
公元前1世纪	中国西汉《周髀算经》问世，引用勾股定理，论证了盖天说
公元前46年	古罗马帝国颁行儒略历，成为今公立历法的基础
公元14年	古罗马帝国设立了最早的公立医院
公元50年—100年	继西汉张苍、耿寿昌删补校订之后，东汉时编成古数学专著《九章算术》，收集了246个问题的解法
公元1世纪左右	古希腊的希隆发表了关于几何学的、计算的和力学科目的百科全书，《度量论》，在书中，以几何形式推算出三角形面积的“希隆公式”
公元105年	中国东汉的蔡伦发明了造纸术
公元132年	中国东汉的张衡创制世界第一个地震测量仪器——地动仪
公元185年	中国东汉的华佗发明麻沸散用于全身麻醉施行外科手术
公元2世纪	希腊托勒密提出宇宙体系的地心说。中国东汉张仲景写成《伤寒杂病论》，确立了辨证论治的医疗原则
公元265年前后	中国西晋裴秀提出绘制地图的“地图六体”理论，是世界上最早的地图学理论
公元3世纪	希腊刁番督的数学名著《算术》问世
公元462年	中国南北朝的祖冲之编制“大明历”，是中国历法的第二次重大改革
公元550年前后	中国南北朝时代的綦母怀文推广应用灌钢技术，改良冶铁及其热处理技术；丝蚕养殖技术传到拜占庭帝国

第三讲　东方科学的灿烂辉煌——中世纪科学

从公元5世纪至15世纪，历史上称为中世纪。在人们的观念中，中世纪往往被视为“科学的空白期”，但是大量研究表明，这一时期的科学并未消失，科学研究并未中断。通常，“中世纪”一词是指自古代文化衰落到意大利文艺复兴一千年的整个漫长时间。值得注意的是，近来人们怀着新的兴趣对十三、十四世纪的历史、艺术和宗教进行研究的结果，使人们清楚认识到那时已有一种新文明出现，因而现在人们往往把“中世纪”一词只用于指“黑暗时期”以后文艺复兴以前的四百年间。

在科学历史家看来，原来的历史分期法有它的优点。西欧的“黑暗时期”正好与有些不久便被阿拉伯人征服的亚洲国家学术异常兴盛的开始期同时。波斯与阿拉伯学派的学说原来都是以希腊古籍的译本为依据，但后来它对于自然科学也有可观的贡献。欧洲从阿拉伯学到不少的东西，阿拉伯的学术在公元800—1100年间达到了它的兴盛期。但那时以后科学的活动主要是在欧洲。十三世纪由于希腊古籍的完整版本，特别是亚里士多德的著作重新发现，知识领域里有了很大的进展。不过一直要等到文艺复兴时期，西方人才开始用批判的眼光去检查希腊哲学，或用新的实验方法去寻找自己的道路。因此，公元1100年以后的时期，像以前的黑暗时期一样，在科学史家看来，只是一个预备时期。这两个时期是同一整体的两个部分，不妨合拢来看，虽然在政治、文学或艺术的历史学家看来，它们是不同而可以分开的。因此，对我们而言，“中世纪”仍有其原来的意义——由古代学术衰落到文艺复兴时期学术兴起的一千年；这是人类由希腊思想和罗马统治的高峰降落下来，再沿着现代知识的斜坡挣扎上去所经过的一个低谷。而同一时期，中国人与阿拉伯人的高度发达的科技水平与欧洲的漫漫长夜则形成了鲜明对比。

1.　中世纪欧洲科学技术

欧洲的中世纪是指西罗马灭亡至文艺复兴之前，即公元5—15世纪的千年里，封建制在欧洲建立、发展以至于衰落的时期。它分前后两段：公元5—10世纪为前期，史称“黑暗时期”，公元11—15世纪为后期。欧洲中世纪科学的发展经历了曲折的过程，在其前期是科学发展的暗淡时期。科学在经历了几个世纪的漫漫黑夜之后，到了12世纪开始出现了转机。如果说僧侣政治和行政权力、教权和王权是影响欧洲中世纪科学发展最重要的两种社会力量的话，那么第三种力量就是大学。由于十字军东征所接触到的阿拉伯文化（包括中国、印度文化），通过大学的传播和翻译活动的兴起而发扬光大。

1.1　中世纪前期欧洲科学技术的停滞

中世纪的欧洲基督教会有很大的势力。从8世纪起教会实际取得了社会的政治权力，占有西欧1/3的土地，并向全体居民征税。教会还垄断思想文化，禁绝任何违背宗教教义的思想言论。在中世纪前期，由于教会的摧残，学术没有了生机，科学技术停滞不前。

科学的衰落

教皇格里哥利一世（590—604）曾公然宣称："不学无术是信仰虔诚之母"，并亲自下令焚毁了罗马图书馆。教会推行的信条和准则是"启示高于理性"，"知识服从信仰"，"哲学（包括科学）服从神学"。于是科学成了"教会恭顺的婢女"，数学被用来计算耶稣复活的时刻，天文学要论证上帝在天上的位所，就连古生物化石也被说成是造物主的遗弃物。这些倒行逆施使欧洲在几百年里熄灭了理性思维的火炬，断送了学术研究的生机。古希腊科学思想的余辉在古罗马时已经黯淡，经中世纪前期的摧残更荡然无存了。

技术的倒退

中世纪的工程与技术，似乎也经历了同科学一样的曲折前进过程，只是技术的进展虽然缓慢，但没有中断过，欧洲人继承了古希腊罗马的技术成果。通过阿拉伯人介绍给欧洲人的中国许多技术发明，由于遇到了适宜的社会条件而有了广泛应用的机会。中世纪前期欧洲手工业衰败，一些昔日繁华的工商业中心城市几乎成了废墟。各国封建主修建了一块块的庄园，罗马时代的大型水利工程、高架引水桥、公路等都变得无用了。除了农业技术略有进步外，从整体上看，中世纪前期欧洲的技术和罗马帝国兴盛时期相比是大大倒退了。

1.2 中世纪后期欧洲科学技术的复苏

从11世纪起，教会与欧洲封建主以宗教为借口，对地中海东部沿岸的伊斯兰教国家发动了8次"十字军东征"，绵延达200年。战争使阿拉伯的社会经济受到极大破坏，但欧洲人在这200年里通过各种方式从阿拉伯人那里学到了许多先进的科学技术，并且重新认识了古希腊的灿烂文化。与此同时，欧洲的城市经济逐渐恢复，工商业有所发展，资本主义因素开始萌芽。在新的社会经济和文化条件下，欧洲在中世纪后期，尤其是在13世纪以后，科学技术出现了复苏的迹象。

科学活动的重新开展

中世纪后期的欧洲，以当时还在阿拉伯人统治下的西班牙为中心，形成了一股把阿拉伯文献翻译成欧洲的拉丁文，学习古希腊科学文化的热潮。到了13世纪，古希腊的学术思想大体上已为欧洲人所知。与此同时，一些附属教会的学校逐步发展为面向社会以讲授非宗教知识为主的大学。著名的有意大利波朗尼亚大学（11世纪末）、英国的牛津大学（1168）、剑桥大学（1209）、法国的巴黎大学（1200）等。在大学里，出现了一批具有新思想的学者，他们在欧洲各国开展科学研究活动。罗吉尔·培根（约1211—1292）就是其中的一个典型代表。他就读于牛津大学，先后在该校和巴黎大学任教。他认真研究过古希腊和阿拉伯的学术，自己做过大量科学实验，关心各种技术上的发明创造。他还提倡阿基米德开创的实验方法和数学方法相结合的科学方法论。罗吉尔·培根的思想不为教会所容，他受到残酷的迫害，被囚禁十几年，他的著作也被列为禁书。可见中世纪后期自然科学的复苏是在和宗教势力顽强斗争中进行的。

技术的进步

中世纪后期，欧洲的技术有了明显的进步。由于诸多东方的先进技术，尤其是中国的四大发明的相继输入，使欧洲经济和社会有了新的发展：耕作效率提高，作物种类增多，农业有了较大发展；水利机械、风力机械、各种铁制机具普遍应用于冶金、采矿、纺织各行业，推动了手工业的发展；指南针则促进了航海业和造船业的发展。14世纪欧洲人用中国发明的火药造出了火炮，14—15世纪普遍建起了造纸厂，15世纪中叶仿中国的木活字印刷术发明了铅字印刷术。经过几百年的发展，欧洲人掌握了相当多当时世界上最先进的技术，逐步改变了落后的面貌，也为近代科学技术的诞生准备了条件。

2. 阿拉伯科学技术

当欧洲学术处在极低潮的时候，在君士坦丁堡东罗马帝国宫廷中，在叙利亚至波斯海湾的国家中，却保存了不少来源于希腊、罗马与犹太的混合文化。最早的一个中心是荣迪沙帕尔（Jundi-shapur）的波斯学校，它在489年成了景教派基督徒的避难所，在529年柏拉图学园被封、新柏拉图派离开雅典后又成为新柏拉图派的避难所。在这里翻译了希腊的书籍，尤其是柏拉图与亚里士多德的著作，使希腊哲学与印度、叙利亚、波斯的哲学相接触，还促进了一个医学学派的成长。虽然处在比较孤立的状况中，这个学派还是一直存在到10世纪。

在620年—650年间，在穆罕默德的鼓舞下，阿拉伯人征服了阿拉伯、叙利亚、波斯、埃及等地。150年后，最著名的阿拔斯王朝哈里发诃伦－阿尔－拉西德（Harun－al－Rashid）奖励翻译希腊作家的著作，因而帮助促成了阿拉伯学术大时代的开始。起初进步很迟缓，因为必须创立一些适于表达哲学和科学思想的新名词与文章结构，使之融合在叙利亚与阿拉伯的语言之中。阿拉伯人和处在阿拉伯人势力下的民族的任务，与中世纪后期欧洲学术复兴时代一样，第一是要发现隐藏起来且被忘记的希腊知识的宝藏；第二要把他们所发现的宝藏融合在他们自己的语言与文化里面，最后再加上他们自己的贡献。

阿拉伯科学文化在自然科学发展史中的历史地位，不仅在于它使古希腊科学文献得以保存下来，为欧洲的科学和文艺的复兴起了承上启下的作用，也不仅在于它在东西方科学文化的交流中起了中介作用，阿拉伯的学者们还独立地发展并丰富了科学。

阿拉伯人在数学上的重要贡献首先是创造了阿拉伯数码。阿拉伯人还继承和发展了印度数学家处理未知数的方法，发展了代数学。“代数”一词就来自阿拉伯著名数学家阿尔·花剌子模（780—835）所著《复原与化简算法》一书。阿拉伯人还发展了三角术。

从8世纪起，在阿拉伯国家也兴起了炼金术，推动了实验化学的进展。阿拉伯的医生、制香家、炼金家都在化学方面作出了贡献。至8世纪后半期时，领导的地位已确定地由欧洲移到中东了。到了9世纪时，阿拉伯的医学学校因为研究盖伦著作的译本而得到进步，在炼金术所依据的原始化学方面有了显著的新成就。

最早的实用化学，一方面与生活技术（如冶金）有关，另一方面也与制药有关。雅典时代，希腊人关于物质本性的见解，以及关于原子和基本元素的观念，离开观察与实验太远，无法归入化学之中。1世纪亚历山大里亚的炼金家可以说是最早认识到和探讨化学问题的人。但那时以后，工作就陷于停顿，六百年后阿拉伯人才重新拾起他们的工作。

由于误解亚历山大里亚的技术的起源，后来的炼金家为自己树立了两大目标，而这两个目标都是不能实现的——一是要把贱金属变为黄金；一是要炼成能医一切疾病的“仙丹”。他们的钻研当然非失败不可，不过他们却因此得到许多可靠的化学知识，并发现了许多有用的药品。

阿拉伯的炼金家从两个来源得到他们的初步知识：一是上面说过的波斯学派，一是亚历山大里亚希腊人的著作，一半经过叙利亚人的传授，一半得自直接的问泽。说阿拉伯语的民族研究炼金术有七百年的历史，他们的工作中心先在伊拉克，后在西班牙。在他们的手里炼金术发展成为化学，又由他们那里发展成为中世纪后期的欧洲化学，主要是经过西班牙的摩尔人。在有些阿拉伯著作家和他们的欧洲门徒由炼金术进步到化学的时候，另外一些人由于不能了解亚历山大里亚炼金家的专门知识和哲学观点不能吸取比较新颖、比较科学的观点，便在自己的工作中堕落到贪得无厌地追求黄金和玩弄或自欺欺人的巫术的地步。

最著名的阿拉伯炼金家及化学家是阿布－穆萨－札比尔－伊本－哈扬（Abu－Musa－Jabir－ibn－Haiyan）他约在776年间享有盛名。后来有许多著作以拉丁语出版，据说是一位名叫“杰伯尔”（Geber）的时代不明、身世不明的人所写的。有人认为“杰伯尔”也就是札比尔。不过，这些著作的起源问题至今还没有解决。拜特洛（Berthelot）于1893年，研究了一些阿拉伯原稿的新译本之后，断定札比尔的成就比杰伯尔要少得多。但霍姆亚德（Holmyard）与萨尔顿说，从还没有翻译过来的阿拉伯著作看来，札比尔是一位比拜特洛设想的要高明得多的化学家。他好像制造过（用现代术语讲）碳酸铅，并且由砷和锑的硫化物中分析出砷与锑；他叙述了金属的提炼，钢的制造，布与皮的染色，以及蒸馏醋而得到醋酸的方法。他认为当时所知的六种金属所以不同是由于所含的硫和汞的比例不同。但是，在对他的全部阿拉伯语著作加以批判的研究，并与拉丁语的“杰伯尔”著作加以比较之前，札比尔在历史上的地位是不易确定的。

在化学史上，把硫（即火）与汞（即水）看做是基本元素的观念是十分重要的。这一观念似乎是由于发现硫与汞化合而成鲜明的红色硫化物而产生的。由于银是白色的，金是黄色的，红色必定是用比金更贵重、更根本的东西制成的。硫与汞之外，后来又加上食盐来代表土或固体。食盐、硫与汞为物体的基本元素的学说，代替恩培多克勒和亚里士多德的四元素说，一直流行到波义耳在1661年发表《怀疑的化学家》（Sceptical Chymist）一书的时候。

科学性的化学的重要性日益增长，这表现在9世纪开始的一场关于炼金术的真正价值的辩论上。那时欧几里德的《几何原理》（Elements）与托勒密的天文著作，也翻译成阿拉伯语了，后者的巨著，因而得到《至大论》（AImagest）这个阿拉伯名称。希腊的几何学与天文学于是传到穆斯林世界。印度的数字也许是先由希腊人发明，然后传入印度，再以早期的形式传给阿拉伯人，他们又修改为所谓古巴尔（Ghubar）字体，与我们现今所用的字体更为相近。当时穆斯林人贸易很广，因此这些方便的数字，被世界认为是阿拉伯数字，经过几个世纪之后便代替了累赘的罗马数字。在拉丁语中最早使用这个新数字体系的例子，似乎是976年间在西班牙写成的一部手稿，但零位记号的普遍使用是更往后的事情。

在天文学方面，阿拉伯人在天文观测方面却作出了自己的贡献。阿拉伯人发现了太阳偏心率的变动， 修订了很多天文常量（ 如岁差值 ）。杰出的百科学者阿尔·毕鲁尼（973—1048） 大胆地提出了托勒密体系不符合宇宙的实际构造的观点，认为托勒密证明地球不动并处于宇宙中心的论据，也可以证明地球绕日的运动。被人遗忘的太阳中心说的观点又重新由他提了出来。托勒密著作的翻译也推动了穆斯林天文学家。穆罕默德·阿尔·巴塔尼

（Muhammad al · Batani，约850年）在安提沃奇（Antioch）天文台，重新计算了春秋二分点的岁差，并制成一套新的天文表。他的工作由不像他那样有名的学者们继续下去。在公元1000年左右，三角学有了进步。伊本 · 荣尼斯（Ibn Junis）或尤纳斯（Yunus）在开罗对日月食进行观测，并加以记录。他可算是最大的穆斯林天文学家。他的工作得到埃及国王阿尔 · 哈金（al · Hakim）的鼓励。阿尔 · 哈金还在开罗设立学院。

阿拉伯最著名的医学家名叫伊本 · 森纳（Ibn Sina）即阿维森纳（Avicen · na，980—1037年）。他是布哈拉（Bokhara）城人，访问过中央亚细亚各国的宫廷，希望得到一个安定的位置，来发展他的天才，并进行他的文学与科学的工作，但没有成功。他对当时所知的科学都有著述。据萨尔顿说，他不相信炼金术可使金属突变，他以为这种变化有其根本的原因，不是改变颜色所能成功的。他完成了一部百万字的百科全书式的《医典》（Canon）或医学纲要是"古代和穆斯林全部知识的总汇"，是阿拉伯文化的最高成就之一。后来这部书成了欧洲各大学的医学教科书，该书在12 世纪时被译成拉丁文 ，成为欧洲各大学的医学教科书。 曾在大马士革行医的伊本 · 阿尔 · 纳菲（1210—1288）已经对盖伦的血液可以通过心脏隔膜流动的论点提出质疑，认为血液是从右心室流到肺再到左心室的，揭示了血液的小循环过程，这比后来塞尔维特的发现要早300年。直到1650年，卢万（Louvai）与蒙特佩里耶（Montpellier）的学校还在用它，而且据说至今仍是穆斯林国家的主要医学典籍。

阿拉伯医学中的一个重要成果是对于眼病的研究。阿拉伯医生通过研究眼睛的构造，认识到光线通过透明体——眼睛才能观察到客观物体，而不是像希腊人所说的那样，是由眼睛发出光来观察物体。由于阿拉伯人弄清了眼球的光学过程，不仅为现代光学奠定了基础，而且这一发现又引导后人用晶体和玻璃透镜去放大物体和看书，发明了眼镜。阿尔 · 哈金约在1308年写成了《光学集锦》一书，该书论述了对球面和抛物面的反射镜、透镜、暗箱和视像的实验研究结果，完整地表述了光的反射定律。

阿拉伯科学的古典时期可以说在10世纪，从波斯人阿布 · 巴克 · 阿尔 · 腊济（Abu Bakr al · Razi）的工作开始的。此人在欧洲也被称为布巴卡尔（Bubachar）或腊泽斯（Rhazes）。他在巴格达行过医，编辑过许多百科全书性的教科书，其中有一本著名的著作讨论麻疹与天花。他被认为是伊斯兰最伟大的医生，事实上也是中世纪全世界的最伟大的医生。他把化学应用到医学上来，并使用了流体静力天平来测量物体的比重。

最杰出的穆斯林物理学家是伊本 · 阿尔 · 黑森（Ibn · al · Hai · tham，965—1020）。他在埃及阿尔 · 哈金统治下工作过。他的主要工作是在光学方面，在实验方法上有很大的改进。他使用球面和抛物面反光镜，并研究了球面像差，透镜的放大率与大气的折射。他增进了有关眼球和视觉过程的知识，并用有力的数学方法解决了几何光学的问题。他的著作的拉丁语译本，通过罗吉尔 · 培根与克卜勒，对于西方科学的发展有很大的影响。

他的一位同代人阿尔 · 比路尼（al · Biruni），名声没有他大，但智慧并不比他小。他是哲学家、天文学家及地理学家，生于973年—1048年间。他进行过大地测量，他所测定的经纬度达到相当准确程度。他测量过一些宝石的比重，用水在通路中自求其水平的原理来解释天然泉及喷水井。他对于印度的某些部分和人民有极清楚的叙述，并且写了一篇中世纪最好的关于印度数字的论著。

这时阿拉伯语已经公认为研究学术的经典语言，所以凡是用阿拉伯语写成的东西都是权威的，正如早期（和后来）时代的希腊语著作一样。最初把阿拉伯书籍有系统地翻译成拉丁语的是非洲人康斯坦太因（Constantine）。他在蒙特卡西诺寺（Monte Cassino）工作，从1060年直到1087年死去之时。他游历过萨勒诺，他的工作对于萨勒诺学校有很大影响，在这里和其他地方，由于他的鼓舞，拉丁国家才吸收了阿拉伯人的学术。

可是这时阿拉伯学术的最高潮已经过去了。11世纪时，出现了波斯诗人莪默·伽亚谟（Omar Khayyam）的重要代数著作，和阿尔·加扎利（al·Ghazzali）的神学著作。他为伊斯兰教所做的哲学与综合工作，正如托马斯·阿奎那为基督教所做的哲学和综合工作一样。到11世纪时，阿拉伯的科学开始衰落。阿拉伯的科学文化成果又为信奉基督教的欧洲人所继承。阿拉伯人所创造的成果又被欧洲人享用了。十二三世纪时，欧洲人吸收阿拉伯科学文化成果的热情，就像当年阿拉伯人掌握希腊人的科学文化成果一样，并导致了欧洲科学和文化的复兴。

附：阿拉伯科学文化的兴起是由许多原因促成的，需要指出的有以下几点：

1. 阿拉伯科学文化的兴起，是吸收埃及、两河流域、古希腊科学文化的结果，到9世纪末，古希腊的主要科学技术文献和哲学著作，几乎都为阿拉伯人所吸收。

2. 阿拉伯半岛原来就是东西方之间经济往来的要道。阿拉伯帝国的建立，更使这个地区成为东西方之间科学文化交流的桥梁。阿拉伯人不仅从印度人那里吸取了许多科学成果，同时还在同中国的政治经济往来中，获取了营养。阿拉伯人不仅在东西方文化交流中起了桥梁作用，也在这一过程中发展了自己的科学文化。

3. 阿拉伯文化与宗教文化密切相关，因此也被称作伊斯兰文化。伊斯兰教在开始时是一种注重文化的宗教，为阿拉伯科学文化的兴起提供了条件。

3. 中国科学技术的发展与成就

就在公元5世纪欧洲开始进入黑暗时期的时候，中国却进入了历史上极为辉煌的盛唐时期，随后的宋朝，中国的科学技术达到了世界的高峰。我们的祖国是世界上最古老的文明发源地之一。大约公元前22世纪—前21世纪，奴隶制国家在中原地带形成，经夏、商、周三朝，于公元前5世纪逐渐被封建制所取代。公元前221年秦始皇建成我国第一个统一的封建制中央集权国家——秦朝，以后历经汉、晋、南北朝、隋（581—618）、唐（618—907）、宋（960—1279）、元（1206—1368）、明（1368—1644）、清等许多朝代。在极大的时间尺度上中国政治的相对稳定性，使得中国的科学进步从未间断。中国进入封建社会后，科技的发展产生了飞跃。从汉代以后，科学技术总水平就迅速地跃居世界前列，并在宋代达到了发展高峰。有些方面超过其他国家数百年以至上千年之久，许多科技成就对世界科技的发展产生了重大影响。从明代开始，中国科学技术从总体上看出现了停滞状态，相对于同时期西方近代科学技术的迅速进步，越来越明显地落后了。

3.1 封建社会中国科学技术的成就

古代中国人民创造了丰富多彩而又独具特色的科学技术成就，构成这一独特科技文明的主要支柱有世界闻名的造纸、印刷术、火药、指南针四大发明；天文学、数学、医药学、农学四大学科以及陶瓷、丝织、建筑三大技术。

造纸术是由中国东汉的蔡伦（？—121）于公元105年发明的。造纸术首先传到朝鲜和越南，7世纪传入日本，8世纪传入阿拉伯，12世纪由阿拉伯人又传至欧洲。纸的发明极大地推动了人类的信息传播和文化交流。

雕版印刷约发明于6世纪的隋唐之际，唐宋时期大量应用于印刷佛经、农书、医书和字帖等。北宋庆历年间（1041—1048）平民毕昇发明了胶泥活字印刷术，使印刷技术产生了一个飞跃。毕昇之后活字印刷术不断改进，元代王祯发明了木活字，以后还出现过磁活字、锡活字、铜活字。欧洲最早仿照中国活字印刷的是德国人古腾堡（约1394—1468），他于1450年制成铅合金活字。

火药是唐代炼丹术士在炼丹过程中偶然发现的。北宋时火药已开始用于战争，制成了火箭、火球等武器。南宋时（1259年）发明的“突火枪”已是以火药爆力射出“子窠”的管形火器了。明代以后更是发展出手榴弹、地雷、水雷、定时炸弹、子母炮等新型火药兵器，火箭已有了多种类型。但这些火器并未用于普遍装备军队。火药和火药兵器是通过战争传到国外去的。欧洲人于13世纪从阿拉伯人那里知道了火药，于14世纪中期制造出了火药兵器。

春秋战国时期中国人已记录了磁石吸铁现象。稍晚些时制成的“司南勺”是用磁石琢成的勺子，底部圆滑，放在铜盘上，勺柄即能指出南北方向，这大概是最早的磁性指示方向器。宋代出现的“指南鱼”则以薄铁片剪成鱼形，经人工磁化成永久磁铁，平飘水上以指示方向。稍后又发明了磁石磨针而制成真正意义上的指南针。11—12世纪南宋时期中国人已将指南针用于航海，不久即传到了阿拉伯，其后又传到欧洲。

3. 1. 1　天文学

中国古代天文学的成就主要表现在天文观测和历法。中国古代天文观测的连续性、资料保存的完整性是世界绝无仅有的。《汉书·五行志》上的太阳黑子记录，早于欧洲800多年，自春秋至清初我国日食记录约1000次，月食记录约900次，新星和超新星记录60多颗，极光记录300多次。现存绘制于1190年的苏州石刻天文图，有星1434颗。而西方17世纪望远镜发明之前没有一幅星图载星超过1100颗。精密的仪器是精确观测天象的基础，我国古代天文仪器也达到了很高水平。如东汉张衡（78—139）发明的水运浑天仪、唐代僧一行（683—727）等人研制的黄道游仪和浑天铜仪都是同时期世界上第一流的天文观测仪器。宋代苏颂（1020—1101）建造的“水运仪象台”，集观测、计时和表演功能于一身。元代郭守敬（1231—1316）创制的简仪，其设计和制造水平在世界上领先了300多年。

中国古代天文观测的主要目的在于制订较好的历法，我国天文历法之多为世界第一。为追求与天象观测更为符合，前后共制有100多种历法。商代时即有置闰的方法；包括年月日、节气、日月五星位置、日月食预报等内容的阴阳历体系，在汉代就已形成。南宋时的“统天历”回归年长365.2425日，比欧洲人达到此精确度早了近400年。

3. 1. 2　数学

估计最迟在商代中国就已采用十进制记数，位值法以及分数概念大约在春秋战国时期就有了。零的符号大约与印度同时或稍晚点（8世纪）出现。公元600年，隋代刘焯在制订《皇极历》时，在世界上最早提出了等间距二次内插公式；唐代僧一行在其《大衍历》中将其发展为不等间距二次内插公式。

从公元11世纪到14世纪的宋、元时期，是以筹算为主要内容的中国古代数学的鼎盛时期，其表现是这一时期涌现许多杰出的数学家和数学著作。中国古代数学以宋、元数学为最高境界。在世界范围内宋、元数学也几乎是与阿拉伯数学一道居于领先集团的。

贾宪在《黄帝九章算术细草》中提出开任意高次幂的“增乘开方法”，同样的方法至1819年才由英国人霍纳发现；贾宪的二项式定理系数表与17世纪欧洲出现的“巴斯加三角”是类似的。遗憾的是贾宪的《黄帝九章算术细草》书稿已佚。

南宋秦九韶（约1202—1261）发展了增乘开方法，他在《数书九章》一书中提出了高次方程的数值解法，并且列举二十多个取材于实践的高次方程的解法（最高为十次方程）。16世纪意大利人菲尔洛才提出三次方程的解法。另外，秦九韶还对一次同余式理论进行过研究。这些研究都达到了当时的世界先进水平。

李冶于1248年发表《测圆海镜》，该书是首部系统论述“天元术”（一元高次方程）的著作，在数学史上具有里程碑意义。尤其难得的是，在此书的序言中，李冶公开批判轻视科学实践活动，将数学贬为“贱技”、“玩物”等长期存在的士风谬论。

公元1261年，南宋杨辉（生卒年代不详）在《详解九章算法》中用“垛积术”求出几类高阶等差级数之和。公元1274年他在《乘除通变本末》中还叙述了“九归捷法”，介绍了筹算乘除的各种运算法。公元1280年，元代王恂、郭守敬等制订《授时历》时，列出了三次差的内插公式。郭守敬还运用几何方法求出相当于现在球面三角的两个公式。

公元1303年，元代朱世杰（生卒年代不详）著《四元玉鉴》，他把“天元术”推广为“四元术”（四元高次联立方程），并提出消元的解法，欧洲到公元1775年法国人别朱（Bezout）才提出同样的解法。朱世杰还对各有限项级数求和问题进行了研究，在此基础上得出了高次差的内插公式，欧洲到公元1670年英国人格里高利（Gregory）和公元1676年—1678年间牛顿（Newton）才提出内插法的一般公式。

14世纪中、后叶明王朝建立以后，统治者奉行以八股文为特征的科举制度，在国家科举考试中大幅度削减数学内容，宋元时期重要的数学典籍几乎全部散失，于是自此中国古代数学便开始呈现全面衰退之势，实为科学史上的憾事。

3.1.3 医学

中国古代医药学著作居各门科技著作之首，现存约8000多种，不仅文献丰富，分科齐全，而且医理独特，形成了完整的理论体系。春秋战国时成书的《黄帝内经》，是我国第一部最重要的医学著作。

孙思邈（581—682），唐医学家，京兆华原（今陕西耀县）人，少时因病学医，对医学有较深研究，并博涉经史百家学术，兼通佛典。曾总结唐以前临床经验和医学理论，收集方药、针灸等内容，著有《千金要方》《千金翼方》，其书首列妇女、幼儿疾病，并倡立脏病、腑病分类，具有新的系统性，在医学上有较大贡献。

王惟一，北宋医学家，曾为仁宗、英宗朝御用医官。天圣四年（1026）参与官修《铜人腧穴针灸图经》，在总结古人针灸医疗实践基础上，考定明堂图经络孔穴，并铸成立体铜人孔穴模型，后又参预校正《黄帝八十一难经》。《铜人腧穴针灸图经》等流传至日本、朝鲜等国，对东亚地区针灸医学有重要影响。

钱乙（1032—1113），北宋儿科医学家，字仲阳，郓州（今山东东平）人，曾任太医丞。世传《小儿药证直诀》，为其学生阎孝忠收集整理钱氏的医学论述而成。其辨证用药多根据藏象理论，书中所述“五脏补泻”诸方后世颇多采用。所著又有《伤寒指微论》，已佚。

沈括（1031—1095），北宋科学家、政治家，字存中，杭州钱塘（今属浙江）人。曾举进士，历仕三司使、军器监及司天监等职。政治上支持王安石变法革新，积极参与制订新法、整顿盐政、兴修水利、抑制兼并及发展生产，又参与军制改革，率兵击败西夏进犯。后因徐禧失陷永乐城，牵连坐贬。精研科技及医药学，曾编撰《梦溪笔谈》《修城法式条约》《灵苑方》《沈氏良方》《天下州县图》《十二气历》和《极星位置图》等。对天文、方志、水利、律历、音乐等均有深入研究，并多创见（如首先为石油命名）。对医药学重视实践，所著订正不少药物的名称和效用。曾从民间收集验方，"目睹其验，始著其篇"，根据实践经验，纠正《神农本草经》中谬误。所著《灵苑方》《沈氏良方》，已佚。今传名著《梦溪笔谈》，内含不少医药学内容。又有《苏沈良方》，多为其所收集民间验方，为后世医家所重视。

李时珍（1518—1593），明代杰出医药学家，字东璧，号濒湖，蕲州（今湖北蕲春）人。家世业医，注重药物研究，重视临床实践。曾长期上山采药，并深入民间，向农民、渔民、樵民、药农、铃医请教，参考历代医药及有关书籍八百余种，对各种药物亲自鉴别考证，纠正了古代《本草》书中药名、品种、产地等错误，并收集整理宋、元以来民间发现的多种药物，经27年艰苦劳动，著成《本草纲目》。其书收录诸家《本草》所载药物共1518种，新增药物374种，总结了16世纪以前我国古代人民的药物经验，对后世药物学发展作出了重大贡献。所著又有《濒湖脉学》《奇经八脉考》流传于世。另有《五脏图论》《三焦客难》《命门考》等，已佚。

张景岳（1562—1639），明代医学家，名介宾，字会（惠）卿，会稽（今浙江绍兴）人。曾学医于金英（梦石）。精研《内经》，历时三十年为之整理注释，著有《类经》《类经图翼》《类经附翼》等。其医论以"明阴阳、辨六变"为纲，用以分析人体生理活动及病机变化。曾倡"阳非有馀，真阴不足"论，治法注重补益"元阳"及"真阴"，并自订不少医方，为世医家所重视。所著又有《景岳全书》《质疑录》等，于医学理论颇多阐发。

3.1.4 农学

中国古代农业发达，农业技术发展全面，无论是耕作技艺、品种改良、水肥管理，还是各种农具的发明和改进，都达到古代世界的先进水平。在不同的历史时期，都有一些学者和官员重视对农业生产技术的概括和总结，撰写了大量的农学著作。我国古代农学著作之多，为世界各国之冠，共有370多种。现存最早的农学著作是公元前3世纪后期的《吕氏春秋》一书的《上农》《任地》《辨土》和《审时》4篇，主要论述了农业生产的重要性和因时因地制宜，充分发挥人的主观能动性问题，在理论上有重要价值。公元6世纪北魏贾思勰（约480—550）所著《齐民要术》，是世界现存的最早、最完整系统的农学著作，全书共92篇，包括农作物栽培育种、果树林木育苗嫁接、家畜饲养和农产品加工等内容。书中所载一些农学和生物学知识在世界上保持领先地位达1000多年。此外，汉代的《记胜之书》、南宋陈濬（1076—1156）的《农书》、元代王祯（1271—1368）的《王祯农书》和明代徐光启（1562—1633）的《农政全书》等都是我国古代著名的农学著作。

3.1.5 陶瓷技术

据考古发现，早在一万年前中国人就已制造陶器。四千多年前的商代出现了以高岭土制成的白陶，以后逐渐发展成为瓷。瓷器的发明也是我国对世界科技的独特贡献。东汉时期制瓷技术已渐趋成熟。唐宋时期的青瓷称盛一时，有“青如天、明如镜、薄如纸、声如磬”的美誉。宋元时期制瓷工艺技术达到了新的更高的水平，无论在瓷器的胎质、釉料、纹饰，还是在瓷窑结构和烧制技术等各方面，都有很大提高。明清时期是制瓷业高度发展的阶段，精致白釉烧制“窑变”釉色，以及各种彩瓷的制造是这一时期制瓷技术的重大成就，推出了大量精品和传世之宝。中国的瓷器早在隋唐时期即远销国外，10世纪以后制瓷技术陆续传到亚洲一些国家。欧洲人则是在15世纪下半叶学会制瓷的。

3.1.6 丝织技术

中国是最早养蚕和织造丝绸的国家。商代的丝织物已有斜纹、花纹等一些复杂纹样。西汉时丝织技术提高到新的水平，织物品种有绢、罗纱、锦、绣、绨等，制作方法有织、绣、绘等，颜色和图形也多种多样，极为丰富。此时已发明提花织机，其功能是可以按事先设计好的程序使经纬线交错变化而织出预定的图样来。唐宋时期丝绸印染和印花工艺进一步发展，并织造出“织锦”和“缂丝”等新的高级丝织品。元代发展出了“织金锦”，明清两代又发展出了“妆花”。我国的丝织物在公元前4世纪就远销国外，公元5—6世纪间波斯曾派专人来我国学习，其后丝织技术才传到欧洲。

3.1.7 建筑技术

中国古代建筑技术在奴隶制时代与一些文明古国相比是落后的。战国时期以后，我国的建筑物逐渐形成了自己的独特风格，留下了许多不朽的杰作。万里长城是世界建筑奇迹之一。唐代长安城，明清两代的北京城，其建筑的宏伟、规划的严整，代表了我国古代都市建设与宫殿建筑的高超水平。我国古代建筑以木构架结构为主要特点，山西应县宋代木塔，高达67.31米，经历近千年的风雨和多次地震，仍完好屹立，是世界现存最高的木构架结构建筑。我国古代许多桥梁和水利设施的建设也表现出了形式多样，构思精巧，结构合理的高水平建筑技术。如隋代工匠李春设计的河北赵州桥，采用了“敞肩拱”桥形，比国外要早1200多年。北宋时期福建泉州建洛阳桥，先抛石入海筑堤，又种植牡蛎以固桥基，建成长为834米的大桥使用至今。战国时李冰父子带领修建的四川都江堰，在总体布局、堤坝修筑、水道疏浚、就地取材、灌溉与防洪兼顾等方面，都相当完善，相当科学。北宋时李诫（?—1110）编著的《营造法式》是一部重要的建筑技术专著，该书全面地总结了古代建筑经验，对设计和规范、技术和生产管理等都有系统论述，是世界建筑史上的珍贵文献。

3.2 封建社会中国科学技术的特点

与古代世界各国科技文明相比较，古代中国科学技术在具体的科学发现和技术发明上，和它们有着许多相同、相通或相似之处。但是，由于时空的差异和各国社会、经济、文化背景的不同，古代中国科学技术在整体上又表现出自身的特点。

3.2.1 发展的延续性

在中国这块疆土上产生的古代科学技术，几千年来一直在延续地发展着，总的进程未曾中断，受到外来的影响不多，在这方面与其他国家的古代科技文明不甚相同。古代埃及、两河流域、古印度和古希腊，在奴隶社会都创造过辉煌的科技成就，但都在外族入侵或不明的原因下中断，未能在后来的封建社会中延续。古代阿拉伯则完全是在外来文化的基础上发展自己的科学技术。而古代中国的科学技术发端于本国的奴隶社会，进入封建社会后，虽时缓时速，但一直在继续发展，直至近代西方科学技术传入后才逐渐衰落。其延续发展的时间跨度之大，是世界上绝无仅有的。

3.2.2 与封建社会同兴衰

古代中国的科学技术产生于奴隶社会，在奴隶社会向封建社会过渡约春秋战国时期奠定基础，至秦汉时期形成体系，此后伴随着中国封建社会的上升而进步。在封建社会鼎盛期的宋代出现了科学技术发展的高峰。到明清以后，又随着封建社会的衰败，科学技术的许多学科和门类日渐停滞。尤其是在欧洲崛起的近代科学技术面前，逐渐相形见绌。可见，古代中国科学技术的主体部分是中国封建社会的产物，它的形成、发展以至衰落，是同封建社会的总进程休戚相关的。在这方面，恰与欧洲中世纪封建社会几乎没有任何科学技术上的建树的落后状况形成鲜明对照。

3.2.3 注重实用，理论薄弱

古希腊自然科学，特别是数学、天文学，理论性较强，科学思想、科学方法都达到了较高的水平，这些正是古代中国科学所欠缺的，中国古代科学基本上都是实用性的。如农学，大体上都是各种农业生产具体经验的记载，很少有理论的概括和总结。天文学基本上就是为制订历法服务的，虽然天象观测上有许多成果，却极少探讨理论问题，更未深入研究宇宙结构模型。数学始终是以计算见长，注重解释实际问题，理论性的研究相当薄弱。医学是个例外，中医有较深厚的基础理论。西方近代科技传入后，传统科学各学科逐步为其所取代，唯有医学依然保持着强大生命力，继续为人类造福，这与它的理论性强不无关系。

4. 欧洲学术复兴与大学的出现

4.1 欧洲学术复兴

欧洲接受了并且慢慢地吸收了阿拉伯知识，因此，在欧洲，研究学术的工具也有了很大的进步。在东罗马帝国的君士坦丁堡，9、10世纪时，就已经出现了知识的复兴。

当时君士坦丁七世提倡学术与艺术，并且命人编纂百科全书式的著作。以君士坦丁堡为基地，靠了基辅公爵弗拉基米尔的不断劝诱，把俄罗斯也变成了基督教国，在10世纪末，直接导源于东罗马帝国（拜占庭）的俄罗斯艺术也出现了。因为有了这个拜占庭的文艺复兴，许多希腊的手稿才被人复制并保存下来。

我们说过，从很早的时候，在萨勒诺已经有了一个世俗学问的研究中心，特别是医学研究中心，而在北欧方面，查理大帝与阿尔弗烈德大帝对于学者的奖励，也使一般学术的发展得到推动。盖尔贝特（Gerbert）是法国博学的教育家与数学家，972年—999年间，他在兰斯（Rheims）等地教书，公元999年，被选为教皇，改名西尔维斯特二世（Sylvester Ⅱ）。在他的著作中，他讲到印度数字、算盘（一种简易的计算机）和星盘（一个有刻度的金属圆盘，上面有一个臂绕中心旋转，可用以测量天顶距）。10世纪早期，阿拉伯学术已经传播到列日（Liege）和洛林（Lorraine）等其他城市，再由这里传到法国、德国与英国。1180年左右，在赫尔福德的罗吉尔（Roger of Hereford）的领导下，出现了一个阿拉伯学术的中心。

黑暗时期的学术任务是把濒于灭绝的古代学术尽可能地挽救出来，以后几个世纪的任务则是熟习与吸收所重新发现的学术。中世纪初期在学术方面的主要成就，是把拉丁纲要的作者所保存下来的残存古代古典知识与早期教父们依照新柏拉图主义诠释的基督教信仰融合为一。我们可以看到，自9世纪以来，这个过程就在进行，可以说从那时起，中世纪的建设时期就开始了。

到12世纪时，从过去得来的双重遗产已经由中世纪的思想界加以考察、清理、吸收与改造了。此后哲学性的神学工作就暂时停顿下来，可是这个时期里，把古典书籍当做文学来欣赏的现象却达到了极点。比较高深的亚里士多德著作，没有一部是完整的，因此没有一部科学书籍落到当时学者手中，来打扰他们偏重于文学的观点。这些学者所以留心典籍，本来只是一种治学的别径，或者只是为了更便于了解圣经的语言和神父的著作。虽然亚里士多德的著作，经过各家注释未尝没有间接的影响，但当时流行的神学态度仍然是柏拉图派或新柏拉图与奥古斯丁派的态度，是唯心主义的和神秘的，而不是理性的和哲学的。

但在13世纪时，人们的观点就发生了一个重大的变化，这与当时随着托体僧的出现而产生的人道运动是同时发生的，而且或许还是有关联的。为了满足人们追求世俗知识的不断增长的要求，希腊书籍翻译成拉丁语，起初是从阿拉伯语转译，后来直接由希腊语译出。全部情况至今还没有完全弄清楚，因为我们对于阿拉伯科学文献——即使是现存的那一部分科学文献——的知识还是很片段的，要正确地指出什么是阿拉伯人增加到希腊科学上去的，还不可能。

由阿拉伯语到拉丁语的翻译工作，在西班牙最是活跃。这里自1125年—1280年有一系列的翻译家针对许多题目孜孜不倦地工作着。“由于他们的工作，我们才得到亚里士多德、托勒密、欧几里德和希腊医学家阿维森纳与阿维罗伊以及阿拉伯天文学家与数学家的著作，还有一大堆占星术书籍，显然还有不少的炼金术的书籍”。

在重要性上次于西班牙的是意大利南部与西西里。在这些地方，有不少著作从阿拉伯语和希腊语翻译过来，这是因为这些地方与君士坦丁堡有外交和商务的关系，而且居住有一些阿拉伯人和希腊人的缘故。从这个来源得到了一些医学书籍，一本地理著作与地图以及托勒密的《光学》。亚里士多德的《动物学》、《形而上学》与《物理学》及1200年以后在西方出现的许多次要书籍，其来源则属于许多散居各处的或不知名的译者。

那时科学文献的通用语言是阿拉伯语，从阿拉伯语译出的书籍，即使作者是希腊人，也见重于当时。当时，说阿拉伯话的民族以及杂居其间的犹太人对于科学感到真正的兴趣，中世纪欧洲正是由于同伊斯兰教国家接触，才从早期的观点过渡到一个比较富于理性主义的心理习惯。

最大的变化是在重新发现亚里士多德著作的时候发生的。1200年至1225年间，亚里士多德的全集被发现了，并且翻译成拉丁语，与其他希腊著作一样，起先是从阿拉伯语译出，后来才直接由希腊语译出。在后一翻译工作中，最出色的一个学者是格罗塞特（Robert Grosseteste）。他是牛津大学的校长，林肯区的主教，著有讨论彗星与其成因的论文。

在这个时期里解释亚里士多德的最主要的学者是多明我会修士科隆的大阿尔伯特（Albertus Magnus of Cologne，1206年—1280年），他也是中世纪里最富有科学思想的一人。他把亚里士多德、阿拉伯和犹太诸要素组成一个整体，其中包括了当时的天文学、地理学、植物学、动物学与医学各种知识。在这一工作中，阿尔伯特本人与其同时代的植物学家鲁菲纳斯（Rufinus）等人作出了肯定的贡献。

4.2 大学的兴起

公元5世纪，随着西罗马帝国的灭亡，希腊、罗马灿烂的古典文化迅速衰落，罗马时代的城市几乎完全没落，有的成为设防据点，有的成为封建诸侯或主教的驻地，古代的各种文化教育机构也几乎荡然无存。统治西欧各地区的各个蛮族王国由于刚刚才脱离原始部落状态，在文化教育方面还是一片空白，这时，罗马基督教会就成了古代文化的承担者和传播者。在教会的努力下，陆续出现了一些修道院学校、大主教区学校和教区学校，其中以意大利修道士本尼狄克开创的本笃会修道院所组织的教育活动影响最大。僧院学校的学生分为两种，一种是准备充当僧侣的儿童，称为Oblati，意味自愿献身者；另一种是学成后不准备充当僧侣者，称为Externi，意味外来者。前者又称为内学，后者又称为外学。除僧院学校外，还有大主教区学校和教区学校。大主教学校设在主教的所在地，学校的性质与水平同僧院学校相当，学校设备较好，学科内容也比较完备。教区学校设在神职人员所在的村落，学校规模很小，设备简陋，只教授一般的读、写、算和基督教的初步知识，它虽然是由教会举办的，但也向一般世俗群众开放。教会首先需要的是对教士和僧侣进行读、写、算和教义基本知识的教育，这就需要利用古典文化的一些成果，这样，就逐步形成了被称为“七艺”（文艺学科教育）的学习课程。在当时的学校都设有三艺（trivium）和四艺（quadrivium），前者指语法学、修辞学和逻辑学，后者包括算术、几何、音乐和天文学，两者和在一块即所谓的“七门自由艺术”（septem artes liberales），简称“七艺”。但是，在整个中世纪的初期，文化教育基本上局限于为教会和宫廷服务，教育水平也停留在基本知识的传授上。

从11世纪末到13世纪，随着手工业与农业的分离和商业的逐渐活跃，开始重新出现手工业和商业中心的城市。随着城市的发展，西欧与其他地区的来往开始多了起来，人们的思想眼界也比以前开阔了，此时，教会学校已无法满足世俗社会的需要，于是，逐渐出现了城市的大学。城市大学的诞生标志着西欧文化历史的一个新时期的开始，而它的出现又是与当时的历史文化条件分不开的。

十字军东征和东西文化交通为大学的兴起铺平了道路。1095年，教皇乌尔班二世在法国南部的克勒芒召开宗教会议，发表煽动基督徒的长篇演说，为“征讨异教徒”进行总动员，以此为标志，开始了长达200年的十字军东征。通过十字军东征，欧洲人接触到了高水平的拜占庭文化和阿拉伯文化，带回了许多学术典籍。在阿拉伯人占领的比利牛斯半岛和诺曼人占领的意大利南部，许多学者将古典文献和阿拉伯文献由希腊文和阿拉伯文译为拉丁文。由此，中世纪的欧洲开始了解到古典文化的面貌，如柏拉图、亚里士多德的著作，欧几里德的几何原理，托勒密的天文学，希波克拉底和盖伦的医学著作等。另外，一些伊斯兰文化的杰出成就，如阿维森纳的医学和哲学著作，阿维罗伊的哲学著作，以及各种代数学、化学、天文学、医学方面的知识也都传入欧洲。这对于当时西欧的学术界和文化界是一场大的革新，除了原来的文艺学科有了很大的改革和发展外，新的三个高等学科即神学、法学和医学也开始确立，从而为大学各学科的形成准备了条件。

中世纪大学是市民社会的直接产物，它的组织形式来自城市和行会的组织形式，当时西欧城市各种行会组织的形成、发展为大学的组织奠定了基础。在城市的发展中，兴起了各种手工业的同业行会、商会，它们拥有相当大的自治权，成为控制城市的力量。在行会的发展和斗争中，逐渐形成了较为严密的组织与规章制度，这成为了大学组织的榜样，最初的大学机构，也就是学生行会与教师行会。大学（university）一词由拉丁语universitas而来，而universitas本意为“共同体”，它是由介词Versus（往，向，朝向）与名词Unum（唯一，单独）构成，意思是“成为一体”。因此，大学在它诞生之初无非是教师和学生的行业公会，学校由教师和学生共同管理。所有的教师联合成特殊的组织即专业行会，称为系或教授会（faculty），它是由拉丁语facultas而来，本意为才能，即教授某种科目的能力，后来开始把系这个名词理解为教授某部门知识的大学分部；学生则组成同乡行会，双方各有自己的权利和义务。简单来说，大学作为一种行会体制，教师与学生的关系就是师傅（magister）与学徒（discipulus）的关系。

最早兴起的大学是12世纪意大利的波洛尼亚大学和萨莱尔诺大学，随后巴黎、牛津大学相继产生，到15世纪，整个西欧建立了近80所大学。据统计，意大利有20所，法国有18所，英国有2所，苏格兰有3所，西班牙有13所，葡萄牙有1所，德意志神圣罗马帝国境内有16所，匈牙利有3所，波兰、丹麦和瑞典各1所。由于当时民族国家尚未形成，每个地方的大学都向各地学生开放，而不限于周边地区，这就使得那时的大学都有着很强的国际性，各地的学生可根据自己的志向和兴趣自由到自己所喜爱的大学求学。但有一点是共同的，那就是只有完成了以传统的“七艺”为内容的基本人文学科课程后，才可能进入法学、医学和神学等其他专科的学习。

大学作为一种行业公会，是一种独立自主的机构，完全实行自治。它既不受任何上级的管辖，也不受所在地方的限制。如果学校与市政当局发生矛盾，或者对所在地的条件及环境感到不满意，便会全校搬到其他地方继续办学。大学的自治性还表现在它享有其他一些特权，如免纳捐税，平时免受兵役，不受普通司法机关管辖等。在争取自治的过程中，几乎所有的大学在其成立之初都同当时的市政当局和教会发生过激烈的冲突，甚至发生大规模的械斗。中世纪大学按领导体制可分为两种类型。以最早兴起的意大利波洛尼亚大学为代表的称为“学生大学”，由学生主持校务，教授的选聘、学费的数额、学期的时限和授课的时数等，均由学生决定，欧洲南部的大学，如法国（巴黎大学除外）、西班牙、葡萄牙等地的大学多属此种类型。以法国巴黎大学为代表的称为“先生大学”，由教师掌管校务，欧洲北部的大学，如英格兰、苏格兰、瑞典、丹麦、德国等地的大学，则多属此种类型。

中世纪大学统一用拉丁语作为教学语言，这就使得欧洲各地的学生可以聚集一起共同学习。不同的学科虽然在教学内容上有很大的差异，但在教学方法上却大致相同。如在当时的神学院，除了圣经外，最重要的教科书是彼特·朗巴特（Peter Lombard，1100—1164）的《箴言四书》（Libri Quatuor Sententiarum），但其主要的教学方法仍是通行的讲授和论辩。讲授（lectio）来自拉丁语动词阅读（*lego*），即阅读指定的教材，由教师诵读教科书原文及其注解，学生逐字逐句地笔记，授课的内容则被记录、整理为“注释集”（Commentarius）。论辩（quaestio）最初只是一种口头训练，后来演变为一种正式的教学方法。在神学院，论辩又分为两种，即问题论辩（quaestio disputata）和自由论辩（quaestio quodlibetalis）。问题论辩在课堂上进行，由教师提出一个论点，由两名学生或两组学生进行对辩，由教师主持，裁定胜负。有时，由一名学生就某一问题的两面自己提出论据，自己辩驳，称为独辩。自由论辩则是在公开场所进行，一般是在降临节（Advent）后的第二周和四旬斋（Lent）后的第四、五周举行。自由论辩的规模很大，不局限于学术问题，任何问题都可提交讨论，参加的人包括学生、老师以及其他著名的访问学者。论辩的题目最后整理、汇集为“论辩集”（Quaestiones），各种题目的论辩集则进一步总汇为“大全”（Summa）。它的写作方式是围绕一个题目提出一系列问题，每一问题都有“赞成”和“反对”两种意见，作者先列举维护这些意见的理由，然后陈述自己的观点，最后逐一反驳其中一种意见的各种理由，并论证另一种意见的各种理由。

按当时大学的规定，文学院的课程需要4年半到6年，有的学校甚至要求7年。文学院毕业后，学生首先获得的是学士学位（baccalaureus），然后才可能继续申请硕士（magister）和博士（doctor）两种学位。当时的硕士和博士学位并无程度上的差别，它们的区别是，硕士考试不公开，合格者发给证书，取得教学资格；博士考试则公开举行，有隆重仪式。通过考试者，到主教所辖的地区，由副主教赐给学位。凡取得硕士或博士学位者，统称为教授（professor）。事实上，学位制最初只是教师行会的一种自我保护措施，它起着决定职业标准和保证学生的学习质量的作用。学士最初根本就不是一种学位，它乃是教师行会所新招学徒的一种身份，这些年轻人希望有一天也成为行会的正式成员。那些获得许可证，被接纳到教师行会的人，最初一律叫硕士（magister），其本意就是师傅，表明已出师了，可以开始授课带徒，而博士或教授仅仅是一种荣誉称号。

巴黎大学是西欧中世纪大学的典范，是欧洲各国学生云集的中心，13世纪的巴黎有欧洲雅典之称。巴黎大学的前身是诺丹（Notre Dame）主教学校。12世纪初，学者香浦的威廉（Guillaume de Champeaux，1072—1121）在此主持校务，著名经院哲学家彼特·阿贝拉尔（Petrus Abaelardus，1079—1142）1108年—1139年间也曾多次在这里讲学。起初，来自欧洲各地的学生按乡土组成德意志、诺曼底、罗马和英格兰四个同乡会，教师则按学科的不同组成艺学、神学、医学和教会法学（罗马民法在巴黎被禁止讲授）四个教授会。每个教授会有权颁发本学科的教学许可证书，决定本学科的教学规则和学生纪律，大学的重大事务都由这几个教授会共同会商。巴黎大学鼎盛时期师生达5万多人，号称与教皇和皇帝一起并为欧洲三足鼎立的势力，因此，在当时就有“罗马有教皇，德国有皇帝，法国有知识”这种说法。到了13世纪，随着经院哲学的繁荣，它更是成了欧洲学者云集的中心，来自各地的学者都在这里求学与讲学，不同学派与思想的论战也大都在此发生，因此，它更是享有“哲学家的天城”（Civitas Philosophorum）的美誉。

中世纪的大学产生以后，迅速成为欧洲文化复兴和传播的中心，也是随后进行的文艺复兴、宗教改革和近代启蒙运动的重要阵地。此外，尽管世界各国、各民族自古以来就有种种较高水平的教育机构，如希腊雅典的学院、阿拉伯的“智慧馆”和中国的书院等，但是，西欧中世纪形成的大学所提供的办学理念、组织原则、教学体系、学业考核制度、法律地位等，却是近现代世界高等教育制度的直接先驱。

中世纪的大学是欧洲重新获得和了解古代希腊罗马的哲学和科学知识的重要媒介。当欧洲还处于文化的黑暗时期时，却正是阿拉伯世界以其灿烂辉煌的文化彪炳于世的时候。公元7、8世纪兴起的阿拉伯—伊斯兰文化是古代东西方诸多民族、宗教融合碰撞的结果，它在产生之初即表现出勤于学习、尊重知识的特点，据说，穆罕默德曾对穆斯林发出“学问即使远在中国，亦当求之”的号召。经过阿拉伯人200年左右的努力，欧洲古代的主要经典几乎都翻译成了阿拉伯文，当这些著作被翻译为拉丁文而为中世纪的学者所了解后，重新点燃了欧洲人的智慧，而这主要是在当时的大学展开的。

中世纪的大学直接促进了经院哲学的发展与繁荣。随着大学的发展，教会的势力也慢慢渗透进大学，经院哲学逐渐成为大学的主要内容。当时兴起的两个托钵修会，即多米尼克修会与法兰西斯修会更是积极向各个大学渗透，他们在大学的活动，造就了一大批著名的学者。属于法兰西斯修会的著名学者有"不可辩驳的博士"（Doctor irrefragibilis）哈列斯的亚历山大（Alexander Halensis，1185—1245）、"六翼天使博士"（Doctor seraphicus）波那文图拉（Bonaventura，1221—1274）、"悲惨博士"（Doctor mirabilis）罗吉尔·培根（Roger Bacon，1214—1292）、"精微博士"（Doctor subtilis）约翰·邓·司各脱（Johannes Duns Scotus，1265—1308）以及威廉·奥康姆（Guillelmus de Ockham，约1285—1349）等；属于多米尼克修会的著名学者有"全能博士"（Doctor universalis）大阿尔伯特（Albertus Magnus，1200—1280）、"天使博士"（Doctor angelicus）托马斯·阿奎那（Thomas Aquinas，1224—1274），以及约翰·艾克哈特（Johannes Eckhart，1260—1327）等。这些大学培养出来的学者成为了中世纪神哲学的中坚力量，他们让他们的时代成为了欧洲思想史上最具创造性的时代之一，他们的著作和思想也成为了近现代哲学的重要源泉。

中世纪大学的出现和发展为欧洲的文艺复兴运动作了准备。中世纪的大学体制为学者们从事学术活动提供了各方面的保证，成为当时各方面学者活动的舞台。例如13世纪的牛津大学就是当时欧洲的科学中心，西方近现代的科学在那里开始萌芽。牛津大学的第一任校长罗伯特·格罗斯太斯特（Robort Grosseteste，1168—1253）和他的学生罗吉尔·培根将柏拉图对数学的强调和亚里士多德对实验观察的强调结合起来，奠定了现代科学兴起的基础，他们自己也成为现代科学的先驱。此外，但丁、薄伽丘、哥白尼、伽利略、弗朗西斯·培根、牛顿等人的思想，也都是在大学的土壤上产生的。

在人们的传统观念中，中世纪的欧洲是人类历史上最黑暗的时代，封建的基督教世界，欧洲文化的方方面面都成为基督教的婢女，中世纪是西方古代文化和近现代文化高峰中间的低谷，充斥着愚昧和野蛮。宗教禁锢着科学、政治、经济和文化的发展，西方近现代文化就是在与封建的基督教文化斗争的过程中发展起来的。文艺复兴时期，近代资产阶级与封建基督教的斗争是科学与宗教、信仰与理性、野蛮与文明、智慧与蒙昧、进步与落后之间的斗争。确实在西方的中世纪和近代社会，科学与宗教呈现出了激烈的冲突，几乎科学的每一个进步都受到了基督教的阻挠。哥白尼的日心说、达尔文的进化论等都经过了与基督教的殊死搏斗。大批的科学家受到了天主教宗教裁判所的制裁和惩罚，伽利略被长期监禁，布鲁诺被活活烧死在罗马的鲜花广场。

然而，在西方的中世纪，基督教对文化的发展同样产生了重大的积极影响。"中世纪文化的繁荣，不仅表现为庞大的神学—哲学体系的建构，而且也表现为罗马法的恢复，自然科学研究的苏醒，特别是在文学和艺术方面，更是取得了辉煌灿烂的成就，不仅出现了一系列英雄文学和骑士文学的光辉篇章，而且创造出一种惊天地、泣鬼神的哥特式建筑，它使中世纪人的精神文化理念，在视觉形象艺术里达到了登峰造极的表现。基督教文化的繁荣把中世纪精神推到了顶峰，使它成为西方历史的一个卓越而独特的阶段"。

思辨性的看待中世纪的欧洲科技史将促使我们重新思考宗教与科学以及传统文化与现代化之间相互关系的一系列问题。

中世纪科学大事记

时　间	事　件
5世纪	中国祖冲之算出了圆周率的近似值到七位小数
公元533年—544年	中国北魏贾思勰写成《齐民要术》，为世界现存最早、最完整的综合性农业科学著作
6世纪	中国北齐时张子信发现冬夏太阳运行有快慢
6世纪	中国隋代刘焯在《皇极历》内，已用“内插法”来计算日、月的正确位置
6、7世纪	中国隋唐时代出现了以高温度烧成的青瓷，质坚、细致、半透明，和近代瓷器相似
7世纪	印度婆罗摩笈多研究了定方程和不定方程、四边形、圆周率、梯形和序列
619年	中国唐朝傅仁钧编造了《戊寅元历》，改平朔为定朔，是中国历法的第三次大改革
7、8世纪	中国已采用刻板印书，是世界上最早的印刷术
8世纪	中国造纸术传入阿拉伯地区
8世纪	酒精已获应用
725年	中国唐朝的张遂在世界上第一次测出了地球子午线1°的长度
727年	中国唐开元年间僧一行在《大衍历》中，建立了不等距的内插公式
8世纪	阿拉伯人掌握了制硫酸、硝酸、王水、碱和氯化铵等技术，为溶解贵金属提供了溶剂
9世纪	阿拉伯 阿尔·花剌子模发表《印度计数算法》，使西欧熟悉了十进位制
9世纪	中国瓷器传入埃及
9世纪	中国唐代的炼丹士发现火药，这是化学能转化为热能的重大发现，也是中国化学史上三大发明之一
814年	阿拉伯人在巴格达哈利发阿尔·马蒙组织下，在美索不达米亚实测了子午线的长度
10世纪	中国发明了使用火药的火箭
10世纪	阿拉伯　阿尔·巴塔尼精确测量了黄赤交角，改进了岁差常数，编制成更为精确的日月运行表
10世纪	阿拉伯 阿尔·哈赛姆著《光学》，明确光的反射定律并研究了球面镜和抛物面镜
10世纪	阿拉伯 伊本·尤尼斯编制哈卡米特天文表
10世纪	阿拉伯 伊本·森纳编写了对以后6个世纪影响很深的《医学经典》一书
1041年—1048年	中国宋朝毕昇发明活字印刷术
1054年	中国《宋史》中，有超新星爆发的第一次记载，该超新星的残骸形成了现在所见的蟹状星云

续表

时　间	事　件
1088年	中国宋朝苏颂制造水运仪象台，是现代钟表的先驱
1092年	中国宋朝苏颂著《新仪象法要》，是天文仪器制造方法的专著
11世纪	阿拉伯 阿尔·卡尔希第一次解出二次方程的根
11世纪	阿拉伯 卡牙姆完成了一部系统研究三次方程的书《代数学》
11世纪中叶	中国宋朝贾宪的《黄帝九章算术细草》中，创造了开任意高次幂的“增乘开方法”，列出二项式定理系数表，这是现代“组合数学”的早期发现。后人所称的“杨辉三角”即指此法
1261年	中国宋朝杨辉发表《详解九章算法》，用“垛积术”求出几类高阶等差级数之和
1202年	意大利费婆拿契发表《计算之书》，把印度—阿拉伯记数法介绍到西方
1231年	中国宋朝人发明“震天雷”，是一种充有火药，备有导火线的铁器，可用投射器射出，是火炮的雏型
1247年	中国宋朝秦九韶的《数书九章》共十八卷，推广了“增乘开方法”。书中提出的联立一次同余式的解法，比西方早570余年
1274年	中国宋朝（南宋）杨辉发表《乘除通变本末》，叙述“九归”捷法，介绍了筹算乘除的各种运算法
13世纪	意大利 维塔罗用空气运动解释了星光的闪烁
13世纪	英国 罗杰·培根认识到空气为燃烧所必需的物质
13世纪中叶前	中国火药传入伊斯兰教国家
13世纪中叶前	中国瓷器传入欧洲
13世纪	意大利 维塔罗指出虹霓是由日光的反射和折射作用所造成的
13世纪中叶	英国 罗杰·培根根据实验观察，描述了凹镜和透镜的焦点位置及其散度
1200年—1300年	欧洲人开始使用眼镜
14世纪中叶前	中国明朝开始应用带穿档的珠算盘
1385年	中国明朝在南京建立观象台，是世界上最早的设备完善的天文台
15世纪	德国 瓦伦泰恩提出了金属的“三原素”说，认为金属是由硫、汞、盐三原素所组成，而硫指颜色，硬度，亲和力，可燃性；汞指光泽，蒸发性，熔解性，延展性；盐指凝固性，耐火性等
1420年	蒙古 兀鲁·伯根据实测编制了恒星表和行星运行表
1464年	德国 约·米勒在《论各种三角形》（1533年出版）中，系统地总结了三角学
1494年	意大利 帕奇欧里发表《算术集成》，反映了当时所知道的关于算术、代数和三角学的知识

续表

时　间	事　件
1492年—1502年	意大利人哥伦布先后发现古巴、牙买加、波多黎各等岛屿，当时误认为发现了印度。在航海中，认识到地球磁场的偏角因地而异的变化
1498年	葡萄牙人达·伽马发现经好望角到达印度的航路
1498年	中国明弘治年间沈启对湖水的侵蚀搬运进行观察，提出防止湖水侵蚀的方法，此方法也可防止海水的侵蚀
1499年—1504年	意大利人亚美利哥·维斯谱齐曾多次航行到南美洲北岸，确认为一新大陆，后来就把南、北美洲称为“亚美利加”

第四讲　近代科学技术的兴起——16—17世纪的科学技术

伴随着漫长中世纪的结束，自15世纪下半叶起，西欧封建社会内部逐渐形成和发展了资本主义的生产方式，开始了人类社会的一个新时代，近代科学技术即诞生于此时。在近代之初，科学还没有与哲学分离，科学也没有分化成众多的门类，知识仍然被视为一个整体。哲学这个术语广泛使用来指称任何一种探索，不管是后来狭隘意义上的科学探索还是哲学探索。然而，随着时代的发展，情况已经开始发生了变化。虽然经常是同一个人研究众多门类的学科，同一本书论述的内容仍是力图无所不包，但科学成果的迅速积累还是不可避免地迅速导致了科学活动的分工，导致了分化成若干门科学。同时，面对自然界的种种现象，近代科学先驱者们开始表现出的数学和实验倾向，也在相当大的程度上导致了科学与哲学逐步分化成精密科学即实验验证的科学和纯思辨的哲学。

1.　文艺复兴与地理大发现

近代科学是伴随着文艺复兴开始的。文艺复兴是指中世纪末起，以意大利为中心所掀起的新文化、新思想运动，时间是从14世纪一直持续到16世纪。但丁的《神曲》和薄迦丘的《十日谈》拉开了这个时期的序幕。达·芬奇的《蒙娜·丽莎》、《最后的晚餐》，拉斐尔的《圣母玛利亚》，米开朗基罗的《大卫》、《摩西》等绘画和雕塑，以及莎士比亚、塞万提斯等人在文学领域的复兴著作，都是这个时代最杰出的成果，他们讴歌着人性的解放，呼唤着理性和自由。重见天日的希腊和罗马古籍像一缕清新的海风吹进被中世纪沉闷压抑的气氛中。诗人、画家和文学家们的创作和探索激起了人们对自然现象的新的兴趣。在这样一个思想解放的时期，弘扬人性的氛围中，科学在一系列革命性的成果推动下，进入了一个崭新的时代。

文艺复兴是要从古代文化中吸取民主思想和理性主义，产生新的世界观，以与封建的宗教世界观相抗衡。文艺复兴运动的主旨是肯定人的价值，要求运用文学艺术表达人的思想感情，主张教育要发展人的个性，社会要发挥人的才能，满足人的欲望，这些主张构成被人们称为“人文主义”的思潮。这股思潮有力地冲击了中世纪以来形成的教会的绝对权威，解放了人的思想。文艺复兴运动不仅造成了欧洲近代文学和艺术的繁荣，产生了大量的文学艺术史上不朽的戏剧、小说、绘画和雕刻作品，同时也有力地促进了自然科学的解放。文艺复兴破除了人们对宗教神圣不可侵犯的迷信，培育了自由研究的精神，引导人们去观察和研究自然界。古典学术的复兴使那时的知识分子了解到古希腊罗马十分活跃的学术思想和科学技术成就，这不仅鼓舞了他们进行独立思考的勇气，而且为他们研究科学技术提供了丰富的思想营养和方法启示。为近代科学奠基的著名人物哥白尼、伽利略、维萨留斯和哈维等，都是在文艺复兴的氛围中成长的通晓古典学术的大师。他们从古代人那里找到了自己学说的种子和雏形，并且敢于对抗宗教的势力，提出离经叛道的新的科学学说。

在某种程度上，近代思想基本上是古代的复活，是借助古代学术而问世的。近代科学在它的早期阶段，也是得益于古代流传下来的天文学、数学和生物学等论著，其中更有阿基米德的力学论著以及亚历山大里亚的维特鲁维乌斯等的技术著作。

达·芬奇

达·芬奇（意大利，1452—1519）是文艺复兴时期的最为杰出的人物。在他的身上集中体现了文艺复兴的精神，他是一个多才多艺学识渊博的文化巨匠，人类历史上罕见的全面发展的伟人。他为我们留下的五千页“札记”中充满了以实验为基础的科学思想，到处表现出他对实验和经验的尊重，他不仅是一位留下像《蒙娜·丽莎》和《最后的晚餐》等12幅名画的杰出的画家和雕刻家，更为重要的他还是通晓各种科学知识的科学家和精通工程、建筑、土木、水利、兵器等各种技术的工程师。达·芬奇是一个非常注意把自己的具体工作和科学技术联系在一起的天才人物。据说为了塑造一位将军骑马的青铜像，他画了大量不同姿势的马的画稿，作了马的解剖，研究了炼铜炉、风箱以及蒸汽、热和光，还考察了利用热的抽水机等等，整整花费了16年的时间。达·芬奇又是一位重视自然的哲学家，他曾经对在远离海边的地层发现贝壳感到惊异，并坚持自己地质变迁的基本理论观点；他曾经观察鸟飞行的方法，借以发明滑翔机；他还经常的到纺织厂、铁厂、大炮铸造厂去观察机械的结构，他设计了压力计，发明了压缩蒸汽点火枪，还为佛罗伦萨设计了防洪工程，为法国制定过运河的建设计划。达·芬奇把自己长期研究和考察的结果都详细地记录在自己的札记中，他不懈地对自然进行观测和探求自然规律的精神，努力把自然的力和科学的力结合在一起，坚持“自然界不破坏自己的规律”的思想，使他成为那个时代最伟大的科学人物。

随着资本主义的快速发展，从15世纪下半叶开始，新兴的欧洲要求扩大贸易和到海外去寻找财富的意愿越发强烈，加之原来东西方贸易的陆路通道由于土耳其的扩张而受阻，海路通道又为阿拉伯人所垄断，因此欧洲人试图渡过大西洋，另辟通往印度和中国的通路，远洋航海和探险事业由此应运而生。当时的欧洲已经有了多帆船，能够在大海上张开数个帆顶风自由地航行，此时虽然有了指南针，不过还没有人敢于横渡过一望无际的大西洋。

葡萄牙贵族达·伽马于1498年率船队到达了加尔各答。至此，通往神话般东方的航线终于开通了。

在多种社会力量的推动下，欧洲掀起了航海探险的热潮，出现了一大批探险家。哥伦布（意大利，1446—1506）就是其中著名的一位。哥伦布14岁就上船出海，曾当过海盗。在热那亚时，他大概已学会了绘制地图，并具有了比较丰富的航海经验。那时意大利热那亚是欧洲航海业的中心，在造船以及航海器材和航海图的制作方面均有较高水平。1476年，他服务的那条船被法国舰队击沉，幸好出事地点离葡萄牙海岸不远，他靠一根漂浮的长桨上了岸，后来到了里斯本。而那时他的兄弟巴托洛缪·哥伦布正好在里斯本经营绘制、出售航海图的生意。

受托勒密的影响，哥伦布确信，地球是圆的，从西方的边缘到东方的边缘的陆上距离非常遥远，而西班牙到印度之间的海路距离很近。根据一系列错误的判断，哥伦布计算出亚洲的位置几乎正好是在美洲的大西洋海岸。

1484年，哥伦布向葡萄牙国王提出了关于开辟西方航线到达印度群岛的计划并希望国王投资于这项探险活动。但国王的顾问们认为，哥伦布大大低估了西航到亚洲的路程，因而他的要求没有被接受。尤其是在1488年迪亚斯绕过好望角并发现确有一条通向印度的东方航线之后，哥伦布在葡萄牙就失去了任何希望。

哥伦布只好把希望寄托到葡萄牙的竞争对手西班牙身上。1492年，西班牙国王在几经犹豫之后，终于同意资助哥伦布的探险计划，他得到了百万金币的装备。1492年8月3日，哥伦布率领87名船员，乘“圣玛利亚”号、“品脱”号、“尼雅”号3艘帆船驶离海岸，开始了历史性的航行。为了避开北大西洋强劲的西风，他先向南航行至加那利群岛，然后借助于东北贸易风，转航西方，经七十昼夜的艰苦航行，1492年10月12日凌晨终于发现了陆地。哥伦布以为到达了印度，后来人们知道，哥伦布登上的这块土地，属于现在中美洲巴勒比海中的巴哈马群岛，他当时为它命名为圣萨尔瓦多，这是欧洲人第一次发现并登上新世界的土地。随后，哥伦布又到了一些岛屿，寻觅想象中的黄金，最后在海地岛（哥伦布将其命名为埃斯帕诺拉）建立了一个据点，并留下了部分船员。1493年3月，他返航西班牙，受到隆重欢迎。他满怀信心地报告，他已到达了“印度群岛”。

1493年9月，哥伦布率领1000多船员和17条帆船第二次启程西航。到达埃斯帕诺拉后，发现当初留下的船员已全部被当地土著所杀，于是船队到了今多米尼加北部海岸，在这里建立了欧洲人在美洲的第一个城市伊萨贝拉。随后，他又发现了牙买加。而在他到达古巴西端的科尔特斯湾时，海岸线开始折向南方，他却以为自己已经到了黄金半岛（马来半岛）东海岸的开端，并相信在其终端会出现通往印度洋的海路。然而，就在他只要再继续向前航行几十英里就能发现这里只是一个岛屿的时候，由于船只破损，给养不足和船员的不满，他决定返航。

1498年3月，哥伦布第三次西航，发现了特立尼达岛，随后还登上了南美大陆，但他又把自己登陆的土地误认为是海岛。

1501年，哥伦布第四次远征，发现了古巴以南的大陆即中美洲海岸，并考察了大约1500公里的加勒比海西南海岸。1506年5月20日，哥伦布死于贫病交加之中。

就在哥伦布航海探险期间，意大利另一个航海家亚美利加考察了南美洲东北部沿海，断定这个地区不是印度，而是一块新大陆。后来，人们用他的名字给新大陆命名为亚美利加洲（America）。而哥伦布发现了新大陆，但他自己至死都以为是到了东方的印度群岛。所以至今地理上仍称加勒比海域各岛为西印度群岛。

与此同时，葡萄牙的达·伽马（1460—1524）开始了开拓欧印航线的探险。达·伽马出生于葡萄牙一个名望显赫的贵族家庭，其父也是一名出色的航海探险家，曾受命于国王若昂二世的派遣从事过开辟通往亚洲海路的探险活动，几经挫折，宏大的抱负竟未如愿所偿而却溘然去世了。达·伽马的哥哥巴乌尔也是一名终生从事航海生涯的船长，因此，达·伽马是一名青少年时代受过航海训练，出生于航海世家的贵族子弟。

1497年7月8日，达·伽马奉葡萄牙国王曼努埃尔之命，率领四艘船共计140多船员，由首都里斯本启航，踏上了去探索通往印度的航程。经过艰苦的努力，终于于1498年5月20日到达了印度南部大商港卡利卡特。1499年9月，达·伽马带着仅剩下一半的船员胜利地回到了里斯本。

完成绕地球一周使命的是葡萄牙人麦哲伦（1480—1521）和他率领的船队。麦哲伦是葡萄牙航海家，青年时期曾随远洋船队到过印度和马六甲，1512年—1513年初，足迹遍及苏门答腊、爪哇、西里伯斯（今苏拉威西岛）、班达群岛等地，为环球远航积累了丰富的航海经验。1518年3月，西班牙国王接受了麦哲伦提出的探险计划。经过一年半的准备，麦哲伦于1519年9月20日率领了5条帆船离开了西班牙南部港口圣卢卡尔，开始了他的著名远航。经过两个月的航行，探险船队到了巴西的东端，并由此沿海岸向西南方向航行，仔细搜寻可能的海峡通道。1520年3月，船队到了约在南纬49° 的圣胡利安港，并在此休整过冬。1520年8月24日继续南下通过“麦哲伦海峡”，驶入了“大南海”（即太平洋）。此后，麦哲伦和他的探险队看到的是一望无际的海洋。由于在此后的航行中，他们再没有遇到风暴，就将这片海洋称为“太平洋”。

麦哲伦首先沿南美洲西海岸向北航行了一段距离，然后转向西北，于1521年2月在西经158° 处越过了赤道，3月6日到达关岛。在停留了3天之后，他们又航行了一个星期，来到菲律宾群岛，这是欧洲人从未到过也从未提及过的一个群岛。3月底，船队驶抵马萨瓦岛，在这里，当年麦哲伦在马六甲买的一个奴隶、这次随他远航的仆人，听到了自己的母语。麦哲伦意识到，他已到达了马来语地区。他终于找到了向西航行通向东方的航路，而这是哥伦布和其他许多探险家所未能找到的。他实际上已经完成了环球航行，他已经证明了地球是圆的，在海洋上朝着一个方向航行，最终能够回到出发地点。1521年3月，麦哲伦船队到达菲律宾群岛，因参与岛上部族的战争，在4月初的一次争斗中麦哲伦受重伤而死。其余船员们分乘剩下的两条船，于11月8日抵达印度尼西亚东北部的马鲁古群岛，即摩鹿加群岛——欧洲人梦寐以求的“香料群岛”。在这里又留下了一条必须修理的帆船，只有“维多利亚号”一条船开始了绕地球半圈的回程航行。1522年9月6日，“维多利亚号”在经过了将近3年的艰苦航行之后，回到了西班牙的圣卢卡尔港，最初的260人，只剩下了18人。这次人类历史上空前的航行，证实了所有的海洋都是互相连接不可分割的，纠正了原有的错误概念，从而使人类认识了自己生活的这个星球的真像。

这一时期的航海探险都是在基本上无法准确测定经纬度的时代进行的，除了它的经济成果以外，也使得整个欧洲在观念上发生了巨大的变革。航海探险大大激发了人们探索自然的热情，也极大地鼓舞了人们征服自然、利用自然的勇气。值得指出是，中国古代的发明经过各种渠道从大约12世纪起陆续传入欧洲，使整个欧洲出现了生气勃勃的景象。其中指南针成为了欧洲航海和地理大发现中必不可少的观测工具。

2. 科学革命与近代科学的兴起

文艺复兴的重要成果之一，是促进了近代自然科学的产生。从15世纪中叶到17世纪中叶，在一系列科学革命的推动下，近代科学以崭新的面貌诞生于欧洲。各个科学领域中都取得了重大突破和长足进步，科学开始摆脱了神学的束缚，新的学科相继诞生。

近代科学革命是以哥白尼创立日心说为开端，维萨留斯的人体解剖、哈维的人体循环学说为重要标志，而牛顿力学体系的建立则是宣告了这场科学革命的成功。

2.1 日心说和天文学革命

近代科学是以天文学开端的，其标志就是波兰人尼古拉·哥白尼（1473—1543）创立的“日心说”。

哥白尼

哥白尼出生在波兰一个殷实商人的家庭，他父亲在维斯杜拉河托伦城的老汉撒镇还担任过市政官吏。哥白尼10岁时他父亲去世，由他的舅父卢卡斯·瓦采尔罗德领养。他18岁时进克拉科夫大学，1497—1500年在波洛尼亚大学读书。1501年赴意大利帕多瓦大学读书。1503年，获费拉拉大学博士学位。1506年，从意大利返回波兰。

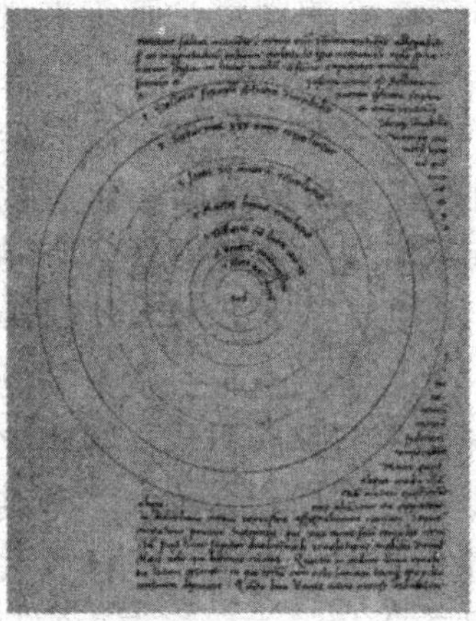

哥白尼《天体运行论》手稿

在哥白尼以前，托勒密的宇宙模型一直是世界公认的宇宙模型。这个模型即使到了今天也还有许多值得历史肯定的地方，例如认为星体是球体无须什么支撑的思想，但是它也有致命的不足，就是人们熟知的以地球为宇宙中心的思想。到了哥白尼的年代，由于实验和观测资料的不断积累，为支撑地心说理论所臆想出来的本轮均轮数达到了80多个，宇宙模型失去了它的简练。哥白尼实际上是在神学和传统支持下开始他的工作的，目的是要消除托勒密体系的矛盾和不和谐，使宇宙体系（其实是指太阳系）更简单明快。哥白尼实际上在1512年左右就完成了自己的宇宙模型。日心说的主要内容包括：提出了太阳为宇宙的中心，确定了各行星的排列次序，指明月亮是地球的卫星，提出了地球自转和公转概念，认为天体运动方式是圆运动。哥白尼认为：太阳位居于宇宙的中心静止不动，而包括地球在内的行星都绕太阳转动的日心体系。离太阳最近的是水星，其次是金星、地球、火星、木星和土星。只有月球绕地球转动。恒星则在离太阳很远的一个天球上静止不动。

这个以日心说模型替代地心说模型的直接效果是，地球转动消除了地球不动所引起的天体运动的复杂性，本轮和均轮的数目降到了30余个。宇宙简单了，地球的宇宙中心让位给了太阳，地球仅仅是一颗围绕太阳运转的普通的星球。在哥白尼的宇宙体系里，一切行星仍然是按照圆周运动的，宇宙也是最完善、有限的球形。

1543年春天，哥白尼的《天体运行论》出版。这年的5 月24 日，哥白尼死于脑溢血。1542 年，当他的著作在纽伦堡付印之时，他给罗马教皇保罗三世写了一封信，说明了自己的学说形成的条件，希望教皇向他提供庇护，使他的思想免遭被定为异端邪说的命运。哥白尼在信中写道：“我深深地意识到，由于人们因袭许多世纪以来的传统观念，对于地球居于宇宙中心静止不动的见解深信不疑，所以我把运动归之于地球的想法肯定会被他们看成是荒唐的举动。”他表示，他是在阅读研究古代学者著作的过程中受到启发而开始考虑地球运动的。既然前人可以随意想象出圆周运动来解释星空现象，那么他也可以假定地球有某种运动以便更好地解释这些现象。

哥白尼迟迟不肯发表自己的理论研究成果原因是多方面的，虽然有对宗教上的顾忌，但也有科学理论方面的困惑，其中哥白尼以其理论难以回答运动的地球上高处石头往下掉为什么不会发生位置的变化和恒星视差等问题，所以，哥白尼日心说的革命性更主要的是体现在意识形态上。他的理论在哲学、物理学上的冲击引起了旧时代观念的崩溃和新的思想潮流。

哥白尼以后的大天文学家当推第谷（丹麦，1546—1601）和开普勒（德国，1571—1630）。第谷是公认的观测家，他建立了现代意义上的第一个天文台。第谷是哥白尼日心说的怀疑者，在理论上似乎拥护地心说，可是大量的实践观测又使他不自觉地意识到日心说的种种优越。这种矛盾困扰着第谷，最终他提出了一个“行星围绕太阳转，而太阳围绕地球转”的折中宇宙体系。第谷在理论上是失败的，但是他又因在晚年将其毕生观测所得数据移交给了弟子开普勒而在天文学史上流芳百世。

具有数学天才的开普勒从第谷大量精密的观测值基础出发，运用哥白尼太阳中心论的观点，首先发现了火星和其他行星运行的轨道是一个椭圆，而太阳在其一个焦点上（第一定律，1609）；接着发现了面积定律，即行星在距离太阳近的轨道上移动得快，在远的地方移动得慢，在相等的时间内行星和太阳的连线所扫过的面积相等（第二定律，1609）；后来，又天才地摸索出了天体运动的第三定律，即行星绕太阳一周的时间（周期）的平方与行星至太阳的平均距离的立方成正比（1619）。开普勒开始了把数学、物理和天文科学地结合在一起的道路，他用“数量—变量—方程”的模式去统辖对象材料的方法成为了西方近代科学研究方法的起源，他的天体运动三大定律也成了牛顿力学的内容来源。

第谷的观测仪器—象限仪

随着发展，日心说和地心说的争论触及到了当时社会的各个层次，其中布鲁诺（意大利，1548—1600）的观点和遭遇最为引人注意，他从哥白尼的系统向外推展，否定了天球之说。布鲁诺出版了《无限宇宙论》明确主张：太阳是众多的恒星之一，地球亦是行星之一。更主张人类在宇宙中也不是惟一的。这种主张与圣经起了严重冲突，他在1600年被判火刑，在罗马当众烧死。

对哥白尼的著作，教会方面虽不满，但采取的是“淡化处理”，只把它当做一种简化计算之假说。不过，创立新教的马丁·路德却极力抨击。布鲁诺事件之后，此书终于在1616年被教会列为禁书。

2.2 认识人体：生理学的发展

直到16 世纪初期，欧洲人关于人体的知识，主要来源于古罗马医学家盖伦的著作，而不是人体本身。

近代之初，盖伦的学说借助于文艺复兴而在欧洲产生了新的影响。1476年，盖伦主要著作的拉丁文译本印刷发行。1525 年，意大利最先出版了盖伦著作的希腊文原文版本。盖伦的观点广泛传播，其正统地位也因此而得到加强。盖伦被认为是永远正确的，盖伦的学说成了僵硬不变的教条。

但是，盖伦的学说中存在着不少错误。盖伦本人并没有解剖过人体，因为当时罗马习俗不允许对人体进行解剖。据他自己说，他只有两次研究过人的骨骼结构。不过，他解剖过猴子和猪，然后把自己在“最近似人类的别种动物身上”所发现的东西假定为也将在人体上发现。但他强调经验和实践，反对学究式的医学。然而，在他之后的一千多年中，他的医学著作成了医学的金科玉律，人们因循他的学说，也接受了他的全部缺陷。而且，当盖伦的著作随着阿拉伯势力的扩张而传到西欧时，它已不完全是盖伦的原文，并被加上了批注。

为了更好地进行疾病的治疗，人们越来越迫切地需要对人体有更深入的了解和认识。进入近代后，不少人开始了对人体的探究。如达·芬奇并没有盲从盖伦的学说，而是独立地研究了人体。他的笔记表明，他曾亲自解剖过10具以上的人体。他认为人体的各个部分应该从各个方面来观察，并绘制了人类骨骼的正面、背面和侧面的图解。达·芬奇指出，要想正确认识人体，就须进行系统的、反复地解剖。但遗憾的是，达·芬奇的研究成果由于当时并未发表，因此也未在当时引起应有的反响和重视。

维萨留斯

真正对盖伦理论发起进攻，为近代解剖学奠定基础的是比利时医师、解剖学家维萨留斯（1514—1564）。维萨留斯出生于布鲁塞尔，其父是查理五世皇帝的药剂师。他16岁时进入卢万大学，3年后转往巴黎大学，学习动物解剖学。1536年，维萨留斯又从巴黎回卢万。1537年，他获得了医学学士学位，随即又赴帕多瓦大学，通过了医学博士的考试。维萨留斯获博士学位后被留下担任外科学和解剖学讲座的教师，年仅23岁。

维萨留斯具有惊人的洞察力。他对于那些自己不动手，只是一味朗诵盖伦理论书籍的老师进行过尖锐的批判，指出他们“简直像老乌鸦坐在高高的椅子上，显得了不起的样子”。维萨留斯坚持认为“注重实际解剖的结果胜于雄辩”。他亲自拿起解剖刀做了各类动物的大量解剖，还请画家画了六幅精妙绝伦的人体解剖图。在实践中维萨留斯意识到盖伦当年的阐述有许多地方不是来自于人体，而是来自于动物（比如狗和猴），他进而指出了盖伦的错误达200多处。

1543年8月，维萨留斯所著《人体结构》一书出版。哥白尼的《天体运行论》问世恰巧也在这一年。如果说《天体运行论》意味着人类对宇宙认识的突破，那么《人体结构》则标志着人类对自身认识的飞跃。

《人体结构》共有663页，其中附有许多质量很高的图片。维萨留斯很重视这些解剖图，认为它们对于正确表现他亲眼看到的东西是十分重要的。除了自己绘制外，他还聘请了提香派画家和威尼斯最好的木版制版工匠精心制作。

《人体结构》论述的内容，从人体的骨骼开始，然后依次是肌肉、血管、神经、腹部器官、胸部和心脏，最后是脑。维萨留斯根据自己的观察和研究，对盖伦的一系列错误作了修正。他通过对下颌骨、胸骨和肱骨的比较研究，确认盖伦实际上把动物的结构引申到人类；他指出，盖伦以某些动物的肝脏类推而错误地把人类的肝脏描述为多页的；人脑中不存在盖伦所说的那种在有蹄动物脑中发现的“奇妙的网络”等等。在心脏方面，他否定了盖伦关于左右两个心室之间的中膈是多孔的，因而一部分血液能通过它从右心室进入左心室的说法，指出，心脏的中膈组织并无孔状结构，所以，血液能从右心室通过它而到达左心室是令人怀疑的。关于中膈存在微孔的说法是盖伦生理学的本质部分，对它的否定使盖伦学说的基础受到动摇。

维萨留斯强调，解剖学的知识应建立在解剖的直接经验基础上，所有的医学院学生、解剖学家和医师都应自己进行解剖以产生新的知识。在书的最后，他介绍了他的解剖方法和使用的器械，它们在很大程度上成为现代解剖技术的基础。

《人体结构》出版之后，维萨留斯到西班牙去当了查理五世皇帝的宫廷医生，后来又为查理的儿子菲力普二世服务。1564年，他在朝圣归来时死于途中。

到了近代，对人体血液运动的研究始终是医学、生理学领域中引人注意的问题。古罗马盖伦的“三灵气说”至此时已受到越来越多的怀疑和挑战。

西班牙的塞尔维特（1511—1553）发现了静脉血变为动脉血过程的血液心肺循环（又叫小循环）。他批判盖伦的“三灵气”说，主张人体中只有一种来自空气的灵气（即后来发现的氧气）。塞尔维特把盖伦所说两相独立的动脉系统和静脉系统统一起来，为发现全身的血液循环铺平了道路。

塞尔维特

塞尔维特是一个神学家，同时也是个医学家。他曾就读于巴黎大学，与维萨留斯是同学。在神学上，他认为基督教正统教义中关于三位一体的观点是谬误，主张一位论。1546年，他完成了《恢复基督教的本来面目》一书的初稿，后来经过修改，于1553年将其秘密印行。正是在这本书中，在论述圣灵和再生之间的关系时发表了他对人体血液循环的见解。

塞尔维特认为，血液从右心室向左心室的流动，不是如盖伦所指出的那样经过心脏中膈，而是要经过肺部形成循环。他对这一过程作了具体的描述：血液从右心室进入肺，在这里它同吸入的空气相混合并排出杂质，然后通过肺静脉进入左心室。

塞尔维特的观点当时没有得到广泛传播，因为他的著作秘密印行后，他就因自己的神学观点而遭到宗教法庭的逮捕和审讯。在受审期间，他设法逃脱到日内瓦，但又落入了同样不能容忍他的思想的加尔文派手中。加尔文曾亲自参与了对他的审讯，并坚持以异端罪判处他死刑。1553年10月27日，塞尔维特被烧死，他的那本著作也被禁遭焚，只有不多几本幸免于难而流传下来。

1559年，意大利的解剖学教授雷亚尔多·哥伦布（1516—1559），提出了同塞尔维特类似的观点。哥伦布是维萨留斯在帕多瓦大学的继任者，他的研究产生了一些重要的结果：血液从心脏的右侧通过肺流到左侧；心脏在不断地收缩和扩张，心脏扩张时动脉收缩，而心脏收缩时动脉则扩张。

1603年，意大利帕多瓦大学的教授法布里修斯（1537—1619）发现静脉瓣膜，出版了《论静脉瓣膜》一书，公布了他的新发现。约在1574年，法布里修斯在做人体解剖时发现，人体四肢的静脉内壁有小瓣膜，它们使血液只朝一个方向流动。他还注意到，人体躯干中的大静脉内没有这种瓣膜。在《论静脉瓣膜》这本书中，他首次清晰地描述了静脉内壁上的半月瓣。这些小瓣膜朝心脏的方向打开，但朝相反方向关闭。

在前人的研究基础上，威廉·哈维（英国，1578—1657）对人体血液循环进行了更为系统的研究，并取得了重大的成果。

哈维

哈维出生于一个富商之家，15岁时就进入剑桥的格维尔和凯厄斯学院学医，这是当时英国医学教育的中心。1599年，他来到帕多瓦大学深造。法布里修斯作为帕多瓦大学的医学教授，给了他许多帮助和启发。法布里修斯很器重哈维，哈维曾有一段时间就住在他位于帕多瓦郊外的乡间小屋中。直到很多年之后，哈维仍记得法布里修斯是如何向他解释那些奇妙的静脉瓣膜的。

1602年，在帕多瓦获得医学博士学位后，哈维回到伦敦开业行医。在伦敦，他结交了弗兰西斯·培根等许多著名学者。从1615年起，他定期在皇家医学院讲课。1618 年后，曾任英王詹姆士一世和查理一世的私人医生。

哈维在行医的同时，进行着研究工作。他仔细地观察病人，解剖过人体和多种动物，还曾用皇家园林中的鹿进行过实验。哈维医术高明，研究也颇有成效，学术声望很快上升。1607年被选为英国皇家医学院院士。1616年哈维正式公布了他创立的血液循环理论。1628年，他发表了《动物心血运动的解剖研究》（简称）一书，第一次阐明了血液循环的原理。

《心血运动论》

《心血运动论》是一本只有72页外加两幅插图的小册子，但它彻底改变了这方面现有知识的框架结构，意味着生命科学的一场革命。

哈维的《心血运动论》第一次正确分析了血液循环的轨道和机制，明确阐述了血液循环原理。在书中，哈维用大量实验材料论证了血液的循环运动。他特别强调了心脏在血液循环中的重要作用，通过对40种不同动物的解剖观察，他证明心脏的收缩和舒张是血液循环的原动力。他把心脏比作水泵，并认为心脏在人体中的地位，就像宇宙中的太阳，而太阳是宇宙的心脏。《心血运动论》成为了生物学史和医学史上巨大的里程碑。同时，哈维出色地发展了实验的方法，比较成功地解决了维萨留斯的疑问和未能得出的结论。

由于当时条件的限制，哈维的血液循环理论还不能回答血液是怎样从动脉进入静脉的。他还没有显微镜，而要了解动脉末端与静脉末端连接的确切情形，是要借助于显微镜才能做到的。但尽管如此，哈维仍然坚持相信血液的大循环是一个简单的事实，认为动脉和静脉之间是由一些尚未被发现的“奇妙的技巧”连接起来的，大自然一定会造就这种循环。哈维的这一预言，在他逝世三年之后就得到了证实。医学家和解剖学家马尔比基（意大利，1628—1694）在显微镜下看到了蛙肺中连接动脉和静脉的毛细血管，揭示了肺的结构和功能。不久，列文虎克（荷兰，1632—1723）证实和扩展了这一发现。

哈维在他的书中首先强调，他信奉的不是书本而是实践，不是哲学家的观点而是自然的结构，他的观察和发现都是"从解剖活的动物中得出的"。他具体地论述了心脏、动脉、静脉的结构以及血液运行的问题，批驳了流行的观点，明确地提出了自己的新思想。他指出，虽然已有一些杰出而博学的人说明了这一主题的某些方面，但他的这本书是"唯一的一本反对传统的著作，而且它断言血液是沿着躯体内一条先前没被认识到的循环路线旅行的"。哈维的心血运动论使生物学研究摆脱了一种蒙昧主义的统治，在科学史上占有极其重要的地位。

如哥白尼日心说彻底否定了天文学中的传统观念一样，哈维的血液循环理论给了生理学中的传统观念——盖伦的"三灵气"说以致命的打击，从此，生理学发展成为科学。哈维因为这一成就而被誉为"生理学之父"。

2.3 物理学革命

伽利略

在近代科学，尤其是物理学的发展历史上，伽利略（意大利，1564—1642）占有极其重要的地位，他是近代物理学的奠基人，在一定程度上也可以说是近代科学最早的开创者。

1609年，当开普勒发现行星运动第一定律和第二定律从而奠定日心学说的数理基础时，在意大利，伽利略也以天文望远镜的发明为日心学说的确立和发展做出了重大贡献。

伽利略是最早借助于自制望远镜观测天体的人，他发现了月球的真实面目，发现了木星的卫星和太阳的黑子。他是那个时代哥白尼学说坚定的拥护者和举旗人。

伽利略于1564年2月15日出生在比萨。伽利略的父亲芬桑齐奥·伽利略是个酷爱音乐和数学的贫困贵族。在伽利略完成初等教育后，他父亲主张他去学习经商，而伽利略却十分喜欢数学，俩人产生了分歧。一段时间的僵持后，俩人最后达成了一个双方都能接受的方案：既不去学经商，也不去搞数学，而是去学医。这样，16岁的伽利略就于1580年进入了比萨大学的医学院。

进大学以后，伽利略对当时医学教学中陈腐的教学内容和刻板的教学方法深为不满，因此伽利略在听课时，在他的希波克拉底和盖伦等人的著作下面常常放着的是他正在偷看的欧几里德和阿基米德等人的数学和力学著作，显然，伽利略感兴趣的仍然是数学、力学这些课程。进比萨大学一年之后，伽利略还开始向一位工程师学习数学，此外，他还在研究一些古希腊科学著作的同时，开始用一些自制的仪器进行科学实验。

经过多次观察和分折，伽利略发现吊灯的摆动周期与吊灯的振幅无关，无论吊灯的振幅多大，摆动周期总是一样。经过进一步地分析和计算，伽利略终于在1583年发现了单摆等时性原理。

自此以后，伽利略对数学、力学等学科的兴趣更加浓厚起来。由于伽利略在医学上不能尽心学习，而且他喜欢数学和实验的嗜好也深为医学院的教授们所不满，因此，比萨大学医学院拒绝发给伽利略毕业证书，伽利略被迫离开比萨大学。

1589年，伽利略向波仑亚大学申请一个教师职位遭到拒绝，不过此后不久，他的数学才能引起了人们的重视。此时比萨大学有一个年薪很低，当时人们不屑一顾的数学教授职位空缺，但伽利略却喜欢上了这个数学教授职位，于同年应聘回比萨大学任数学讲师。

伽利略来比萨大学任数学讲师之后，从他对单摆等时性原理的实研观测经验出发，对亚里士多德的力学理论提出了怀疑。

伽利略开始了研究有关落体运动的斜面实验。他曾提出了“落体佯谬”，从逻辑上给亚里士多德关于落体的观点证伪。他说，如果把两个自然速度不同的物体结合在一起，速度慢的物体就会障碍速度快的物体；假定将一块以8个单位的速度下落的大石头与一块以4个单位的速度下落的小石头连接起来，其速度应小于8个单位，而这两块结合在一起的石头要比那块以8个单位的速度向下运动的石头更重，这样一来，不就出现了重量较大的物体比重量较小的物体运动得更慢的情景吗？伽利略以简单的逻辑推理，指出了直至那时仍支配着人们认识的亚里士多德的错误观点。提出了“轻重不同的物体由同一高度一齐下落，必定同时到达同一水平的地面”的正确结论。

在比萨大学，伽利略的重视实验的学风与怀疑权威的思想引起了亚里士多德派教授们的不满，他们挑唆学生在伽利略讲课时起哄，加上伽利略蔑视权威的自由科学思想得罪了比萨大学的权贵，使得他与比萨大学当局的关系急剧恶化。1592年，比萨大学当局终于罗列出种种罪名，把伽利略赶出了比萨大学。

当伽利略在比萨大学受到迫害时，他的朋友们向他伸出了救援之手，他们为伽利略在帕多瓦大学谋到了一个年薪更高的职位，1592年，伽利略即应聘前往帕多瓦大学，被任命为该校的数学教授。1592年12月7日，当伽利略在帕多瓦大学首次登台讲课时，即受到学生的热烈欢迎。自此之后，伽利略一边从事教学一边继续进行他已在比萨大学开始的力学研究。

1604年，伽利略在其《力学》一书中初步论述了他的力学研究成果。经过六年的研究和写作，伽利略在1630年写出了《关于托勒密和哥白尼两大世界体系的对话》一书。伽利略将原稿送往罗马审查，由于伽利略在《对话》中只把哥白尼的日心学说作为一种假说来论述，所以罗马教会在经过近两年的审查之后，最后经过新教皇的批准，使《对话》终于得以于1632年在佛罗伦萨出版。

伽利略解决了哥白尼悬而未决的问题，他提出的力学相对性原理指出了在惯性系内任何力学实验不能确定系统的运动状态的客观规律，他的这一贡献，为哥白尼日心说奠定了坚实的理论基础。从这个意义上说，伽利略后来受到教会监禁和数百年的猛烈批判是不足为怪的。

伽利略在1638年完成的《关于两种新科学的对话》这一巨著中，全面论述了他的力学研究成果和科学方法，使他成为在近代科学史上最先把受控实验与数学分析结合起来的近代实验科学的伟大奠基人。

通过研究，伽利略发现投射物以抛物线运行，解释了抛物体的运动并研究了运动合成的原理。伽利略也是变量方式的引入者，他正确地定义了动量，力图做出定律式的描述。在物理学领域，他做了一系列开创性的工作，并且进而力证了哥白尼的日心说。更为重要的是，伽利略突破传统，开创了一种新的科学方法，即坚持以实验为基础，从实验中发现世界的科学方法，这种方法具有划时代的意义，也使伽利略成为经典物理学初创时期的杰出代表。爱因斯坦对此评价很高：“伽利略的发现以及他所应用的科学推理方法，是人类思想史上最伟大的成就之一，标志着物理学的真正开端”。他所倡导的“现象观察，逻辑判断，数学演绎，实验验证”的研究方法已成为近代科学研究的准则。

与伽利略同时代或略后可以在物理史上占有一席闪光点的人物还很多。例如英国医生吉尔伯特（英国，1544—1603）1600年出版的《磁石》一书，根据实验的方法，第一个证实了“地球是磁石”。托里拆利（意大利，1608—1647）、帕斯卡（法国，1623—1662）等人对真空问题，进而对流体力学所进行的突破性研究。此外，胡克（英国，1635—1703）和他的弹性定律，惠更斯（荷兰，1629—1695）对摆的研究和对光的研究等等，都成为近代物理学的重要组成部分。

牛顿

近代物理学，尤其是力学的研究，在伊萨克·牛顿（英国，1642—1727）手中得到了综合。牛顿总结了前人天体力学和地面上力学的成就，系统地提出了力学概念，提出了运动三定律和万有引力定律，从而使力学成为一个完整的理论体系，人们把它称为牛顿力学或经典力学体系。这个体系的建立，标志着经典力学的成熟。同时，由于牛顿力学体系成为了此后300年近代自然科学整体发展的理论基础，因此，它的建立也宣告了近代科学革命的成功。

牛顿1642年12月25日出生在英国东南部林肯郡格兰汉姆镇一个叫沃尔斯索普的小村子。牛顿出生的年代，正是欧洲的自然科学向前跃进的变革时代。

牛顿6岁时进入了本地的格兰瑟姆镇公立小学学习。12岁进入中学。1656年，当牛顿14岁时，他的继父去世了，母亲再次寡居，家里非常需要人手帮助料理家务，耕种土地，只好把牛顿召回家来，以解家中的当务之急。可牛顿一心所渴望的是读书和实验以及制造机械。后又多亏中学校长斯托克斯对牛顿极为同情，愿意在经济上给予资助，才使得牛顿又重新返回中学读书。1661年，牛顿19岁时，从格兰汉姆皇家中学毕业，由于成绩优异，经校长斯托克斯的推荐，他以清寒学生的身份，进入了剑桥大学的三一学院读书。

由于牛顿的家庭并不富裕，于是牛顿只得在学院里作为一个减费生受教师使唤和干那些有钱大学生不愿做的各种零活，以减免一些在校学习费用。

在大学的头两年中，牛顿的主要精力是主攻数学和物理学方面。三年级时，牛顿得到了新任数学导师巴罗教授的器重。巴罗博学多才，先后主讲过希腊文、哲学和数学，是当时公认的优秀学者之一。在给牛顿授课的过程中，他很快就发现牛顿对于当时自然科学和数学的尖端知识有着非凡的理解能力，是个不寻常的天才，于是就把自己所掌握的数学知识，全部悉心传授给牛顿。在巴罗教授的帮助、指导下，再加上牛顿本人的天赋和勤奋的学习态度，还是学生的牛顿，就取得了他的第一项重要科学成就——发现并证明了“二项式定理”。这时牛顿只有22岁。

1665年，就在牛顿毕业的这年，鼠疫正在英国蔓延开来，剑桥大学的管理人员担心波及该校，于是决定暂时关闭学校，让学生疏散到外地躲避这场大瘟疫。因此，牛顿只好回到了家乡。牛顿在家乡度过了18个月，他集中全部精力研究了三大问题，这些问题为牛顿一生的研究方向奠定了基础，并为数理科学的发展开拓了新的天地。这三大问题就是牛顿以后取得的三项最伟大的成就：微积分学、万有引力理论与光学。

1667年初，在英国各地流行的鼠疫已经基本稳定，剑桥大学也复课，牛顿便又回到了三一学院。不久，他得到了选修课研究员的职务，很快，他又被提升为主修课研究员。这样，他就在学院有了自己的一所房子可以专心研究问题；他的薪水也够他的日常生活费用，他也不必为经济困难担心了。从这时开始，牛顿为他的主要科学研究课题——光学、万有引力、流数术，各花费了大约十年工夫。从他回到剑桥到1678年期间，他主要从事光学研究；从1678年到1688年，他致力于万有引力理论的钻研；从1688年到1700年，他进一步发展了自己在天文学方面的研究，并完善了他的数学发明，特别是在微积分学方面。

1669年，在导师巴罗的极力推荐下，牛顿接替巴罗成为数学卢卡斯教授。此后他制造反射望远镜，发现了太阳光的合成性质。反射望远镜的发明，使牛顿开始闻名全欧洲，并于1672被选为皇家学会会员。1672年牛顿将自己的第一篇正式科学论文《关于光和色的新理论》，提交给皇家学会讨论审查。这篇论文总结了他以往在光学方面的实验和理论，突出了他所发现的光谱现象。牛顿对光的本质进行了深入的研究，他提出了光的本质是微粒的见解，这也引发了光微粒说和波动说的长期争论。

在此期间，牛顿对流数法的研究也得到了发展，他还结识了许多科学界的朋友。1677年在与同事的讨论中他的注意力被重新吸引到引力问题上。当时胡克、哈雷（1656—1743）、雷恩（1632—1723）也在思考引力问题，但均未能解决。

牛顿运用自己创立的微积分方法，证明了两个均匀的球体之间的引力，可以看做质量全部集中在球心，距离为两球心连线的线段，如此大大简化了引力的计算，使万有引力的证明已经完备。

1687年，在哈雷的帮助下，牛顿将包含他的力学体系以及数学、天文学方面研究成果的巨著《自然哲学的数学原理》交付出版。这本书被公认为近代科学史上最伟大的著作。

《原理》第一篇之前有两部分重要的论述。第一部分为定义，定义共8条，其中有关向心力的有5条。在第一篇之前，除定义一章外，还有公理或称运动定理一章，在这章里牛顿阐述著名的运动三定律（牛顿运动定律）。《原理》第二篇论述在有阻力媒质（气体、液体）内的质点运动，牛顿在这里用了更多的数学方法，而物理涵义较前为少。在《原理》第二篇中，牛顿用摆在流体中的运动实验测定重量（即地球引力）和惯性大小的关系。在第二篇最后文字中牛顿澄清了涡旋假设与天体运动无关。牛顿原想把《原理》第三篇写成一般性的总结，但后来改变了计划，标题为“宇宙体系”。在这篇里讨论了太阳系的行星、行星的卫星、彗星的运行，以及海洋潮汐的产生。他把这些作用的力叫做引力，即今所谓“万有引力”。牛顿在第三篇中阐述了太阳对月亮的摄动，土星对木星的摄动。在第三篇中还计算了木星卫星的距离与卫星运转周期，作为开普勒第三定律的实例。《原理》第2版于1713年出版，第3版于1725年出版。

《原理》原用拉丁文写成。牛顿逝世后2年由莫特译成英文付印，即今所见的流行的《原理》英文本。

牛顿认真研究了伽利略的自由落体理论，通过进一步的精确化，得出了惯性定律和加速度定律。他又在笛卡儿和惠更斯对碰撞运动的研究基础上总结出了作用力和反作用力定律。这三条定律后来被分别称为牛顿第一、第二和第三定律。牛顿还以独特的思考方式，从研究地球对月球的引力入手，综合了惠更斯、开普勒等人有关天体力学方面的研究成果，并运用他自己创立的微积分作计算工具，成功地导出了万有引力定律。以运动三定律和万有引力定律为基础，运用逻辑和数学方法构建的牛顿力学体系，统一了天上物体和地上物体的机械运动，对自然界的力学现象做出了系统的、合理的说明。

1704年，牛顿把自己研究了30多年的光学写成了一本关于光学的巨著《光学或光的反射、折射、弯曲与颜色的论述》。这本书共分三章。第一章，首先列举“公理”与“定义”，然后讨论了一般的折射与反射，太阳光谱与反射望远镜；第二章，研究了薄膜的颜色，自然界里物体的颜色，光的性质；第三章，介绍了衍射现象，论述了晶体内的双折射，解答了一些一般的自然科学常识问题。

牛顿丰富发展了培根等人的方法论思想，形成了从实验和经验事实出发概括自然科学理论的方法。他指出，自然科学应该像数学那样，面对各种事物时，先要通过实验和观察去进行分析，然后用综合的方法得到普遍结论并立为原理，再用这些原理去解释自然界的现象，并且证明这些解释的正确性。牛顿所使用的这种方法成为了整个近代自然科学的基本研究模式。他在《光和色的新理论》一文的最后所写下的“我不容许混淆确实性和推测”的名言，也就成为了那个时代的结晶式的标准语言。

牛顿的《自然哲学的数学原理》不仅是与中世纪以前的全部旧自然观的最终诀别，也是对15世纪以来社会发展和相应的科学技术的发展的最有力的总结和回答。对此，恩格斯评价说：“近代科学第一期结束”于牛顿。方面分类演化，科学家们在探索构成物质的基本元素方面做了许多工作和实验，进行了最初的实验性的探索。

《原理》完成后，他便着手有关基督教《圣经》的研究，并开始写这方面的著作，手稿达150万字之多，绝大部分未发表。1696年，牛顿担任了英国皇家造币厂的监督，并于1699年升任为皇家造币厂厂长，这是一个年薪达1500英镑的高级职务，牛顿任职了28年，一直到他去世为止。

牛顿一生的事业，可以分为各占30年左右的前后两个阶段：前期从1665年到1696年，这是他努力钻研科学，为人类做出伟大贡献的时期；后期从1696年到1727年，他成为服务于国家的公职人员。1699年，他当选为法国科学院的8个外籍院士之一；1703年11月，当选为英国皇家学会会长，以后连任24年，直到他逝世。1705年4月，英国女王安妮为了表彰牛顿在科学上的伟大贡献，亲自授予他骑士勋爵，牛顿是获得如此殊荣的第一位英国科学家。

1727年3月20日，牛顿在伦敦郊区肯辛顿逝世。3月28日，他的遗体以国葬的礼遇被隆重安葬在著名的威斯敏斯特教堂内的墓地，英国的王公大臣、文人学者纷纷前来吊唁。为了纪念他的功勋，英国政府在他的墓前树立了一座高大的纪念碑，将牛顿的主要贡献刻于其上。

1942年爱因斯坦为纪念牛顿诞生300周年而写的文章，对牛顿的一生作如下的评价，“只有把他的一生看做为永恒真理而斗争的舞台上一幕才能理解他”。此赞语作为对牛顿的评价是最恰当不过的了。

2.4 数学的发展

在古代的天文坐标和地理坐标的基础上，近代逐渐出现了几何坐标，这种坐标使人有可能把数和形联系起来研究，代数和几何可以联系在一起了。法国人费尔玛（1601—1665）和笛卡尔（1596—1650）在创立几何坐标方面贡献最大。其中笛卡尔把函数的概念带进了数学，他把几何图形（直线和曲线）看做是依一定函数关系运动的点的轨迹，几何问题因而化为代数学问题来解决，这样，变量和函数被引进了数学，由此创立了解析几何学。解析几何由此诞生了。

在天体力学和力学的发展中，由于计算行星的轨道，计算抛物体的运动，从距离和时间的函数关系求运动物体的瞬时速度，或从运动物体的瞬时速度来求运动物体的距离，这样属于变速运动的数学问题又突出地摆在数学家面前。

在这样的背景下，许多数学家对微积分问题进行了探讨，如笛卡尔、卡瓦列利、费尔玛、罗伯佛尔，以及牛顿的老师巴罗等人。牛顿在充分吸收前人研究的基础上，为微积分的创立和应用做出了卓越的贡献。

牛顿最初发明微分方法是在1665年11月，而最初发明积分方法是在1666年5月，这两年正是牛顿在他的故乡逃避瘟疫的时期。

1669年，牛顿写出了记述微积分的第一部重要论著《运用无穷多项方程的分析学》（但直到1711年才公开发表）。在这一论著中，牛顿在他初步引入的无穷小量的基础上，找到了求一个变量对另一个变量的瞬时变化率的普遍方法，并因此初步地建立起微积分的基本原理。

1671年，牛顿写出了研究微积分的第二部重要著作《流数法与无穷级数》，即《流数术》。在这一著作中，牛顿改变了变量由无穷小量组成的看法，从力学的瞬时速度的角度对微积分方法进行了研究。在《流数术》中，牛顿还附入了一个积分简表。但《流数术》在牛顿生前也未能出版，直到1736年，即牛顿逝世九年之后，这一著作才从拉丁文原稿译成英文出版。

1676年，牛顿又写出了研究微积分的第三部重要论著《曲线求积法》（又译《求曲边形的面积》）。同样，牛顿的这一著作也直到1704年才公开发表。

莱布尼茨（德国，1646—1716）是另一位独立发明了微积分的数学家。莱布尼茨生于德国的莱比锡。1664 年，莱布尼茨在莱比锡大学毕业，以一篇有关逻辑学的论文获哲学学士学位。1666 年，他又以一篇有关方法论的论文《论组合的艺术》获阿尔特道夫大学的哲学博士学位。同年，获阿尔特道夫大学教授席位。此后，莱布尼茨即任教于该校，开始进行哲学、数学、力学等方面的科学研究。

莱布尼茨发明微积分的起点，是求曲线的切线作法及其计算问题。在1675年10月29日的一篇手稿中，莱布尼茨已决定用“∫”作为求和的符号；11月11日，他又在一篇题为《切线的反方法的例子》的手稿中，进一步对微分和积分的符号进行了探讨。尽管在无穷小量这一概念上他与牛顿一样含糊不清，但最迟在1676年，莱布尼茨已基本上完成了微积分的发明。

1686年，莱布尼茨在《博物者学报》上发表了一篇有关微积分的内容比较具体的论文：《求极大、极小和切线的新方法，也能用于分数和无理量的情形以及这个方法的一个巧妙的计算》。在这篇论文中，莱布尼茨公开发表了微积分的基本原理和主要方法。莱布尼茨发表的这篇论文的题目虽然很长，可篇幅却很短，只有6页，但由于其内容新颖，方法新奇，符号新巧，因此立即引起了欧洲数学界的极大关注。

由于莱布尼茨先于牛顿发表了微积分，而牛顿又先于莱布尼茨发明了微积分，再加上他们之间又有过直接的和间接的交往，因此，爆发了一场关于微积分的发明居先权之争。不过，争论主要是在英德两国相关人士之间进行的，作为当事人的牛顿和莱布尼茨则是对对方的发明的独立性给予了充分的肯定。

微积分的发明，是继笛卡尔和费尔玛的解析几何发明之后近代数学史上的又一大功绩。自此之后，整个数学才真正进入了一个全新的发展时期——高等数学的发展时期。如果说，解析几何的发明还只是高等数学的曙光的话，那么微积分的发明则是高等数学的光辉灿烂的日出了。自此以后，整个近代数学的面貌就大大地改观了。微积分的发明，也使整个近代科学获得了全新的数学方法，因为“只有微分学才能使自然科学可能用数学来不仅仅表明状态，并且也表明过程：运动”。

随着哥白尼的“太阳中心说”的创立，天文学得到了快速的发展。可是由于当时常量数学的局限性，天文学家们不得不花费很大的精力去计算那些繁杂的“天文数字”，因此浪费了若干年甚至毕生的宝贵时间。为了简化计算，纳皮尔经过多年潜心研究大数字的计算技术，终于分别独立发明了对数。

约翰·耐普尔（英国，1550—1617）的发明载于他的《奇妙的对数表》（1614年），书中包括对数使用规则的表，但是没有说明构造方法。耐普尔还是小数点的发明者。

耐普尔所发明的对数，在形式上与现代数学中的对数理论并不完全一样。在耐普尔那个时代，“指数”这个概念还尚未形成，因此耐普尔并不是像现代数学那样，通过指数来引出对数，而是通过研究直线运动得出对数概念的。

对数的实用价值立即为亨利·布里格斯（英国，1561—1631）这位几何学教授所认识，他对耐普尔发明后来的发展和迅速传播作出了很多贡献。耐普尔和布里格斯都看到了取$\log 1=0$的系统的优越性，这时对数跟数一起增加。布里格斯计算出了基于这种原理的表，他的《对数算术》（1624年）给出了30000个数的常用对数，直到小数14 位。

2. 5 化学的诞生

近代化学迟至17 世纪中期才产生，它的产生与炼金术有很大关系。15世纪末和16世纪初，炼金术与炼丹术在欧洲进入了全盛时期，而以行医和制药为职业的炼金术士瑞士的巴拉塞尔苏斯（1493—1541）则是这一时期内炼金术的主要代表人物。他曾用水银制剂治好过一些病，并在炼丹术的实验中炼制过一些金属药剂，在一系列的实验中，他对蒸馏、溶解、升华、还原、凝结等操作过程进行了研究。他相信古希腊自然哲学中四元素理论，认为四元素在人体内变成了盐、硫、汞三要素，这三要素就构成了人体的三基，而这三基又分别支撑着人的身体、灵魂和精神。他的炼丹术与炼金术奠定了最初的医药化学基础。

比利时的炼金术士赫尔蒙特（1579—1644）则是从炼金术向近代化学过渡时期的代表人物。他曾发现了二氧化碳、一氧化碳、二氧化氮。赫尔蒙特对近代化学的贡献，主要是他的化学实验方法和化学元素理论。在化学实验方法上，他十分重视化学实验中的定量分析，他在实验中广泛地使用天平，这就促进了定量分析方法在化学实验中的运用和发展。定量分析是炼金术向近代化学转变的重要一步。赫尔蒙特死于1644年，他的主要著作《医学入门》于1648年出版。

波义耳

将化学定义为一门自然哲学，完全摆脱了炼金术的束缚的是波义耳。

波义耳（英国，1627—1691）是近代化学的开创者，英国皇家学会创始人之一。波义耳生于爱尔兰的利菲莫尔堡的一个贵族家庭。为了学习大陆科学，少年时，曾到意大利、瑞士等国留学，在留学期间，他学习了当时尚处于炼金术襁褓中的早期化学。1644年，他父亲、保皇党派的理查德伯爵被击毙，他只得赶回爱尔兰多尔塞特郡老家，去看守祖传庄园并开始过隐居生活。在隐居期间，他进行了哲学和早期化学的研究。

1646年，波义耳应邀加入了由威尔金斯组织的群众性科学社团——“哲学学会”（亦称无形学院）。1648年，威尔金斯被克伦威尔政府任命主持对牛津大学的改革，威尔金斯邀请波义耳到牛津去工作。1654年，波义耳应邀重返牛津，自此以后，波义耳的实验化学研究进入了一个新的时期。

波义耳在牛津留居长达十四年之久，斯图亚特王朝复辟后，波义耳移居伦敦。在伦敦，他创建了英国第一所专门的化学实验室，以进行新的化学实验。在实验上，波义耳所作过的许多实验都曾在近代化学史上产生过深远影响。在牛津期间，波义耳曾与胡克一起用格里凯发明的抽气机进行过减压蒸馏实验，以后又进行过大气压力实验，正是这些实验，导致波义耳在1662年发现了以他和另一个法国物理学家俩人命名的气体定律，即气体的体积与压力成反比的波义耳—马略特定律。

波义耳进行过不少燃烧实验，特别是各种燃烧的对比实验。他进行了真空条件下燃烧与充足空气条件下燃烧的对比，发现了燃烧与空气的密切关系，1673年，他根据这些燃烧对比事实，写成了论文《关于火焰与空气关系的新实验》，最先揭示了空气是燃烧的基本条件这一事实。

在吸取古希腊哲学原子论和赫尔蒙特的元素定义的基础上，波义耳提出了一个关于元素的科学定义，他说：“我说的元素的意思和那些讲得最明白的化学家说他们的要素的意思相同，是指某种原始的、简单的、一点也没有掺杂的物体。元素不能用任何其他物体造成，也不能彼此相互造成。元素是直接合成所谓完全混合物的成分，也是完全混合物最终分解成的要素”。

波义耳在实验化学与理论化学两方面的重要贡献，为近代化学奠定了初步基础。他一生著述甚丰，其主要化学著作是发表于1661年的对话集《怀疑的化学家：或化学物理的怀疑与悖论，涉及炼金家普遍推崇并为之辩护的而又为化学家通常认为实在的种种要素》（简称《怀疑的化学家》），他的主要化学成就大都反映在此书中。

波义耳在《怀疑的化学家》中针对亚里士多德的四元素论和炼金术的三元素而说，阐明了他的观点：真正的元素并不是过去意义上的物体，例如水或者空气。并且认识到分解后的物质也决不是只有火，他以无穷多单质作为世界的元素，他的这些见解为化学在下一世纪的发展奠定了重要的思想基础。与此同时，波义耳坚持实验、坚持化学的独立性，对现代化学的形成也起到了关键性的作用。他将化学定义为一门自然哲学，完全摆脱了炼金术的束缚。

在文艺复兴时期，古希腊学者对实践的轻视开始得到扭转，科学与技术二者的关系趋于紧密。从事实际操作的工匠的地位有所提高，他们的工作和创造受到学者的尊重。而学者们所发现的古代科学和技术的种种事实以及对这些事实所作的研究和发展，也为实际操作者提供了新的可能性。许多学者亲自从事实际工作，从实践中发现和研究问题，并由此而做出了不少重大发现。

使科学与技术实现结合的重要外部条件，是近代前期一系列新的生产部门产生以及人们对未知世界探索的扩大和深入。在这个过程中，出现了许多需要解决的实际问题，这种需要推动学者们走上了寻找解决办法的道路。工业和工程中的技术进步，刺激了相应学科的发展或为其奠定基础，而学者们取得的研究成果，又加快了技术的进步。

实验与数学的结合成为基本的研究方法，是近代科学的又一显著的特征。从16世纪中叶开始，一些最卓越的学者将观察和实验作为自己研究工作的基础。但越来越多人认识到数学方法具有重要的意义，因为仅仅有观察和实验是不够的。到17世纪，人们已经能够把观察和实验的结果加以量化，把已知的科学问题转变为数学问题。

近代科学的另一个重要特征是科学仪器的发明和广泛使用。仪器使观察者得以大大改进他们原来可能仅仅用感官进行过的观察，虽然当时的仪器远不是那么完善，但已使学者们可能发觉那些以前根本察觉不到的东西。它们便利了对各种现象作精密测量，也使得人们能够在较为严格控制的条件下研究一个现象，因此所得的结论使可靠性大大增加。科学仪器对近代科学提供了极其重要的帮助，而且构成了近代科学与古代科学的主要区别之一。在古代，科学研究仅仅使用一些极其简陋的仪器。17世纪里，至少发明和使用了六种非常重要的科学仪器，即显微镜、望远镜、温度计、气压机、抽气机和摆钟。

在近代科学的发展过程中，科学方法论也渐趋成熟。在近代科学中，一般科学方法的问题日显重要，16世纪以来，对亚里士多德及其当代追随者的批评日渐增多并趋于激烈。在这一背景下，弗兰西斯·培根和笛卡尔在科学方法论问题上，进行了深入思考并提出了系统见解。他们的思想对近代科学产生了深远影响。

近代科学的最大特点是用实验方法和数学手段研究自然界，这是人类与自然界对话的特殊方式。这一时期，科学技术的发展开始打破了国家和地域的界限，天文学、力学、数学、生物学、化学、物理学等学科都得到了系统的发展。近代科学是以前所未有的速度发展的，这个时期的一系列重大科学成就，直接构成了当代科学技术体系的基础。

和古代人们把自然界作为一个整体加以考察的方法不同，近代科学把自然界划分为不同的领域和侧面，分门别类地加以研究，逐步形成了以研究某一类自然现象为对象的自然科学各门学科。近代科学与古代科学的另一个重大区别就是它依靠科学实验来检验和发展科学理论，而不像古代学者那样只是依靠直观和哲学思辨对自然界提出种种猜测。科学实验是把自然现象从实际的自然过程或生产技术实践中抽取出来，在人为的控制下加以研究，它是近代自然科学赖以发展的一个最直接、最切近的基础。

16、17世纪科学大事记

时　间	事　件
1542年	哥白尼（波兰）提出日中心说，认为恒星天层不动，地球每天绕其轴旋转一周，并作为一个行星每年绕太阳运行一周
1543年	哥白尼（波兰）的《天体运行论》出版
1543年	维萨留斯（比利时）的《人体结构》一书出版，批判了盖伦的解剖学

续表

时　间	事　件
1550年—1572年	邦别利（意大利）出版了《代数学》，其中引入了虚数，完全解决了三次方程的代数解问题
1572年	第谷·布拉赫（丹麦）发现仙后座超新星，是银河系里第二颗新星
1576年	诺曼（英国）发现地球磁力的倾角
1583年	伽利略（意大利）用自身的脉搏作时间单位，发现单摆周期和振幅无关，创用单摆周期作为时间量度的单位
1584年	布鲁诺（意大利）出版了《论无限性、宇宙和世界》，捍卫和发展了哥白尼的日心学
1590年	伽利略（意大利）做自由落体的科学实验，发现落体加速度与重量无关，否定了亚里士多德关于降落加速度决定于重量的臆断
1591年左右	韦达（德国）在《美妙的代数》中出现了用字母表示数字系数的一般符号，推进了代数问题的一般讨论
1593年	明万历年间李时珍（中国）的《本草纲目》由明朝的胡承龙刻版印刷首次刊行，书中记有药物1892种，附图1126幅，是科学上的重要典籍
1600年	吉尔伯特（英国）的《磁铁》出版，用铁磁体来说明地球的磁现象，认识到磁极不能孤立存在，必须成对出现
1605年	斯台文（比利时）发现分解力的平行四边形原理
1609年—1610年	伽利略（意大利）第一次使用望远镜观测天象，发现了月亮上的山和谷，发现木星的四个最大卫星，发现金星的盈亏，发现太阳黑子和太阳的自转。认识到银河是由无数星体所构成，为哥白尼学说提供了一系列有力的明证
1609年—1619年	开普勒（德国）根据第谷·布拉赫观测行星位置的数据，发现了行星运动的三个定律
1610年—1650年	笛卡尔（法国）提出太阳系起源的旋涡假说，认为宇宙充满“以太”。把热看做一种运动形式，与莱布尼茨争论运动的功效问题近五十年
1614年	耐普尔（英国）发明对数，制定了对数表
1615年	开普勒（德国）发表了《酒桶的立体几何学》，研究了圆锥曲线旋转体的体积
1627年	开普勒（德国）编制了卢多耳夫星行表
1628年	哈维（英国）发表《心血运动论》，发现血液循环
1631年	加桑迪（法国）首次观察到水星凌日现象
1632年	伽利略（意大利）出版了《关于托勒密和哥白尼两大世界体系的对话》，是近代科学思想史上的重要著作

续表

时间	事件
1635年	卡瓦列利（意大利）发表了《不可分连续量的几何学》，书中避免无穷小量，用不可分量制定了一种简单形式的微积分
1637年	明朝宋应星（中国）出版《天工开物》，总结了中国17世纪以前的工农业生产技术
1637年	笛卡尔（法国）的《几何学》出版，制定了解析几何。把变量引进数学，成为“数学中的转折点”
1638年	费尔玛（法国）开始用微分法求极大、极小问题
1638年	伽利略（意大利）发表了《关于两种新科学的数学证明的论说》，研究距离、速度和加速度之间的关系，提出了无穷集合的概念
1639年	霍罗克斯（英国）首次观测到金星凌日现象
1640年	明朝徐霞客（中国）发表《徐霞客游记》，是世界上最早论及石灰岩岩溶地形的著作
1641年	帕斯卡（法国）发现关于圆锥内接六边形的“帕斯卡定理”
1648年	帕斯卡（法国）发现气压随高度变化
1649年	帕斯卡（法国）制成帕斯卡计算器，它是近代计算机的先驱
1653年	帕斯卡（法国）发现对静止液体的任一部分所加的压强不变地向各个方向传递的帕斯卡定律
1653年	意大利北部开始建立世界上第一个气象观测站
1654年	帕斯卡、费尔玛（法国）研究了概率论的基础
1655年	惠更斯（荷兰）发现土星的最大卫星——土卫六，这也是太阳系迄今所知的最大的卫星
1656年	惠更斯（荷兰）发明摆钟
1657年	惠更斯（荷兰）发表了关于概率论的早期论文《论机会游戏的演算》
1658年	帕斯卡（法国）的《摆线通论》出版，对“摆线”进行了充分的研究
1659年	惠更斯（荷兰）发现土星的光环
1660年	波义耳（英国）提出在一定温度下气体体积与压力成反比的定律
1661年	波义耳（英国）发表了《怀疑的化学家》，批判点金术的“元素”观，提出元素定义，“把化学确立为科学”，并将当时的定性试验归纳为一个系统，开始了化学分析
1665年—1666年	牛顿（英国）创立了微积分
1665年	胡克（英国）制成显微镜，观察到植物细胞，首次提出细胞的概念

续表

时　间	事　件
1666年	卡西尼（法国）发现火星和木星的自转。牛顿发现白光为复合光，发现万有引力定律
1667年	法国建立巴黎天文台
1670年	费尔玛（法国）提出了“费尔玛大定理”
1672年	卡西尼（法国）发现土星的一个卫星——土卫五，并首次测定太阳和地球的精确距离
1673年	惠更斯（荷兰）《摆动的时钟》一文发表，其中研究了平面曲线的渐屈线和渐伸线
1675年	英国建立格林尼治天文台
1675年—1683年	列文虎克（荷兰）用显微镜首次发现了轮虫、滴虫和细菌
1676年	胡克（英国）发现形变和应力之间成正比的固体弹性定律（胡克定律）
1678年	哈雷（英国）编成第一个南天星表。惠更斯提出光的波动说
1684年—1686年	莱布尼茨（德国）发表了关于微积分论文
1684年	莱布尼茨（德国）发表了关于微分法的著作《关于极大极小以及切线的新方法》
1687年	牛顿（英国）出版《自然哲学的数学原理》，第一次阐述牛顿力学三定律，奠定了经典力学的基础
1691年	约翰·贝努利（瑞士）《微分学初步》出版，促进了微积分在物理学和力学上的应用及研究
1693年	哈雷（英国）发现月球运动的长期加速现象
1696年	洛比达（法国）发明求不定式极限的“洛比达法则”
17世纪	明朝出版了徐光启（中国）主持编制的《崇祯历》，其中的星录是当时中国较完备的全天恒星图。徐光启第一次使用望远镜观测天象

第五讲　蒸汽机时代——第一次工业革命

工业革命表现在以机器代替人力、以大规模的工厂生产代替个体工场手工生产，在生产力和生产关系方面均发生巨大的变革。它的发生是资本主义经济发展的客观要求所决定的。由于国内外市场的日益扩大，工场手工业生产已不能满足社会对工业品日益增长的需要，于是产生了革新生产技术的必要性。产业革命首先于18世纪60年代发生在英国，到19世纪30年代，英国的基本工业部门中机器生产和工厂制度已占据优势。其他各主要资本主义国家利用英国产业革命的技术和经验，进展迅速。它们完成产业革命的时期大体为：法国是1830年—1860年，德国是1840年—1875年，美国是1865年—1890年，日本是1868年—1900年。产业革命使一批资本主义国家先后实现了工业化和机械化，建立起了大机器工业生产体制，从而使工业资本在国家经济事务中占据了优势。

1.　技术革命的背景

产业革命是近代资本主义发展的必然产物，是在一定的政治经济条件下发生的。

政治条件　1640年—1660年间英国进行的资产阶级革命，废除了封建制度，取消了封建割据和等级制度等不利于近代资本主义经济发展的种种束缚，为产业革命创造了重要前提。同时在资产阶级取得政权后，对科学技术采取保护和奖励政策，推动了科学技术的更快发展。英国等各资本主义国家都在工业化开始阶段就实行了专利制度，对私人或企业的发明给予保护，使企业愿意投资发展科学技术。专利制度鼓励了人们的发明热情，促进了科学技术的发展。当然在一定条件下实行专利制度也有副作用，资本家为了私利可以在专利权的保护下，保守技术秘密，控制科研成果，阻碍新技术的推广和应用。但比较而言，还是促进作用大于阻碍作用。

经济条件　消除农业中的封建制度和小农经济，为资本主义大工业的发展提供了充分的劳动力和国内市场。机器大工业的发展，提出了对粮食、原料、市场和劳动力的需求，进一步促进了农业生产的商品化和农业经济的分化，并为建立和发展资本主义大农场，革新农业生产方法提供了物质技术条件。16世纪的英国由于海外贸易的大发展，推动了英国毛纺织业的大发展，英国的资产阶级和新贵族——土地领主用暴力大规模圈占农民的土地，强行建立大牧场，结果使广大农民失去了土地，这为发展机器大工业准备了大量劳动力；另一方面资本主义大农场的发展还为工业提供了更多的粮食、副食品和工业原料。圈地运动还为工业品开辟了国内市场。圈地运动是一场“羊吃人”的运动，通过它英国的资产阶级和工人阶级得以产生，而这正是英国产业革命的社会基础。

国际条件　海外贸易和对外扩张使欧洲资本主义国家从亚洲、非洲和美洲掠夺了大批财物，从而加速了资本主义的原始积累过程。资产阶级掌权后，又进一步扩大殖民地和势力范围，加紧掠夺和奴役殖民地与附属国人民，把亚洲、非洲和美洲广大地区变成了他们的产品销售市场和农业原料的产地。

技术条件 资本主义工场手工业的长期发展，使劳动分工日益发达，使劳动工具和生产设备不断改进和专门化，同时还培养了一大批有熟练技巧的工人，积累了较丰富的经营管理经验，为向大机器工业生产过渡准备了科学技术条件。

2. 第一次技术革命的动因

2.1 英国新兴的棉纺织业急需新的动力机械

伴随18世纪60年代在英国开始的产业革命，出现了近代以来的第一次技术革命，它开始于纺织工业的机械化，以蒸汽机的广泛使用为主要标志，继而扩展到其他轻工业、重工业等各工业行业。毛纺织业是英国的传统手工业，而棉纺织业是新兴工业。英国社会十分喜爱棉布，一直从印度进口，这使传统的毛纺织业受到了冲击。为了拯救传统产业，国会于1700年颁布了禁止外国棉布进口的法令。禁令虽然颁布了，但英国人对棉布的喜好并没有改变，禁止进口的结果是给了本国的棉纺织业以发展的机会。

珍妮纺车

棉纺织业分为纺纱和织布两个主要部门。1733年英国兰开夏郡的钟表匠约翰·开伊发明了飞梭，用飞梭的自动往返代替了手工投递，提高织布效率一倍，并使布面加宽。到1760年，飞梭已普遍推广使用，结果造成了纺纱与织布之间的严重不平衡，长期发生“纱荒”。1764年，曾当过木工的织布工人哈格里沃斯行走时不小心踢翻了他女儿珍妮的纺车，轮子带动锭子飞快地转动着，这使他想到如果把几个锭子同时竖起来，其效率不是比一个横锭的效率要提高几倍吗？于是他发明了效率可提高8倍的有8个竖锭的纺车。为了纪念他女儿的纺车给予他的启示，哈格里沃斯把自己发明的纺车命名为“珍妮纺车”，并在1770年申请登记了专利。到1790年时，珍妮纺车已在英国普遍推广。这是一架可同时带动几十根纱锭的手摇纺纱机，它是由手工工具变为机器的典型。珍妮纺车提高了纺纱效率，消除了纺纱与织布之间的不平衡，从而成为英国产业革命的火种。随着珍妮纺车带动的纱锭日益增多，以人力为动力越来越难以胜任，同时珍妮纺车纺出的纱线不够结

阿克莱特的水力纺纱机

实，质量差，于是在1769年理发师阿克莱特（1732—1792）剽窃了木匠赫斯的发明制成了水力纺纱机。水力纺纱机一方面用水力代替人力作动力，使纺纱成本大大降低，开始大量地排挤个体纺工；另一方面，水力纺纱机体积大，又必须在特定的地区使用，因而它不能安置在一般家庭中，而必须另建厂房集中大量工人工作，这就奠定了工厂制度的基础。于是阿克莱特靠专利权的收入，于1771年在克隆福特创立了第一个棉纺厂。水力纺纱厂出现以后，进一步推动了纺纱技术的革新。水力纺纱机虽然使效率提高，但纺出的纱不均匀，质量差，于是在1779年英国童工出身的发明家克隆普敦（1753—1827）兼采珍妮纺纱机和水力纺纱机的优点，进行技术综合，发明了一种新的纺纱机，命名为“骡机”，这是在技术上成功地运用综合杂交方法的一个范例。“骡机”纺出的纱线既均匀又坚实，大大提高了纱线的质量。从此，纺纱不再分散在农村或家庭内进行，而是集中在纱厂里进行。纺纱机经过一系列发明和改进使纱线的质量和效益大为提高，于是织布业又相对地落后了，出现了新的不协调，从而要求发明更优良的织布机来加工棉纱。1785年牧师卡特莱特（1743—1823）发明了用水力推动的织布机，使劳动生产率比手织工人提高了40倍。1791年建成了第一个使用卡特莱特织布机的工厂，到1815年，这种水力织布机技术已经完善并开始普遍推广。但是，由于上述水力纺织机以水为动力，纺织厂必须建筑在远离城市和交通大道的河边上，不符合市场经济和交通运输的要求，加之地主乘机抬高地价，因而大大限制了水力纺织厂的发展，还因水力受自然条件限制，不能常年均衡地供应动力。在这种情况下，纺织工业的发展，迫切需要新的动力机械。

克隆普敦的骡机

2.2 英国采煤业急需新的动力机械

矿井排水的需要是导致实用性蒸汽机产生的最直接原因。在16世纪中叶以前，英国主要是用木材作为酿酒、烧砖、制造玻璃等工场手工业的能源，以后又开始用煤作能源，刺激了煤矿的开采。钢铁工业的发展，使煤的需求量猛增，这又大大促进了采煤业的发展，使煤矿矿井的深度不断增加。当时，人们主要是用马拉辘轳推动水泵来抽排矿井深处的水。16世纪德国有个矿井的水泵，需要有93匹马来拖动。到17世纪末，英国有些矿井用来抽水的马匹竟多达500匹之多。这是令矿主们极为烦恼的事情。蒸汽机的发明正是在矿井排水问题的刺激下产生的。

2.3 自然科学新成就和生产技术水平的提高是蒸汽机发明的必要条件

从巴本到瓦特的各式蒸汽机的发明所依据的科学原理都是以刚刚出现的大气压、真空和热学理论为基础的。瓦特改进纽可门的蒸汽机得益于化学家布莱克提出的潜热、比热和热容量理论。冶金技术和机械制造技术的进步是把蒸汽机技术原理物化为蒸汽机实物的技术保证。

总之，社会生产发展的需要是蒸汽机得以发明的催产婆，而自然科学成就是蒸汽机得以发明的理论基础，相关的生产技术的进步则是蒸汽机得以发明的技术保证。

3. 蒸汽机的诞生与应用

3.1 蒸汽机的诞生

蒸汽机是利用水蒸气作为工作介质，把热能转变成机械能的热力发动机（即热机）。早在1世纪，古希腊罗马时代的赫伦就发明了一种玩具——蒸汽反冲球，它是近代蒸汽机的雏形。文艺复兴时期，达·芬奇曾留下了用蒸汽开动大炮的图样。1615年，法国人德·高斯用实验证实过用蒸汽抽水的可行性。第一部活塞式蒸汽机是1690年法国物理学家巴本（1647—1712）在德国发明的。巴本是惠更斯的学生和助手，在蒸汽机中应用汽缸和活塞这一思想是莱布尼兹提醒他的。巴本的蒸汽机是由一直径约2.5英寸，装有活塞和连杆的竖式管子构成的，管子下部盛水，加热使水变成蒸汽，蒸汽又推动活塞向上运动，当活塞上行到顶部时，被插销固定位，移去热源，蒸汽冷却，汽缸内形成真空，继而拔去插销，上部大气压迫活塞，使它向下运动，并通过杠杆提起重物。在这里，竖式管子完成了锅炉、汽缸、冷凝器三种功能。巴本认为这种蒸汽机可用于矿井抽水、推进船只等。5年后，巴本把自己的这一创造性思想变成了现实，但这只是一部实验机，没有付诸实用。巴本是第一个应用蒸汽在汽缸中推动活塞的人，他首次指出蒸汽机的工作循环是汽压蒸汽机的原型，因而他被尊称为近代蒸汽机的直接祖先。他的工作为以后活塞式蒸汽机的发展开辟了道路。

17世纪末，为了排除矿井积水，英国皇家工程队的军事工程师塞维利大尉（1650—1715）积极进行蒸汽泵的研究。他的蒸汽泵去掉了活塞，直接依靠真空把水吸上来，再用压力蒸汽把水挤出去。它的特点是把蒸汽压力和大气压力的利用结合起来。1698年他取得了这项发明的专利。塞维利机除用于矿井排水之外，还可用于居民供水，它是人类历史上第一部能实际应用的蒸汽机。

纽可门蒸汽机

英国铁匠纽可门（1663—1729）综合巴本机的汽缸活塞和塞维利机的真空冷凝器装置的优点，于1712年创成了一种更实用的被命名为“大气机”的抽水机器。纽可门蒸汽机靠一根平衡横梁与水泵相连。平衡梁一端同活塞相连，另一端与抽水机相连。活塞在汽缸中上下运动，平衡梁便带动水泵抽水。1712年用于杜德米堡煤矿的纽可门蒸汽机功率为5.5马力，可将水抽到153英尺高处。纽可门蒸汽机受到工业界，尤其是煤矿主的欢迎，被广泛地用于煤矿排水、城市排水和农田灌溉等。其缺点是热效率低，只能做往复运动，尽管如此，纽可门蒸汽机作为发动机不受挑战竟长达60年之久。

对纽可门蒸汽机最先进行全面研究和改进的是英国工程师斯米顿（1724—1792）。他从1769—1772年对纽可门机作了各种函数关系的实验，先后写了130多个实验报告，整理出一套计算公式，还编制了各种部件的比例表，积累了大量有价值的数据、资料。他还在改造锅炉、改进点火及燃烧方法以及制造工艺等方面做了大量工作。由于斯米顿的努力，把纽可门的大气蒸汽机的效率几乎提高了一倍。斯米顿的工作虽没有做出重大的理论突破，也没有独创性的发明，但却为瓦特的发明奠定了实验基础。斯米顿和瓦特的关系就像天文学中第谷·布拉赫同开普勒的关系一样。前者作了大量的观测实验，后者作了理论性总结，前者打基础，后者出成果。瓦特在斯米顿实验研究的基础上，创造性地发明了近代蒸汽机。

瓦特

由于纽可门蒸汽机的运动是直线往复运动，只能用于抽水，热效率不高，功率不大。要想使蒸汽机成为通用的动力机，在技术上必须解决两个问题：一是提高它的热效率；二是将直线往复运动变为连续的圆周运动。解决这两大问题的是英国仪表制造工詹姆士·瓦特（James Watt，1736—1819）。瓦特是英国一位商人的儿子。19岁到伦敦当学徒，21岁到格拉斯格大学当仪器修理工。1763年格拉斯格大学从伦敦买回一部纽可门机，但运转不灵。瓦特便着手修理这部机器，这是他创造性活动的开始，他专门仿造了几部纽可门机，研究它的优缺点，并查阅了许多关于蒸汽机发展历史的书籍。瓦特后来所以能成为发明近代蒸汽机的巨人，首先在于他是站在纽可门和其他蒸汽机发明的先驱者的肩膀上继续前进的。瓦特通过分析和实验发现：纽可门机为了产生真空，每一冲程都要用冷水将汽缸冷却一次，造成热量的巨大浪费，在1765年6月的一个星期天下午，瓦特在散步时突然想到，如果把充满蒸汽的汽缸和抽光空气及其他液体的另一容器之间的通道打开，蒸汽作为一种弹性抗性流，就会立即冲进空容器，直到建立平衡为止，并且如果容器用喷水或其他方法保持很冷，那么更多的蒸汽就会继续进入直到它全部凝结为止。这一创造性思想导致了瓦特的分离冷凝器的发明，这对蒸汽发动机的发展起了关键性作用。瓦特的蒸汽机同前人的相比，不但功率增大了，而且效率有很大提高。塞维利的机器每小时每马力的耗煤量为80公斤，纽可门的机器为25公斤（热效率不到1%），瓦特的蒸汽机只有4.3公斤（热效率提高到3%）。1769年，瓦特的具有历史意义的第一项专利——《在火力发动机中减少蒸汽和燃料的消耗的一种新方法》被批准。瓦特发明分离冷凝器的理论基础主要是格拉斯格大学化学教授布莱克（1728—1799）和他的学生欧文刚刚提出的热学理论。但是，如何使动力输出从单纯的往复运动变为回转运动，从而成为工业上通用的动力机这一难题还没有解决。瓦特曾想到用连杆驱动曲轴的办法把往复运动变为转动，但是1780年皮加德（James Pichard）已向政府注册了这一专利。1781年瓦特的助手默多克（Willam Murdook）提出了“太阳和行星”齿轮系统，获

瓦特的转动式蒸汽机

专利并得到普遍的应用。瓦特蒸汽机采用了这种齿轮系统，直到1794年皮加德的曲轴和连杆的专利终了为止。

1782年瓦特获得两项非常重要的专利：第一使发动机从单动变为双动，这样从同一汽缸的容积可以产生两倍的功率。单动机只在活塞下降时，活塞上面的大气压力和蒸汽压力可以做功，活塞上升是受唧筒杆重力作用的结果，因此，蒸汽不能做功。双动机就是利用蒸汽把活塞推上或压下，活塞上下蒸汽都能做功。第二为了充分利用蒸汽的膨胀作用，瓦特还使活塞在运动到1/2冲程时，即停止输入蒸汽，以后的1/2冲程完全利用输入蒸汽的膨胀力来做功，这样又大大节省了蒸汽的消耗。

1787年，为了在负荷变化的情况下保证发动机相对稳定的速度，瓦特又安装了离心式调速器，去控制进气管的蝶形阀。这种调速器过去已用于面粉磨坊中控制磨石装置，但瓦特是第一个用它来控制蒸汽机的。这样，瓦特的双动旋转式蒸汽机实际上已变成标准化了。马克思指出："瓦特的伟大天才表现在1784年4月他所取得的专利的说明书中，他没有把自己的蒸汽机说成是一种用于特殊目的的发明，而把它说成是大工业普遍应用的发动机"。近代蒸汽机的雏形业已粗具，以后的发明大部分属于机械结构上的完善，效率的提高和适应各生产部门的专门要求所作的各种改进。

瓦特研制蒸汽机时，很注意采用先进的机械加工技术。起初，由手艺熟练的工匠制造，不但生产效率不高，而且不能保证统一的规格和加工精度。那时的蒸汽机的汽缸壁与活塞之间的间隙竟能插进小指头，为了避免漏汽，在间隙处塞些破布或软木。1774年英国钢铁资本家威尔金森（John Wilkinson，1728—1808）设计并制成了用于制造大炮的新型镗床。这种新型镗床对瓦特制造汽缸达到所需要的精度是非常宝贵的。后来，瓦特在为威尔金森的高炉制造所需的蒸汽机时，利用了这种镗床，保证了汽缸的加工精度。产业革命时，许多机械的发明就是这样互相促进的。

瓦特的蒸汽机已经具备了现代蒸汽机的基本形式。自瓦特蒸汽机以后，人们开始把蒸汽机的发展引向大功率、高参数、经济、安全、可靠的方向。英国的特里维希克（Richard Trevithick，1771—1833）和美国的伊万斯（Oliver Evans，1755—1819）是高压蒸汽机的发明先驱。特里维希克于1800年首次研制成了高压双动蒸汽机，1802年，他取得了"静态和移动状态下的高压蒸汽机"的专利，其工作压力为145磅/平方英寸（1MPa），这样高的压力是无前例的。该机就其功率而言，尺寸非常紧凑。伊万斯则是工匠出身的美国发明家，于1790年就取得了一种高压蒸汽机的专利，但缺乏资金支持，没有成功，他的高压蒸汽机思路启发了特里维希克。

随着生产的发展，对原动机提出了功率大、体积小、转速快、效率高等要求，往复式蒸汽机已不能适应生产力发展的需要。19世纪后期，当时的科学技术水平，如热力学、材料力学和冶金工业等都有一定的进展，因此，这时汽轮机才能得到相应的发展。1883年瑞典工程师拉伐尔（C. G. de Laval，1845—1913）设计制造出第一台有实用价值的汽轮机——单级冲动式汽轮机。此机虽在工业上得到应用，但效率不高、容量不大（小于500千瓦），而且需要减速机构，故使应用受到限制。1884年英国工程师巴森斯（Charles Parsons，1854—1931）设计出另一型式的汽轮机——多级反动式汽轮机。此机的特点是：蒸汽不仅只是在与喷嘴相当的导叶中膨胀，以高速汽流推动工作叶片做功，在工作叶片中蒸汽也发生膨胀加速，所以还有反作用力推动叶片做功，故称反动式汽轮机；另外蒸汽并不是只膨胀一次，在一列工作叶片中做功，而是连续地在许多串联的级中工作，每级都由一列导叶及工作叶片组成，故称为多级反动式汽轮机。1900车法国学者拉托和瑞士工程师宗勒尔吸取了多级反动式汽轮机的优点，也将多冲动级串联起来，构成多级冲动式汽轮机。自1900年开始，汽轮机的发展极其迅速。这种发展在很大程度上是由于电机的迅速发展，以及在工业上广泛应用电能所造成的。

蒸汽机的发明，以蒸汽动力代替人力，迎来了近代史上的第一次技术革命。瓦特的名字和蒸汽机一起传遍了全世界，瓦特也被人们誉为“蒸汽机大王”。瓦特是近代第一次技术革命的伟大旗手。

3.2 蒸汽机的应用

随着蒸汽机的不断改进，应用范围日益扩大，它已从为矿井抽水，扩大应用到交通运输、冶金、机械、化学等一系列工业部门，使社会生产力以前所未有的速度和规模发展起来，形成了蒸汽机时代的技术革命。

产业革命所引起的生产的增长，国内外市场的扩大，资本主义向外扩张和掠夺殖民地而发动的战争，都对交通运输业提出了新的要求。1784年蒸汽机已成为一项成熟的技术进入实用阶段，把它运用到交通运输事业中去，相继发明了轮船和蒸汽机车，使交通运输技术发生了一次革命性的变革。

用蒸汽力推动船舶的想法，早已有人提出过。1690年巴本就提出过有桨轮的蒸汽动力船。1702年萨维利也认为蒸汽机对船可能非常有用。1787年美国发明家菲奇（John Fitch）曾造成一艘能行驶的汽船，但他利用这个发明做投机生意，结果遭到失败。18世纪末，首先以蒸汽机为辅助动力的帆船问世，接着被以风帆为辅助动力的蒸汽船所代替。由于产业革命中，蒸汽机、钢铁和各种技术的发展，实用汽船的前景变得光明起来。

富尔顿

第一艘实用轮船的发明者是美国发明家罗伯特·富尔顿（Robert Fulton，1765—1815）。1786年他东渡到了伦敦，在蓬勃兴起的产业革命浪潮中，结识了瓦特，激发了他用蒸汽机推动船舶行驶的热情。1803年在巴黎，他发明的第一艘汽船在塞纳河下水，由于这条船的船体太薄弱，船身竟然折断了，试验没有成功。1807年他回到美国建造了明轮船“克勒蒙特”号（clermont），在纽约市的哈德逊河下水，这条船长约45米，宽9米多，排水量100吨。该船的发动机是英国伯明翰的布尔顿（Boulton）和瓦特制造的。富尔顿为这条船的两舷设计了两个明轮，蒸汽机带动明轮旋转，明轮上的叶片在水中划动，推动着船只前进。“克勒蒙特”号作为

“克勒蒙特”号

哈德逊河上的定期班轮，往返于纽约和奥尔巴尼之间，全程约150英里，航速比一般帆船快三分之一。“克勒蒙特”号的试航成功标志着以蒸汽动力船取代帆船的新时代开始了。富尔顿患着肺病，在他生命的最后八年里，连续设计制造了17艘货轮，1艘渡轮和1艘鱼雷艇。在他逝世的1815年，还设计制造了一艘快速舰。

自1807年富尔顿制造的轮船试航成功以后，1812年英国制成明轮船“彗星”号，在克莱游河上第一次航行。此后，在美国和欧洲已有50艘汽船行驶在内陆河流中。1815年俄国也建造了第一艘蒸汽船“耶丽扎越塔”号。此后，随着资本主义向外扩张，远洋轮船发展起来了。1819年配备了蒸汽机的“萨凡纳”号船，自乔治亚州的萨凡纳横渡大西洋开往利物浦，这艘船的蒸汽机只作为风帆的辅助动力。

1838年英国轮船“天狼星”号和“大西方”号完全依靠蒸汽机为动力，横渡大西洋成功。以后几年间英国成立了几个大航运公司，经营世界的海洋航运，使英国的海运业进入了一个新的时代。

在汽船的发展进程中，存在着两种推进方式：一种是桨轮，另一种是螺旋桨。这两种方式谁优谁劣长期存在争论。早期的蒸汽动力一般采用侧明轮打水推进，明轮有一半在空中转动，一半在水中转动。装在舷侧的明轮在风浪较平静时，航行还比较顺利，在风浪较大时，由于轮船的剧烈横摇，往往一侧的明轮脱离水面无法打水，使桨轮空转，不仅浪费动力使船速减慢，而且使轮船难以操纵，另外装上明轮后船的宽度和航行时的阻力大大增加了，当它在码头上停靠时，与两旁的船很容易发生碰撞，既影响自己的安全行驶，也存在着擦伤别的轮船的可能性，如果水草一类的缠绕绞住明轮的叶片或轴，明轮就有失去转动的可能。用螺旋桨为推进器，早在1730年瑞士的贝努利（Daniel Bernoulli，1700—1782）就提出来了。1804年美国人史蒂文斯（John Stevens，1749—1838）建成具有4叶螺旋桨的“利特尔·朱莉安娜”号轮船。但推动螺旋桨的蒸汽机转速太低，没有取得成功。1837年英国人史密斯（Francis Pettit Smith，1808—1874）试验他的一艘螺旋推进器的蒸汽游艇，推进器是木制的，试验中折断了一半，然而使人惊异的是，这种推进器确实能加快船的速度。这次试验的胜利导致1838年造成了螺旋桨蒸汽船“阿基米德”号，于1838年在米尔沃尔下水。“阿基米德”号是一艘三桅的纵帆船，装有一台发动机和一个螺旋桨推进器。“阿基米德”号试航获得非常高的航速。此时，另一位造船家布鲁纳正在建造巨型铁船“大不列颠”号。他看到了“阿基米德”航行的成功，布鲁纳放弃了自己相当先进的设计，而把“大不列颠”号上的巨型明轮换成一个巨大的螺旋桨推进器。1843年第一条螺旋桨蒸汽船——“大不列颠”号横渡大西洋，证明了螺旋桨推进的可靠性。1845年英国海军部又在螺旋桨推进的巡洋舰“响尾蛇”号和明轮汽船“爱里克托”号之间进行比赛。动力相当的两艘船，船尾互相系牢，获得信号以后，都以全速开航，“响尾蛇”号的螺旋桨飞快转动，“爱里克托”号的明轮猛打着水，结果前者获胜，后者被倒拖过来，船尾向前以2.5节（即时速8海里）的速度被拖着前进。这场震动造船界的水上“拔河”比赛以螺旋桨的胜利告终，明轮开始被螺旋桨取代。

为了适应航运事业的发展，需要更快更大的船，蒸汽机就无能为力了，需要更新的高效率的动力机械。1894年巴森斯把他发明的汽轮机装在他的44吨重的游艇“突比尼亚”号上，经过多次试验和改进，1897年“突比尼亚”号的速度达到34.5节。内燃机发明后，由于内燃机与蒸汽机相比，具有体积小、重量轻、效率高、功率大等一系列优点，很快被用做最主要的船舶动力，从而出现了更加高速、更加大型的船舶。

1807年富尔顿的汽船首航成功后，水上交通发展起来了，而陆上交通长期以来主要靠马车。例如，煤矿都用马车运煤，道路坎坷，效率很低。17世纪初，有人想出了铺轨道的窍门，让马车在平滑的轨道上跑，大大减少了摩擦力，有效地提高了运输效率。开头，这种轨道都是木头的，后来因为容易坏，就在外面包了层铁皮加以保护。再往后，干脆改用铁轨，成了铁路马车。但是，这种陆上运输工具很落后，与当时生产力的发展不相适应，迫切需要改革。

法国人顾诺经过反复的试验，制成了一台三轮“蒸汽街道车”，它可以行驶在马路上。其构造极为简单，速度也较慢。法国陆军部对这种蒸汽车颇感兴趣，想用它来装备部队，提高行军速度。陆军部仿制了一辆类似的车辆，这台蒸汽车重12吨，3.6千瓦，每小时前进7千米。然而不幸的是，这辆蒸汽车有一次在巴黎大街上行驶时翻倒了，从此被禁止使用。

1784年，瓦特的助手、英国人默克多也制成了一台蒸汽车。一天晚上，他把蒸汽车模型拿到离镇子1.6千米外的平坦小路上做试验。他点着了锅炉，机车呼啸着向前驶去。不凑巧的是，教会的一位牧师正好从教堂里走出来，他看到喷着火焰发出奇怪叫声的蒸汽车冲过来，以为受到恶魔的袭击，吓得大叫救命。这件事闹得满城风雨，人们谈“车”色变。默克多的老板知道这件事后，大为恼火，不准默克多再去试验那吓人的“怪物”，并惩罚他做加倍的工作。默克多的试验没能得到人们的理解和支持，甚至他的老师瓦特也担心他埋头于无谓的研究而耽误工作，劝他停止这方面的探索。默克多不得已只好放弃了有关蒸汽车的研制。

英国人特勒维西克继承了默克多的事业，在1803年制造出一台蒸汽机车，并在伦敦公开展出，一时引起极大的轰动。但有一次由于驾驶不慎，撞坏了一幢楼的墙根，机车表演因此停止。1804年，特勒维西克又制成了一台蒸汽气机车，这是世界上第一台在铁轨上行驶的机车，总重量为5吨，每小时可拉10多吨的货物行驶8千米。由于机车本身很重，又必须载上许多水和煤，所以在载重量上和速度上都不如马拉的铁道车辆，然而，它却是以后出现的在铁轨上行驶的“火车”的雏形。1808年，特勒维西克制成了又一台蒸汽气机车，这台机车行驶在直径约30米的圆形轨道上，几千人兴致勃勃地坐上了它，人们感到“马车不用马拉”的幻想终于实现了。但是有一天，这台机车突然翻倒摔坏了，蒸汽机车于是被认为是危险的“怪物”，人们对它望而生畏。特勒维西克本人也心灰意懒，再也没有兴趣做进一步的改进。

1812年，英国人莫莱等人设计并制造了一种使用齿轮的蒸汽机车，并使它行驶在有齿轨道上。然而在实际使用过程中，齿轮经常损坏，以致机车不得不经常停驶。

1814年英国发明家史蒂芬逊（George Stephenson， 1781—1848），在继承前人成果的基础上，造成了第一辆实用的蒸汽机车。这台机车能牵引30多吨货物，并且解决了火车经常脱轨的问题，并在基林沃斯煤矿上运煤。1815年他针对第一台机车的缺点，重新设计，成功地造出了第二台蒸汽机车，在速度上提高1倍，在结构上是现代蒸汽机车的雏形，凡现代蒸汽机车上所有的机件，都能从这个雏形中找到萌芽。1825年由斯蒂芬逊负责勘测和修建的斯托克顿—达林顿铁路正式通车，全长30英里，是世界第一条公共交通铁路。该线所用的蒸汽机车，也是斯蒂芬逊在纽卡斯尔创办的机车厂制造的。之后，英国出现了铁路建筑热，到19世纪40年代，主要铁路干线大都建成。19世纪末，世界铁路里程已经发展到65万公里，到20世纪20年代又将近翻一番，达到127万公里。工业发达国家都基本上形成了铁路网。

史蒂芬逊与其火车头

钢铁工业方面的技术革命是同纺织机械和蒸汽机的发明几乎在同一时期出现的。1790年第一次使用蒸汽动力鼓风，大大降低了冶铁过程的燃料消耗。19世纪80年代以后，铺设铁路，制造机床、轮船以及武器的生产等，迫切需要大量钢铁，推动了新炼钢法的产生。18世纪下半叶的蒸汽机每分钟只有20个冲程，对做机器部件的金属材料要求不很高。到19世纪中叶，蒸汽机已达到每分钟250个冲程，需要有适当强度又有韧性的钢。英国工程师贝塞麦（Hanry Bessemer，l813—1898）发明了大炮炮筒的来复线结构，可使大炮发射更准确，射程更远，但是用铸铁造的炮筒不能适应新的要求。他转而研究冶炼方法，1856年首创转炉炼钢新技术，只用不到10分钟即可炼出10到15吨钢。但贝塞麦炼钢法只能冶炼含磷很少的铁矿石。1864年德国的西门子（W·Siemens，1823—1883）和法国的马丁（Martin，1824—1915）发明了平炉炼钢法，使钢铁生产能够大规模进行。1879年英国人托马斯（S·G，Thomas，1850—1885）创造用碱性衬里的平炉，可用含磷较多的矿砂来炼钢。由于新的炼钢技术的推广应用，在1865—1870年间，世界钢产量增加了70%。

在产业革命推动下，采煤业迅速发展起来。最初蒸汽机用于矿井抽水，进入19世纪以后，蒸汽抽水机在矿井中已普通应用。1813年采用了蒸汽凿井机，1820年又用曳运机代替人力背运。这样，使煤产量迅速增长。1835年英国的煤产量达3000万吨，成为欧洲第一产煤大国。

钢铁和煤炭工业的发展，为机器制造业的发展创造了物质条件。在工业革命初期，机器是用手工制造的，而且大多数机器是木质的。这种机器，生产量少，成本高，效率低，往往由使用机器的厂家自己制造，不能适应工业发展的需要。18世纪末，英国开始运用蒸汽锤和简单的车床制造金属部件，代替机器上的一部分基本部件。1797年莫兹利发明了刀架，使刀具的进给运动开始实现了以机械代替人力操作。19世纪初，陆续发明了各种锻压设备和金属加工车床、铣床、磨床、刨床、钻床、齿轮及螺纹加工机床等，机器制造业从此建立起来，并有了一定规模。

4. 第一次技术革命的意义

18世纪中期以来以蒸汽机的广泛使用为主要标志的技术革命，使西欧资本主义关系的发展到达了一个新的转折点，即进入了资本主义制度确立的时期。这个时期是资本主义制度在欧美先进国家中取得普遍胜利，资本主义向上发展的时期。在这一时期里，欧美各国先后发生了资产阶级革命和产业革命，资产阶级专政在这些国家建立起来，资本主义生产方式取得了统治地位，社会生产力获得了空前迅速的发展。同时，资本主义生产方式的固有矛盾日益鲜明地表现出来了，工人阶级和资产阶级之间的矛盾日益尖锐了。

第一，蒸汽技术革命带来了社会生产力的巨大发展。远古以来，人类只能直接利用热能（火）来煮食，取暖，烧制陶器，熔炼金属等，仅局限于运用热能本身。18世纪蒸汽机的发明，则是人类第一次实现了把热能转换为机械能，成为人类征服和改造自然中强大的物质力量。同时，蒸汽动力的广泛运用，带动了纺织工业、冶金工业、煤炭工业、交通运输业、机器制造业的飞跃发展。例如，产业革命最早发生的英国，成了世界上资本主义工业最先进的国家，机器大工业生产空前地提高了劳动生产率。1770—1840年的70年中，英国工人的平均劳动生产率提高了20倍。

第二，产业革命是以机器为主体的工厂制度代替以手工技术为基础的手工工场的革命。它是技术的根本变革，同时又引起了生产关系的重大变革。工厂制度完全改变了工人的地位，在工场手工业时期，手工工场工人大都还同农村保有密切联系，并且还有可能占有一些简单工具而成为小生产者，个别的甚至上升为小业主。但是，机器生产的工厂制度完全割断了工人同农村的联系，他们被驱赶到大城市中，变成了以出卖劳动力为主的雇佣劳动者。同时，机器使在工场手工业时期靠高超手艺而在生产中占据较高地位的熟练工人，只好成为和一般工人一样的机器附属物。因此，工厂制度的确立，使资本主义雇佣奴隶制度在工业中得到了巩固和发展。

第三，蒸汽技术革命加剧了资本主义社会所固有的基本矛盾。资本主义经济的基本矛盾是生产社会化和资本家私人占有之间的矛盾，这个矛盾从资本主义关系产生时起就已存在，但它在机器大生产发展起来后，才充分暴露出来，并使资本主义周期性的生产过剩危机成为不可避免。在资本主义历史上第一次周期性的生产过剩危机，1825年发生在英国，这次危机，是产业革命所引起的盲目扩大生产和劳动人民贫困化的结果。这次危机过去之后，英国大约每隔十年就发生一次危机，而且一次比一次深刻。经济危机使社会生产力遭到巨大的破坏和浪费，给劳动人民带来大量失业、工资下降等灾难性的痛苦。因此，产业革命的完成不仅使资本主义经济的发展进入了凯歌前进的时期，也使它的内部矛盾的发展进入了一个更加尖锐的阶段。

第四，蒸汽技术革命使工人阶级和资产阶级的矛盾和斗争日益尖锐起来。无产阶级是和新的生产关系联系在一起的。随着机器大工业的出现，无产阶级队伍登上了历史舞台，并且不断发展壮大。资产阶级依靠先进技术，从工人身上榨取大量剩余价值，而且工业革命每前进一步，剥削就加深一步。与此同时，工人阶级也在实践中得到一次又一次的锻炼和提高，并逐渐从自发阶级转变为自觉阶级，和资产阶级展开日益尖锐的斗争，作为资产阶级奴役对象的无产阶级，现在成了埋葬资本主义的掘墓人。正如恩格斯指出：“17世纪和18世纪从事创造蒸汽机的人们也没有料到，他们所造成的工具，比其他任何东西都更会使全世界的社会状况革命化，特别是在欧洲，由于财富集中在少数人手中，而绝大多数人则一无所有，起初是资产阶级获得了社会的和政治的统治，而后就是资产阶级和无产阶级之间发生阶级斗争，这一阶级斗争，只能以资产阶级的崩溃和一切阶级对立的消灭而告终”。可见，工业革命一方面奠定了资本主义制度的物质基础，同时也为资本主义制度被消灭准备了条件。

产业革命直接推动了自然科学的发展，开始了科学和大工业紧密结合的新时期。以机器为基础的大工业生产必须不断地革新技术才能使资本家保持竞争能力，而这就不能单纯依靠熟练劳动，必须更多地依赖于科学的应用。为了满足对动力日益增长的需要，提高蒸汽机的效率成为科学研究的重要课题。蒸汽机的发明和利用为能量守恒与转化定律的发现创造了最基本的物质基础。纺织业和农业中提出的合成染料、合成肥料等问题，促进了分析化学、无机化学和有机化学的发展。农业资本主义化的过程相应地带动了农学和生物学的发展。采矿和交通运输业的发展为古生物学和地质学积累了大量材料，促进了地质学和生物进化论的建立。

第六讲　群星争辉——18世纪的科学

十六七世纪，近代科学在少数杰出的人物手中诞生了，但很少为公众所了解。18世纪虽然在科学知识体系的建树方面不如上一个世纪，但它通过多种渠道使科学为社会中坚力量所认识，从而在社会活动方面发挥越来越重要的作用，为下一个世纪科学的全面社会化奠定了基础。

牛顿力学在18世纪被法国数学家们发展成分析力学、理论力学等，用以解决越来越复杂的力学问题。分析力学以虚位移原理、达朗贝尔原理、最小作用原理、拉格朗日方程等普遍性原理替代牛顿定律，以“能量”和“功”等标量函数代替力和动量这样的几何矢量，引入广义坐标，化欧氏几何问题为纯代数问题，能够处理多质点、多约束、非直角坐标系等复杂的力学问题。18世纪力学的主要应用也许应属天体力学。拉普拉斯的《天体力学》借助分析力学的数学工具，集摄动法解决三体问题之大成，把牛顿以来的太阳系学理论推向一个高峰，其最重要的成就之一是证明了太阳系的稳定性。

1. 科学奇才——欧拉

欧拉（Euler，1707—1783），瑞士数学家及自然科学家，是18世纪数学界的中心人物，他在几何、微积分、力学、天文学、数论，甚至在生物学等方面都有着重要建树。

欧拉

欧拉1707年出生在瑞士的巴塞尔（Basel）城，13岁就进巴塞尔大学读书，得到当时最有名的数学家约翰·伯努利（Johann Bernoulli，1667—1748）的精心指导。15岁大学毕业，16岁获得硕士学位。欧拉的父亲保罗·欧拉（Paul Euler）也是一个数学家，原希望欧拉学神学，所以欧拉又进入神学系学习，但并不成功。欧拉18岁开始其数学研究生涯。1726年，他在《博学者》（Acta eruditorum）上发表了关于在有阻尼的介质中的等时曲线结构问题的文章。翌年，他研究弹道问题和船桅的最佳布置问题，获得巴黎科学院的奖金。

1725年约翰·伯努利的儿子丹尼尔·伯努利赴俄国，并向沙皇喀德林一世推荐了欧拉，这样，在1727年5月17日欧拉来到了彼得堡。1733年，年仅26岁的欧拉担任了彼得堡科学院数学教授。1735年，欧拉解决了一个天文学的难题（计算彗星轨道），这个问题经几个著名数学家几个月的努力才得到解决，而欧拉却用自己发明的方法，三天便完成了。然而过度的工作使他得了眼病，并且不幸右眼失明了，这时他才28岁。1741年欧拉应普鲁士彼德烈大帝的邀请，到柏林担任科学院物理数学所所长，直到1766年，后来在沙皇喀德林二世的诚恳敦聘下重回彼得堡，不料没有多久，左眼视力衰退，最后几近失明。不幸的事情接踵而来，1771年彼得堡的大火灾殃及欧拉住宅，带病而失明的64岁的欧拉被围困在大火中，虽然他被别人从火海中救了出来，但他的书房和大量研究成果全部化为了灰烬。沉重的打击，仍然没有使欧拉倒下，他发誓要把损失夺回来。在他完全失明之前，还能朦胧地看见东西，他抓紧这最后的时刻，在一块大黑板上疾书他发现的公式，然后口述其内容，由他的学生特别是大儿子A·欧拉（数学家和物理学家）笔录。欧拉完全失明以后，仍然以惊人的毅力与黑暗搏斗，凭着记忆和心算进行研究，直到逝世，长达17年之久。欧拉的记忆力和心算能力是罕见的，他能够复述年轻时代笔记的内容，心算并不限于简单的运算，高等数学一样可以用心算去完成。有一个例子足以说明他的本领，欧拉的两个学生把一个复杂的收敛级数的17项加起来，算到第50位数字，两人相差一个单位，欧拉为了确定究竟谁对，用心算进行全部运算，最后把错误找了出来。欧拉在失明的17年中，还解决了使牛顿头痛的月离问题和很多复杂的分析问题。欧拉的风格是很高的，拉格朗日是稍后于欧拉的大数学家，从19岁起和欧拉通信，讨论等周问题的一般解法，这引起变分法的诞生。等周问题是欧拉多年来苦心考虑的问题，拉格朗日的解法，博得欧拉的热烈赞扬，1759年10月2日欧拉在回信中盛赞拉格朗日的成就，并谦虚地压下自己在这方面较不成熟的作品暂不发表，使年轻的拉格朗日的工作得以发表和流传，并赢得巨大的声誉。他晚年的时候，欧洲所有的数学家都把他当作老师，著名数学家拉普拉斯（Laplace）曾说过：“欧拉是我们的导师”。欧拉充沛的精力保持到最后一刻，1783年9月18日下午，欧拉为了庆祝他计算气球上升定律的成功，请朋友们吃饭，那时天王星刚发现不久，欧拉写出了计算天王星轨道的要领，还和他的孙子逗笑，喝完茶后，突然疾病发作，烟斗从手中落下，口里喃喃地说：“我死了”，欧拉终于“停止了生命和计算”。

欧拉的一生，是为数学发展而奋斗的一生，他那杰出的智慧，顽强的毅力，孜孜不倦的奋斗精神和高尚的科学道德，永远是值得我们学习的。他从19岁开始发表论文，直到76岁，半个多世纪写下了浩如烟海的书籍和论文。几乎每一个数学领域都可以看到欧拉的名字，从初等几何的欧拉线，多面体的欧拉定理，立体解析几何的欧拉变换公式，四次方程的欧拉解法到数论中的欧拉函数，微分方程的欧拉方程，级数论的欧拉常数，变分学的欧拉方程，复变函数的欧拉公式等等，数也数不清。他对数学分析的贡献更独具匠心，《无穷小分析引论》一书便是他划时代的代表作，当时数学家们称他为“分析学的化身”。

欧拉是科学史上最多产的一位杰出的数学家，据统计他那不倦的一生，共写下了886本书籍和论文，其中分析、代数、数论占40%，几何占18%，物理和力学占28%，天文学占11%，弹道学、航海学、建筑学等占3%，彼得堡科学院为了整理他的著作，足足忙碌了47年。他对著名的哥尼斯堡七桥问题的解答开创了图论的研究。欧拉还发现，不论什么形状的凸多面体，其顶点数v、棱数e、面数f之间总有$v-e+f=2$这个关系。$v-e+f$被称为欧拉示性数，成为拓扑学的基础概念。在数论中，欧拉首先引进了重要的欧拉函数$\phi(n)$，用多种方法证明了费马小定理。以欧拉的名字命名的数学公式、定理等在数学书籍中随处可见。欧拉还创设了许多数学符号，例如π（1736年），i（1777年），e（1748年），sin和cos（1748年），tan（1753年），Δx（1755年），Σ（1755年），$f(x)$（1734年）等。

欧拉著作的惊人多产并不是偶然的，他可以在任何不良的环境中工作，他常常抱着孩子在膝上完成论文，也不顾孩子在旁边喧哗。他那顽强的毅力和孜孜不倦的治学精神，使他在双目失明以后，也没有停止对数学的研究，在失明后的17年间，他还口述了几本书和400篇左右的论文。伟大数学家高斯（Gauss，1777—1855）曾说："研究欧拉的著作永远是了解数学的最好方法"。

2. 科学世家的骄子——伯努利

近代科学史上，最著名的科学家家族要算伯努利家族了，这个家族祖籍荷兰，因信仰新教被迫迁居瑞士，曾产生过11位科学家。其中著名的有雅可比·伯努利、雅可比的弟弟约翰·伯努利、约翰的次子丹尼尔·伯努利等。

雅可比·伯努利（Jakob Bernoulli，1654—1705）是伯努利家族中重要的一员，卓越的数学家。青年时曾学习神学，1676年开始到荷兰、德国、法国旅行，对数学有了深入的研究。回国后于1687年到1705年在巴塞尔大学任教。此后在数学方面取得了许多重大研究成果。雅可比同莱布尼兹共同协作，对于微积分的发展做出了出色贡献，为常微分方程的积分法奠定了充分的理论基础。在研究曲线问题时他提出了一系列的概念，如对数螺线、双扭线、悬链线等。他继承和深入地研究并发展了微积分学，创立了变分法，提出并部分地解决了等同问题及捷线问题。雅可比还是概率论的早期研究者。许多概率论方面的术语都是以他的名字命名的。对于物理学方面的研究，雅可比也有一定贡献。

约翰·伯努利（Johann Bernoulli，1667—1748），青年时曾经商，后研究数学和医学。曾在巴黎留学，1695年任荷兰格罗宁根大学教授，1705年任巴塞尔大学教授。1699年被选为法国科学院院士，1712年被选为英国皇家学会会员。他还是彼得堡科学院和柏林科学院的名誉院士。约翰·伯努利也是变分法的重要创始人之一，他提出的关于捷线问题对变分学的发展起到了重要的推动作用。1696年约翰提出捷线问题后开始钻研几何问题，并取得了巨大成功。约翰在物理学发展中同样做出了出色贡献，他所发现的虚功原理对物理学的发展产生了重大的推动作用。这一原理也称虚位移原理，是约翰于1717年发现的，它的发现对于分析力学的发展具有重要理论价值。

丹尼尔·伯努利（Daniel Bernoulli，1700—1782）是伯努利家族中最杰出的一位，他是约翰·伯努利的第二个儿子，1700年2月8日生于荷兰格罗宁根，1782年3月17日殁于巴塞尔。丹尼尔出生时，他的父亲正在格罗宁根担任数学教授。1713年丹尼尔开始学习哲学和逻辑学，并在1715年获得学士学位，1716年获得艺术硕士学位。在这期间，他的父亲，特别是他的哥哥尼古拉·伯努利第二（Nikolaus Bernoulli II，1695—1726）教他学习数学。他的父亲试图要他去当商业学徒，谋一个经商的职业，但是这个想法失败了。于是又让他学医，起初在巴塞尔，1718年到海德堡，1719年到施特拉斯堡，在1720年他又回到了巴塞尔，1721年通过论文答辩，获得医学博士学位，并被邀请到俄国的彼得堡科学院工作。1725年他回到巴塞尔，之后他又与哥哥尼古拉第二一起接受了彼得堡科学院的邀请，到彼得堡科学院工作。在彼得堡的8年间（1725—1733），他被任命为生理学院士和数学院士。1727年他与欧拉一起工作，起初欧拉作为丹

丹尼尔·伯努利

尼尔的助手，后来接替了丹尼尔的数学院士职位。这期间丹尼尔讲授医学、力学、物理学，做出了许多显露他富有创造性才能的工作。但是，由于哥哥尼古拉第二的暴死以及严酷的天气等原因，1733年他回到了巴塞尔，在巴塞尔他先任解剖学和植物学教授，1743年成为生理学教授，1750年成为物理学教授，在1750年—1777年间他还任哲学教授。

1733年丹尼尔离开彼得堡之后，就开始了与欧拉之间的最受人称颂的科学通信，在通信中，丹尼尔向欧拉提供最重要的科学信息，欧拉运用杰出的分析才能和丰富的工作经验，给以最迅速的帮助，他们先后通信40年，最重要的通信是在1734年—1750年间，他们是最亲密的朋友，也是竞争的对手。

丹尼尔的学术著作非常丰富，他的全部数学和力学著作、论文超过80种。1738年出版的《流体动力学》（Hydrodynamica）一书是他的代表著作。书中根据能量守恒定律解决了流体的流动理论，提出了著名的伯努利定理，这是流体力学的重要基本定理之一。丹尼尔在气体动力学方面的贡献，主要是用气体分子运动论解释了气体对容器壁的压力的由来。他认为，由于大量气体分子的高速规则运动造成了对器壁的压力，压缩气体产生较大的作用力是由于气体分子数增多，并且相互碰撞更加频繁所致。丹尼尔将级数理论运用于有关力学方面的研究之中，这对于力学发展具有重要的意义。很明显，伯努利家族的特点是数学基础好，具有严密的逻辑推理能力，而且能从数学出发，对数学变量赋予物理概念，从而揭示出物理学规律。1725年—1757年的30多年间他曾因天文学（1734）、地球引力（1728）、潮汐（1740）、磁学（1743，1746），洋流（1748），船体航行的稳定（1753，1757）和振动理论（1747）等成果，获得了巴黎科学院的10次以上的奖赏，特别是1734年，他与父亲约翰以“行星轨道与太阳赤道不同交角的原因”的佳作，获得了巴黎科学院的双倍奖金。丹尼尔获奖的次数可以和著名的数学家欧拉相比，因而受到了欧洲学者们的爱戴。1747年他成为柏林科学院成员，1748年成为巴黎科学院成员，1750年被选为英国皇家学会会员，他还是波伦亚（意大利）、伯尔尼（瑞士）、都灵（意大利）、苏黎世（瑞士）和慕尼黑（德国）等科学院或科学协会的会员，在他有生之年，还一直保留着彼得堡科学院院士的称号。

丹尼尔·伯努利的研究领域极为广泛，他的工作几乎对当时的数学和物理学的研究前沿的问题都有所涉及。在纯数学方面，他的工作涉及到代数、微积分、级数理论、微分方程、概率论等方面，但是他最出色的工作是将微积分、微分方程应用到物理学，研究流体问题、物体振动和摆动问题，他被推崇为数学物理方法的奠基人。丹尼尔·伯努利不仅在数学上和物理学上取得了许多成就，而且在医学领域里也有研究成果。1721年，他的博士论文就是关于呼吸力学的综合理论；1728年，他发表了关于肌肉收缩的力学理论的论文，提出了心脏所做机械功的计算方法；在生理学上，他提出“极大工作”的概念，即一个人在一段持续的时间内（如一个工作日）所能做的工作量。由于他在数学上的兴趣远比医学大，因此他虽然起初成了一名外科大夫，但最终还是转向了数学和力学。他是第一个把牛顿和莱布尼兹的微积分思想连接起来的人，他又是在18世纪以新的无限小数学为主要武器探索由实验揭示的自然现象的数学物理方法的奠基者之一，他同时也对实验物理及仪器设备表现出极大兴趣。

丹尼尔在学术研究方面与欧拉、达朗贝尔、拉格朗日及其父兄保持着密切的联系，与欧拉有着极深厚的友谊，两人密切合作，经常交流学术上的某些观点，争论一些数学和力学的疑难问题，促进学术的发展。“争鸣”成为丹尼尔治学思想的一个重要内容，这种学术上的争论方式至今仍是科学发展的动力之一。

丹尼尔由于在学术研究上涉及的领域极为广泛，有时这也妨碍了他某些计划的完成，尤其令人遗憾的是，他未能跟上由于偏微分方程的发现而引起的数学前进步伐，例如在弦和杆的振动问题的研究中，他的物理思想是正确的，但没有用恰当的数学来支持它。尽管如此，丹尼尔丰硕的科学成就完全足以确保他在科学史上持久的地位。

3. 推动天体运动的人——拉格朗日

拉格朗日

约瑟夫·拉格朗日（Joseph Louis Lagrange，1736—1813），普鲁士国王腓特烈大帝尊称他为“欧洲最伟大之数学家”，他在数学、力学和天文学三个学科领域中都有历史性的贡献，其中尤以数学方面的成就最为突出。

拉格朗日生于意大利西北部的都灵。父亲是法国陆军骑兵里的一名军官，后由于经商破产，家道中落。据拉格朗日本人回忆，如果幼年时家境富裕，他也就不会作数学研究了，因为父亲一心想把他培养成为一名律师。拉格朗日个人却对法律毫无兴趣。到青年时代，在数学家雷维里的教导下，拉格朗日喜爱上了几何学。17岁时，他读了英国天文学家哈雷的介绍牛顿微积分成就的短文《论分析方法的优点》后，感觉到“分析才是自己最热爱的学科”，从此他迷上了数学分析，开始专攻当时迅速发展的数学分析。

18岁时，拉格朗日用意大利语写了第一篇论文，是用牛顿二项式定理处理两函数乘积的高阶微商，他又将论文用拉丁语写出寄给了当时在柏林科学院任职的数学家欧拉。不久后，他获知这一成果早在半个世纪前就被莱布尼兹取得了，这个并不幸运的开端并未使拉格朗日灰心，相反，更坚定了他投身数学分析领域的信心。

1755年拉格朗日19岁时，在探讨数学难题“等周问题”的过程中，他以欧拉的思路和结果为依据，用纯分析的方法求变分极值。第一篇论文“极大和极小的方法研究”，拉开了他研究变分法的序幕。欧拉充分肯定了他的这一新方法，并在自己的论文中将此方法命名为“变分法”，至今已发展成为一个数学分支。变分法的创立，使拉格朗日在都灵声名大振，并使他在19岁时就当上了都灵皇家炮兵学校的教授，成为当时欧洲公认的第一流数学家。

1766年，拉格朗日接受普鲁士国王腓特烈的邀请，前往柏林普鲁士科学院接替欧拉任数学部主任，从此开始了他一生科学研究的鼎盛时期。他的关于月球运动（三体问题）、行星运动、轨道计算、两个不动中心问题、流体力学、数论、方程论、微分方程、函数论等方面的成果，成为这些领域的开创性或奠基性研究。他还在概率论、循环级数以及一些力学和几何学课题方面有着重要贡献。

在柏林工作的前十年，拉格朗日把大量时间花在代数方程和超越方程的解法上。他在论文《关于方程的代数解法的思考》中，把前人解三、四次代数方程的各种解法，总结为一套标准方法。他试图寻找五次方程的预解函数，希望这个函数是低于五次的方程的解，但未获得成功。然而，他的思想已蕴含着置换群概念，对后来阿贝尔和伽罗瓦起到启发性作用，最终解决了高于四次的一般方程为何不能用代数方法求解的问题。因而可以说拉格朗日是群论的先驱。

拉格朗日也是分析力学的创立者。在18世纪中期，欧拉和达朗贝尔的力学理论已开始用分析方法，而拉格朗日在使用分析方法方面更为出色。1788年，他的大型著作《分析力学》出版，他将数学分析应用于质点和刚体力学中，创立了现代力学的最重要理论——分析力学。他的研究目的是使力学成为数学分析的分支，他在《分析力学》的序言中说："……我在其中阐明的方法，既不要求作图，也不要求几何的或力学的推理，而只是一些按照一致而正规的程序的代数（分析）运算，喜欢分析的人将高兴地看到，力学变成了它的一个新分支，并将感激我扩大了它的领域"。实际情况正是这样，分析力学完全以伯努利1717年发现的虚功原理为依据，用严格的数学方法分析处理所有的力学问题。拉格朗日的研究工作中，约有一半同天体力学有关，他用自己在分析力学中的原理和公式，建立起各类天体的运动方程。在天体运动方程的解法中，拉格朗日发现了三体问题运动方程的五个特解，即拉格朗日平动解。此外，他还研究了彗星和小行星的摄动问题，提出了彗星起源假说等。

1783年，拉格朗日的故乡建立了"都灵科学院"，他被任命为名誉院长。1787年5月，他应巴黎科学院的邀请，离开柏林，前往法国。他参加了巴黎科学院成立的研究统一法国度量衡问题的委员会。1791年被选为英国皇家学会会员。1793年巴黎科学院被封闭后的第二年，拉格朗日到国民议会创办的多种工艺学院任教。1795年建立了法国最高学术机构——法兰西研究院，拉格朗日被选为科学院数理委员会主席。此后，他才重新进行研究工作，并开始总结他一生的数学成果，编写了一批重要著作：《论任意阶数值方程的解法》、《解析函数论》、《函数计算教程》。

1799年法国完成统一度量衡工作，制定了被世界公认的长度、面积、体积、质量的单位，拉格朗日为此做出巨大的努力，1813年4月3日，拿破仑授予他帝国大十字勋章，但此时的拉格朗日已卧床不起，4月11日早晨，拉格朗日逝世。

拉格朗日科学研究所涉及的领域极其广泛。他在数学上最突出的贡献是在把数学分析的基础脱离几何与力学方面起了决定性的作用，使数学的独立性更为清楚，从此数学不再仅仅是其他学科的工具。拉格朗日总结了18世纪的数学成果，同时又为19世纪的数学研究开辟了道路，堪称法国最杰出的数学大师。同时，在使天文学力学化、力学分析化上，拉格朗日也起到了历史性的作用，促进了力学和天体力学的进一步发展。

4. 理性启蒙先驱——达朗贝尔

达朗贝尔（Jean Le Rond d'Alembert， 1717—1783），法国著名的物理学家、数学家和天文学家，一生研究了大量课题，完成了涉及多个科学领域的论文和专著，其中最著名的有8卷巨著《数学手册》、力学专著《动力学》、23卷的《文集》、《百科全书》的序言等等。他的很多研究成果记载于《宇宙体系的几个要点研究》中。达朗贝尔生前为人类的进步与文明做出了巨大的贡献，也得到了许多荣誉。但在他临终时，却因教会的阻挠没有

达朗贝尔

举行任何形式的葬礼。

达朗贝尔是一个军官的私生子，母亲是一位著名的沙龙女主人。达朗贝尔出生后，他的母亲为了不影响自己的名誉，把刚出生的儿子遗弃在教堂的石阶上，后被一名士兵捡到。达朗贝尔的亲生父亲得知这一消息后，把他找回来寄养给了一对工匠夫妇。

达朗贝尔少年时被父亲送到了一所教会学校，在那里他学习了很多数理知识，为他将来的科学研究打下了坚实的基础。难能可贵的是，在宗教学校里受到了许多神学思想的熏陶以后，达朗贝尔仍然坚信真理，一生探求科学的真谛，不盲从于宗教的认识论。后来他自学了一些科学家的著作，并且完成了一些学术论文。1741年，凭借自己的努力，达朗贝尔进入了法国科学院担任天文学助理院士，在以后的两年里，他对力学作了大量研究，并发表了多篇论文和多部著作。1746年，达朗贝尔被提升为数学副院士。1750年以后，他停止了自己的科学研究，投身到了具有里程碑性质的法国启蒙运动中去。他参与了百科全书的编辑和出版，是法国百科全书派的主要首领。在百科全书的序言中，达朗贝尔表达了自己坚持唯物主义观点，正确分析科学问题的思想。在这一段时间之内，达朗贝尔还在心理学、哲学、音乐、法学和宗教文学等方面都发表了一些作品。

1760年以后，达朗贝尔继续进行他的科学研究。随着研究成果的不断涌现，达朗贝尔的声誉也不断提高。他尤其以写论文快速而闻名。1762年，俄国沙皇邀请达朗贝尔担任太子监护，但被他谢绝了；1764年，普鲁士国王邀请他到王宫住了三个月，并邀请他担任普鲁士科学院院长，也被他谢绝了。1754年，他被提升为法国科学院的终身秘书。欧洲很多国家的科学院都聘请他担任国外院士。

数学是达朗贝尔研究的主要课题，他是数学分析的主要开拓者。达朗贝尔为极限作了较好的定义，但他没有把这种表达公式化。波义尔做出这样的评价：达朗贝尔没有逃脱传统的几何方法的影响，不可能把极限用严格形式阐述；但他是当时几乎唯一一位把微分看成是函数极限的数学家。

达朗贝尔是18世纪少数几个把收敛级数和发散级数分开的数学家之一，并且他还提出了一种判别级数绝对收敛的方法——达朗贝尔判别法，即现在还使用的比值判别法；他同时是三角级数理论的奠基人。达朗贝尔也为偏微分方程的出现做出了巨大的贡献。1746年他发表了论文《张紧的弦振动形成的是曲线研究》，在这篇论文里，他首先提出了波动方程，并于1750年证明了它们的函数关系。1763年，他进一步讨论了不均匀弦的振动，提出广义的波动方程。

另外，达朗贝尔在复数的性质、概率论等方面都有所研究，而且他还很早就证明了代数的基本定理。达朗贝尔在数学领域的各个方面都有所建树，但他并没有严密和系统地进行深入的研究，他甚至曾相信数学知识快穷尽了。但无论如何19世纪数学的迅速发展是建立在他们那一代科学家的研究基础之上的，达朗贝尔为推动数学的发展做出了重要的贡献。

达朗贝尔认为力学应该是数学家的主要兴趣，所以他一生对力学也作了大量研究。达朗贝尔是18世纪为牛顿力学体系的建立做出卓越贡献的科学家之一。《动力学》是达朗贝尔最伟大的物理学著作。在这部书里，他提出了三大运动定律，第一运动定律是给出几何证明的惯性定律；第二定律是力的分析的平行四边形法则的数学证明；第三定律是用动量守恒来表示的平衡定律。书中还提出了达朗贝尔原理，它与牛顿第二定律相似，但它的发展在于可以把动力学问题转化为静力学问题处理，还可以用平面静力的方法分析刚体的平面运动，这一原理使一些力学问题的分析简单化，而且为分析力学的创立打下了基础。

在《动力学》这部书里，达朗贝尔对17到18世纪运动量度的争论提出了自己的看法，他认为两种量度是等价的，并模糊地提出了物体动量的变化与力的作用时间有关。在《运动论》里，达朗贝尔不仅阐述了他的力学观点，他还在哲学序言里指出了科学发展的前景和分析科学的哲学观点。

牛顿是最早开始系统研究流体力学的科学家，但达朗贝尔则为流体力学成为一门学科打下了基础。1752年达朗贝尔第一次用微分方程表示场，同时提出了著名的达朗贝尔原理——流体力学的一个原理，虽然这一原理存在一些问题，但是达朗贝尔第一次提出了流体速度和加速度分量的概念。

达朗贝尔在力学和数学方面的研究推动了他对天文学的研究，他运用他的力学的知识为天文学领域做出了重要贡献。18世纪，牛顿运动理论已经不能完善地解释月球的运动原理了，达朗贝尔开始涉足这一领域。在当时，达朗贝尔和另一个科学家克莱洛是学术上的竞争对手，他们在写论文、作报告等工作中相互竞争多年。在研究月球运动时，达朗贝尔和克莱洛在同一天提交了关于月球运动的报告，他们都对月球近地点移动的现象做出了解释，并在1749年提交了更详细的报告。1754年，他们又发表了月球运动数值表，这是最早的月球历之一。

达朗贝尔在天文学上的另一个主要研究是关于地球形状和自转的理论。达朗贝尔发现了流体自转时平衡形式的一般结果，克莱洛以此为基础研究了地球的自转，1749年，达朗贝尔发表了关于春分点和岁差的论文，为天体力学的形成和发展奠定了基础。

达朗贝尔对青年科学家十分热情，他非常支持青年科学家的研究工作，也愿意在事业上帮助他们。他曾推荐著名科学家拉格朗日到普鲁士科学院工作，推荐著名科学家拉普拉斯到巴黎科学院工作。达朗贝尔自己也经常与青年科学家进行学术讨论，从中发现并引导他们的科学思想发展。在18世纪的法国，让·达朗贝尔不仅灿烂了科学事业的今天，也照亮了科学事业的明天。

5. 电学大师——库仑

库仑（Charles Augustinde Coulomb，1736—1806），法国物理学家、军事工程师。1736年6月14日生于昂古莱姆。库仑家里很有钱，在青少年时期，他就受到了良好的教育。1761年毕业于军事工程学校，并作为军事工程师服役多年。后因健康日坏，被迫回家，因此有闲暇从事科学研究，他把主要精力放在研究工程力学和静力学问题上。

他在军队里从事了多年的军事建筑工作，为他1773年发表的有关材料强度的论文积累

库仑

了材料。1773年他向科学院提交了第一篇论文“极大值和极小值规则在建筑静力学问题中的应用”，内容涉及建筑材料强度的研究，这是当时工程力学家所关心的一个课题。在这篇论文里，库仑提出了计算物体上应力和应变分布的方法，这种方法成了结构工程的理论基础，一直沿用到现在。

1777年法国科学院悬赏，征求改良航海指南针中的磁针的方法。库仑认为磁针支架在轴上，必然会带来摩擦，要改良磁针，必须从这根本问题着手，他提出用细头发丝或丝线悬挂磁针。同时他对磁力进行深入细致的研究，特别注意了温度对磁体性质的影响。他又发现线扭转时的扭力与针转过的角度成比例关系，从而可利用这种装置算出静电力或磁力的大小，这导致他发明了扭秤，扭秤能以极高的精度测出非常小的力。由于成功地设计了新的指南针结构以及在研究普通机械理论方面做出的贡献，1782年，他当选为法国科学院院士。为了保持较好的科学实验条件，他仍在军队中服务，但他的名字在科学界已为人所共知。

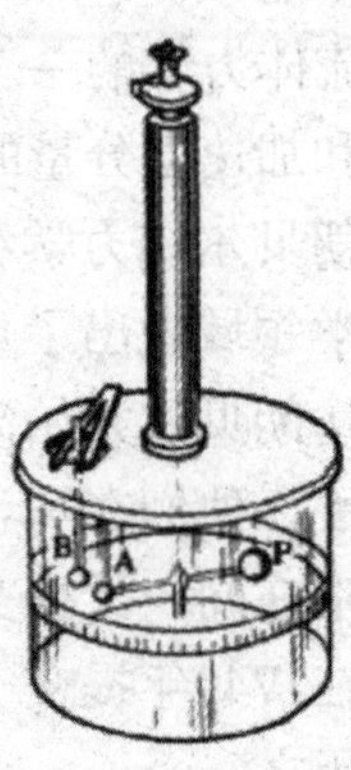

扭秤

库仑在1785—1789年之间，通过精密的实验对电荷间的作用力作了一系列的研究，连续在皇家科学院备忘录中发表了很多相关的文章。

1785年，库仑用自己发明的扭秤建立了静电学中著名的库仑定律。同年，他在给法国科学院的《电力定律》的论文中详细地介绍了他的实验装置、测试经过和实验结果。

库仑的扭秤是由一根悬挂在细长线上的轻棒和附着于轻棒两端的两只平衡球构成的。当球上没有力作用时，棒取一定的平衡位置。如果两球中有一个带电，同时把另一个带同种电荷的小球放在它附近，则会有电力作用在这个球上，球可以移动，使棒绕着悬挂点转动，直到悬线的扭力与电的作用力达到平衡时为止。因为悬线很细，很小的力作用在球上就能使棒显著地偏离其原来位置，转动的角度与力的大小成正比。库仑让这个可移动球和固定的球带上不同量的电荷，并改变它们之间的距离：

第一次，两球相距36个刻度，测得银线的旋转角度为36度；

第二次，两球相距18个刻度，测得银线的旋转角度为144度；

第三次，两球相距8.5个刻度，测得银线的旋转角度为575.5度。

上述实验表明，两个电荷之间的距离为4∶2∶1时，扭转角为1∶4∶16。由于扭转角的大小与扭力成反比，所以得到：两电荷间的斥力的大小与距离的平方成反比。库仑认为第三次的偏差是由漏电所致。经过巧妙的安排，仔细实验，反复的测量，并对实验结果进行分析，找出误差产生的原因，进行修正，库仑终于测定了带等量同种电荷的小球之间的斥力。

但是对于异种电荷之间的引力，用扭秤来测量就遇到了麻烦。因为金属丝的扭转的回复力矩仅与角度的一次方成比例，这就不能保证扭秤的稳定。经过反复的思考，库仑发明了电摆。他利用与单摆相类似的方法测定了异种电荷之间的引力也与它们的距离的平方成反比。

最后库仑终于找出了在真空中两个点电荷之间的相互作用力与两点电荷所带的电量及它们之间的距离的定量关系，这就是静电学中的库仑定律，即两电荷间的力与两电荷的乘积成正比，与两者的距离平方成反比。库仑定律是电学发展史上的第一个定量规律，它使电学的研究从定性进入定量阶段，是电学史中的重要的里程碑。电荷的单位库仑就是以他的姓氏命名的。

磁学中的库仑定律也是利用类似的方法得到的。1789年法国大革命爆发，库伦隐居在自己的领地里，每天全身心地投入到科学研究的工作中去。同年，他的一部重要著作问世，在这部书里，他对有两种形式的电的认识发展到磁学理论方面，并归纳出类似于两个点电荷相互作用的两个磁极相互作用定律。库仑的著作丰富了电学与磁学研究的计量方法，将牛顿的力学原理扩展到电学与磁学中，为电磁学的发展、电磁场理论的建立开拓了道路。

库仑不仅在力学和电学上都做出了重大的贡献，作为一名工程师，在工程方面也做出过重要的贡献。他曾设计了一种水下作业法，这种作业法类似于现代的沉箱，是应用在桥梁等水下建筑施工中的一种很重要的方法。他还给我们留下了不少宝贵的著作，其中最主要的有《电气与磁性》一书，共七卷，于1785年至1789年先后公开出版发行。1806年8月23日，库仑因病在巴黎逝世，终年70岁。库仑是18世纪最伟大的物理学家之一，他的杰出贡献是永远也不会磨灭的。

6. 最富有的学者，最有学问的富翁——卡文迪什

卡文迪什

亨利·卡文迪什（Henry Cavendish，1731—1810）是18世纪英国杰出的物理学家和化学家，1731年10月10日生于法国尼斯。1749年考入剑桥大学，1753年尚未毕业就去巴黎留学。后回伦敦定居，在他父亲的实验室中做了许多电学和化学方面的研究工作。1760年被选为英国皇家学会会员。1803年当选为法国科学院外国院士。他的一生为科学的发展做出了重要的贡献。

由于卡文迪什早年丧母，他形成一种过于孤独而羞怯的习性。由于这种古怪的性格，卡文迪什长期深居独处，整天埋头在他科学研究的小天地。他把他家的部分房子进行了改造，一所公馆改为实验室，一处住宅改为公用图书馆，把自家丰富的藏书供大家使用。1733年他父亲死后，他又将他的实验基地搬到乡下的别墅，将别墅富丽堂皇的装饰全部拆去，大客厅变成实验室，楼上卧室变成观象台，甚至在宅前的草地上竖起一个架子，以便攀上大树去观测星象，至于践踏了那些名贵的花草，他毫不在乎。这些都表明，对于科学研究他简直像着了魔一样。

在社交生活中，他沉默寡言，显得很孤僻。卡文迪什不善言谈，很不喜欢那些慕名而来的客人打扰他的研究工作。在他奉陪客人时，常常眼睛盯着天花板，脑子里思索着自己实验中的问题，一言不发，为此常常使客人十分尴尬。他虽然喜欢孤独的生活，但对于别人

所作的研究工作却不是不感兴趣的。例如，他曾将一些铂送给青年科学家戴维（H·Davy，1778—1829）做实验之用，有时还亲自跑到皇家学会去参观戴维的实验。在科学研究中，他思路开阔，兴趣广泛，显得异常活跃。上至天文气象，下至地质采矿，抽象的数学，具体的冶金工艺，他都进行过探讨。特别在化学和物理学的研究中，他有极高的造诣，取得许多重要的成果。

卡文迪什在40岁时，先后继承了父亲和姑妈的两大笔遗产，于是他成为了一名百万富翁。正如法国科学家比奥所说的“卡文迪什在一切学者中最富有，在一切富翁中最有学问”。但巨额的财富并没有使卡文迪什的生活方式发生丝毫的变化，他仍然过着俭朴的生活，不讲吃穿，每天都穿一件褪了色的上衣，他的钱大部分都花在了购置科学仪器和图书上。他利用自己继承来的财富购买了一大批很有用的图书，除自己用外，还慷慨地供其他学者使用。而且他对金钱毫无兴趣，甚至不知道1万英镑究竟是多大一笔财富。一次他的一个仆人病了，要花钱治病，他随手开了一张1万英镑的支票给他，使仆人惊讶得不知所措。

另外，卡文迪什最厌恶和害怕两件事物，一是奉承，他听到奉承的话常常十分窘迫，不知所措；一是女人，他最怕和女人接触，所以终生未婚，而且他每天和女管家之间都用纸条来联系。

1810年2月24日，这位79岁的老人感到临近死亡了，就吩咐身边一位护理的仆人离开房间，而且非到规定时间不得擅自回来，当仆人回来时，卡文迪什已经孤独地离开了人间。卡文迪什一生性情孤僻，他在科学界没有形成一个学派，在民众心中也缺少声望，但他以学识广博，推理清晰，才智罕见而在皇家学会会员中备受崇敬。

卡文迪什从事科研不图名，不图利。他的许多论文和实验报告，没有急于发表，特别是关于自然哲学的许多论述基本上没有公开发表。也许由于他慎重，也许由于他羞怯，他自认为没有足够实验依据的手稿大部没有发表。所以在他将近50年的科研生涯中，他没有写一本书，这对于促进科学研究的发展是很可惜的。

卡文迪什的主要贡献有：1766年首先制得氢气，并研究了其性质，用实验证明它燃烧后生成水，但他曾把发现的氢气误认为燃素，不能不说是一大憾事。1785年卡文迪什在空气中引入电火花的实验使他发现了一种不活泼的气体的存在。他在化学、热学、电学、万有引力等方面进行的很多成功的实验研究，很少发表。过了一个世纪后，麦克斯韦整理了他的实验论文，并于1879年出版了名为《尊敬的亨利·卡文迪什的电学研究》一书，此后人们才知道卡文迪什做了许多电学实验。麦克斯韦说：“这些论文证明卡文迪什几乎预料到电学上所有的伟大事实，这些伟大的事实后来通过库仑和法国哲学家们的著作而闻名于科学界”。

早在库仑之前，卡文迪什已经研究了电荷在导体上的分布问题。1777年，他向皇家学会提出报告说：“电的吸引力和排斥力很可能反比于电荷间距离的平方，如果是这样的话，那么物体中多余的电几乎全部堆积在紧靠物体表面的地方，而且这些电紧紧地压在一起，物体的其余部分处于中性状态”。他还通过实验证明电荷之间的作用力。他还早于法拉第用实验证明电容器的电容取决于两极板之间的物质。他最早建立电势概念，指出导体两端的电势与通过它的电流成正比（欧姆定律在1827年才确立）。当时还无法测量电流强度，据说他勇敢地用自己的身体当作测量仪器，以从手指到手臂何处感到电振动来估计电流的强弱。

卡文迪什的重大贡献之一是1798年完成了测量万有引力的扭秤实验，后世称为卡文迪什实验。他改进了英国机械师米歇尔（John Michell，1724—1793）设计的扭秤，在其悬线系统上附加小平面镜，利用望远镜在室外远距离操纵和测量，防止了空气的扰动（当时还没有真空设备）。他用一根39英寸的镀银铜丝吊一6英尺木杆，杆的两端各固定一个直径2英寸的小铅球，另用两颗直径12英寸的固定着的大铅球吸引它们，测出铅球间引力引起的摆动周期，由此计算出两个铅球的引力，由计算得到的引力再推算出地球的质量和密度。他算出的地球密度为水密度的5.481倍（地球密度的现代数值为5.517g / cm³），由此可推算出万有引力常量G的数值为6.754×10^{-11} Nm^2/kg^2（现代值前四位数为6.672）。这一实验的构思、设计与操作十分精巧，英国物理学家J·H·坡印廷曾对这个实验下过这样的评语："开创了弱力测量的新时代"。

卡文迪什在1766年发表了《论人工空气》的论文并获皇家学会科普利奖章。他制出纯氧，并确定了空气中氧、氮的含量，证明水不是元素而是化合物。他被称为"化学中的牛顿"。

后来，他的后代亲属德文郡八世公爵S·C·卡文迪什将自己的一笔财产捐赠剑桥大学于1871年建成实验室，它最初是以H·卡文迪什命名的物理系教学实验室，后来实验室扩大为包括整个物理系在内的科研与教育中心，并以整个卡文迪什家族命名。该中心注重独立的、系统的、集团性的开拓性实验和理论探索，其中关键性设备都提倡自制。近百年来卡文迪什实验室培养出的诺贝尔奖金获得者已达26人。麦克斯韦、瑞利、J·J·汤姆逊、卢瑟福等先后主持过该实验室。

7. 电池的发明——伏打

伏打

伏打（Alessandro Volta，1745—1827），意大利物理学家。1745年2月18日生于科莫。学生时代就对自然科学有浓厚兴趣。1774—1779年任科莫大学预科物理学教授，1779—1815年任帕多瓦大学哲学系主任，1819年退休后回到故乡科莫，1827年3月5日在该地逝世。

伏打出生于意大利科莫一个富有的天主教家庭里。他对科学的爱好似乎是自然而然发生的。伏打所受的教育主要是拉丁文、语言学和文学。他有时写作法文和意大利文的十四行诗，以及拉丁文颂诗。他对科学的爱好似乎是自然而然发生的，十九岁时他写作了一首关于化学发现的六韵步的拉丁文小诗。他居住的科莫周围地区甚为繁华，与瑞士的交通也非常便捷。奥地利政府当时信奉自由主义，因此这地区的富豪们都过着一种悠闲舒适的生活。

伏打在青年时期就开始了电学实验，他读了他能够找到的许多书，对这工作深感兴趣。他的好友加托尼送给他一些仪器，并在家里让出了一间房子来支持他的研究。伏打十六岁时开始与一些著名的电学家通信，其中有巴黎的诺莱和都灵的贝卡里亚。

贝卡里亚是一位很有成就的国际知名的电学家，他劝告伏打少提出理论，多做实验。

事实上，伏打年青时期的理论思想远不如他的实验重要。随着岁月的流逝，伏打对静电的了解至少可以和当时最好的电学家媲美。不久他就开始应用他的理论制造各种有独创性的仪器，用现代的话来讲，要点在于他对电量、电量或张力、电容以及关系式$Q=CV$都有了明确的了解。1769年发表第一篇科学论文。

伏打制造的仪器的一个杰出例子是起电盘。一块导电板放在一个由摩擦起电的充电树脂“饼”上端，然后用一个绝缘柄与金属板接触，使它接地，再把它举起来，于是金属板就被充电到高电势，这个方法可以用来使莱顿瓶充电，这种操作可以不断地重复。这一发明是非常精巧的，以后发展成为一系列静电起电机。伏打设计了一种静电计，它能够以可重复的方式测量电势差，这就是各种绝对电计的鼻祖。

由于起电盘的发明，1774年伏打担任了科莫皇家学校的物理教授，1779年任帕维亚大学物理学教授。他的名声开始扩展到意大利以外，苏黎世物理学会选举他为会员。

伏打的兴趣并不只限于电学。他通过观察马焦雷湖附近沼泽地冒出的气泡，发现了沼气。他把对化学和电学的兴趣结合起来，制成了一种称为气体燃化的仪器，可以用电火花点燃一个封闭容器内的气体。

伏打在32岁时去瑞士游历，见到了伏尔泰和一些瑞士物理学家。回来后他被任命为帕维亚大学物理学教授，这是伦巴第地区最著名的大学。他担任这个教授职务一直到退休，正是在那里他做出了他的划时代的发现。

1792年他被选为法国科学院的通讯院士，不久又被选为伦敦皇家学会的外国会员。

1780年，意大利科学家伽伐尼（Luigi Galvani，1737—1798）在一次解剖青蛙时有一个偶然的发现。他将解剖完了的青蛙放在解剖桌上后，一名助手无意中将解剖刀碰到了一只蛙腿的神经上，顿时四只蛙腿激烈地抽动。伽伐尼感到奇怪，又重复了这一实验，发现了同样的现象。他将蛙用铜丝挂在铁格窗上，想看看雷雨时蛙腿的反应，结果发现雷电发作时，蛙腿抽动。这表明蛙腿抽动是因为电击所致。但他进一步发现，没有雷电时，蛙腿也抽动，无论晴天雨天。他又在封闭的屋子里做实验，发现用相同的金属不能使蛙腿抽动，而不同的金属则抽动，只是程度有所不同。金属与蛙腿接触肯定有放电过程发生，但电来自何处呢？伽伐尼是一位解剖学家，他可能更相信来自有机体内部，因此，他提出，动物体内部存在着“动物电”，这种电只有用一种以上的金属与之接触时才能激发出来。他认为，这种电与摩擦电完全一样，只是起因不同。今天我们知道，伽伐尼的看法是错误的。然而，正是他的工作极大地促进了人们对该问题的深入研究。

伽伐尼的发现轰动一时，引起了伏打的注意。他也重复了该实验，但他对伽伐尼的解释不太满意。1792年，他从实验上证明了，伽伐尼电本质上是因为两种金属与湿的动物体相连造成的，蛙腿只起验电器的作用。1794年，他决定只用金属而不用肌肉组织进行试验，立即发现电流的产生与生物组织无关。这样一来，在伽伐尼与伏打之间便发生了一场争论。双方都有支持者，但实验证据对伏打越来越有利。伏打用各种金属做实验，结果得出了著名的伏打序列：锌、锡、铅、铜、银、金……他发现，只要将这个序列里前面的金属与后面的金属相接触，前者就带正电，后者带负电；在序列中的距离越远，带电越多。1800年，伏打制成了著名的伏打电堆。他在3月20日致皇家学会会长的信中说，在进行接触电实验的过程中，他制造了一种新装置，这种装置可以自发地生电。“30，40，60或更多的铜片，最好是用一些银片，每片都与一块锡片，更好是用一些锌片，还有等数目的水层，或比纯水更能传导的其他某种液体如盐水或碱水等等，或用浸透这种液体的卡片或革片相接触。当这种水层夹在每副由两种不同金属的耦合之间时（三种导体的交替必须按照同样次序），我的仪器就造成了”。以后，伏打又将他的电堆做了进一步的改进，使其更便于使用。伏打电堆的出现，使人们第一次有可能获得稳定而持续的电流，从而为研究电现象打下了基础。同时，它也推动了电化学的发展。电流的出现标志着一个电气时代的来临，伏打电堆在科学史上具有十分重要的地位。

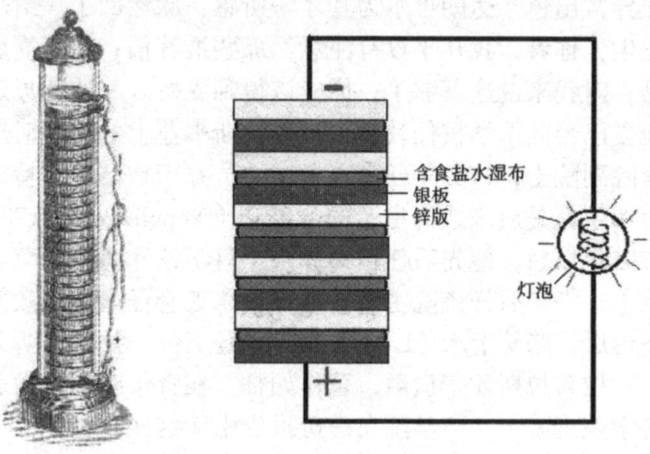

伏打电堆

1801年他去巴黎，拿破仑授予伏打一枚特制金质奖章和一份养老金，于是伏打成为拿破仑的被保护人，正如二十年前，他曾经是奥地利皇帝约瑟夫二世的被保护人一样。

1804年他要求辞去帕维亚大学教授而退休时，拿破仑拒绝了他的要求，赐予他更多的名誉和金钱，并授予他伯爵称号。拿破仑倒台后，伏打使自己与归国的奥地利人和睦相处，没有发生多少麻烦，因此他安然地度过了那个激烈变化的历史时期。无论是谁当权，他都受到了尊敬，同时他对政治毫不关心，只专心于他的研究。

伏打在完成了电堆工作后，实际上就从舞台上消失了，对他的发现的利用完全落在其他人身上。他可能是年纪太大了，无法再与年轻的新生力量竞争，也可能在心理上受到了他以前的巨大成就的阻碍。他没有脱离过学校，他的工作可能太个人化了，他的著作与教学中缺乏正规的数学，可能限制了他表达自己思想的能力。

伏打最后的八年是在他的坎纳戈别墅和科莫附近度过的，他完全过着一种隐居的生活。1827年3月5日，伏打去世，终年82岁。为了纪念他，人们将电动势单位取名伏特（Volt）。

8. 一切都是显而易见的——拉普拉斯

拉普拉斯（Laplace Pierre-Simon，1749—1827）是法国数学家、天文学家、物理学家。1749年3月23日生于博蒙昂诺日，1827年3月5日卒于巴黎。

拉普拉斯

拉普拉斯家境贫寒，靠邻居的周济才得到读书的机会。16岁时进入开恩大学，并在学习期间写了一篇关于有限差分的论文。在完成学业之后，他带着介绍信从乡下到巴黎去求见大名鼎鼎的达朗贝尔，荐书投去，杳无音讯，因为达朗贝尔对于只带着大人物的推荐信的年轻人不感兴趣。拉普拉斯并不气馁，随即写了一篇阐述力学一般原理的论文，求教于达朗贝尔。由于这篇论文异常出色，达朗贝尔为其才华所感，欣然回了一封热情洋溢的信，信中写道“拉普拉斯先生，你看，我几乎没有注意你那些推荐信；你不需要什么推荐，你已经更好地介绍了自己，对我来说这就够了；你应该得到支持。”达朗贝尔还很高兴地当了他的教父，并介绍他去巴黎陆军学校任教授，拉普拉斯事业上的辉煌时期便从此开始。1773年被选为法国科学院副院士，1783年任军事考试委员并于1785年主持对一个16岁的惟一考生进行考试，这个考生就是后来成为皇帝的拿破仑（Nopoleon），1785年当选为法国科学院正式院士。自1795年以后，他先后任巴黎综合工科学校和高等师范学校教授，1816年被选为法兰西学院院士，一年后任该院主席。他还被拿破仑任命为内政部长、元老议员并加封伯爵。拿破仑下台后，路易十八（Louis XⅧ）重登王位，拉普拉斯又被晋升为侯爵。

拉普拉斯才华横溢，著作如林，在青年时代就发表了一系列的论著。24岁当选为法国科学院副院士，科学院在一份报告中曾这样评价他：还没有任何一位像拉普拉斯这样年轻的科学家能在如此众多如此困难的课题上，写出如此大量的论文。

拉普拉斯的研究领域是多方面的，有天体力学、概率论、微分方程、复变函数、势函数理论、代数、测地学、毛细现象理论等，并有卓越的创见。他是一位分析学的大师，把分析学应用到力学，特别是天体力学，获得了划时代的结果。他的代表作有《宇宙体系论》、《分析概率论》、《天体力学》。

《宇宙体系论》（1796年）是一本解释宇宙的文字通俗的科普读物。拉普拉斯所提出的太阳系生成的星云假说就收集在此书的附录里。这一假说1755年康德（Kant）虽已述及，但康德主要是从哲学的角度加以考虑的，而拉普拉斯则是从数学、力学的角度进行推导的，这不但充实了星云假说的内容，而且做出了详细的科学论证。因此，我们常把这一假说称为“康德—拉普拉斯星云假说”。

《分析概率论》（1812年）汇集了40年以来概率论方面的进展以及拉普拉斯自己在这方面的发现，对概率论的基本理论作了系统的整理。他在该书的引言中写道：“归根到底，概率论只不过是把常识化成计算而已”。这本书包含了几何概率、伯努利定理和最小二乘法原理等。著名的拉普拉斯变换就是在此书中述及的。1814年他还出版了《概率的哲学探讨》。他被公认为是概率论的奠基人之一。

《天体力学》共有五卷，这部巨著把牛顿、达朗贝尔、欧拉、拉格朗日诸位大家的天文研究推向了高峰。用拉普拉斯自己的话来说，写这部书的目的在于对太阳系引起的力学问题提供一个完全的解答。他吸取了前人的大量成果，给予天体运动以严格的数学的描述，对位势理论同样做出了数学刻画。这对后来物理学、引力论、流体力学、电磁学以及原子物理等，都产生了极为深远的影响。在位势理论中他提出了有名的“拉普拉斯方程”。这部巨著使他赢得了“法国的牛顿”的美称。围绕这部著作流传有不少故事：有一次拿破仑指责他说：“拉普拉斯先生，有人说你这部书中，从未提到上帝是宇宙的创造者”。拉普拉斯幽默地答道：“陛下，我不需要作这个假设”。哈密顿读了《天体力学》，17岁便写文章订正其中的一个错误，从此开始了自己的数学生涯；格林（Green）则从《天体力学》受到启发，开始将数学用于电磁学；美国天文学家鲍迪奇（Bowditch）在翻译了《天体力学》之后说：只要一碰到书中“显而易见”这句话，我就知道总得花几个小时冥思苦想去填补这个空白。

拉普拉斯对解释世界的任何事情都感兴趣。他研究过流体动力学、声的传播和潮汐现象。在化学方面，他关于物质液态的论著是经典之作。他关于毛细管中使水上升的表面张力的研究以及在液体中内聚力的研究，都有重大的发现。他研究过复变函数求积法，并把实积分转换为复积分来计算。拉普拉斯方程更是重要的微分方程。他研究了奇解的理论，把奇解的概念推广到高阶方程和三个变量的方程，发展了解非齐次线性方程的常数变易法，探求二阶线性微分方程的完全积分。拉普拉斯也很重视研究方法，他十分爱用归纳和类比。他曾说："甚至在数学里，发现真理的主要工具也是归纳和类化"。

拉普拉斯在政治上是一个机会主义者。在法国大革命时期，随着政局的动荡，改朝换代，他也随波逐流，反复不断地扮演了共和派与保皇派的双重角色，他机灵到能够使敌对的双方在不论哪一方上台掌权时，都相信他是自己的一个忠诚的支持者，因此每次改宗后他都能获得更好的差使和更大的头衔。为此有人把他比做英国文学作品中的假圣人布雷牧师。拿破仑在流放期间说过："拉普拉斯是第一流的数学家，但事实很快表明他不过是一个平庸的行政官员，他把无穷小精神带进了政府之中"。拉普拉斯的另一个缺点是在他的著作中，他常常完全不提前人和同时代人的论述与功绩，给人的印象是其著作中的思想似乎完全出自于他本人。例如，他在《天体力学》中不声不响地从拉格朗日那里取用了位势概念，并把这一概念用得十分广泛，以致从他那时起，势论中的基本微分方程被人称作拉普拉斯方程。他在《分析概率论》中，引用别人的成果也不提及别人的名字，而是把它们同自己的成果混在一起。他的这些品格遭到了后人的非议。

拉普拉斯虽有上述缺点，但作为一个科学家，在席卷法国的政治变动中，包括拿破仑的兴起和衰落，都并未显著地影响他对科学的研究。另外他也能慷慨帮助和鼓励年轻的一代。例如，化学家盖·吕萨克（Gay Lussac）、旅行家和自然研究者洪堡尔特（Humboldt）、数学家泊松（Poisson）、柯西都曾得到过他的帮助和鼓励。

他学识渊博，但学而不厌。他的遗言是："我们知道的是微小的，我们不知道的是无限的"。他曾说："自然的一切结果都只是数目不多的一些不变规律的数学结论"。他还强调指出："认识一位巨人的研究方法，对于科学的进步，并不比发现本身更少用处。科学研究的方法经常是极富兴趣的部分。"

在数学中以他的姓氏命名的有：拉普拉斯变换、拉普拉斯定理、拉普拉斯方程、拉普拉斯函数、拉普拉斯积分、拉普拉斯极限公式、拉普拉斯算子、拉普拉斯展开、拉普拉斯向量、拉普拉斯序列、拉普拉斯分布、拉普拉斯—傅里叶核等等，而其中以他的姓氏命名的变换、定理、方程等有多种。

9. 数学王子——高斯

高斯（Gauss，1777—1855），德国数学家、天文学家、物理学家。他有"数学王子"的美称，被认为是人类有史以来"最伟大的三位（或四位）数学家之一"（阿基米德、牛顿、高斯或欧拉）。1777年4月30日生于德国中北部的布伦瑞克。他的父亲是泥水匠。母亲是一个石匠的女儿，她有一个很聪明的弟弟。高斯这位舅舅，对小高斯很照顾，偶尔会给他一些指导，而父亲可以说是一名"大老粗"，认为只有力气能挣钱，学问对穷人是没有用的。

高斯很早就展现过人才华，三岁时就能指出父亲账册上的错误。七岁时进了小学，数

高斯

学教师布特纳（Buttner）对高斯的成长也起了一定作用。在全世界广为流传的一则故事说，高斯10岁时算出布特纳给学生们出的将1到100的所有整数加起来的算术题，布特纳刚叙述完题目，高斯就算出了正确答案。高斯的计算能力，更主要的是高斯独到的数学方法，非同一般的创造力，使布特纳对他刮目相看。他特意从汉堡买了最好的算术书送给高斯，说："你已经超过了我，我没有什么东西可以教你了。"高斯和大他差不多十岁的助教巴特尔斯（Bartels）很熟，而巴特尔斯的能力也比布特纳高得多，后来成为大学教授，他教了高斯更多更深的数学。

布特纳和巴特尔斯去拜访高斯的父亲，要他让高斯接受更高的教育，但高斯的父亲认为儿子应该像他一样，作个泥水匠，而且也没有钱让高斯继续读书，最后的结论是去找有钱有势的人当高斯的赞助人，虽然他们不知道要到哪里找。经过这次的访问，高斯免除了每天晚上织布的工作，每天和巴特尔斯讨论数学，但不久之后，巴特尔斯也没有什么东西可以教高斯了。

1788年高斯不顾父亲的反对进了高等学校。数学老师看了高斯的作业后就要他不必再上数学课，而他的拉丁文不久也凌驾全班之上。

1791年，位于不伦瑞克的卡洛琳学院的教授 E.A.W. 齐默尔曼（Zimmermann）向费迪南德公爵引荐了14岁的天才少年高斯，公爵接见高斯时为他的朴实和腼腆所动，欣然应允资助高斯的全部学业。此后，高斯在经济上便独立于父母，父亲也不再反对儿子的继续深造。

1792年，高斯入家乡的卡洛琳学院（Brunswick Collegium Carolinum）学习。高斯在校的三年间，全身心地投入学习和思考，获得了一系列重要的发现。入学前他就研究算术—几何平均（1791），此时发现了它和其他许多幂级数的联系（1794）；发现最小二乘法（1794）；考虑了几何基础问题，即平行公设在欧几里得几何中的地位（1792）；由归纳发现数论中关于二次剩余的基本定理，即二次互反律（1795）；研究素数分布，猜想出素数定理（1792）。在这一时期，贯穿高斯一生的研究风格的一个重要方面已趋成熟：不停地观察和进行实例剖析，从经验性质的研究中获得灵感和猜想。高斯在学院学习期间还开始了对数学经典著作的钻研，阅读了牛顿的《自然哲学的数学原理》、欧拉的代数与分析著作和拉格朗日的若干论著，以及雅格比·伯努利的《猜度术》等。

1795年高斯进入哥廷根大学，因为他在语言和数学上都极有天分，为了将来是要专攻古典语文还是数学苦恼了一阵子。1796年是高斯学术生涯中的第一个转折点：他敲开了自欧几里德时代起就搅扰着数学家的尺规作图这一难题的大门，证明了正十七边形可用欧几里德型的圆规和直尺作图。这一成功最终决定了他走科学之路而非文学之路，高斯真正认识了自己的能力之所在。

1799年高斯提出了他的博士论文，这篇论文证明了代数一个重要的定理：任一多项式都有（复数）根。这结果称为"代数学基本定理"。事实上在高斯之前有许多数学家认为已给出了这个结果的证明，可是没有一个证明是严密的。高斯把前人证明的缺失一一指出来，然后提出自己的见解，他一生中一共给出了四个不同的证明。

自1796年解决正十七边形的做图到1801年，是高斯学术创造力最旺盛的时间。按数学史家O. 梅（May）统计，在这6年间（19岁—24岁）高斯提出的猜想、定理、证明、概念、假设和理论，平均每年不少于25项。其中最辉煌的成就是1801年发表的《算术研究》，它把过去一直是零星成果堆砌成的数论，织成一张结构紧凑自成系统的网；以及在1801年中根据少量观测数据准确预报小行星“谷神星”的运行轨道。天文学是当时科学界最关注的课题，高斯的这项预报引起了轰动。上述两项成就使他不仅在数学界而且在科学界一举成名。

24岁开始，高斯放弃在纯数学的研究，作了几年天文学的研究。当时的天文界正在为火星和木星间庞大的间隙烦恼不已，认为火星和木星间应该还有行星未被发现。在1801年，意大利的天文学家发现在火星和木星间有一颗新星。它被命名为“谷神星”（Cere）。现在我们知道它是火星和木星的小行星带中的一个，但当时天文学界争论不休，有人说这是行星，有人说这是彗星，必须继续观察才能判决，但是只能观察到它9度的轨道。再后来，它便隐身到太阳后面去了，因此无法知道它的轨道，也无法判定它是行星或彗星。高斯这时对这个问题产生了兴趣，他决定解决这个捉摸不到的星体轨迹的问题。高斯自己独创了只要三次观察，就可以来计算星球轨道的方法，他可以极准确地预测行星的位置。果然，谷神星准确无误地在高斯预测的地方出现。这个方法——虽然他当时没有公布——就是“最小平方法”（Method of Least Square）。

1802年，他又准确预测了小行星二号——智神星（Pallas）的位置，而且人们利用他所发现的方法可以计算彗星的轨道，只需要一两个小时的时间，而旧的方法却需要三、四天才能完成。这时他的声名远播，荣誉滚滚而来，俄国圣彼得堡科学院选他为会员，请他当哥廷根天文台主任，他没有立刻答应，到了1807年才前往哥廷根就任。

1809年他写了《天体运动理论》两册，第一册包含了微分方程、圆锥截痕和椭圆轨道，第二册他展示了如何估计行星的轨道。高斯在天文学上的贡献大多在1817年以前，但他仍一直做着观察的工作到他70岁为止。虽然做着天文台的工作，他仍抽空做其他研究。为了用积分解天体运动的微分方程，他考虑无穷级数，并研究级数的收敛问题。在1812年，他研究了超几何级数，并且把研究结果写成专题论文，呈给哥廷根皇家科学院。

1820年—1830年间，高斯为了测绘汗诺华公国（高斯住的地方）的地图，开始做测地的工作，他写了关于测地学的书。由于测地上的需要，他发明了日观测仪。为了要对地球表面作研究，他开始对一些曲面的几何性质作研究。

1827年他发表了《曲面的一般研究》，涵盖一部分现在大学念的“微分几何”。

在1830年—1840年间，高斯和一个比他小27岁的年轻物理学家韦伯一起从事磁的研究，他们的合作是很理想的。韦伯做实验，高斯研究理论，韦伯引起高斯对物理问题的兴趣，而高斯用数学工具处理物理问题，影响韦伯的思考工作方法。

1833年高斯从他的天文台拉了一条长8000英尺（2348米）的电线，跨过许多人家的屋顶，一直到韦伯的实验室，以伏打电池为电源，构造了世界第一个电报机。

1835年高斯在天文台里设立磁观测站，并且组织“磁协会”发表研究结果，引起世界广大地区对地磁作研究和测量。

高斯已经得到了地磁的准确理论，但为了要获得实验数据的证明，他的书《地磁的一般理论》拖到1839年才发表。

1840年他和韦伯画出了世界第一张地球磁场图，而且定出了地球磁南极和磁北极的位置。1841年美国科学家证实了高斯的理论，找到了磁南极和磁北极的确实位置。

高斯对自己的工作态度精益求精，非常严格地要求自己的研究成果。他自己曾说："宁可发表少，但发表的东西是成熟的成果"。许多当代的数学家要求他不要太认真，把结果写出来发表，这对数学的发展是很有帮助的。其中一个有名的例子是关于非欧几何的发展。非欧几何的开山祖师有三人，高斯、罗巴切乌斯基（1793—1856）、波埃伊（1802—1860）。其中波埃伊的父亲是高斯大学的同学，他曾想试着证明平行公理，虽然父亲反对他继续从事这种看起来毫无希望的研究，小波埃伊还是沉溺于平行公理。最后发展出了非欧几何，并且在1832年—1833年发表了研究结果，老波埃伊把儿子的成果寄给老同学高斯，想不到高斯却回信道："我无法夸赞他，因为夸赞他就等于夸奖我自己"。早在几十年前，高斯就已经得到了相同的结果，只是怕不能为世人所接受而没有公布而已。

在1855年2月23日清晨，高斯在他的睡梦中安详地去世了。在高斯死后，人们才知道他早就预见一些19世纪的数学，而且在1800年之前已经期待它们的出现。如果他能把他所知道的一些东西泄露，很可能现在数学早比目前还要先进半个世纪或更多的时间。阿贝尔和雅可比可以从高斯所停留的地方开始工作，而不是把他们最好的努力花在发现高斯早在他们出生时就知道的东西。而那些非欧几何学的创造者，可以把他们的天才用到其他方面去。

10. 植物王国的调理者——林奈

林奈（Carolus Linnaeus，1707—1778），后改名为Carl von linne，是瑞典植物学家、冒险家，首先构想出定义生物属种的原则，并创造出统一的生物命名系统。

17世纪后，随着科学技术的发展，博物学家搜集到大量的动物、植物和化石等标本。在1600年，人们知道了约6000种植物，而仅仅过去了100年，植物学家又发现了12000个新种。到了18世纪，对生物物种进行科学的分类变得亟为迫切。林奈正是生活在这一科学发展新时期的一位杰出的代表。

林奈

林奈1707年生于瑞典。林奈的父亲是一位乡村牧师，他对园艺非常爱好，空闲时精心管理着花园里的花草树木。幼时的林奈，受到父亲的影响，十分喜爱植物，他曾说："这花园与母乳一起激发我对植物不可抑制的热爱。"八岁时得"小植物学家"的别名。林奈经常将所看到的不认识的植物拿来询问其父，他父亲也一一详尽地告诉他。有时问过父亲以后不能全部记住，而出现重复提问的现象，对此，其父则以"不答复问过的问题"来督促林奈加强记忆，使他的记忆力自幼就得到了良好的锻炼，他所认识的植物种类也越来越多。在小学和中学，林奈的学业不突出，只是对树木花草有异乎寻常的爱好。他把时间和精力大部分用于到野外去采集植物标本及阅读植物学著作上。

从1727年起，林奈先后进入龙德大学和乌普萨拉大学学习。在大学期间，林奈系统地学习了博物学及采制生物标本的知识和方法。他充分利用大学的图书馆和植物园进行植物学的学习。林奈对植物生殖过程的研究进行得较为深入。1730年，林奈在自己的第一本著作《植物的婚配》中，把植物花朵中的雄蕊和雌蕊比作一对夫妻，生动有趣地描述了这一类植物的繁殖过程。不久，林奈又根据自己的观察和研究提出了“植物性别”的概念，这在当时对于科学界关于植物学的研究，是一个相当大的贡献。1732年2月，林奈应邀去瑞典北部的拉普兰地区进行了历时五个多月的探险和科学考察。在长达六千四百多千米的考察行程中，林奈仅仅凭借着一台显微镜和放大镜、测量尺等少量工具，对沿途所见到的动物、植物和各种矿物广泛进行了认真细致的考察，并且采集整理了许多标本。其中，仅新发现的植物种类就多达上百个。回到乌普萨拉大学后，林奈根据这次考察的切身经历撰写了《拉普兰植物志》，这本书出版后，受到了同行们的好评。1735年，林奈为了继续学习深造，来到荷兰的哈德维尔大学。他在这里完成了题为《间歇热病因新论》的博士论文，取得了医学博士学位。但是，林奈此时又有了自己心目中的更高追求。他并不希望自己仅仅做一个给人治疗疾病的职业医生，而是立志要系统地为大自然中异彩纷呈的动物、植物和无机界的命名理出一个头绪来。因为，当时人们在日常生活中已经越来越多地要和各种各样的动物、植物打交道，尤其是在医药方面，非常需要给这些动物和植物进行统一的命名。同年，当林奈的科学巨著《自然系统》一书出版后，有人将当时在人们心目中至高无上的上帝与林奈做了这样的比较：上帝创造了这个世界，而林奈将这个世界进行了分类整理。尽管生活在18世纪的林奈是个有神论者，但他对于人类科学事业发展所做的贡献依然是不可磨灭的。

他在自己的著作《自然系统》中采用双名制命名法，即每一种动物或植物用两个拉丁文来表示，第一个词是生物的属名要求用名词；第二个词是种名，要求用形容词，表示它所在的类群，与其他生物区分开；在种名的后面，再注上命名者的姓名，一方面表示荣誉归属，一方面表示此人要对这个命名负责。例如，银杏树学名为GINKGO BILOBA，L.，GINKGO是属名，是名词；BILOBA是种名，是形容词；第三个字母L，则是定名者姓氏的缩写，L为林奈（linne）的缩写。结合命名，林奈规定学名必须简化，以12个字为限，这就使资料清楚，便于整理，有利于交流。林奈的植物分类方法和双名制被各国生物学家所接受，植物王国的混乱局面也因此被他调理得井然有序，经过二百多年的应用和修订，成为国际上的学者命名新物种的统一准则。双命名法使纷繁复杂的万千种生物被科学地区分，人们一看到某种生物的两个拉丁词，就可以判断这种生物的类别归属。林奈被称为是近代植物分类学的奠基人。

在出版了《自然系统》一书后，他的才华使他又出版了许多具有重要学术价值的著作。1736年出版了《植物学基础》和《植物学书目》，1737年出版了《植物种志》、《瑞典北部植物志》、《植物学评论》、《性别分类法》和《克利伏尔提安植物园》，1739年出版了《植物之纲》。

林奈在自己的《植物种志》一书中，使用双命名法为7300种左右的植物命名。林奈一生收集的植物标本达14000种，他根据植物花的雄蕊特征，把植物分成了24个纲，116目，1000多个属和1万以上的种，如此浩大的科学工程由林奈一人完成，所以人们称呼他是“植物学之王”。对于动物分类，林奈也很有建树，他把动物分成六个纲：四足动物纲、鸟纲、两栖动物纲、鱼纲、昆虫纲和蠕虫纲。第一个纲中，林奈将鲸、人、大猩猩、猴等都放入其中，这就是后来人们所说的哺乳动物纲。林奈发现，许多生物之间有从属的关系，因此他首先将自然分成植物界、动物界和矿物界，在界的下面，是如阶梯般排列的

5个等级：纲、目、属、种、变种。林奈将世界上的所有生物，甚至包括矿物，统一在自己的体系之中，实现了自己当年立下的志向。

1738年9月，林奈由荷兰返回瑞典定居于斯德哥尔摩，开了一个私人诊所，当了一名专业医生，同他在生物界一样，林奈在医学方面也有较高的造诣，他在几个月内就靠精湛的医术吸引了大批病人，他的医术专长是在治疗性病和支气管炎方面，在当地小有名望。他还广交名流，他同当时在国会中占有优势的党魁格拉芬特辛成为知己，林奈关于促进自然科学和发展经济的计划，得到这个政党的支持，使他驰骋大自然的物质条件更加优越。

1739年成立了瑞典科学院，林奈是年轻的成员，但他的威望使他荣任第一任院长，在以后40年，虽然后期鉴于他的年事已高，不再担任院长之职，但他却一直是这个科学院的栋梁和推动力。他通过他的影响及游说，使瑞典一般学校从1747年开始都开设了自然课程。而教自然课教师则必须通过有关部门的考试方可任教，这大大地推动了全瑞典的自然科学进展。在他任科学院长之后，又发表了许多著作，《斯维奇植物志》（1745年），《斯维奇动物志》（1746年），《自然界的奇特性》（1749年），《药物学教科书》（1753年），《自然界的治理》（1760年）。在1737年发表的《植物种志》一书中，林奈第一次使用了双命名法，对大约7300余种植物命了名。至今我们还在使用双命名法的命名规则，使得植物界同名异物或同物异名、一物多名混乱现象得以纠正，这是其对植物界的最大贡献。1758年在《自然系统》第10版中，他把双命名法也应用到书中的4235种动物名称上。

1762年，由于他的业绩和威望，他得到了瑞典国王赐予的贵族爵位，才有了林奈（Carl von linne）这个贵族封号。由于老朋友特辛的党在国会中的地位影响日趋渐弱，他从他们那里获得的支持也就越来越少，研究工作的进展大不如前。特别是由于林奈太辛勤工作，脑神经受到损害，身体状况也越来越差，影响了他的自然意识和巨大的创造力。他清楚地指出“由于我兴致勃勃地、全力以赴和十分顽强地努力奋斗和工作，即使是铁也用坏了”。1774年和1776年，他得了两次脑中风，从而瘫痪在床，停止了他所热爱的工作，1778年1月10日，这位世之骄子，植物学鼻祖与世长辞了，享年71岁，他的遗体安葬于乌普萨拉大教堂里。从此世界上也少了一位伟大的自然科学家。

林奈能取得这些成就，是因为他对植物的特殊感情和好学精神，具有广博的经历以及有利的学习、深造条件等，还在于他重视前人的工作，虚心取人之长并加以发展。如在1729年，林奈读到法国植物学家维朗特著的《花草的结构》一书，受到启发，他根据植物的雌蕊和雄蕊的数目进行植物分类。再如，古希腊时的亚里士多德建立的动、植物命名法规已经具有双名制的萌芽，只是到了林奈才将双名制完善和推广。

作为一位著名的植物分类学家，林奈一生命名了7000多种植物。按照通行的惯例，科学家可以参考或使用自己的名字为新发现的植物命名。但是，林奈却只把自己的名字用在了一种仅有10厘米高的忍冬科矮小植物上，这种植物就是“林奈木”。这件事充分体现了林奈为人谦逊朴实的优良品格。

18世纪生物学的进步是和林奈紧紧相连的。瑞典政府为纪念林奈这位杰出的科学家，先后建立了林奈博物馆、林奈植物园等，并于1917年成立了瑞典林奈学会。

在18世纪，前人的科学、技术和哲学等领域的成就都被恰当地吸收并进行了发展。在这个世纪，人类获得的知识被传播到了空前广阔的范围内，而且还应用到了每一个可能的方面，以期改善人类的生活。这个时代的一切理智和道德的力量都被套到人类进步的战车之上，这是前所未有的。产业革命不仅为自然科学提供了新的事实材料和新的实验工具，而且使研究领域扩大了，除力学外，物理学、化学、生物学、地质学等研究高级运动形式的学科相继发展起来了。自然科学从运用观察、实验、解剖等经验方法收集积累材料的阶段，进入到对所获得的经验材料进行综合整理并从理论上加以概括和说明的阶段。

18世纪科学大事记

时 间	事 件
1701年	荷兰H.布尔哈维在莱顿大学开创临床教学，通过学生将临床思维传至欧洲
1705年	英国纽可门制成第一台可供实用的蒸汽机 英国E.哈雷发现周期彗星 英国F.豪克斯比制成第一台大功率静电起电机，并进行辉光放电实验 英国R.胡克在《论地震》中提出用生物化石记述地球历史
1709年	英国议会通过世界上第一部版权法，于1710年生效 英国A.达比用焦炭炼铁成功
1709年—1714年	德国D.G.华伦海特发明酒精温度计和水银温度计，并创立华氏温标
1730年	英国西森发明经纬仪
1733年	英国J.凯发明纺织机的飞梭机构 法国C.F.迪费发表论文《论电》，提出电的二元流体假设，并总结出静电学第一个基本原理“同性相斥，异性相吸”
1734年	德国W.沃尔夫的《经验心理学》出版，首次使用“心理学”一词
1735年	瑞典林奈的《自然系统》第一版问世，首次实现了植物与动物分类范畴的统一
1738年	瑞士伯努利父子发表水流能量方程，即伯努利方程 瑞士丹尼尔·伯努利提出不可压缩流体的能量守恒定律，称伯努利定理 意大利A.莫罗提出火山等地质作用的重要性，将山脉、岛屿的形成归因于地下火的作用
1742年	瑞典A.摄尔修斯创立以水的冰点为100度、汽点为0度的温标。1750年根据施勒默尔的建议，又把这一标度倒转过来，形成了今日广泛采用的摄氏温标
1743年	法国达朗贝尔《动力学原理》中阐述了达朗贝尔原理
1744年	瑞士欧拉著《寻找具有某种极大或极小性质的曲线的技巧》，标志变分法作为一个新的数学分支诞生

续表

时 间	事 件
1745年	德国克莱斯特和荷兰马森布罗克分别发明最早的电容器——莱顿瓶
1747年	美国富兰克林发表电的单流质理论，提出“正电”和“负电”的概念 法国达朗贝尔创立偏微分方程论
1752年	富兰克林作风筝实验，引天电到地面
1755年	德国康德提出太阳系起源的“星云假说” 瑞士欧拉建立无黏流体力学的基本方程（即欧拉方程）
1756年	俄国罗蒙诺索夫发现质量守恒定律
1756年—1774年	英国布莱克提出了比热概念，发现熔解热、汽化热
1759年	德国沃尔弗创立胚胎发育的后成说
1765年	英国哈格里沃斯发明珍妮纺织机
1766年	英国卡文迪什发现氢元素，并通过火花放电制得水、硝酸
1770年—1771年	法国拉格朗日创建群论
1772年	英国卢瑟福发现氮元素
1773年	瑞典舍勒发现氧元素
1777年	法国拉瓦锡提出燃烧的氧化学说，推翻燃素说，并正式确立质量守恒定律
1780年	意大利伽伐尼发现蛙腿筋肉收缩现象，认为是“动物电”所致
1781年	英国赫歇尔发现天王星
1782年	英国瓦特发明和试制双动式蒸汽机成功。以蒸汽机的发明和应用为主要标志，西方国家出现第一次技术革命
1783年	英国赫歇尔发现太阳系在银河系中运动
1785年	英国人卡文迪什预言大气中有惰性气体
1785年	法国库仑用他自己发明的扭秤，从实验得到静电力的平方反比定律
1788年	法国拉格朗日的《分析力学》出版
1789年	法国拉瓦锡的《化学纲要》出版
1792年	意大利伏打研究伽伐尼现象，认为是两种金属接触所致
1796年	法国拉普拉斯提出太阳系起源的“星云假说” 英国琴纳发明牛痘接种法
1798年	美国伦福德提出热是运动，反对热质说 英国卡文迪什用扭秤精密测定万有引力常数
1799年	法国蒙日创立画法几何学 法国铸出纯铂米原器

第七讲　经典科学的辉煌——19世纪的科学

从18世纪到19世纪，经过不断积累和整理，古典自然科学进入了全面发展阶段，各门学科相继成熟，构建了空前严密和完善的知识体系，19世纪也被誉为科学的世纪。

19世纪之所以被称作科学世纪，原因不仅在于19世纪科学技术的辉煌成就，更主要是因为：在这个世纪里，我们对于整个自然界的态度发生了根本转变——认识到了人类与自然界一样服从于同样的规律和过程；科学方法“观察与实验、归纳与演绎”不仅可以用于科学领域，同样也可以适用于人类社会发展的其他方面；少数科学家们单纯追求知识的科学研究演变为自觉的社会行为，科学开始走在工业生产和技术发明的前面，并引导其发展，又进一步为科学研究和工业发展开辟了新领域；科学犹如照亮人类社会的火炬，正式走到了文明进程的前台。总之，科学的时代正式到来了。

1. 电学和磁学的新进展

18世纪以来，电学作为一门新兴学科，获得了快速发展，达到了最高成就——库仑定律。但直到此时，仍未能揭示电磁之间的根本联系。伏打电池问世后，极大促进了电化学的研究，进而带动了电流学的发展，电学的研究成果又推动了整个电磁学的发展，众多学科相互渗透促进，到19世纪，统一光、电、磁的完整电磁学体系终于构建起来。从而引发了第二次技术革命。

1.1 电、磁现象的早期认识

关于电、磁现象，史籍早有记载。在公元前6世纪，古希腊学者泰勒斯就发现琥珀与毛皮摩擦后能吸引轻小物体。我国东汉学者王充（28—107）在《论衡·乱龙篇》中记载“顿牟缀芥，磁石引针”，说明摩擦后的琥珀带有静电。大约公元前3世纪，中国古书《吕氏春秋》中记载“慈石（陨磁石）召铁或引之也”，《韩非子》中也有记载“先王立司南，以端朝夕”，证明早在战国年间，我国已经发明了指南针，这是利用磁的最早的仪器。11世纪，北宋科学家沈括（1031—1096）发现指南针“常微偏东，不全南也”的现象，这是世界上关于磁偏角的最早记载。

吉尔伯特（1544—1603）

近代电学和磁学研究都可以追溯到16世纪英国物理学家和医生，曾任英国女王伊丽莎白一世御医的吉尔伯特（1544—1603）。吉尔伯特的研究首次把磁学从经验转变为科学。

1600年，吉尔伯特出版了《论磁铁、磁体及地球是一个大磁体》（通常简称为《论磁》）一书，揭开了近代磁学研究的历史。《论磁》一书首次对基本的磁现象作了经验性的处理。

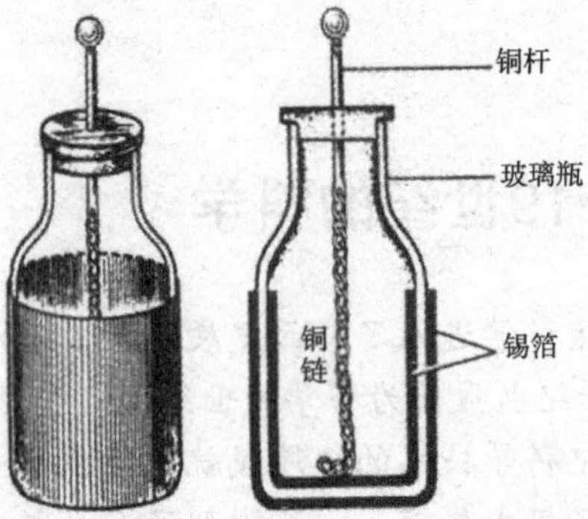

莱顿瓶

他发现了磁石相互吸引和排斥的现象，以及磁倾角等现象，证明地球本身就是一个大磁体。值得指出的是，他没有把磁棒而是把磁球当作研究的主要工具。他认为地球就是一个大磁球，他的实验磁球也是一个小地球，这种新观点对于他同时代的人的影响是很大的。他因此也认为球形就是磁体的自然形状。

吉尔伯特在他的著作中也发展了关于磁与静电现象的理论，他首次引入了“电的（electric）”作用这个词。尽管在许多方面都表现了新的实验科学倾向，但没有求助于数学，仍然局限于经院科学的范围，还没有接近伽利略的程度。

吉尔伯特之后，陆续出现的一些新式仪器对电学的探索起到了极为重要的推动作用。1660年德国物理学家格里凯（1602—1686）发明了通过用手或布片摩擦一个能连续转动的硫磺球来产生大量电荷的起电机，这为后来的静电学研究提供了最重要的手段。1745年荷兰莱顿大学的马森布罗克（1692—1761）发明了另一件重要的电学仪器——收集贮存电荷的莱顿瓶，其本质上是一个电容器。这两大仪器的发明，使近代电学的发展才逐渐加快了步伐，不仅直接奠定了近代电学的实验基础，更重要的是，它们使人们进一步认识到，科学的发展与进步，不仅有赖于理论思维的发展，更有赖于实验技术的发展。

1.2 电磁现象的内在联系

长期以来，磁现象和电现象一直是被作为两种截然不同的现象分别进行研究的。很多科学家，包括法国物理学家库仑、安培，英国物理学家光的波动说的奠基人托马斯·杨等都认为电与磁之间不存在任何直接的联系。然而，也有一些人猜测电和磁之间可能存在着某种联系。

一位名叫威克菲尔德的小商人，就曾描述过雷电使刀、叉和钢针发生磁化的现象；后来到1751年，美国科学家富兰克林（1706—1790）也发现莱顿瓶的放电可以使焊条、钢针磁化或退磁。他在公元1752年进行了那个著名的风筝实验，将雷雨云层中的电荷收集到莱顿瓶里，并且证明了这种电荷同起电机所产生的电荷在效应上是一样的。指出闪电和电火花两者事实上都是瞬时的，并且产生相似的光和声；它们都能使物体着火，都能熔解金属；它们都能流过导体，特别是金属，并且都集中在物体的尖端；它们都能破坏磁性，或使磁体的极性倒转过来，又都能杀死生物体。

富兰克林（1706—1790）

1774年，德国巴伐利亚电学研究院为了激励科学家们深入研究电和磁之间的关系问题，提出了一个有奖征文题目《电力和磁力是否存在着实际的和物理的相似性呢？》，激发了不少学者去努力探索这个问题，但都没有取得太大的进展。因为莱顿瓶只能供给瞬时的电流，在1799年伏打电池发明，有了连续电流，这些突破才有可能。

1.3 电磁效应的发现

18世纪后期，德国兴起自然哲学。弘扬自然界联系、发展的观点，批评了牛顿科学中的机械论成分，认为光、电、磁、化学力都是相互联系的，都是同一事物的不同侧面，其代表性人物是康德、谢林。哥本哈根大学的物理学教授奥斯特（1777—1851）深受康德、谢林等人哲学思想的影响，一直坚信电、磁、光、热等现象存在着内在的联系。特别是当富兰克林发现莱顿瓶放电能使钢针磁化以后，奥斯特更坚定了自己的观点，他认为：电可以转化为磁，关键在于要寻找转化的条件。

1812年，奥斯特在《对化学力和电力的同一性的研究》一文中，论述了电流与磁的关系，认为既然电流通过较细的导线会产生热，那么通过更细的导线就可能发光，推测导线直径继续小下去，就可能产生磁效应。并为此反复进行了实验，但仍未能发现电对磁的作用。

1819年冬，奥斯特在哥本哈根主持一个电磁学讲座。他分析了前人在电流方向上寻找磁效应都未成功的事实，想到磁效应可能像电流通过导线产生热和光那样是向四周散射的，即是一种横向力，而不是纵向的。为此他于1820年春天设计了几个实验，没有取得明显的效果。在1820年4月的一次讲座中，奥斯特突然出现了一个灵感，他把导线与磁针平行放置后接通电源，发现小磁针微微动了一下，这一现象使奥斯特又惊又喜，他紧紧抓住这一现象，连续进行了60多个实验，终于有了收获。1820年7月21日他在法国《化学与物理学年鉴》杂志上发表了题为《关于磁针上的电流碰撞的实验》的论文，总结出：电流的磁作用沿着螺纹方向垂直于导线；电流对磁针的作用可以穿过各种不同的介质；作用的强弱决定于介质，也决定于导线到磁针的距离和电流的强弱；铜和其他一些材料做的针不受电流作用；通电的环形导体相当于一个磁针，具有两个磁极。

奥斯特（1777—1851）

奥斯特的重大发现揭示了电与磁之间的联系，为以后法拉第发现电磁感应定律，麦克斯韦建立统一的电磁场理论奠定了基础。鉴于奥斯特在物理和化学的多个领域做出的贡献，特别是电流磁效应的发现，1821年，奥斯特被选为英国皇家学会会员，1823年又当选为法国科学院院士。1834年，磁场强度的单位被命名为奥斯特，以纪念这位著名的物理学家。法拉第后来在评价奥斯特的发现时说：“它猛然打开了一个科学领域的大门，那里过去是一片漆黑，如今充满了光明。”

1.4 电流的其他性质

1800年伏打发明电堆以后，对稳恒电流的研究取得了一系列重要进展。这一年，英国的尼科尔（1753—1815）和卡莱斯卡（1768—1840）发现了电流的化学效应；1805年，德国的李特尔（1776—1810）发现了电流的热效应；4年后，英国化学家戴维（1778—

1829）又发明了弧光灯，继而发现了电阻定律；1822年，德国物理学家塞班克（1770—1831）发现了温差电效应，从而发明了温差电池，温差电池可以提供稳定的电流；1826年，德国物理学家欧姆（1787—1845）确立了著名的欧姆定律。

1820年注定是电磁学历史上的一个重要年份。奥斯特的实验结果被法国物理学家阿拉果（1786—1853）听说后，于9月11日向科学院报告了这一新发现，使法国物理学界十分震惊。因为此前他们一直受库仑的影响，以为电与磁不可能相互作用。

法国物理学家安培（1775—1836）敏锐地感到这一发现的非同寻常，第二天即重复了奥斯特的实验。一个星期后，他向科学院提交了一篇论文，提出了磁针转动方向与电流方向相关判定的右手定则，提出螺旋载流导线圈可产生类似于磁铁的磁场；再一星期后，安培又向科学院提交了第二篇论文，报告了环形载流线圈相互作用的发现，演示了其吸引和排斥效应；10月初，他发现二条通电导线相互作用，当电流同向时相互吸引，电流异向时相互排斥；12月初，他报告了一个重要的研究成果，利用一组精巧的实验和巧妙的数学方法，推导出了两个电流元之间的作用力公式，即著名的安培定律；这一定律揭示出磁现象可能只是电特性的一种表现，从这一思想启发他于1821年1月提出了著名的分子电流假设，他认为天然磁体中的每一个分子都存在圆形的电流，使分子类似一个小磁体，当分子磁体顺向排列物体就显示磁性。

安培是19世纪法国著名科学家，他最初的科学研究工作是在数学和化学领域，正是奥斯特的发现将安培吸引到电磁学领域。凭借高超的数学才能，他把电磁学努力纳入了牛顿力学的框架，他把电流的相互作用称为电动力，并规定了电流的方向，把1820—1827年间提出的理论叫电动力学，把磁学归为其中一支。由于他的杰出贡献，后来麦克斯韦称他为“电学中的牛顿”。并很快取得了重要的研究成果。由于安培在电学上的成就，人们把“安培”的名字定为电流强度的单位。

与安培同时代的德国物理学家欧姆（GeorgOhm，1787—1854）长期热心于电学研究。其主要贡献在于，在1826年—1827年间确立了近代电学的几个经典概念及其关系，即电路中的电势、电流和电阻之间的关系。欧姆在利用温差电池和电磁扭秤测量金属导电率的实验过程中，把电势比为温度，将电流的总量比为一定量的热，希望能对电的流动做出类似的分析，终于得出了“通过导体的电流与电势差成正比，与电阻成反比”的结论。这就是著名的欧姆定律。

经安培与欧姆的努力之后，电流的问题已经到了新物理学的重要阶段，因为基本概念已经确定，并有了确定的意义，为其在数学轨道上推进奠定了坚实基础。

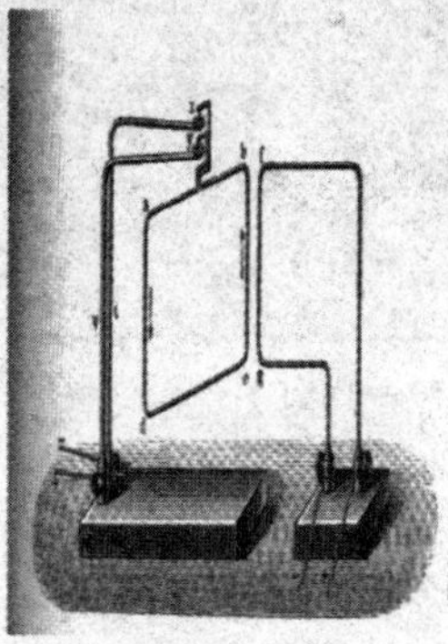

安培的电流定律实验装置

2. 热力学与能量守恒定律的发现

19世纪物理科学最伟大的成就当属热力学第一定律和热力学第二定律的发现。能量守恒定律深刻地显示了物质世界的普遍联系，能量耗散定律则深刻地显示了物质世界的普遍发展。这两大定律植根于古典科学，但其有效性远远超出了古典科学的适用范围，成为理解整个自然界的基本准则。

2.1 热本质的认识

近代对于热本质的探讨始于17世纪。当时的一些自然哲学家，包括著名的培根、波义耳、胡克和牛顿，都认为热是物质微粒的机械运动，运动的速度随着温度而增高。近代原子论的复兴者，法国学者加桑狄（1592—1655）提出“热原子”和“冷原子”的思辨概念，认为物体发热是因为“热原子”在起作用。18世纪，随着化学研究的进展，苏格兰化学家布莱克根据燃素说观点，认为热是一种没有重量的物质，固体融化和液体蒸发是热质和固体物质或液体物质之间的一种化学反应，在过程前后，热质守恒，由此发展出了热质说。热质说能够较好地解释一些实验现象，是18世纪占主导地位的热学观点。直到1798年，美国人汤普森，后来他在巴伐利亚被封为伦福德伯爵，在铜炮镗孔的加工过程中，发现镗孔发热的量大致与所做的功的总量成正比，认为是摩擦生热，而与产生的铜屑量无关，由此提出了热之唯动说，对热质假说提出了挑战。汤普森最先发现了热运动与机械运动的本质联系，使热学与力学实现了最初的渗透和结合，这就为热力学的诞生在实验上和理论上迈开了第一步。

2.2 热力学的创立

19世纪初期，蒸汽机在工业生产中的作用日益重要，但是，有关热机的理论一直未形成，工程师们主要凭经验摸索并改进机器。人们迫切要求提高蒸汽机的效率，这就促使人们深入思考热与机械运动的转化问题，热力学成为一门具有重要意义的科学。

虽然蒸汽机在英国的应用历史最为悠久，但在热机理论方面首先取得突破的是法国工程师卡诺（1796—1832）。1824年卡诺出版了他生前唯一的著作——《关于火的动力的思考》，首次从理论上分析了热机运行过程，阐明了热力学的原理。他强调为了以最普遍的形式去研究由热得到运动的原理，必须“建立起能应用于一切可以想象的热的热机原理，不管它们用的是什么物质，也不管它们如何运转”。他设想了一个理想热机模型，并假定：没有任何摩擦损失和热损失；做功的物质，无论是蒸汽还是其他任何物质，经过做功后仍然回复到原来状态。

卡诺，S.

基于这样一个原理“凡有温差的地方就能够产生动力”，卡诺认为“热的动力依赖于所用的热质的量和我们可以称之为热质的下落高度，即交换热质的物体之间的温度差”，在此基础上他设计出著名的卡诺循环，并依据热质守恒和永动机不可能原理证明了卡诺定理。这一定理表述为：任何工作于两个温度之间的热机的效率都小于理想热机的效率。

显然卡诺的理论仍然是以错误的热质说为基础的。后来他自己也意识到这一点，终于在1830年抛弃热质说而转向热之唯动说，并且得出了能量转化与守恒的基本原理。他在笔记中写道："热不是别的什么东西，而是动力（能量），或者可以说，它是改变了形态的运动，它是一种运动。——在自然界中存在的动力，在量上是不变的。准确地说，它既不会创生也不会消灭；实际上，它只是改变它的形式"。他还在手稿中计算了热功当量，但是由于突然感染霍乱，卡诺于1832年去世，其手稿和笔记直到1878年才由他的弟弟发现并发表。

尽管卡诺已经得出了能量守恒原理。但其早期工作生前并未受到学界关注，只是巴黎桥梁道路学院教授克拉佩龙（Clapeyron，1799—1864）在此基础上的继续努力，才使学界注意到热力学的这一重大发展。

2.3 能量转化与守恒定律的发现

能量转化与守恒定律的发现起源于对运动的量度和运动不灭的思想，直到19世纪中叶才作为自然界的一条普遍定律为科学界接受。其不容忽视的背景是一系列重大发现揭示了各种自然现象间的普遍联系和相互转化关系，使得欧洲科学界得以在此问题上群体突破。19世纪40年代，欧洲几个国家的十多位学者，从不同方向，用不同的方式，各自独立地先后发现了能量转化与守恒定律，其中的代表者是迈尔、焦耳和赫尔姆霍兹。

迈尔（J.R.Mayer，1814—1878）是一位德国医生。1840年他随船远航爪哇岛，在赤道附近他意外地注意到海员静脉的血比在欧洲时要鲜红些。当时已经知道血液颜色鲜红表明血中含氧量高，迈尔想到一定是在热带肌体消耗的热量较少，所以食物燃烧过程减弱，耗氧量少，静脉血中留下的氧增多，颜色就鲜红，就此他开始思考有关能量转换的问题。1842年，在李比希主编的《化学与药学年鉴》上发表了论文《论无机界的力》中提出："力是不灭的、能转化的、无重量的客体"。文中，迈尔从几个实例出发计算了热功当量，他的计算值是J=3.48焦耳/卡。

同年，英国裁判官兼科学家，以发明一种伏特电池著名的格罗夫（W.R.Grove）爵士，在一次讲演中说明了自然界能量相互关系的观念，并在1846年出版一本书《物理力的相互关系》中，系统阐述了这个观念。这本书和1847年德国生理学家、物理学家与数学家赫尔姆霍兹（H.L.F.vonHelmholtz，1821—1894）根据独立的研究写成的《论力的守恒》，被认为是一般地论述现今所谓的"能量守恒"原理的最早著作。

焦耳J.P.（1818—1889）

在能量守恒问题上第一个进行精确研究的是英国物理学家焦耳（J.P.Joule，1818—1889）。他出生于英国曼彻斯特一位啤酒商家庭，从年轻时起就从事电学、磁学和化学的业余研究，他用毕生精力完成了热功当量的测定。焦耳也深信能量是不灭的，并能表现为各种形式。他与迈尔几乎同时提出能量守恒原理，且首先提供了翔实完整的实验证据。

从1840年—1841年，焦耳研究了电转化为热的现象，发现了著名的焦耳定律。1843年，他发表了《论磁电的热效应和热的机械值》一文，他设计了一个实验，使线圈在一个电磁铁的两极间转动，所产生的感生电流又使线圈发热，焦耳测量了线圈中产生的热量；线圈的转动是由下落的砝码通过滑轮带动的，这样就可以计算出砝码做的功。

由此计算出的热功当量平均值是“能使一磅水升高华氏1度的热量，等于（可转化为）把838磅重物举高1英尺的机械力”。他最后的结论是：“由于创世主的意志，自然界的全部动因是不变的。因此，有多少机械力被消耗掉，就有完全等量的热被得到”。

他在1845年研究了空气的绝热压缩和真空中空气自由膨胀实验，得到热功当量的值是436千克米/千卡和438千克米/千卡。1850年，他在《论热功当量》的论文中总结了全部工作，并在文中给出了现在教科书所介绍的测定热功当量的方法，这一次的结果是425.77千克米/千卡。焦耳的实验测定一直延续到1878年，前后40年中共完成400多次实验。焦耳的工作一度不受重视，皇家学会甚至拒绝发表他的头两篇论文。直到1850年他的观点才被权威学者们接受，并在这一年当选为英国皇家学会会员。

焦耳的实验证明在他所研究过的情况里，一个体系中能的总量是守恒的，功所耗失之量，即作为热而出现。一般的证据引导我们把这个结果推广到其他的变化上去，例如机械能变为电能，或化学能变为动物热之类。直到近年为止，一切已知的事实都适合于这句话：在一个孤立的体系中，总的能量是守恒的。

焦耳用热与功等价的明确的实验结果，给予格罗夫所主张的“力的相互关系”，赫尔姆霍兹所倡导的“力的守恒”的观念以有力的支持。这个观念就这样发展成为“能量守恒”原理。能量作为一个确切的物理量，在那时的科学上还是新东西。这个名词所表示的观念，曾经用不准确的、具有双重意义的“力”一词来表达。托马斯·杨指出，这样就把“能量”和“力”混淆起来了。能量可以定义为“做功的力”，而且如果两者的转换是完全的，能量便可以用所做的功来测度。

19世纪的物理学表明，没有一个方法可以创造或消灭质与能。20世纪的量子力学表明，质本身就是能的一种形式，从质的形式转变为能的形式并非不可能的事，但直到目前为止，质与能是截然不同的。

历史上关于谁是首次发现能量守恒原理的人有着不同观点。事实上，从论文发表的时间看，迈尔最早；从提供确凿完整的实验证据上讲，焦耳占先；而首次全面而精确阐明这一原理的是赫尔姆霍兹。除这三个人外，还有其他人也大致同时独立提出了这一原理，他们是：热力学的奠基者卡诺，虽然他的手稿直到死后46年才发表，那时能量守恒原理已被广泛接受；英国律师格罗夫（1811—1896），他在1842年的一篇名为《自然界的各种力之间的相互关系》著名的讲演中提到，一切物理力以反化学力在一定条件下将相互转化；丹麦工程师柯尔丁（1815—1888），他于1843年向哥本哈根科学院提交了关于热功当量的实验报告。

能量转化和守恒定律的发现是19世纪最伟大的发现之一，也是自牛顿力学建立以来物理学的最重要的成就。它表明自然界的一切现象都存在密切的联系，一方面各种物质的各种运动形式，例如机械的、电的、热的、磁的等等在一定条件下发生相互转化。另一方面各种运动可以用同一个概念“能量”去量度，并且物质世界的总能量在一定条件下守恒，从而证明了物质世界的同一性和物质运动的永恒。

2.4 热力学第二定律——能量耗散定律的创立

卡诺之后热力学理论的完善主要是由德国物理学家克劳修斯（1822—1888）和英国物理学家开尔文（1824—1907）完成的。1850—1851年间，克劳修斯和开尔文分别发表论文

开尔文

进一步修正了卡诺热机理论。克劳修斯说“功的产生很可能伴随着两种过程，即一些热量被消耗了，另一些热量从热物体传到了冷物体”。他把这一关系写成微分方程：$dQ=dU+dW$，dQ表示传热，dW表示所做的功，dU是由变化的初态和终态所确定的，后来开尔文把这个函数叫做物体的能量，这一原理就是热力学第一定律，实质上是能量转化与守恒定律。

热力学第一定律表明，各种能量都是相互联系，可以相互转化的。但现实的能量转化如何进行？有无方向？为此，克劳修斯和开尔文引入了一条新的原理。1851年开尔文把这一原理表述为“一台不借助于任何外界作用的自动机器，把热从一个物体传到另一个温度比它高的物体，是不可能的”。克劳修斯在1875年则表述为“热不可能自动地从冷物体传到热物体”，这一原理后来称为热力学第二定律，指明了能量的转化方向。

1865年，克劳修斯提出了描述系统能量转换状态的热力学参数——“熵”，定义为系统吸热量与其绝对温度之比。经过对绝热系统熵的变化分析后，发现其熵总是趋于增大，直到达到热平衡为止，而在任何情况下都不会减少。由此克劳修斯热力学第二定律因而也被称为熵增定律。

开尔文和克劳修斯把这一原理推广到整个宇宙，从而导出所谓“宇宙热寂说”。1865年，克劳修斯在题为《关于机械的热理论的第二定律》的演说中系统地阐述这一思想。克劳修斯认为，由于宇宙中的能量总和是常数，而宇宙中热量分布的不平衡趋向是逐步消失，转化为有用功的可能性就越来越小，最后，整个宇宙就将达到热平衡状态，不再有能量形式的变化，也就是熵达到了最大值。那时将不再有多种多样的生命形式，宇宙在热平衡中达到寂静和死亡。

“热寂说”确实是一种悲观的令人绝望的看法，但现在还没有证据表明热力学第二定律不能适用于整个宇宙。热寂说提出后，不少科学家提出了质疑。其中玻尔兹曼从统计的意义指出，自然界有起伏运动，相反方向的过程可能性虽小，但几率不等于零，宇宙的热平衡趋势也会为新的起伏破坏。有待新的自然科学成就消除宇宙热寂说。

3. 进化论

19世纪，再次掀起思想革命的契机不再是数理科学成就，也不是在此基础上构建的工业文明大厦，而主要是地质学和生物学。在这个过程中，达尔文成为生物学的牛顿——19世纪思想界的中心人物。在达尔文发表了《物种起源》后，生物普遍进化的思想以及物竞天择、适者生存的进化机制成为学术界、思想界的公论，从而引发了一场影响深远的思想革命。

3.1 进化论的早期思想

人类起源和存在的历史一直是令人无比感兴趣的问题。近代以来，特别是誉为地质学史“英雄时代”的1790年—1830年间，地质学获得了极大进步。早期的水成论与火成论之争演化成了灾变说与渐变说之争，地球缓慢变化的思想最终得到承认。随着博物学研究成果的累积和丰富，使得人类起源问题也得以挣脱神学的束缚，重新回到自然本身寻求答案。

物种进化的观念甚至可以上溯到古希腊时代。至18世纪末期，欧洲科学界已有一些学者发表了倾向于某种生物进化的观点，但是当时主流生物学理论仍然没有接受进化观念。法国生物学家布丰（1707—1788）是早期进化论萌芽时期的代表人物，著有《自然史》。他曾详细研究过物种的起源和发展过程，他认为气候、营养等条件都会影响物种的变异。他所主张的生物自然分类法也反映了他的生物进化思想。

最早系统阐述物种进化思想的人是法国生物学家拉马克（1744—1829）。1809年，他出版了《动物哲学》一书，认为物种进化是一个逐渐而缓慢的过程，他写道："生物的物种是在不识不知之间相继形成的"。他相信自然按照循序渐进的方式产生各种物种，最早的物种一定是最简单的低级生物，后来产生的一定是较复杂、较高级的生物，形成一种由低等向高等排列的自然进化的顺序。至于进化机制，他认为一方面是因为生物固有的向上发展以获得生存优势的倾向；另一面是外部生存环境的变化导致动物生活习性的变化。

基于上述分析，拉马克提出了两条著名的进化法则：动物器官"用进废退"，二是所谓"获得性遗传"。由于习性的变化，动物的器官使用得较多或较少就会产生变异，这种变异是永久性的，并能遗传下去。他举例说：长颈鹿由于吃高大树木的叶子而发展了长颈，并把这一特点遗传给后代。他还推测，为了看得更远，猿学会了直立行走，这种经常的持续的行为必然使身体结构产生了变化，又通过遗传使这种结构变化得到发展和强化。他进一步推测，由于猿和人在身体结构上是相似的，人可能是由猿进化来的。

拉马克的进化论首次以严密的逻辑和翔实的事实描述了生物界的变化历程，完全摒弃了宗教神学的约束，对达尔文产生了很大影响。达尔文在《物种起源》一书中曾写道："他的卓越贡献，就是最先唤起世人注意：有机界的一切改变与无机界一样，可能根据一定的法则，而不是神奇的干预。"

布丰的学生圣提雷尔（1772—1844）也主张进化论。1818年，他出版了《解剖哲学》，主张物种因环境变化而变异。他虽钦佩拉马克，却不同意拉马克主张的"用进废退"观点。除圣提雷尔以外，钱伯斯（1802—1871）等人也研究过进化论。

3.2 达尔文的进化论思想

争论了一个世纪的生物进化思想，最终在伟大的英国博物学家达尔文手中确立。

达尔文（1809—1882）出生于一个英国医生世家。其祖父伊·达尔文（1731—1802）就是进化论思想的提倡者。少年时代，达尔文并未表现出过人天分，父亲认为他游手好闲，连他的中学校长也曾当众责骂他是"浪子"。达尔文自己也认为中学时代所受的教育"对我的思想发展起了极坏的影响，因为它是严格的古典中学"。1825年，达尔文被送到爱丁堡大学去学医，以便于继承家族传统，但是达尔文并不喜欢医学。父亲又于1827年送他进剑桥基督学院学习神学，希望他将来当个牧师。

在剑桥大学的3年学习期间，神学依然不是他的兴趣，但他遇到了一生中最重要的人——植物学教授亨斯洛（1796—1861）。从亨斯洛那里学到了许多东西，通过这位老师，达尔文又结识了一些著名学者，这激发了青年达尔文积极向上的人生愿望。他决心"要比一般青年的水平略为高些"，"要对于建筑高贵的自然科学之宫方面，尽力提供自己一份最微薄的贡献”。

1831年12月，经老师亨斯洛推荐，达尔文以博物学家的身份随英国海军贝格尔号舰作环球科学考察，历时近5年。这次航行对达尔文的科学研究产生了极为深远的影响，此后他的兴趣完全转到了探究物种进化方面。他后来回忆道：“贝格尔舰上的航行，是我一生中最重要的事情，它决定了我此后全部事业的道路”，“当时我接受任命，必须去仔细研究自然史几门学科，因而改进了我的观察能力”。达尔文在5年的考察中采集到大量的动植物和化石标本，并详尽记录了每日的考察见闻。

达尔文在考察行程中深受赖尔的地质进化论影响，他根据《地质学原理》书中的理论考察并解释了一些地质现象。回国后，达尔文已成为一名训练有素的博物学家，先后完成了3部地质学著作，1842年出版了《珊瑚礁》，1844年出版了《火山岛》，1846年出版了《对南美洲的地质观察》。在随贝格尔舰考察的漫长旅途中，自然界中物种的巨大丰富性、复杂性和连续性使达尔文对物种神创论产生了怀疑，转而坚信一个物种是由另一个物种演变进化而来的。

要确立进化论，就必须解决两个问题：自然的历史中，进化的事实是否存在？进化的原因和机制是什么？前一个问题已为达尔文在环球考察中解决；而关键的进化机制，是由达尔文和华莱士各自独立揭示的。

达尔文在科学考察结束后就持续思考有关生物进化的问题。1844年，达尔文初步完成了一个完整提纲。关于进化机制的思考，达尔文显然是受到了英国经济学家马尔萨斯的影响。1838年10月，达尔文偶然读了马尔萨斯的《人口论》。马尔萨斯关于人类为争夺食物所导致的灾难性竞争的观点，结达尔文留下了深刻的印象。达尔文意识到，在自然界中，物种有着巨大的繁殖力，存在大量变种，生物间也一定有类似的生存竞争。只有那些在生存斗争中有适应能力的变种才能存活下来，并得以有最多的后代，其余的变种则被淘汰，这就是自然选择的过程。为了证明自然选择原理，达尔文首先研究了人工选择，结果证明“生活条件的变化，在引起变异上具有高度重要性”，生物通过人工选择能够形成新的物种。某种自然原因对野生物种变异的作用，应当类似于人工选择作用，这就是“自然选择”。1859年11月27日，划时代名著《论通过自然选择或生存斗争中保存良种的物种起源》（简称为《物种起源》）前后历经近20年时间，终于出版。由于达尔文的写作计划早为学界了解，初版的1250本当天就被全部售出。

英国博物学家华莱士（1823—1913）是另一位进化论开创者，长期在东南亚一带从事动植物研究。1858年，他从马来群岛寄给达尔文一篇论文，文中包含了除人工选择以外的进化论要点。这使达尔文深感震惊，一度怀疑自己工作的价值。后来经赖尔等人提议，在林耐学会学报上同时发表了达尔文手稿《摘要》和华莱士的论文。

《物种起源》首次用丰富的材料系统地阐述了达尔文的进化论观点：生物界内部、生物界与自然环境之间存在着普遍的生存竞争；物种存在着普遍的变异，同种生物的不同个体间总是有着差异；变异与生存竞争导致自然选择，其结果是适者生存。

《物种起源》的出版震动了西方科学界，粉碎了神创论和目的论，给宗教神学以沉重的打击，引发了一场全方位的思想大辩论。一些守旧的学者发表了措词尖刻的言论，例如天文学家赫歇尔把进化论说成是“胡闹定律”；地质学家塞治威克写信给达尔文，说这本书“有些部分使我觉得好笑，有些部分则使我为你忧愁”。在信的落款上写道：“你以前

达尔文（1809—1882）

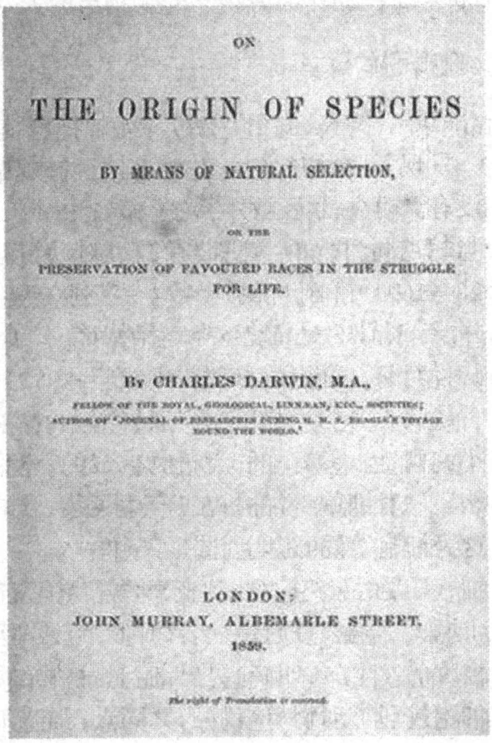

ON

THE ORIGIN OF SPECIES

BY MEANS OF NATURAL SELECTION,

OR THE

PRESERVATION OF FAVOURED RACES IN THE STRUGGLE FOR LIFE.

BY CHARLES DARWIN, M.A.,

FELLOW OF THE ROYAL, GEOLOGICAL, LINNÆAN, ETC., SOCIETIES;
AUTHOR OF "JOURNAL OF RESEARCHES DURING H. M. S. BEAGLE'S VOYAGE ROUND THE WORLD."

LONDON:
JOHN MURRAY, ALBEMARLE STREET.
1859.

The right of Translation is reserved.

《物种起源》

的朋友，现在是猿人的后代”；就连达尔文的朋友赖尔开始时也不理解。

但是进化论也得到了一批有见识学者的支持，其中最著名的是英国的赫胥黎（1825—1895）和德国的海克尔（1834—1919）。他们认为进化论必然在人类认识史上引起决定意义的变革。甚至赫胥黎比达尔文本人还要激进，他最先提出人猿同祖论，确定了人类在动物界的位置。他为进化论的传播立下了汗马功劳；赫胥黎于1893年出版的《进化论与伦理学》一书，被我国近代启蒙思想家严复译述成《天演论》，在当时的中国产生了重要影响。

鉴于《物种起源》对于至关重要的人类起源和进化问题没有提及，1871年，达尔文出版了另一部名著《人类的由来及其性选择》。该书论证“所有人类种族无疑都是来源于单独一个原始祖先”。并说“最强壮的雄性，最适于它们在自然中的位置，它们留下的后代最多”，这种选择的形式叫性选择。达尔文还把人的智力、道德属性看作是进化的结果。

1882年，达尔文下葬在威斯敏斯特教堂附近的墓地，与牛顿、法拉第、赖尔等科学伟人一同相邻。19世纪80年代后，进化论终于成为最有影响的科学思潮。

4. 生物学

19世纪，以显微镜为代表的实验手段不断完善和改进，使作为实验科学的生物学有了极大的发展，其最伟大成就是细胞学说及微生物学；同时，关于地质变迁和生命现象的知识大有进展，推动作为博物学的生物学的大发展；进化论的创立是这一分支的最高成就。

4.1 细胞学说的建立

1665年，显微镜问世之初，英国物理学家胡克（1635—1702）在用其观察软木片的结构时，发现了一种蜂窝状的结构，这种微观结构中除了由大大小小的小格子组成，看来什么也没有。胡克就将这些小盒子命名为cell（细胞，意为“小室”）。

与胡克同时代的一些学者们也对动植物组织进行了观察。意大利解剖学家马尔比基（1628—1694）和荷兰的显微镜专家列文虎克（1632—1723）分别观察了植物切片的结构，但是并没有被认为是植物的基本结构单位。此后一百多年里对细胞的认识没有新的进展。

19世纪初，德国的自然哲学家奥肯（1779—1851）提出一切有机物都是由细胞组成的思想。他认为一切生物都来自某种原始的黏液，然后形成球形的小泡（细胞），中间是液体。小泡则是由大海中的无机物构成的。奥肯的思想启发一批生物学家去探寻生命的“原始结构”，对细胞学说的提出产生了很大影响。到19世纪30年代，细胞的存在已是众所周知，这为细胞学说的诞生创造了条件。

细胞学说的最终建立归功于德国植物学家施莱登（1804—1881）和动物学家施旺（1810—1882）两人。施莱登原是一名律师，后改学医学和植物学。1838年，他发表了著名的论文《论植物的发生》，明确提出细胞是植物结构最基本的单位和借以发展的实体。这样，他通过细胞找到了动物与植物的共同点，细胞不单是一个独立的生命单元，而且由细胞组成了不同的生物个体。

施莱登把研究结果通报给了在柏林求学时就结识的动物学家施旺。施旺自1835年起就从事发酵和腐败现象的研究，并由酵母和微生物的研究认识到细胞的作用。当他得知施莱登的研究成果后，便决心把它扩大到动物学领域里。1839年，施旺发表了题为《关于动物和植物在构造和生长方面一致性的显微研究》。在这篇论文中，他通过对蝌蚪的鳃软骨及脊索的观察与研究，发现了动物细胞的结构与细胞核，这样，是他把施莱登的学说成功地扩展到动物界，形成了完整的细胞学说。

施莱登
（1804—1881）

施旺
（1810—1882）

细胞学说认为细胞是动、植物的最基本的结构单位。一切动、植物虽然形态千差万别，但却在细胞结构的基础上统一起来。这个学说认为细胞是各自独立的、完整的生命单位，如施莱登所说："在每个单独的细胞中都存在着生命的本质"，动、植物的发育过程就是细胞的形成过程，细胞一旦形成就被安排在一定的结构之中。但这一细胞学说只承认有机体仅是细胞简单的总和。最低等的生物只有一个细胞，高等生物则由许多细胞组成。施旺还试图对细胞分类，如血液细胞、皮肤细胞等。

施莱登和施旺的学说发表后立即受到生物学家和医生们的重视，不断修正和发展了细胞学说。1861年，德国解剖学家舒尔兹（1825—1874）集细胞学研究之大成，把细胞质、原生动物、卵细胞统一起来，把细胞定义为"一团有核的原生质"，并指出原生质是生命的基础。

德国生物学家微耳和（1821—1902）认识到细胞学说可以用来说明疾病现象，因为疾病组织的细胞是由健康组织的细胞慢慢演变而来的。1855年，微耳和发表了《细胞病理学》，由此开创了细胞病理学—现代医学的重要理论基础。微耳和还发现，细胞并不能由原生黏液自然形成，相反，所有的细胞似乎都是从已有细胞分裂而来。微耳和将之概括为一句名言："一切细胞来自细胞"，这里暗含着"一切生命均来自生命"的信念。事实上，他一贯坚定地反对生命的自然发生说，这很快被巴斯德所着力强调，虽然他们俩人的观点也有若干分歧。

细胞学的产生揭示出动物、植物、高等生物和低等生物都是以细胞为共同联系的基础；生物体的一切发育过程则是通过细胞的增殖和生长来实现的。恩格斯说："由于这一发现，我们不仅知道一切高等有机体都是按照一个共同规律发育生长的，而且细胞的变异能力指示了使有机体改变自己的物种并从而实现一个比个体发育更高的发育道路。"

4.2 孟德尔的遗传学说

达尔文的进化论揭示了生物存在遗传和变异，在自然选择下交互作用，使那些与环境相适合的变异被保留下来，形成进化的过程。

达尔文的进化学说涉及了遗传问题，认为这是进化得以发生的一个重要因素。但在进化机制方面，达尔文更多强调了变异的作用，而对遗传的机理，也就是变种的那些具有适应力的特征是如何保留的，没有进行分析。事实上，进化论所面对的最有力的置疑就是来自这方面。为此，达尔文后来不得不逐渐采纳了拉马克的获得性遗传的观点，以此补充他的自然选择学说。但他这时不知道，有一位奥地利修道士孟德尔（1822—1884）正在从事的工作已经解决了这一问题，而无须去求助于拉马克。

孟德尔（1822—1884）青年时代开始在修道院做修士，后来在教会学校任教。曾被送到维也纳大学学习生物学，受到了严格的科学训练。为此他决定进行大规模的精确实验。孟德尔在遗传学研究方面作出了开创性的贡献，但其生前一直默默无闻，堪称是孤独的天才。

孟德尔研究杂交育种的初衷是因为"这关系到有机体的进化历史"。自1854年起，他在修道院的花园里从事了9年的豌豆杂交遗传的试验研究。他用统计方法寻找遗传的规律，并提出解释这种规律的理论，后人把这些统称孟德尔的遗传学说。1866年，他发表了《植物杂交的试验》，全面阐述了他的遗传学说并公布了主要的试验结果。

孟德尔的实验基于这样的原则：用于杂交实验的植物应当具有稳定的特性，易于栽培，生长期短，以便于观察；实验应排除外来花粉的影响，以确保实验的可靠性。他从34种豌豆中选出22种性状稳定的品种，从中又选出7对性状有明显差别的豌豆品种进行大量杂交实验，每年实验的植株数为2万8千到3万株。在长达9年的时间里，通过对不同代的豌豆的性状和数目进行细致入微的观察、计数和分析。在此基础上他假定生物体内存在一种负载性状的物质，他称之为遗传因子，每一对遗传因子决定了一种性状，在细胞中遗传因子都是成对出现的。这样孟德尔就圆满地解释了实验统计规律，孟德尔发现了生物遗传的基本规律。

a　分离定律：

遗传因子作为独立单位而代代相传。细胞中有成对的基本遗传单位，在杂种的生殖细胞中，成对的遗传单位一个来自雄性亲本，一个来自雌性亲本，形成配子时这些遗传单位彼此分离。按照现代的术语，就是：基因对中的两个基因（等位基因）分别位于成对的两条同源染色体上，在亲本生物体产生性细胞过程中，上述等位基因分离，性细胞的一半具有某种形式的基因，另一半具有另一种形式的基因。由这些性细胞形成的后代可反映出这种比率。

b　独立分配定律：

在一对染色体上的遗传因子对中的等位基因能够独立遗传，与其他染色体对基因对中的等位基因无关；并且含不同对基因组合的性细胞能够同另一个亲本的性细胞进行随机的融合。孟德尔已经弄明，任何一个相当于人体中的精细胞或卵细胞的生殖细胞都仅仅包含一个偶然代代相传的基因。

孟德尔的这两条遗传基本定律就是新遗传学的起点，孟德尔也因此被后人称为现代遗传学的奠基人。1865年，孟德尔在奥地利自然科学学会第2次会议上报告了上述研究成果，然而面对这一划时代的贡献，与会者居然认识这不过是一个琐碎的研究报告而已。后来，他的学说几乎被人遗忘，直到1900年才被重新发现。

孟德尔（1822—1884）和他的实验场地

孟德尔的遗传学说最先证明遗传现象是有规律可循的，并由此可以推算出杂交品种的数量，这对人工培育新品种具有指导意义。孟德尔最先指出遗传是有物质基础的，遗传因子仅存在双亲的生殖细胞中。现代遗传学证明，孟德尔的遗传因子也并不是遗传信息的真正物质载体，实际上，这个问题的解决已超过了19世纪细胞遗传学的能力，它最终只能在本世纪的分子遗传学中得到答案。

4.3 微生物学的建立

微生物学的建立是生物学史上可以与遗传学说相媲美的伟大成就。它揭示了除了植物、动物之外所存在的另一大类生物即微生物的奥秘。更重要的是，它揭示了有机体疾病的根源，从而指明了治疗疾病的正确途径。法国化学家和生物学家巴斯德是微生物学的伟大创立者。

巴斯德（1822—1895）最初是斯特拉斯堡大学的化学教授，后来又回到母校巴黎高师任教。巴斯德最初研究酿酒工业，他考察一件人们久已知道的事实，即同一汁料的两个样品发酵后有时会产生两种不同的酒。通过显微镜观察，证明发酵的酒液里存在着很小的酵母生物，并且发现不同种类的酵母产生不同的酒。巴斯德发现，发酵不需要氧气，但需要活的酵母菌，因此，发酵过程是一种生物学过程，而不是一种化学过程。为此，他与著名化学家李比希发生了争论，因为李比希坚持发酵过程纯粹是一种化学过程。在发现了发酵过程的微观机制之后，巴斯德就着手解决葡萄酒或啤酒发酸问题。他发现酒的变酸是由于一种微生物所致，并且证明将酒加热到55℃便可把微生物杀死。这种温热杀菌法今天被称为巴斯德灭菌法，由于它有效而简单，法国酿酒厂家很快就都采用了这种方法。今天我们饮用的牛奶就是采用这种方法灭菌的。

巴斯德
（1822–1895）

1864年，法国农业部委托他研究给当时的法国蚕丝业造成很大损失的丝蚕病。在随后的几个月时间里，他分离出两种使丝蚕致病的微生物，并且提供了如何识别无病的蚕卵、蚕和蚕蛾的方法。10年后，他又研究了牲畜的炭疽热和鸡霍乱病，到19世纪80年代又着手研究了影响人类的某些疾病。

巴斯德的微生物理论获得了极大影响。英国的外科医师李斯特勋爵（Lord · Lister，1827—1912）率先采用巴斯德消毒法施行外科手术。但是外科病人得救复原的人数仍然很少，原因是外科手术过程中往往发生感染。李斯特在公元1864年作的统计表明，他的病人有45%于手术后死亡，当时其他的外科医生则在每五个病例中只有一个成功的记录。巴斯德关于发酵与发生腐烂的研究，使李斯特想到手术创伤的腐败是微生物引起的一种腐烂现象。他寻找杀死微生物的化学方法，在试验几种化合物之后，他发现从煤焦油提取的一种物质酚能起良好的防腐剂作用。李斯特用酸水溶液喷射了他的手术室和病人的创伤，发现手术后的败血症经这一来大为减少。他于公元1865年成功地进行了第一次用新防腐法的手术，到公元1868年时由他施行手术的病人的死亡率从45%下降到15%。

同微生物在外科手术中应用相对应的，它在医学上的应用是由德国的罗伯特 · 柯赫

（Robert·Koch，1843—1910）和巴斯德本人在法国进行的。柯赫于公元1876年发现使牲畜产生炭疽病的微生物，可以在牛体之外的肉汤培养体中生长繁殖。他用这些方法于公元1882年发现肺结核的杆菌，并在下一年分离出霍乱病菌。巴斯德重复并扩展了柯赫的工作，他发现有些细菌在动物体外培养会变得无活性，鸡瘟的培养剂经过相当长的时间后，注射在小鸡体内并不发生疾病。还有，同一的小鸡后来再用有毒的鸡霍乱菌注射在体内时，仍然保持健康状态，表明无活性微生物使动物对正常活性的细菌产生免疫性。巴斯德于公元1881年制造出一种无活性炭疽菌能使牲口抵抗活性的炭疽菌，确立了预防接种原理的另一个病例。

在细菌致病学说出现很久以前，关于预防接种的一个特殊事例已是众所周知了，谨慎地使儿童传染上适度的天花可以避免传染上致命的天花，自从玛丽·霍尔特莱·蒙塔古夫人于18世纪20年代从中东把这个方法带回来以后，一直都为人们采用着。后来格洛斯特郡的一个乡村医生爱德华·琴纳（Edward·Jenner）于公元1798年证明一种轻得多的疾病——牛痘，能使人对天花免疫，这是他从观察到挤牛奶的妇女很少患天花而发现的。现在，在19世纪80年代，接种的做法已经普遍化了，这就为细菌致病的学说找到了合理的依据。人们设想细菌产生化学毒或毒素，它对于疾病的症候来说是起主要作用的，而身体的防御机制则能产生抗毒素以抵抗细菌及其毒素的影响。因此看来注入体内的死菌应当产生这种疾病的缓和症状，并刺激抗毒素的产生，从而抵抗未来的感染。后来发现事实确是如此，并且进一步发现一个动物体所产生的抗毒素，在另外一只动物体内也能有效地抵抗其相应的细菌。

19世纪自然科学的最重要的发展是：能量守恒定律、细胞学说、进化论。过去被看作是孤立的、割裂的自然现象，由此被证明是统一的物质世界的不同运动形式；过去认为是一成不变的事物，现在被证明是逐渐形成的，它们不仅在空间上显示出多样性，而且在时间上有其发生、发展和消亡的历史。

19世纪自然科学的发展在相当程度上源于产业革命的推动。现代化机器大工业的竞争力已经不能单纯依赖劳动力的堆积，而更多地依赖于新科学技术的推动。首先是工业动力需求日益增加，使得提高蒸汽机的效率成为科学研究的重要课题。蒸汽机的发明和利用为能量守恒与转化定律的发现创造了最基本的物质基础。18世纪以来有关电磁现象、热化学现象和对动物热的实验研究也为能量守恒定律提供了的实践基础。

另外，随着纺织业和农业的现代化而提出的合成染料、合成肥料等问题，促进了分析化学、无机化学、有机化学和农学的发展。医学和农业的发展又相应地带动了生物学的发展。采矿和交通运输业的发展为博物学和地质学积累了大量素材，促进了地质学和生物进化论的建立。

第八讲　电磁学与动力技术的新发展

在19世纪诸多科学技术成就中，电磁学及电力技术的巨大发展是对20世纪现代文明影响较为直接的一个领域，也是在现代社会的日常生活中，人们感受最为直接的领域之一。经典电磁学不断分化、衍生出一系列新学科，造就了20世纪电气及信息工业的巨大成就；在这个世纪里，热机理论的新发展和石油工业的开拓最终导致新的、更为高效紧凑的内燃机动力的出现，继蒸汽机之后，为人类文明提供了强大动力。与以往相比，这一切更让普通人能够亲身感受到科学技术之伟力，直接造就了现代化生活方式。

1. 电的发现——电磁感应原理

1820年，奥斯特的论文发表后，在科学界引起了强烈的反响。既然电与磁有密切关系，电能产生磁效应，那么很自然地会想到它的逆效应——磁能产生电吗？此后十多年，当时许多著名的科学家，如安培、菲涅耳、阿拉果、德拉里夫等一大批科学家都投身于探索磁电关系的研究中。他们用各种很强的磁场试图产生电流，但均无结果，究其原因是没有认识到电磁变化的运动本质，因此十余年中研究进展不大。直到奥斯特的发现约10年后，英国物理学家法拉第（1791—1867）和美国物理学家亨利（1797—1878）才各自独立完成了这一科学壮举。

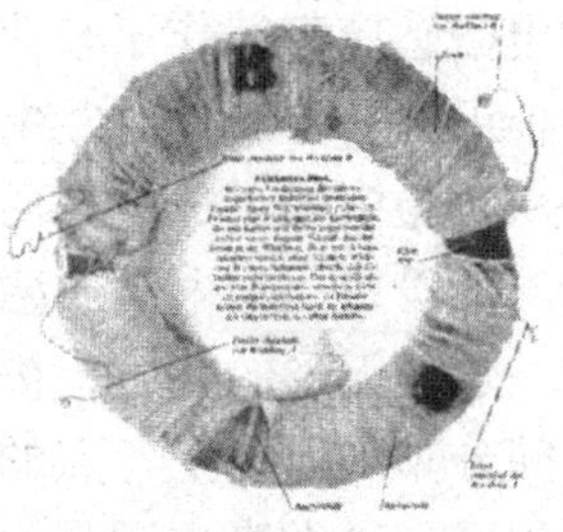

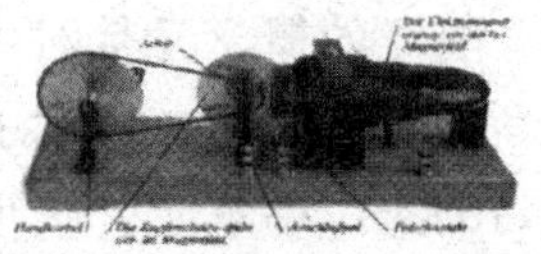

法拉第（1791—1867）和电磁感应实验装置

1821年，英国化学家戴维（1778—1829）和英国物理学家沃拉斯通（1766—1828）重复了奥斯特的实验，并且试图用固定的强磁铁使载流导线绕轴旋转，但没有成功。法拉第受他们的启发，在同年设计了一个实验模型，实现了小磁针绕轴连续转动。这使他相信，电流对磁铁的作用力本质上是圆形的。法拉第的实验装置大概是历史上第一台电动机，虽然仅仅是模型，但不久就深刻改变了世界面貌。

法拉第也坚信存在磁的电效应。在1822年的日记中曾经写道："从普通的磁中获得电的希望，时时激励着我从实验上去探求电流感应现象"。为此他努力了10年，直到1831年8月29日才获得突破。他用一个外径6英寸的软铁圆环，其上各绕两个线圈，一个线圈与电源连通，另一个线圈与电流计连通，当通电或断电的瞬间，在另一个线圈中的电流计指针发生偏转后又归零。但此时他并不理解这一现象，后来的几个月里，他又设计了几十个实验进一步研究这一现象，使他领悟到"作用不是持久的，而纯属瞬时的推或拉"，他把这一过程中产生的电流称为感生电流。1831年11月24日，法拉第向皇家学会提交了论文，报告了他的发现。文中总结了五类产生感生电流的情况，核心是闭合回路的磁通量发生变化，并把这一现象定名为"电磁感应"。同年12月，他表演了一个实验，他把铜盘装在水平的轴上，使铜盘转动时其边缘通过一个蹄形磁铁，当盘转动起来，所产生的感生电流由轴上引出，通过电线再回到铜盘边缘，这实质上是具有里程碑意义的第一台发电机，一位在场的女士讥笑地问"您的发明有什么用呢？"法拉第幽默地回答："夫人，新生的婴儿又有什么用呢？"

应该提到，美国物理学家亨利（1797—1878）差不多与法拉第同时发现了电磁感应。1827年8月，亨利在研制电磁铁时而发现了自感现象。1830年8月，他又初步发现了电流引起的磁场在通电或断电时能产生瞬间的电流。亨利的实验时间均在法拉第之前，但他的实验结果在1832年才发表，叙述了在了解法拉第的工作前后的研究，因此人们还是将电磁感应现象的发现归功于法拉第。1833年，俄国物理学家楞茨（1804—1863）提出判断感生电流方向的方法，现在称之为楞茨定律。

但这是历史的公正，法拉第不仅独立发现了电磁感应现象，其研究的深度和广度远超过其他学者，而且打破了当时盛行的超距作用观，天才地创造了"场"和"力线"概念，建立了电磁感应定律。利用力线概念，法拉第进一步解释了电磁感应现象。1851年，《论磁力线》一文对电磁感应定律作了较完善的表述："只要导线垂直切割磁力线就能够形成电流，电流的大小正比于切割的磁力线数"。

法拉第已经从实验中知道，电介质能够影响带电体之间的电磁作用，说明电磁作用力均需要媒介传递。他设想，带电体或磁体周围存在一种由电磁本身产生的连续介质来传递电磁的相互作用，这种无形的介质，被他称做"场"。他又引入了"力线"的概念以表示电场和磁场的空间分布。力线上各点的切线方向即为力场在该点的力向，曲线的密集程度表示力场的强弱程度，磁力线永远是闭合曲线。力线的概念使非常抽象的场获得了形象化的直观表示，而"场"的概念又是对牛顿以后物理学基本概念的重大发展，标志着经典物理学发展的一个新的转折时期，预示了物理学新时代的来临。1845年，法拉第发现了磁的旋光效应，即著名的法拉第效应。次年，他又创造性地提出光的本性是电力线和磁力线的振动，这一观点后来被麦克斯韦发展成为光的电磁说。

法拉第被公认为是19世纪最伟大的实验物理学家。但他一生淡泊名利，醉心于科学研究，凭借丰富的想象力和高超的实验才能，使他的科学见解远超过了那个时代，他的电磁感应规律开启了电气时代的大门。遗憾的是，法拉第从小没受过正规教育，欠缺高超的数学能力，无法用严密的数学语言提炼他的研究成果，这一工作是由伟大的物理学家麦克斯韦完成的。

2. 麦克斯韦与电磁学理论

到1850年前后，电磁学的实验研究发展迅速，已经确立了库仑定律、高斯定律、安培定律、法拉第定律，提出了场和力线的概念，打破了电与磁是孤立现象的传统观念。但到目前为止，电磁学实验和理论研究成果丰富却不全面，尚未建立起电学和磁学相统一的理论体系，迫切需要在更加普遍的观点下加以概括和总结。而承担这一历史重任的人就是麦克斯韦。

2.1 麦克斯韦构建电磁学体系

麦克斯韦于1831年6月13日出生在苏格兰爱丁堡的一个律师之家，从小便显露出数学天才，15岁时就在爱丁堡皇家学会刊物上发表了一篇数学论文。1847年中学毕业后进入爱丁堡大学学习数学、物理学和哲学。1850年转入剑桥大学三一学院，主攻数学和物理学。1854年以优异成绩毕业，并留校任教。

麦克斯韦（1831—1879）

麦克斯韦受到开尔文电学研究的启发，认真研究了法拉第的著作《电学实验研究》，领悟到了法拉第力线思想的价值，也看出其定性表述的不足。1855年，他发表了第一篇电磁学论文《论法拉第的力线》。在这篇论文中，使法拉第的力线概念获得了精确的数学形式，并且由此导出了库仑定律和高斯定律。这篇文章还只是限于把法拉第的思想翻译成数学语言，还没有获得新的结论。法拉第读过这篇论文后，大为赞赏，鼓励他进一步探究数学解释背后的本质。

1862年他发表了第二篇论文《论物理力线》，进一步发展了法拉第的思想，其中具有决定意义的一步，是引进了“位移电流”的概念，这是电磁学史上继法拉第揭示电磁感应的又一重大突破。文中给出了著名的麦克斯韦电磁场方程组，从而引申出更为深刻的结论：磁场变化产生电场，电场变化产生磁场，由此预言了电磁波的存在，并证明了这种波的速度等于光速，揭示了光的电磁本质。电磁现象的规律终于被他用不可动摇的数学形式揭示出来，电磁学到这时才开始成为一种科学的理论。这一年，麦克斯韦才31岁，取得了他一生中最辉煌的成就。

1864年他的第三篇论文《电磁场的动力学理论》，从几个基本实验事实出发，运用场论的观点，以数学演绎方法进一步完善了麦克斯韦方程组，建立了完整系统的电磁理论。不过麦克斯韦方程组高度抽象，当时能够真正理解的人寥寥无几。1873年麦克斯韦出版了《电学和磁学通论》，这是集电磁学大成的划时代著作，全面地总结了19世纪中叶以前对电磁现象的研究成果，建立了完整的电磁理论体系，标志着经典物理学大厦的最后完成。这是一部可以同牛顿的《自然哲学的数学原理》、达尔文的《物种起源》和赖尔的《地质学原理》相媲美的里程碑式的著作。

麦克斯韦的另一项重要工作是主持筹建了著名的卡文迪什实验室。该实验室对实验物理学的发展产生了重要的影响，众多著名科学家都曾在该实验室工作过。卡文迪什实验室甚至被誉为“诺贝尔物理学奖的摇篮”。麦克斯韦的本行是理论物理学，但他却清楚地知道实验称雄的时代还没有过去，他批评当时英国传统的“粉笔”物理学，呼吁加强实验物理学的研究及其在大学教育中的作用，为后世确立了实验科学精神。在此期间，麦克斯韦花费大量精力整理了卡文迪什留下的大量研究资料并予出版。

2.2 麦克斯韦在近代科学史上的地位

麦克斯韦对科学的伟大贡献在于他整合了经典物理学，为未来的科学发展指明了方向：他的电磁学理论通向相对论；他的气体动力学理论对量子论起过作用；他筹建并领导的卡文迪什实验室引导了实验原子物理学的发展。这一切使他成为牛顿之后、爱因斯坦之前最重要的物理学家。

麦克斯韦虽然是19世纪的科学家，但却对20世纪的物理学影响很大。一方面，他是近代物理学巨匠、经典物理学大厦的主要完成者之一；另一方面，他推动了牛顿机械自然观的瓦解，成为现代物理学的先驱。1931年，爱因斯坦在麦克斯韦诞辰百年纪念会上曾指出：麦克斯韦的工作“是牛顿以来，物理学最深刻和最富有成果的工作”，从而使物理现实的概念得到了改变。麦克斯韦提出的电磁辐射的概念和他的电磁场方程组，是根据法拉第的实验观察和力线思想提出来的，从而引出了爱因斯坦的狭义相对论，并建立了质量和能量的等效性原理。

麦克斯韦的主要贡献在电磁学方面，但在天体物理学、气体分子运动论、热力学、统计物理学等方面也有着卓越成就。正如量子论的创立者普朗克（1858—1947）指出的：“麦克斯韦的光辉名字将永远镌刻在经典物理学家的门扉上，永放光芒。从出生地来说，他属于爱丁堡；从个性来说，他属于剑桥大学；从功绩来说，他属于全世界”。

麦克斯韦生前并没有得到与其成就相称的荣誉，因为他的伟大成就之意义到20世纪科学革命来临时才充分体现出来。1879年11月5日，麦克斯韦病逝于剑桥，年仅48岁，他没能看到科学革命的发生。那一年正好爱因斯坦出生。科学史上上一次的巧合是在1642年，那一年伽利略去世，牛顿出生。

今天看来，至少到19世纪末为止，没有哪一种理论能比得上电磁理论对现代社会产生的伟大影响。在电磁理论形成以前，人类的活动中没有电报、电灯、电话、收音机、雷达、电视机，更没有发电机、电动机、变压器等。而这一切都是电磁理论的产物，是人类智慧的结晶。可以说，电磁理论的形成和应用是科学时代到来的标志。电力的应用是继机械力之后最伟大的动力革命，其对社会经济和生活的意义更远远超出机械力。20世纪计算机的发展也要依赖电磁理论。而今天，电磁波已经成了信息时代最基本的物质载体。

2.3 赫兹验证电磁波的存在

麦克斯韦曾预言电磁波是能在实验室内产生的，但他主要是个理论物理学家，生前并没有亲自验证过他的电磁学理论。这种可能性首先由德国物理学家赫兹（1857—1894）在1887年验证实现了，这时麦克斯韦已经去世8年了。

赫兹19岁进入德累斯顿工学院学习工程，次年转入柏林大学，师从物理学教授赫尔姆霍兹。1885年任卡尔斯鲁厄大学物理学教授。1889年，接替克劳修斯担任波恩大学物理学教授，直到逝世。赫兹受赫尔姆霍兹的鼓励研究麦克斯韦电磁理论，赫兹决定以实验来验证麦克斯韦理论正确与否。

赫兹（1857—1894）

1886年，赫兹设计了一套振荡电路，在两个金属球之间发生电火花，瞬间后，电荷便经由电火花隙在金属球间振荡，频率高达数百万周。由麦克斯韦理论，此火花应产生电磁波，于是赫兹设计了一简单的检波器来探测此电磁波。他将一小段导线弯成圆形，线的两端点间留有小电火花隙。因电磁波应在此小线圈上产生感应电压，而使电火花隙产生火花，所以他坐在一暗室内，检波器距振荡器10米远，结果他发现检波器的电火花隙间确有小火花产生。赫兹在暗室远端的墙壁上覆有可反射电波的锌板，入射波与反射波重叠应产生驻波，他也以检波器在距振荡器不同距离处侦测加以证实。赫兹先求出振荡器的频率，又以检波器量得驻波的波长，二者乘积即电磁波的传播速度。正如麦克斯韦预测的一样，电磁波传播的速度等于光速。

1887年11月5日，赫兹寄给赫尔姆霍兹一篇题为《论在绝缘体中电过程引起的感应现象》的论文，总结了这个重要发现。接着，赫兹还通过实验确认了电磁波是横波，具有与光类似的特性，如反射、折射、衍射等，并且实验了两列电磁波的干涉，同时证实了在直线传播时，电磁波的传播速度与光速相同，从而全面验证了麦克斯韦的电磁理论的正确性。并且进一步完善了麦克斯韦方程组，使它更加完美、对称，得出了麦克斯韦方程组的现代形式。此外，赫兹又做了一系列实验。他研究了紫外光对火花放电的影响，发现了光电效应，即在光的照射下物体会释放出电子的现象。这一发现，后来成了爱因斯坦建立光量子理论的基础。1888年1月，赫兹将这些成果总结在《论动电效应的传播速度》一文中。赫兹实验公布后，轰动了全世界的科学界。由法拉第开创，麦克斯韦总结的电磁理论，至此才取得决定性的胜利。

赫兹的发现具有划时代的意义，是近代科学史上的一座里程碑。如果把电磁理论比成一座雄伟的大厦，法拉第为之打下了坚实地基，麦克斯韦在地基之上建起了大厦，赫兹则是让这座大厦通过了严格的验收，由此后人们完全信赖这座大厦。赫兹向人们指出早已存在在我们周围的电磁波。他被誉为无线电通信的前驱，它不仅证实了麦克斯韦发现的真理，更重要的是开创了无线电技术的新纪元。正当人们对赫兹寄予更大期望时，他却于1894年元旦因血液中毒逝世，年仅36岁。为了纪念他的功绩，人们用他的名字来命名各种波动频率的单位，简称“赫”（Hz）。

3. 电力技术的发展与应用

19世纪上半叶，奥斯特和法拉第的伟大发现揭示了电磁感应的奥秘，从而展示了一种全新能源的伟大前景。工程技术专家们敏锐地意识到电力技术的深远影响，由此打开了一个前所未有的电气时代之门。

3.1 电动机的发明与应用

19世纪以来，电学取得了突破性进展。伏打电堆的问世，奥斯特发现电的磁效应，安培等人的电动力学研究成果为电动机的发明奠定了基础。

1821年，法拉第发明了第一个可以连续转动的电机模型。其他科学家受此启发也先后研制出不同形式的电动机，但这些电机多是某种模型，功率很小，没有实用价值。

根据安培定律，产生强大机械动力，就必须有强大的磁场。早期电动机大多用天然永磁体，磁场强度不足。1822年，法国物理学家阿拉果发现，如果将导线绕在铁块上，当导线通电时，铁块也能被磁化，能够使线圈的磁场强度加大，这就是所谓电磁铁。1829年，美国物理学家亨利（1797—1878）用绝缘导线替代裸铜线，进一步加强了电磁铁的磁场强度。亨利的电磁铁成为电动机功率获得突破的契机。

1834年，俄国科学院院士，德国人雅科比（1801—1874）采用电磁铁制成了世界上第一台实用的直流电动机。1838年，雅科比把电动机装在一条船上用作动力，用数百个大电池供电，在涅瓦河上试航成功，这是世界上第一艘电动船，航速仅每小时2.2公里。

此后，发明家们大显身手，型式各异的电动机不断涌现。1860年，比萨大学教授巴奇诺基（1841—1912）发明了包括环形电枢、整流子的电动机，基本上具备了现代实用电动机的结构形式。到19世纪90年代，直流电机技术已完全成熟。

随着对交流电优越性的不断认识，交流电动机，特别是三相交流电动机的研制成功，为交流电大规模应用创造了条件，把电工技术提高到一个新的阶段。此前的电动机均使用的是直流电，方向不断变化的交流电不能在直流电动机上使用。交流电动机起源于旋转磁场的发现。1885年，意大利物理学家费拉里斯（1847—1897）和美国物理学家特斯拉依据旋转磁场原理，各自独立地发明了二相异步交流感应电动机。俄国工程师多勃罗沃尔斯基（1862—1919）于1889年研制成第一台实用的三相交流单鼠笼异步电动机，并发明第一台双鼠笼三相异步电动机。

由于电动机的发展，加上当时的永磁发电机功率不够且较为笨重，伏打电池成本昂贵，这促使人们寻找更为便宜的电能来源，促进了发电机的发展。

3.2 发电机的发明

发电机的诞生比电动机略晚。1831年，法拉第的电磁感应定律确认了机械能转化为电能的可能性，几个月后他制成了第一台发电机的模型装置。这为发电机的研制奠定了理论与实践的基础。

1832年，法国的皮克西兄弟研制出世界上第一台永磁交流发电机。这仅是一台手摇发电机模型，转子是U形永久磁铁，定子是线圈。次年，他增加了一个简单的换向器，使交流电转换成脉动的直流电。后来，人们对转子和定子做了多次改进，这些发电机的电压很低，功率也很小，缺乏实用性。

1857年，英国物理学家惠斯通（1802—1875）用电磁铁替代永磁铁，发明了励磁式发电机，提高了发电机的功率。但其所用的电磁铁励磁电流来自伏打电池，本质上仍然是他激，这使发电机在结构和发电量上均受制于伏打电池，笨重且不经济。

使电动机迈向实用的决定性一步是德国工程师西门子。1867年，西门子发明了自激式直流发电机。电磁铁的励磁电流来自于发电机本身，去掉了笨重的伏打电池，使得发电机结构更加简化，而且功率大幅提高，发电成本明显降低。1867年，西门子发表了题为《关于不用永久磁铁而把机械能转换为电能的方法》的论文，阐述了自激式发电机的原理。继西门子之后，比利时电学家格拉姆（1826—1901）、西门子公司的电气工程师阿尔特涅克（1845—1904）在前人基础上，对发电机予以进一步改进，1875年发明了鼓形电枢的自激式直流发电机，使发电机达到了更高的效率，开始进入实用阶段。

西门子（1816—1892）

在1873年的维也纳工业展览会上，由于一位工人偶然的操作失误，把一对电线错接到一台正在运行的格拉姆发电机上，结果发现这台发电机的转子改变了方向，迅即向相反的方向转动，变成了一台电动机。从此，人们认识到直流电机既可作发电机运行，也可作电动机运行的可逆现象，这对电机的设计制造产生了深刻的影响，电动机和发电机的设计制造开始统一起来了。

西门子的自激式发电机在技术史上相当于瓦特的蒸汽机，具有划时代的意义。这位电气大王几乎在电气技术的每一领域都作出过杰出贡献，称雄世界的德国西门子电气公司就是由他创立的。从那时起，德国电气工业以西门子公司为核心，开始快速发展。

19世纪80年代，围绕当时成熟的直流电技术和新兴的交流电技术，发生了关于未来发展方向的分歧。根据焦耳—楞茨定律，同样的导线截面积下，输送相同容量的电能，电流愈强，热损耗就愈大。由此，进行远距离强电流输送电时，输电线路的发热损失就成为棘手问题。可以采用的方法有两个：一是增加导线的截面积，从而减小电阻；二是导线截面积不变，提高电压而减小电流。显然，前者不具有可能性；而后者，直流电升降电压都很不方便，而且过高的电压对于使用者也过于危险。反之，交流电的电压就很容易改变，这对于输送和使用都极具意义。于是，人们重新把注意力放到早期的交流电技术上。1878年，亚布洛契柯夫制造了一台多相交流发电机，为弧光灯供电。这台发电机已具有现代同步发电机的主要结构。1880年前后，英国的费朗蒂改进了交流发电机，主张采用交流高压输电方式。1882年，英国的高登制造成了大型二相交流发电机。

3. 3 发电站和输电技术的开创

与蒸汽动力相比，电力能源的好处是显而易见的：方便灵活，清洁易用。到19世纪末，各种电动机械已经广泛出现，许多工业生产设备都以电动机作为动力，甚至于一些电器作为生活品开始进入家庭。

由于电气技术日趋成熟，供电范围越来越大，发电机的功率越来越高，特别是早期的电力照明的需求，企业家们便建起了发电站，用工业方法大规模生产电力。先是燃煤的火力发电厂，随后又有水力发电站。

1875年，巴黎建成世界上第一个发电厂，生产的电力专供弧光灯照明。1881年，美国在威斯康星州建成了爱迪生发电厂，其功率只能为250盏电灯使用。1882年，在纽约市建成了爱迪生珍珠街电厂，共有6台直流发电机，总功率达到600千瓦。

因为水力丰富而便宜，其发电成本更低，还可以综合开发利用水资源，各工业先进国家也十分注意开发水力发电站。1882年，爱迪生在美国威斯康星州建造了第一座试验性的小水电站，同年德国也建成了一座容量是1.5千瓦的水电站。1892年美国建成尼亚加拉水电站，共安装了11台4000千瓦的水轮发电机。20世纪，水力发电得到巨大的发展。

由于交流电的优点是随后才认识到的，故交流电发电厂起步稍晚。1886年在美国建成的第一座交流发电厂，输出功率仅有6千瓦。到1890年，在德国出现了较大规模的交流发电厂，使用2台1250马力的柴油机驱动发电机发电，工作电压5000伏，还有4台更大的交流发电机，分别由1万马力蒸汽机拖动，工作电压高达1万伏。19世纪90年代以后才出现三相交流发电厂。

电力输送技术与发电站技术几乎是同步发展的，它包括输电、变电和配电三大部分，并和发电、用电形成一个完整的电力系统。

随着工业和城市的发展，需要供电的范围不断扩大。1882年，法国物理学家德普勒（1843—1918）在德国工厂主的支持下，建造了世界上第一条远距离直流输电实验线路，把57公里外的1.5千瓦电力输送到慕尼黑国际博览会上，其输电起点端电压是1343伏，终点端降为850伏，线损高达78%。1883年，德普勒在法国南部又建成一条长14公里的输电实验电路，2年后，他把输电电压升高到6000伏，输电线路长56公里，结果线损下降到55%。证明了远距离输电的可行性，但也显示了直流电的局限性。直流输电的技术水平一度达到甚为可观的水平。直流发电机的发电压高达57.6千伏，功率4650千瓦的电，输送距离达到180公里，但很快达到了技术上的极限，难以突破。

最早获得交流输电技术成功的人是俄国的亚布洛契柯夫。他在1876年至1878年试验成功了单相交流输电技术。1882年法国人高拉德（1850—1888）和英国人吉布斯获得了“照明和动力用电分配办法”的专利，并研制成功了第一台具有实用价值的早期变压器，这是交流输配电系统中的主要设备，其基本原理是法拉第发现的线圈互感现象。1885年，美国的威斯汀豪斯（1846—1914）对高拉德和吉布斯变压器的结构又进行了改进，使之成为具有现代性能的变压器。由于变压器的不断改进，使远距离高压交流输电取得了长足的进步。

远距离输电问题的根本解决是三相交流理论的形成与技术发明的结果。1887—1891年，德国电机制造公司取得了三相交流技术的成功，其主要发明者是在德国、瑞士工作的俄国电工学家多勃罗沃尔斯基，他在1889年制成最早的一台功率为100瓦的三相交流异步发电机，1891年又制成了75千瓦的三相交流异步电动机和150千伏安的三相变压器，他在电能应用中首次采用了三相制。1891年，多勃罗沃尔斯基在德国法兰克福的电气技术博览会上，成功地进行了远距离三相交流输电实验，他将180公里外三相交流发电机发出的电能用8500伏的高压送电，输电效率达到75%，在当时的条件下，如此高的传输效率是直流输电所不能办到的。从此，高压交流输电的有效性和优越性得到了公认。

有了远距离电力传输技术后，电力的优越性开始充分显示出来，可以大规模集中生产，通过高压线传送到一切需要电的地方。电能转化效率高，易于管理和控制，因此许多其他形式的能量，如煤、石油、原子能、水能等一般都转化为电能这种二次能源，再投入使用，电能也可以转化为各种需要的能量形式，以满足生产和生活的需要。

4. 不断涌现的电器发明

电力技术的应用与发展，促使一大批新的工业部门相继产生，掀起了又一次工业技术革命。“楼上楼下，电灯电话”就曾是中国人奋斗的目标，电气化通常被认为是人类最理想的生活形态，现代社会里，电力极大地改善了人类的生活品质。在19世纪后期这个技术发明的黄金年代里，各种电气新发明层出不穷，限于篇幅，在此仅介绍电灯、电影等几种。

4.1 电灯的发明

照明是电的第一个重要应用领域。伏打电池问世后，英国化学家戴维（1778—1829）用2000个伏打电池串联成电池组，制成了第一个炭极放电弧光灯；1876年，俄国的亚布洛契柯夫发明了两根炭棒并列放置的新式弧光灯，人们称它是电蜡烛。有了发电机供电后，弧光灯一度得到推广，多用于导航灯塔。但炭极弧光灯费用昂贵，且不能长时间稳定工作，且其耀眼的光线也不适于家庭照明。

1820年，法国物理学家德拉留发现了细铂丝在强电流下的白炽发光现象，由此，许多人开始探索发明白炽照明灯。1854年，美国人戈贝尔（1818—1893）把竹纤维炭化后制成灯丝，置于抽除空气的玻璃管内，制成发光白炽灯，其寿命已达400小时，但他并没有申请设计专利。1878年，英国工程师斯旺也发明了与戈贝尔灯泡类似的炭丝白炽灯泡，获得英国专利，但没能大规模普及使用。看来，谁能找到最好的炭丝，谁就找到了通往光明的大门。于是，在几个发明家之间，为了争夺白炽灯的发明专利权，展开了一场你追我赶、激动人心的竞赛。

美国传奇发明家爱迪生（1847—1931）把白炽灯推向真正的实用化，使人类跨入了全新的电气照明时代。爱迪生总结前人和同行们的经验教训，认识到白炽灯保持寿命的关键是灯丝。他通过大量实验探索灯丝的合适材料，先后试验了包括多种金属丝在内的1600种材料，后来受到斯旺炭化灯丝的启发，终于在1879年10月21日成功制作了白炽灯泡，持续发光45小时。经过持续改进，到1880年5月，他的灯泡连续寿命已达1200个小时，随后这种灯泡开始投入大量生产，从此，电灯进入了实用阶段。爱迪生还设计了完整的发电和供电系统，推广他的照明白炽灯。

爱迪生和他的电灯

1910年美国通用电气公司的库利奇（1873—1975）采用韧性更好的金属钨丝代替炭丝，即防振灯丝，其寿命更长。1913年又是通用电气公司的郎谬尔（1881—1957）发现，在灯泡内充入惰性氮气以避免灯丝在真空中蒸发烧断，再次延长了白炽灯的寿命。1920年又进一步采用氩气和氪气，保持灯丝寿命不变而亮度更强。

电灯的发明以及为此发明所作的重要推广，可能是爱迪生一生中最杰出的成就。一百多年来，电灯驱除了黑夜，深刻改变了人们的作息时间和生活方式。他建立的公共照明电力系统后来为各国的电力建设提供了示范，推动了电力事业的发展。爱迪生于1876年创办了世界上第一个工业实验室，以社会需求为目标，组织大批科学人才进行协同研究和实验，打破了过去科学家单枪匹马的研究习惯，这种科学研究的组织方式成为现代工业文明的重要特征。爱迪生一生的发明达2000多件，在83岁时还取得了他一生中最后的第1093项专利，当然有些发明也是其实验室集体智慧的结晶。

电影也是爱迪生在电气领域众多发明中的杰作。1889年，爱迪生开始着手研制电影机。他仔细研究了视觉暂留现象，并考察了法国人此前根据暂留原理制作的动画片，搞清楚了电影放映机的基本原理。1894年，他用电灯光和电动机制成了世界上第一台电影放映机，它可以将动画用电灯光投射到屏幕上。同年，他的公司拍摄了世界上第一部电影《列车抢劫》。但爱迪生的电影只能供一人观看，不是真正现代意义上的电影。

4.2 电影

爱迪生活动电影观赏机
每次供一人观赏

电影究竟发明于何时，有许多说法。有的把形象化的表现也算作是电影的起源，从中国的灯影戏、皮影戏到幻灯。有的甚至追溯到公元前5世纪，把我国哲学家墨子在他的著作《墨经》中提出的“光至景亡”等光学论断以及光影的生成、关系、物像的反映原理等都看作是电影发明的先导。这些都是有一定道理的。

实际上，从19世纪初开始，电影的发明就进入了探索和实验阶段。1825年，英国人费东和派里斯博士发明了“幻盘”，1832年，比利时的约瑟夫和奥地利的斯丹普弗尔同时发明了“诡盘”，1834年，英国人霍尔纳发明了“走马盘”。这些东西类似我国传统的“走马灯”，会转动，利用人眼的“视觉暂留”原理，使转动着的单个图像变成了连续的动态图像。接着，1839年法国人达盖尔发明了摄影术，随着摄影技术的突破，到了1877年，法国人雷诺制造了“活动视镜”，进而在1888年创造了他的“光学影戏机”，类似现代的动画片技术。1882年，法国生理学家马莱发明了“摄影枪”后，解决了连续摄影的问题。几乎在同一时间，美国的爱迪生创造了每格凿有四组小孔的35毫米影片，并发明了“白热灯”，同时，他采用了马莱连续摄影的方法制成了“电影视镜”，这是一个可放50英尺影片的大柜子，影片首尾连接成片环，用马达驱动后循环放映，里面装有放大镜，人凑在窥视孔上就能看到放大了的影片画面。中国人称为“西洋镜”。爱迪生的“电影视镜”传入法国后，立刻被路易·卢米埃尔和奥古斯特·卢米埃尔兄弟俩采用，并进行改造，采用了马尔蒂的十字轮结构后，解决了影片间歇运动的问题，终于在1894年底研制成了第一台比较完美的电影放映机，并成功地把图像投射到银幕上，解决了多人观看的问题。所以，目前国际电影界根据法国路易·卢米埃尔兄弟在1895年12月28日这天，在巴黎卡普辛路14号大咖啡馆的“印度沙龙”内用“活动电影机”将自己拍摄的《工厂的大门》、《火车进站》、《水浇园丁》、《墙》等几部短片，放映至银幕上这一史实，将这一天作为世界电影的发明日。也就是说，活动影像的摄取和放映在技术上最终成为可能。电影终于正式诞生了。

4.3 留声机

1857年，法国发明家斯科特（Scott）就曾经探索如何进行声音的保留和复原。但真正取得实际进展的是爱迪生，这项伟大发明的最初启发却是源于他在电话发明改进过程中的一个偶然现象。

1876年，爱迪生开始涉足电话的发明改进。为解决当时的电话远距离通话的声音衰减，爱迪生考虑发明一种用于电话线路的中继器进行声音中转。在进行相关的研究实验中，爱迪生根据电话传话器里的膜板随着说话声会引起振动的现象，拿短针作了试验，从中得到很大的启发。说话的快慢高低能使短针产生相应的不同颤动，那么，反过来，这种颤动也许能还原出原先的说话声音。于是，他开始研究声音重现问题。

经过持续努力，爱迪生终于绘出了一张设计图，由他的助手科劳迪按照设计图制造出了样机。在机器上有个刻有螺旋槽纹的金属圆筒，圆筒可由手柄驱动旋转。另外，伸在圆筒上的曲臂装有一根针，针尖与圆筒表面接触，而在针的上面安装一个喇叭。在喇叭的端部装有金属薄膜，针就装在薄膜上。爱迪生宣称："这台机器会说话。"助手们都以为爱迪生在开玩笑，然而，这时的爱迪生却表情严肃，只见他一本正经地把一张锡箔绕在圆筒上，把喇叭上的针接触在锡箔上，然后边摇手柄边对着喇叭说话："玛丽抱着羊羔，羊羔的毛像雪一样白……"原来，爱迪生在对着喇叭朗诵童话。这时，声音的振动传到喇叭端部的金属薄膜上，使薄膜产生相应的振动，于是装在薄膜上的针就在锡箔的表面不断划出深浅不同的沟纹。爱迪生朗诵完童话后，就把机器上的针放回原处，又摇动起手柄，于是，奇迹出现了，机器用爱迪生的声音说起话来："玛丽抱着羊羔……" 总共8秒钟的声音成为世界录音史上的第一声。科劳迪和观看的人都非常惊奇，觉得爱迪生好像是在变戏法似的，并称这台机器为留声机。

爱迪生发明留声机的消息很快传开了，人们称赞这是"19世纪的奇迹"，爱迪生成了名噪一时的新闻人物。实际上，此时的留声机还很粗糙，有许多地方需要改进。例如，圆筒上贴的锡箔用过五六次之后，发出的声音就变小了，必须重新更换。在最初的新鲜感过去后，包括爱迪生在内的人们并没有意识到这项发明的深远影响，而不再感兴趣了。再加上那时爱迪生正忙于研究试验电灯，无暇顾及留声机，结果他这项非凡的发明就这样被冷落了9年。直到1887年，爱迪生又回过头来改进留声机，费了一番周折，总算制成了第二台机器。这台经过改进的机器，比第一台在性能上好多了。原来圆筒上贴的锡箔，已由坚硬的焊锡涂层所取代，而针已改用蓝宝石唱针，同时还将针尖磨成圆形，以防止针在锡管沟纹中滑动时不致划伤沟纹。另外，手摇把也被淘汰了，采用电池带动的马达或发条转动。这些改进，使爱迪生发明的留声机已经接近于商业性实用了。但其致命缺点是声音载体锡筒大量复制困难，缺乏普及性，这又由后来的人们

爱迪生（1847—1931）

进行了改进。

5. 无线电与电信通讯

5.1 电报的发明

远距离快速通讯一直是人类的梦想，随着电气技术的进步，人类的梦想终于变成了现实。电讯时代的到来，首先是从电报机——即用电信号传递文字信息开始的。不少科学家和技术人员都投身于电报机的研究，先后有人研制了静电电报、化学电报等，但无一例成功。

1836年，英国人库克（1806—1879）和皇家学院的惠斯通教授（1802—1875）合作研究电报机，1837年，他们申请了第一个电报机的专利。这种电报机共装置了6个线圈和6个磁针，当不同的线圈通电时，相应的磁针便偏转。1839年，他们建成了长达13英里的电报通信线路，获得基本成功。1842年，他们延长了线路，同时改用双针式电报机。1846年，英国成立了电报公司，6年后，英国已建成的电报线路总长估计达到4千英里。

在美国，第一部真正取得实用价值的电报机是美国的莫尔斯（1791—1872）发明的。莫尔斯的本业是一位画家，他走上实用电报机的发明之路纯属偶然。1832年，莫尔斯曾在法国学画三年后乘船返美途中，偶然听到一个名叫杰克逊的青年医生讲述电流通讯的知识，于是对此产生了极大兴趣，从此莫尔斯放下了绘画，转向电报机的发明。

在莫尔斯电报机的发明过程中，美国的物理学家亨利（1797—1878）和威尔（1807—1859）也做出了重要贡献。亨利在1829年发明的电磁铁为莫尔斯电报机的诞生打下了基础，亨利还在电磁学知识等方面给了莫尔斯许多帮助，并且又把发明的继电器应用到电报机上。亨利还创造性地提出在线路的中间加装电源，采用接力的方式传送信息，确保信号强度。

在电报通讯技术方面，莫尔斯的开创性贡献在于他发明的莫尔斯电码，这是其得以广泛推广的基础。1837年，莫尔斯发明了用点划组成的“莫尔斯”电码，这些点划相应地变成通电时间的长、短间隔，然后控制收报机的电磁铁吸引衔铁，并带动钢笔在转动的纸带上作出相应的记号。就在这一年，他在纽约成功地完成了长10英里的通讯试验。

在莫尔斯反复试验和宣传影响下，1844年美国建成了一条从华盛顿到巴尔的摩的64公里试验性电报线路。5月24日，莫尔斯拍发了电讯史上第一份电文“上帝创造了何等奇迹”，标志着电报线路通讯成功。在很短的时间里，电报线路延伸了几百英里。到1848年，除佛罗里达州外，密西西比河以东的各州都联入了电报网。电报在增进铁路运输效率、传送天气预报和报告商业行情等方面，发挥着日益重要的作用。

莫尔斯电报机很快传到欧洲，各国在应用中又使其不断得到改进和完善，成功地实现了多路、双向电报系统。至此，陆上电报获得成功。

19世纪中叶，欧、美大陆已建立了陆上电报网，但大洋两岸的信息仍靠邮船传送。1851年，横跨英吉利海峡的海底电缆率先敷设成功，线路全长45公里。次年，伦敦和巴黎之间接通了电信线路，大大促进了两国间的工商业活动。从1854年起开始了大西洋海底电缆的建设，经过12年的努力，克服了种种困难和挫折，终于完成了欧、美之间的越洋海底电缆的敷设。另一条跨越欧亚大陆的电报线路起于伦敦，穿过英吉利海峡，横跨欧洲大陆，再延伸到印度的卡里卡特城，全长1万海里，也于1869年顺利建设成功。

电报通讯为人类提供了一种划时代的信息传递手段，不仅沟通了全球的信息交流，对19世纪的工商业、科学和教育起到了巨大的推动作用。但电报通讯包括编码、译电、拍发等几个环节，接收之后还要再转译成原来的文字，通信过程依然有延时性。人们希望能有一种简便、准确的超距离即时通讯方式，发明家们为此进一步努力的成果就是电话。

5.2 电话的发明

电话就是通过电信号双向传输话音，其最初的启示源于1837年发现的“伽伐尼音乐”，是指电磁铁在切断电流的瞬间发出的一种声音，此后有人开始尝试发明电话，甚至是又一场发明竞赛。

1860年，德国教师赖斯（1834—1874）模仿人耳，设计了一种简单的木制通话装置，覆盖猪肠衣薄膜，薄膜上附有一块金属薄片，薄膜随声音振动时金属片就不断地和另一个金属片接触，通过金属片接触面积的变化改变电路的电阻，引起电流大小的变化。受话器是一个绕上绝缘线的勾针，勾针用两个小支架固定在共鸣箱里，当断续的电流通过线圈时就会发出声音来。但尚不能传送清晰语音，未能作为电话推广。次年，累斯改进了这一装置，并取名叫“telephone”。1860年，意大利人穆齐（1808—1889）公开演示了他酝酿已久的远距离传话器，基本能够传送语音，其基本原理也为后来的贝尔所采用，但由于穆齐在美国的语言障碍和经济窘困，没能实用化，并且失去了专利保护。

一般认为，近代实用电话的诞生归功于美国的贝尔（1847—1922）和他的助手华生。贝尔原是苏格兰人，曾在爱丁堡大学系统学习发声机理、语音分析和声波振动等知识，1874年，贝尔移居美国后从事聋哑人特教工作后，同时着手研究多路传输电报系统。

贝尔本人缺乏专业电气知识，后来遇到了对发明电话很有兴趣的青年电气技师华生，二人开始合作。不久他们制造出一台样机，其送话器是在圆筒上置一薄膜，膜的中央垂直连接一根碳杆，碳杆的另一端则与硫酸接触。当送话时，薄膜随语音振动并带动碳杆一道运动，碳杆与硫酸间的接触电阻相应地改变，使电流也发生强弱变化。听筒则是利用电磁铁把电信号还原成声音。1876年2月14日，他们向美国政府申请了这种声音传递装置的专利，几小时之后，另一位美国发明家格雷（1835—1901）也申请了类似的语音传送装置专利，但美国最高法院仍判定贝尔是电话的发明者。1876年3月10日的一次实验中，贝尔的电话获得语音通话成功。

1892年，纽约—芝加哥的电话线路开通。电话发明人贝尔第一个试听

贝尔电话的话筒和听筒合为一体，既是发话器又是受话器，作为听

筒使用效果尚可，作为话筒使用却不甚理想。为此，爱迪生于1877年发明了一种新型碳精送话器，当膜片振动时会改变碳粉的电阻，使话音更加清晰，成为现代电话的基本构造之一。

贝尔不仅是发明家，也是杰出的实业家，1880年，他创立了贝尔电话公司，1895年该公司已有职工15000人，到1905年职工超过90000人，垄断了美国的电话通讯业。后来电话通信技术又陆续出现了许多重大进展：自动交换机，大规模程控交换机等新技术，移动电话等。电话的发明从根本上改变了人类的通讯方式，它大大密切了人类之间的联系，成为现代文明标志之一。

5.3 无线电的诞生

电报与电话给人类社会带来了巨大便利。但电报与电话最初都依赖电流的有线传导来传递信息，因此必然要受到通讯线路的限制。无线电通讯的成功则打破了线路的局限，实现了通讯技术的又一次重大飞跃。无线电通讯的发明是科学向技术转化的又一成果，也是19世纪末最主要的技术成就之一。

近代无线电通讯的启蒙者是著名物理学家麦克斯韦（1831—1879）。1873年麦克斯韦在其著作《电磁通论》中曾经预言：由于电磁波的存在，特别是电磁波以每秒30万公里的速度传播，不久的将来，在相距遥远的两地之间，建立起瞬时可达的通讯联络，已经不再是一种梦想。1888年德国物理学家赫兹（1857—1894）终于发现了电磁波，导致了科学技术的又一次重大变革，有着非同寻常的意义，激励了一大批科学家、发明家投身于无线电通讯技术的探索，其中的代表性人物是马可尼和波波夫。

法国物理学家布朗利（1844—1940），1890年改进了赫兹的电波接收装置，可在140米外接收到电磁波。英国物理学家洛奇（1851—1940）也对接收器又做了进一步改进，能够在800米外接收到电磁波信号。

意大利的青年工程师马可尼（1874—1937）在技术上取得了突破，真正使无线电进入实用阶段。1895年9月，马可尼终于成功地进行了第一次无线电传播实验。马可尼制成了较为理想的检波器，而且发明了接地天线，明显改善了电磁波的发射与接收性能。1896年，马可尼带着他的发明来到英国寻求资助，得到了邮政部的支持，其实验进展顺利，通讯距离达到5英里。1897年通讯距离达到12英里，获得了有关无线电通讯的首个专利。1898年通讯距离达到18英里，这一年，他开始将自己的发明付诸商业应用，在伦敦建立了马可尼无线电信公司。1901年，又实现了英国与加拿大之间的跨大西洋无线电通讯。

马可尼（1874—1937）

由于对无线电通讯事业的杰出贡献，马可尼和德国物理学家布劳恩共同获得了1909年诺贝尔物理奖。

俄国物理学家波波夫（1859—1906）也是无线电通讯技术的独立发明人。实际上，波波夫的无线电研究比马可尼还早些，但马可尼幸运地得到了英国政府的大力支持，较早获得了专利和公众的认可，而波波夫在经济落后的俄国没有受到足够的重视，因而影响较小。

波波夫曾任俄国海军水雷学校教官。1895年，在彼得堡物理化学协会物理学部年会上，他用世界上第一台无线电接收机成功地进行了无线电通讯的公开实验，他的无线电通讯系统也设置了天线。1896年3月24日，波波夫在俄国物理化学协会年会上，正式进行了无线电传递莫尔斯电码的表演，距离250米，发出了无线电通讯史上第一份有明确内容的无线电报“Heinrich Hertz”。1896年波波夫又实现了海上船舶间的无线电联系。1897年俄国海军在克朗施塔得建立了无线电报局，波波夫所创造的无线电报设备在俄国军舰上获得了应用。

无线电报的发明和应用，引发了一系列重大的技术突破。继无线电报成功之后，无线电广播、雷达、电视等新技术相继出现，纷纷登场。

无线电能够准确地传播莫尔斯电码，人们自然就希望用无线电直接传播人的声音。率先实现了无线电传声的人是美国物理学家费辛登（1866—1932）。费辛登原在爱迪生实验室工作，1902年他建立了专门进行无线电传声研究的实验室。历时4年，费辛登终于设计制作了一套用无线电波传播声音的装置——人类历史上第一个无线电广播电台，在1906年圣诞节前进行了第一次播音，这一天，有些报务员从耳机中首次听到了空中传来的节日祝福。无线电广播的成功掀开了通讯史册的新篇章，进一步刺激了20世纪初电子技术的迅速发展。

6. 内燃机的发明与发展

自18世纪以来，蒸汽机作为一种强大的工业动力，不断得到改进，直接推动了第一次工业革命。特别是蒸汽机导致了火车和轮船的发明，在交通运输业中得到了广泛迅速的应用。然而蒸汽机本身存在着许多固有的缺点，体积庞大，安全性差，热效率低（热效率一般仅5%~8%），使其应用受到了很大限制，因此，急需一种新型动力替代蒸汽机。要克服蒸汽动力的不足就必须从燃料做功的途径入手，显然，减少能量转换环节的内燃机是发展方向。

在技术史上，最早构思内燃机的是著名物理学家惠更斯，他利用火炮原理进行动力机械的研究给了人们重要启示，甚至可以说火炮是内燃机的雏形。但当时的技术条件下，内燃机还无法实用化。随着科学技术的进步，到19世纪中叶，内燃机终于获得了发展契机，概括起来，主要有三个条件：机械制造工艺的发展；热机理论的完善；轻质化学燃料的出现。

蒸汽机适应性较强，能够使用各种固体的、相对劣质的燃料，而内燃机的关键在于找到一种适于在汽缸内直接燃烧做功的轻质燃料。第一种燃料是英国的蒸汽动力先驱默多克于1792年发现的，这就是由煤炭的干馏过程中获得的可燃煤气。

煤气出现后，一些工程师、发明家投身于煤气内燃机的探索中。1860年，法国技工雷诺（1822—1900）汲取了此前内燃机的研制成果，制成了第一台实用内燃机。雷诺的发明与一台单缸卧式蒸汽机几乎一样，以煤气代替蒸汽，是一台二冲程、无压缩、电点火的煤气机，功率1~2马力，效率仅达到4%。雷诺的煤气内燃机运转平稳，造价便宜，可以实用，吸引了不少客户和访问者，人们开始认真考虑用内燃机取代蒸汽机的可能性。

其后，随着热力学理论的发展，法国工程师德罗夏在对内燃机的热力过程进行理论分析后，提出了提高内燃机效率的关键措施，即预先压缩空气和可燃气的混合物。1862年，德罗夏提出了设计制造高效率内燃机的四冲程循环原理，奠定了现代内燃机的理论基础。

奥托（1832—1891）

德罗夏的四冲程原理是由德国人奥托（1832—1891）率先实现的。1854年，奥托就开始研制内燃机了，一直未取得突破。在接触到德罗夏理论后，1876年，奥托研制出第一台四冲程内燃机并获得专利。奥托内燃机为单缸卧式，结构紧凑，其热效率达到空前的14%。1877年，奥托内燃机在巴黎博览会上展出，便很快得到推广。奥托一生都致力于内燃机研究，后来他的煤气内燃机热效率达20%以上，被认为是实用内燃机的真正发明者。

内燃机被不断改进和完善，但作为内燃机的燃料，煤气热值低，不易贮运，难以控制，所以人们开始寻找更好的液体燃料以替代煤气。1859年，美国采矿工程师德莱克在宾夕法尼亚州利用地下取盐的钻机打出了世界上第一口工业油井，由此大规模开采提炼石油开始了，为内燃机的进一步发展提供了适合的轻质液体燃料——汽油。

在奥托成功地研制出四冲程活塞式内燃机之后，他创立了德意志煤气发动机股份公司，其合作者德国人戴姆勒（1834—1900）在奥托内燃机的基础上，改用热值更高的汽油作燃料，于1883年成功地研制出第一台现代四冲程往复式汽油发动机。其中的关键部分是戴姆勒发明的气化器，发动机转数由煤气机的每分钟200转迅速提高到900转，输出动力远高于煤气机。1889年，戴姆勒又制成了V型双缸汽油机，用于汽车并获得了专利。

汽油仅是石油中的轻质部分，作为燃料驱动内燃机获得成功后，人们又开始探索石油中重油成分的用途，于是又一种重要燃料提炼出来了，这就是价格更便宜的柴油。

1892年，德国机械工程师狄塞尔（1858—1913）发明了柴油机，功率13马力。这是一种不用点火装置的压燃式四冲程内燃机，由于用燃点较高的石油分馏物作燃料，它不会造成爆震。它延长了燃烧前的压缩过程，增大压缩比，仅依靠压缩产生的热点燃雾化燃料，使热效率大幅度提高到27%~32%，取得了内燃机技术的重大突破。因此，柴油机亦称“狄塞尔”内燃机。

1897年，柴油机在慕尼黑展览会上展出，受到极大关注，于是，狄塞尔开办了自己的工厂，生产销售这种柴油发动机，很快成了富翁。由于新型发动机技术还不够成熟，第一批产品运转不良，用户纷纷退货。狄塞尔和他的柴油机一时声名狼藉，使得狄塞尔不仅赔光了资产，而且负债20万美元。面对这一打击，狄塞尔悲观之极，自杀身亡。但狄塞尔柴油机简单可靠，动力充沛，热效率高的优点仍然不断完善，经过30年的发展，广泛应用于大型卡车、拖拉机、船舶及机车等，成为重型运输工具中无可替代的原动机。

狄塞尔机的问世，标志着往复活塞式内燃机的发明基本完成。此后，又出现了燃气轮机、旋转式活塞发动机等新型内燃机。

正如蒸汽动力的应用推动了第一次技术革命一样，内燃机作为一种全新动力，与电力一起掀起了第二次技术革命的高潮。内燃机问世后，立即在社会经济、军事中获得了广泛的应用，深刻影响了人类文明的现代化进程。对农业和交通运输业来说，内燃机的重要性甚至超过了电力。

但内燃机的诞生也具有二重性影响。在我们广泛享受内燃机的优点时，又面临着使用内燃机过程中日益暴露的一些难以克服的矛盾。

内燃机废气造成了严重的大气污染和噪声污染，使人类健康受到了严重威胁。再次，内燃机的主要产物是二氧化碳，导致大气中二氧化碳含量日益增加，对地球的生态平衡产生了长远而严重的影响。为此，人类正在对新型动力机进行探索，如热气发动机、氢气发动机、磁流体发动机、原子能发动机、太阳能发动机、燃料电池等等。

第二次技术革命以电力技术的研究与应用开始，以一系列电讯技术和内燃机的发明应用为高潮，科学的影响全面深入地渗透到社会经济各个领域，成为引领文明发展的原动力。18世纪以前，科学和技术相对独立发展，甚至技术发展推动科学研究的状况被完全打破了。19世纪的科学发展历程表明，随着社会需求的发展，所要解决的科学技术课题日益复杂，任何一种技术都不可能孤立发展，各种技术间总是相互依存、渗透、促进，甚至需要科学走在技术发明的前面引领其发展。无线电通讯技术的诞生可以说归功于伟大的麦克斯韦所做出的前瞻性贡献。而内燃机的诞生，就需要金属材料技术的发展，需要各种新型精密机械加工手段，也需要有石油工业提供轻质能源。只有创造各种历史契机，使之交汇在一起，才能使新技术诞生。

19世纪科学大事记

1800年	意大利物理学家伏打发明第一个化学电源——伏打电堆；英国化学家尼科尔逊首次把水电解为氢和氧
1801年	德国数学家高斯出版《算术研究》，开创近代数论；英国物理学家托马斯·扬首次提出光的干涉概念，近似测定光波波长，提出视觉理论
1802年	1802年法国盖·吕萨克发现关于气体压缩的盖·吕萨克定律
1803年	英国化学家道尔顿提出原子论
1804年	法国博物学家布丰的《自然史》共44卷全部出版，初步提出物种变化观点
1806年	瑞典化学家柏采留斯首次引入 “有机化学”概念，以区别于无机矿物化学，认为有机物只能在细胞中受“生活力”作用才能产生
1807年	英国化学家道尔顿发现混合气体分压定律；英国物理学家托马斯·扬提出能量概念；美国工程师富尔敦首次试航成功蒸汽轮船
1809年	法国博物学家拉马克发表《动物哲学》，系统提出生物进化学说
1811年	意大利物理学家阿伏伽德罗提出分子说，指出分子由原子组成

续表

1812年	法国数学家拉普拉斯发表近代概率论先驱著作《分析概率论》；法国古生物学家居维叶提出地壳变动的灾变说，持上帝创世观点
1815年	德国物理学家夫琅和费发明分光镜，创立“天文分光学”，并发现太阳光谱中的黑吸收线
1816年	德国数学家高斯发现非欧几何，但未发表
1817年	德国地理学家洪保提出气温分布等值线的概念
1820年	丹麦物理学家奥斯特发现电流的磁效应，开始揭示电磁间的关系
1821年	法国数学家柯西出版近代数学重要著作《代数分析教程》；俄国探险家别林斯高晋第一次在南极圈内发现陆地（南极大陆边缘的岛屿）
1822年	法国物理学家安培提出“电动力学”，揭示了电流产生磁场的基本定律，为把电和磁归结为同一作用奠定基础
1823年	德国天文学家奥尔勃斯提出经典宇宙学的“光度佯谬”
1824年	法国工程师卡诺提出理想热机理论，是热力学第二定律的萌芽
1825年	英国工程师国史蒂芬逊制造第一台蒸汽机车，试行成功
1826年	俄国的罗巴切夫斯基，匈牙利的波约等数学家提出非欧几何学理论；德国物理学家欧姆发现欧姆定律
1828年	德国化学家维勒首次由无机物制得尿素，打破了无机物和有机物之间的绝对界线
1830年	英国地质学家赖尔开始出版《地质学原理》，提出地质变迁的渐变说
1831年	英国物理学家法拉第和美国物理学家亨利各自独立发现电磁感应现象；德国高斯建立复数代数学
1833年	英国物理学家法拉第提出电化当量定律，为电化学及电解、电镀工业奠定理论基础
1834年	法国工程师克拉珀龙提出热的可逆循环过程，用来近似地说明蒸汽机的性能
1835年	瑞典化学家柏采留斯提出催化和催化剂概念，认为催化是化学反应中的普遍现象
1837年	德国化学家李比希分析了植物的灰分中含钾、磷酸盐等，确定恢复土壤肥力的施肥化学原理；美国的莫尔斯发明电报
1838年—1839年	德国的贝塞尔，俄国的斯特鲁维，英国的亨德森初次测定恒星的周年视差，证实了地球公转；德国的施莱登、施旺提出动植物组成的“细胞学说”
1839年	美国的古德伊尔发现生橡胶的硫化反应，为橡胶工业奠定技术基础

续表

1842年	德国医生迈尔发现热功当量，建立起热效应中的能量守恒原理
1843年	英国物理学家焦耳开始了用机械功、电能和气体压缩能的转换测定热功当量的研究
1845年—1862年	德国地理学家洪保出版《宇宙》五卷，揭示自然现象之间的因果关系，开创了自然地理学
1846年	德国天文学家加勒根据勒维列和亚当斯的计算结果，发现海王星，验证了万有引力定律，证实了哥白尼的太阳系学说
1847年	德国物理学家赫尔姆霍兹提出力学中的“位能”和“势能”概念，给出万有引力场、静力学、电场和磁场的位能表示，明确能量守恒原理的普适意义
1848年	英国物理学家开尔文确立绝对温标，并提出绝对零度是温度的下限的观点
1850年	德国物理学家克劳胥斯发现热力学第二定律，并表述为：热量不能从一个较冷的物体自行传递到一个较热的物体
1852年	德国数学家黎曼建立了更广泛的一类非欧几何学——黎曼几何学，并提出多维拓扑流形的概念
1855年	英国生物学家劳维斯认识到除豆科植物外，所有植物需要的肥料中应含氮，从而发现了自然界氮的循环。化肥已获广泛应用
1856年	英国物理学家麦克斯韦用数学语言表达出法拉第电磁场的力线概念
1857年	法国微生物学家巴斯德证明乳酸发酵是酵母菌引起的，从而开始了对微生物研究
1858年	英国博物学家达尔文、华莱士分别提出“自然选择”理论，认为物种进化是在自然选择的基础上实现的；化学家，英国的古柏，德国化学家凯库勒提出碳链学说，成为有机化学结构理论的开端；德国微生物学家魏尔肖创立细胞病理学理论
1859年	达尔文发表《物种起源》，系统阐明了物种进化论
1861年	俄国化学家布特列洛夫提出有机化学结构理论，肯定分子结构的可知性，解释了同分异构现象，从分子的结构来说明分子的性质，并预示合成的途径
1862年	法国工程师德罗夏提出近代四冲程内燃机工作原理；英国化学家格累姆提出胶体概念，区别了溶液和胶体之间的不同；开始了胶体化学的研究
1863年	英国博物学家赫胥黎发表《人类在自然界的位置》，明确论证了人是猿猴进化而来的观点；法国微生物学家巴斯德用实验批判了生命“自然发生说”，提出机械的生命只能来自生命的“生源论”；确立巴氏消毒灭菌方法
1864年	麦克斯韦发表《电磁场的动力学理论》，推断电磁波的存在，认为光就是一种电磁波

续表

1865年	德国物理学家克劳修斯熵增加原理，用以说明热力学第二定律，由此得出宇宙“热寂论”
1866年	奥地利植物学家孟德尔发表《植物杂交试验》，提出遗传学的两个基本定律
1867年	德国工程师西门子发明自激式发电机；瑞典工程师诺贝尔发明安全的烈性炸药——三硝基甘油和硅藻土的混合物
1869年	俄国化学家门捷列夫提出化学元素周期律，指明元素的性质随原子量的增加而有周期性的变化，并预见了周期表中空位元素的存在和性质，周期律成为物质结构科学的重要基础
1871年	达尔文发表《人类的由来及其性选择》一书，以大量材料进一步论证人来源于猿，并提出性选择在从猿到人过程中的作用
1873年	麦克斯韦完成《电磁通论》，完成了经典电磁理论
1876年	德国工程师奥托根据德罗夏原理，制成第一台四冲程内燃机，被广泛采用；爱迪生发明留声机，是实用录音技术的开始
1877年	俄国地理学家贝汉诺夫提出第一个大陆漂移说
1878年	德国医生柯赫发表《关于创伤传染病病因的研究》，提出各种传染病均由一定病原菌引起
1879年	美国发明家爱迪生发明白炽电灯泡
1880年	法国的居里兄弟研究晶体的对称性，发现了晶体的压电效应
1881年	英国物理学家瑞利根据光的电磁理论，推出光散定律，以解释天空呈蓝色，天光呈偏振等大气中的光现象；巴斯德开创接种免疫学
1882年	德国化学家拜耳首次人工合成靛蓝；德国地理学家拉采尔发表《人文地理学》，提出地理环境决定论
1883年	奥地利物理学家马赫发表《力学科学》，反对牛顿力学中时空、质量等绝对观念，主张从相对关系上来理解这些概念；英国哈德费尔德制得锰钢，正式引入“合金钢”一词
1884年—1885年	德国生物学家赫脱维奇等证实细胞核是遗传的基础。俄国生物学家季米里亚捷夫证明在光能转化为生物能过程中叶绿素起着重要作用，从而说明整个生物界的能量主要来自日光
1886年	德国工程师本茨获得汽油内燃机汽车专利
1887年	美国物理学家迈克耳逊、莫雷首次精确实验，试图测量由于地球在“以太”中运动而引起的光干涉效应，但未获期待结果
1888年	德国物理学家赫兹发现电磁波，并研究了其性质。 1888~1889年，美国的伊斯特曼应用赛璐珞作照相底片，照相术获得广泛应用

续表

1890年	俄国 斯托莱托夫用紫外光照射锌板产生连续光电流，是最早的光电装置
1892年	俄国科学家伊凡诺夫斯基发表有关烟草花叶病的论文
1894年	德国天文学家塞利格尔提出经典宇宙学的“引力佯谬”；英国威·雷姆赛、瑞利发现化学元素氩，认为它是属于周期表中最后的一族惰性元素族中的一个元素，预计了其他惰性元素的存在
1895年	德国物理学家伦琴发现X射线；意大利马可尼首次进行一英里无线电通讯，1898年开始进入实用
1896年	法国 昂·贝克勒尔发现铀的放射性
1897年	德国工程师狄塞尔研制成功重要工业动力机——柴油机，功率13马力；英国物理学家汤姆逊发现电子，并利用阴极射线在静电场中的偏转测定了电子的荷质比；德国布希纳从磨碎的酵母中分离出一种酵素，开创了酶的研究
1899年	德国希尔伯特《几何学基础》出版，提出欧几里得几何学的严格的公理系统，对数学的公理化思潮有很大影响

第九讲　新物理学革命——20世纪的科学

20世纪是光辉灿烂的一个世纪，是人类社会发展最迅速的一个世纪，是科学技术发展最迅速的一个世纪，也是物理学发展最迅速的一个世纪。在这一百年中发生了物理学革命，建立了相对论和量子力学，完成了从经典物理学到现代物理学的转变。

1895年X射线的发现、1896年天然放射性元素的发现、1897年电子的发现，开启了20世纪前30年的物理学革命。20世纪诞生了两个科学理论成果：一是量子论和量子力学，二是狭义相对论和广义相对论。量子论的创立者是德国物理学家普朗克，普朗克在1900年提出了能量的发射和吸收不是连续的。1911年，卢瑟福把量子论引进原子结构学说，提出了原子结构的行星模型。1924年，德布罗意提出了物质波的概念，所有的物质微粒也是波。1926年，薛定愕等人提出了量子论的数学表达式，所谓矩阵力学和几何力学。1928年，26岁的狄拉克综合了这两种数学模型，提出了量子力学和量子场论的概念。20世纪前30年，经过几代科学家的努力，量子论逐步发展成为量子力学。同量子论和量子力学的产生经历了世界各国几代科学家共同努力不同，狭义相对论和广义相对论的创立却是一位科学家的功劳，他就是20世纪也是世界人类有史以来最伟大的科学家——爱因斯坦。

在20世纪二、三十年代以后，现代物理学在深度和广度上有了进一步的蓬勃发展，产生了一系列的新学科的交叉学科、边缘学科，人类对物质世界的规律有了更深刻的认识，物理学理论达到了一个新高度，现代物理学达到了成熟的阶段。

1. 危机的乌云

到19世纪末，经过力学、热力学与统计物理学、电磁学和光学各分支学科的迅猛发展。经典物理学体系已经在几乎所有方面都取得了巨大的成功。当时在许多科学家心中普遍存在着一种乐观的情绪，认为经典物理学看来似乎已经很完善了，宏伟的科学大厦已经基本建立起来了，当然还有一些小问题没有解决，后辈的物理学家只要对现有的理论进行一些小小的补充和修正就能够解决了。的确，那时经典物理学已经成为一套相当完美的体系，人们能够用它来解释大到天体运行，小到烧一壶开水等形形色色的物理现象。

1900年4月27日，英国物理学家开尔文（W.Thomson，1824—1907）在著名的题为《遮盖在热和光的动力理论上的19世纪乌云》的演说中说：“在已经基本建成的科学大厦中，后辈物理学家似乎只要做一些零碎的修补工作就行了；但是，在物理学晴朗天空的远处，还有两朵令人不安的乌云。”开尔文所说的一朵乌云指的是迈克尔逊—莫雷实验的“零结果”，它否定了以太的存在；另一朵乌云指的是热辐射的“紫外灾难”，它冲击了电磁理论和统计物理。正是这两朵小小的乌云，引发了物理学史上一场伟大的革命。

物理学进入19世纪80年代以来，人们在实验中发现了一系列令人困惑的现象，经典理论对此显得无能为力。其中现象之一，就是迈克尔逊—莫雷实验。

1881年，美国实验科学家迈克尔逊进行了著名的“以太漂移”实验。他设计了光的干涉仪。利用了“零点法”，假设地球是在以太海洋中白转的。以太风必然在干涉仪中引起干涉条纹的移动。但是，迈克尔逊无论怎样实验都观察不到干涉条纹及其移动。

1887年，他和美国化学家莫雷做了一套更准确的干涉仪重复这一实验，将装置浮置于水银之上的很重的石板上，以防震动干扰。考虑到地球公转，他们四季重复实验；考虑到地球自转，他们白天、黑夜进行实验。但所有的结果都与预想的结果相反，始终测不到干涉条纹的移动。

经过不懈努力，迈克尔逊于1887年12月宣布实验测得以太“漂移速度”为零。这一否定性的实验结果说明地球和以太之间不存在相对运动。这就是物理学史上有名的“零结果”。人们曾试图从各个角度对此作出说明，但都难以自圆其说。看来，人们原先对光传播所构想的物理图像是不正确的，使许多持有光是以太波动观点的物理学家大失所望。客观上，这一实验的结果，否定了长期以来人们相信的以太和以太风的存在。

“第二朵乌云”，指的是黑体辐射实验和理论的不一致。热辐射是普遍的自然现象，物体在任何温度下都会以电磁波的形式向外辐射能量，其量值可以通过实验测定出来。由于绝对黑体在受光照达到热平衡时将会把能量全部以热辐射的形式发送出去，黑体的热辐射要比相同温度下其他任何物体的热辐射强，所以黑体是研究热辐射的理想模型。因此，通过研究黑体辐射来揭示热辐射现象的本质和规律，是19世纪末物理学的一个重要课题。

问题是，物体的辐射能量和温度究竟有着怎样的函数关系呢?

最初对于黑体辐射的研究是基于经典热力学的基础之上的，而许多著名的科学家在此之前也已经做了许多基础工作。美国人兰利（Samuel Pierpont Langley）发明的热辐射计是一个最好的测量工具，配合罗兰凹面光栅，可以得到相当精确的热辐射能量分布曲线。“黑体辐射”这个概念则是由伟大的基尔霍夫（Gustav Robert Kirchhoff）提出，并由斯特藩（Josef Stefan）加以总结和研究的。到了19世纪80年代，玻尔兹曼建立了他的热力学理论，种种迹象也表明，这是黑体辐射研究的一个强大理论武器。

在此基础上，德国的维尔赫姆·维恩（Wilhelm Wien，1864—1928）的黑体辐射研究取得了重要的进展。维恩发现随着辐射体温度的升高，辐射的峰值会向短波方向移动，即所谓的“位移定律”。

1893年，维恩提出了理想黑体辐射的位移定律：$\lambda_{max}T$= 常数。该定律指出，随着温度的升高，与辐射能量密度极大值对应的波长向短波方向移动。由于辐射通量密度与辐射能量密度之比为$c/4$，所以在测出对应辐射通量密度极大值的λ_{max}后，就可以根据维恩位移定律确定辐射体的温度。光测温度计就是根据这一原理制成的。

接着，维恩研究了黑体辐射能量按波长的分布问题。他从热力学理论出发，在分析了实验数据之后，得到了一个半经验的公式：

$$E_\lambda=\frac{C_1}{\lambda^{-5}\exp(-C_2/\lambda T)}$$

即维恩公式。其中，E_λ为在波长λ处单位波长间隔的辐射能量；C_1和C_2是两个经验参数，通过符合实验的曲线来确定；T为平衡时的温度。维恩公式在短波波段与实验符合得很好，但在长波波段与实验有明显的偏离。

以后，英国物理学家瑞利（Lord Rayleign，1842—1919）根据经典统计物理学推出另一公式，它在长波段（低频辐射部分）与实验相符合，但在短波段（高频辐射部分——紫外光区）完全不能适用。按公式计算的预测值，在紫外一端辐射应趋向无穷大，而实验数据的结果却趋于零。这显然是荒谬的。经典物理学的理论在这里陷入困境和危机。这就是有名的“紫外灾难”。“紫外实验”成为飘浮在物理学上空的又一朵乌云，正是它引来了量子论的提出。

普朗克

量子理论的提出者是德国的普朗克。普朗克（Max Carl Ernst Ludwig Planck，1858—1947）出生于德国基尔（Kiel）。1867年，他随全家移居到慕尼黑。1879年，普朗克拿到了慕尼黑大学的博士学位，随后他便先后在基尔大学、慕尼黑大学和柏林大学任教，并接替了基尔霍夫的职位。普朗克的研究兴趣本来只是集中于经典热力学的领域，但他读到了维恩关于黑体辐射的论文后，对此表现出了极大的兴趣。在普朗克看来，维恩公式体现出来的这种物体的内在规律、和物体本身性质无关的绝对规律，代表了某种客观的永恒不变的东西。

1894年，他从研究黑体辐射问题开始，从维恩推出的有关黑体辐射能量密度的半经验公式得到启示，把电磁学方法和热力学中熵的概念结合起来，得到电磁熵的定义式。1900年，普朗克找到了与所有实验数据均相符合的辐射定律的普遍公式。他将从气体理论导出的玻尔兹曼方程应用于一振子集合，并假定它们的能量只能以 ε 的分立倍数出现，然后从维恩的位移定律出发，推断出熵是 E/ν 的函数，从而导出了能量量子和频率之间的著名关系式：$E=h\nu$（ν 是组成黑体的带电谐振子的频率），引入了以他名字命名的常数 h，即著名的普朗克常数。

在导出这个公式时，他大胆地提出了一个和“经典物理学关于能量过程必定是连续的”结论截然相反的假说，即能量的交换是不连续的，是一份一份进行的，能量的交换只能是 $h\nu$ 的整倍数。$h\nu$ 为能量交换的最小单位。称为“能量子”。1900年12月14日普朗克在德国物理学会年会上公布了他的这一工作。从能量子假说出发，普朗克成功地解释了他自己提出的辐射公式，解决了“紫外灾难”的问题。

量子论的提出使得物理界几百年来信奉的“自然界无跳跃”的原则受到了猛烈的冲击，因此人们对普朗克的辐射公式多半表示怀疑，或漠不关心。在20世纪最初5年里，普朗克的工作几乎无人问津，而他本人又因循守旧，仍想从经典力学出发来推出一个人们接受的辐射公式。

2. 物理学三大发现

19世纪末，物理学领域连续发生了三个重大事件，这就是X射线、放射性现象和电子的发现。这三大发现，使人类的认识第一次深入到了原子内部，彻底打破了原子不可分、元素不可变的传统物理学观念。以太漂移实验的零结果和黑体辐射研究中的“紫外灾难”，使经典物理学陷入不可克服的矛盾，成为推动这一时期科学发展的重要机制。

2.1 X射线的发现

X射线是1895年德国物理学家伦琴（Rontgen W.K.1845—1923）发现的。1895年11月8日晚，伦琴为了进一步研究阴极射线的性质，他用黑色薄纸板把一个克鲁克斯管严密地套封起来，在完全暗的室内做实验。在接上高压电流进行实验中，他意外地发现在放电管一米以外的一个荧光屏（涂有荧光物质铂氰化钡的纸屏）上发生亮的光辉，一切断电源，荧光就立即消失。这个现象使他非常惊奇，于是全神贯注地重复做实验。他发现即使在距仪器2米处，屏上仍有荧光出现。伦琴确信，这个新奇现象不是阴极射线造成的，因为实验已证明阴极射线只能在空气中进行几厘米，而且不能透过玻璃管。他决定继续对这个新发现进行全面检验，一连六个星期都在实验里废寝忘食地工作着。经过反复实验，他确信发现了一种过去未被人们所知的具有许多特性的新射线。这种射线的本质一时还不清楚，所以他取名为“X射线”（后来科学界称之为伦琴射线）。12月28日，他在第一篇论文《一种新的射线，初步报告》中，称这种射线为“X射线”。论文中说明了初步发现的X射线的具有如下性质：（1）阴极射线打在固体表面上便会产生X射线；固体元素越重，产生的X射线越强。（2）X射线是直线传播的，在通过棱镜时不发生反射和折射，不被透镜聚焦。（3）与阴极射线不同，不能借助磁体（即使磁场很强）使X射线发生任何偏转。（4）X射线能使荧光物质发出荧光。（5）它能使照相底片感光，而且很敏感。（6）X射线具有很强的贯穿能力，比阴极射线强得多。它可以穿透千页的书，二、三厘米厚的木板，几厘米的硬橡皮等。15毫米厚的铝板，不太厚的铜板、银板、金板、铂板和铝板的背后，都可以辨别荧光。只有铅等少数物质对它有较强的吸收作用，对1.5毫米厚的铅板它实际上不能透过。伦琴一次检验铅对X射线的吸收能力时，意外地看到了他自己拿铅片的手的骨骼轮廓。于是他请他的夫人把手放在用黑纸包严的照相底片上，用X射线照射，底片显影后，看到伦琴夫人的手骨像，手指上的结婚戒指也非常清晰，这成了一张有历史意义的照片。

1896年元旦，伦琴将他的论文和第一批X射线照片复制件分送给一些著名物理学家。几天之后，这个发现就传遍了全世界，在公众中引起轰动。其传播之迅速，反应之强烈，在科学史上是罕见的。X射线很快就被应用于医学和金属探伤等领域，从而创立了X射线学。X射线究竟是一种电磁波，还是一种粒子流，曾经争论许多年。直到1912年德国物理学家劳厄和他的助手发现X射线通过晶体后产生衍射现象，才证明它是一种波长很短的电磁波。

X射线的发现具有十分重大的意义，它是19世纪末20世纪初发生的物理学革命的开端。它的发现对于化学的发展也有重要意义：1913年，根据对各种元素的特征X射线光谱的研究发现的莫斯莱定律，确定了元素的原子序数等于核电荷数，这对元素周期律的发展和原子结构理论的建立起了重要作用。以X射线晶体衍射现象为基础建立起来的X射线晶体学，是现代结构化学的基石之一。

伦琴由于发现X射线，于1901年成为第一个诺贝尔物理学奖获得者。伦琴作出这个重大发现并非由于偶然的幸运，他的广博深厚的科学素养，周密敏锐的观察能力，顽强探索的科学精神和严谨细致的实验工作，使他具有高瞻远瞩的科学远见，能迅速地揭示出并捕捉住前人所未注意的有重要价值的新现象，紧紧抓住这种现象进行深入研究，终于取得成功。

2.2 天然放射线的发现

1896年法国著名数学家和物理学家彭加勒（Poincare，H.1854—1912）注意到X射线是从受阴极射线轰击而发出荧光的玻璃管壁上产生的。他提出是不是所有能强烈地发荧光和磷光的物质都能发射出X射线。法国物理学家亨利·贝克勒（Becquerel，H.A.1852—1908）由此受到启发，立即开始研究究竟有哪些荧光和磷光物质能发射X射线。他把许多磷光和荧光物质一一放在密封照相底片上置于阳光下曝晒，底片都没有感光。他想起15年前和他父亲一起制备的磷光物质硫酸铀酰钾晶体，于是他把一块这种晶体放在日光下曝晒，直到它发出很强的荧光，然后把它和用黑纸包封的照相底片放在一起，发现底片感光了。他错误地认为这种晶体发射X射线。1896年2月24日他向法国科学院报告了这一实验，认为X射线与荧光有关。2月26日和27日阴天，实验无法进行。贝克勒把包好的底片放到抽屉里，并随手把铀矿石压在上面。3月1日，他想检查一下，便把在抽屉里和铀盐放在一起的一张密封的底片拿去冲洗，显影后发现一件奇怪的事：这张底片已经感光，上面有很明显的铀盐的像，和刚经过日晒的铀盐产生的影像同样清晰。究竟日晒和荧光对于铀盐发出的这种神秘射线有没有关系呢？于是他亲自用纯试剂合成一些硫化物荧光物质，并设法加强它们的磷光，但它们日晒后都不能使底片感光。经过几个月的反复试验，贝克勒确信使底片感光的真实原因是铀和它的化合物不断地放射出一种奇异的射线，日晒与荧光都与照相底片感光无关，他把这种射线称为“铀射线”。

1896年5月18日，贝克勒宣布：发射铀射线的能力是铀元素的一种特殊性质，与采用哪一种铀化合物无关。铀及其化合物终年累月地发出铀射线，纯铀所产生的铀射线比硫酸铀酰钾强三至四倍。铀射线是自然产生的，不是任何外界原因造成的（光照、加热、阴极射线激发等不需要），所以既与荧光无关，也和X射线不同。铀射线能穿透过黑纸使照相底片感光，能使空气电离，使验电器放电，这些性质与X射线相同。但它的穿透能力不如X射线，它不能穿透肌肉和木板。

铀射线的发现，立即引起科学界的极大兴趣。当时在巴黎大学攻读博士学位的居里夫人，即玛丽·斯克洛多芙斯卡（Sklodowska.M，1867—1934），决定选择铀射线的本质和来源问题作为自己的博士论文题目。1897年她开始研究。要深入研究铀射线的本质，首先要有一台能精确测量铀射线强度的仪器。玛丽的丈夫、法国物理学教授居里（Curie.P，1859—1906）设计了一个灵敏而简易的铀射线检验器。经过几周的研究，玛丽先弄清楚了铀射线的强度与试样中铀的浓度成正比，而与含铀化合物的化学组成无关，也不受外界光照和温度起落的影响，由此可以确认这种辐射是铀原子一种特性。1898年，她和德国人施米特（Schmidt.G.C，1856—1949）分别发现钍元素也具有这种性质，表明这种性质并非铀元素所独有。于是玛丽建议把这种性质叫做“放射线”，把具有放射线的元素如铀和钍叫做“放射性元素”。

2.3 放射性元素钋和镭的发现

居里夫人对很多种矿物标本逐个检验有无放射性。检验了几百种物质，都没有放射性。但当她检验到一种沥青铀矿和一种铜铀云母矿时，发现它们有很强的放射性，其强度比根据其中铀或钍的含量所预计的强度大得多。她又根据天然铜铀云母矿精确分析得到的组成，自己合成了铜铀云母，发现天然铜铀云母的放射性是人工合成试样的4.5倍。这两种矿物的异常的放射性，只能解释为其中含有某种含量很少但比铀和钍的放射性强得多的新元素。

1896年6月，居里夫妇开始合作搜索这种新元素。他们先到沥青铀矿中去找。他们把这种矿石分解后，用系统的化学分析程序把其中的各种元素按组一组一组逐步分开。每经过一步分离，就测定两部分的放射线，根据溶液和沉淀有无放射性或放射性的大小来确定新元素在哪一部分中。经过几次淘汰搜索的范围逐步缩小，最后他们发现在沥青铀矿中有两种而不是一种新的放射性元素。1898年7月他们根据放射性证实了一种新放射性元素的存在，当时他们还只得到了一点富集了这种新元素的硫化铋，它的放射性远比金属铀的放射性大得多。要知道在沥青铀矿中这种新元素的含量只有一亿分之一，用一般的化学方法把它富集起来是何等艰巨啊！玛丽为这个新元素命名为“Polonium”（钋），这是为了纪念她的祖国波兰。五个月后，居里夫妇又根据放射性发现了另一种新的放射性元素，它已富集在氯化钡结晶里。这种混有新元素的晶体比金属铀的放射性竟大九百倍，居里夫妇给该元素命名为“Radium”（镭），意思是“赋予放射性的物质”。钋富集在硫化铋沉淀中，镭富集在氯化钡晶体中，这说明它们的化学性质分别很像铋和钡，而与铀相差很远。但是，这时居里夫妇还没有得到一点点纯的镭或钋的化合物。他们决定下一阶段的工作是从沥青铀矿制取纯的镭化合物。他们估计从沥青铀矿中提取了铀以后钋和镭可能原封不动地存留在废矿渣中，因为钋和镭的化学性质与铀相差很远。于是他们便从奥地利处理沥青铀矿的国营矿场买到了便宜的废矿渣。从1899年到1902年底，居里夫妇在物理学校的简陋工棚里艰苦地工作了3年，1公斤1公斤地处理了两吨废矿渣。经过几百万次的溶解、沉淀和结晶等提炼工作，终于得到仅仅100毫克的纯氯化镭。它的放射性强大得令人吃惊，竟是铀盐的二百万倍！把它放在玻璃瓶里，玻璃瓶就放出紫色的荧光，它也能使金刚石、红宝石、萤石、硫化锌、铂氰化钡等发出磷光。他们对镭的原子量进行了初步测定，大约是225，从而确定了它在周期表中处于ⅡA族钡的下面。

1903年6月25日，36岁的玛丽·居里夫人在巴黎大学通过了博士论文答辩，论文题目是《放射性物质的研究》。这年11月，英国皇家学会授予居里夫妇载维金质奖章。12月10日居里夫妇和贝克勒一道荣获这一年的诺贝尔物理学奖，分享奖金。

1910年，居里夫人和法国化学家德比尔纳（Debierne.A，1874—1949）合作，通过电解氯化镭取得了金属镭，研究了它的性质。1911年，居里夫人获得了诺贝尔化学奖。全世界只有为数极少的几位科学家两次获得诺贝尔奖，居里夫人是其中唯一的女科学家。

附：玛丽·斯克洛多芙斯卡1867年11月7日出生在沙俄统治下的华沙，当时波兰已经亡国一百多年了。她少年时就有强烈的爱国思想，在青年时代又爱上了科学，决心要以科学振兴祖国，为波兰争光。她于1891年来到巴黎求学，先后以优异的成绩获得数学和物理学硕士学位，1895年与已是物理学教授的居里结婚，结成了一对后来非常著名的科学伴侣。从1898年6月起居里决定和玛丽合作共同探索沥青铀矿中的新的放射性元素，他们的亲密合作一直持续了八年。1906年的一天居里在大街上被载重马车撞倒，车轮夺去了他的生命。居里夫人悲恸欲绝，几乎神经失常。经过长期疗养后刚刚康复，她就以惊人的毅力，不仅担负起抚养两个女儿的家庭重担，承担了居里在巴黎大学的教授席位，而且为放射科学的建立和发展又作出了重大贡献，从而获得了1911年诺贝尔化学奖。镭的发现在科学界引发了一场革命，居里夫妇的工作是原子能应用研究的开端。居里夫人不仅是有重大贡献的科学家之一，而且是一位高尚无私的人。当时镭的价格十分昂贵，但居里夫人甘于过着简朴的生活，她毫无保留地公布了镭的提炼方法，没有申请专利。正如她所说“镭不应该使任何人发财，镭是化学元素，应该属于大家”。她所获得的巨额奖金，也几乎全部用于接济穷苦的学生或支援了科学团体。1934年7月4日，居里夫人在长期患恶性贫血白血病后与世长辞。医生的证明是：“夺去居里夫人生命的真正罪人是镭”。她把自己的一生献给了科学事业。

2.4 电子的发现

如果说X射线和放射性的发现具有某种偶然性， 那么，电子的发现却充分显示了科学发展的必由之路，它是许多人经过大量实验和理论研究，进行了长期的科学争论之后的产物。比起前两件来，电子的发现具有更伟大的意义，因为这一事件使人们认识到自然界还有比原子更小的实物。原子不可分的传统观念终于被打破了。

电子发现的背景：19世纪是电磁学大发展的时期， 到七、八十年代电气工业开始有了发展， 发电机、变压器和高压输电线路逐步在生产中得到应用，然而，漏电和放电损耗非常严重，成了亟待解决的问题。同时，电气照明也吸引了许多科学家的注意。这些问题都涉及低压气体放电现象， 于是，人们竞相研究与低压气体发电现象有关的问题。阴极射线是低压气体放电过程中出现的一种奇特现象，对其本性的研究导致了英国学派的微粒说和德国学派的以太论。

电子发现的过程：在阴极射线的争论中，J. J.汤姆生认为带电微粒说更符合实际。X射线的发现宣布后，他立即用X射线轰击气体。从X射线能使气体电离的现象中他更加深刻地认识到阴极射线的粒子性，下决心以更鲜明的实验来证实这一特性。为此，他做了如下实验：（1）测阴极射线的电荷；（2）使阴极射线在静电场中偏转；（3）测阴极射线的荷质比。从以上实验， 汤姆生已可明确无误地证明阴极射线是由某种带负电的微粒组成。这种微粒是什么，汤姆生进一步对阴极射线的荷质比进行了大量的测量。最后得到阴极射线微粒的质荷比为10^{-11}千克／库仑，比氢离子的质荷比10^{-8}千克／库仑小千倍。就这样电子被发现了。汤姆生进一步又研究了许多新发现的现象，以证明电子存在的普遍性。他根据别的许多实验（包括勒纳的铝窗实验）判定， 阴极射线的微粒要比普通分子原子小得多，是原子的组成部分。

光电效应是1887年赫兹发现的，但时隔十几年，光电流的本质仍未搞清。1899年，J. J.汤姆生用磁场偏转法测光电流的荷质比。得到的结果与阴极射线相近，证明光电流也是由电子组成的。

热电发射效应是1884年爱迪生（T.Edison）发现的，所以也称爱迪生效应。爱迪生当时正在研究白炽灯泡，发现灯泡里的白炽碳丝加热后有负电逸出。1899年，J. J.汤姆生同样用磁场截止法测其荷质比，证明这一负电荷也是电子。

β射线是卢瑟福（E·Rutherford）在1898年发现的，不久，贝克勒用磁场和电场偏转法测得β射线的荷质比和速度，证明β射线是高速电子流。

J. J.汤姆生掌握了大量的实验事实，果断地作出判断：不论是阴极射线、β射线还是光电流，都是电子组成的；不论是由于强电场的电离，正离子的轰击，紫外光的照射，金属受灼热还是放射性物质的自发辐射，都发射出同样的带电粒子——电子。这种带电粒子比原子小千倍，可见电子是原子的组成部分，是物质的最基本的单元。这是一个非常重要的结论。原子不可分的传统观念彻底破灭了。

电子的发现打开了通向原子物理学的大门，人们开始研究原子的结构，希图解释元素的周期性和不同元素的化学特性。但是，面对神秘的原子世界，科学家还有很长的路要走。

附：J. J.汤姆生 Sir Joseph John Thomson（1856—1940）；英国剑桥大学实验物理学家，电子的发现者，1906年诺贝尔物理学奖（由于对气体导电的理论和实验所作的贡献）。

J. J.汤姆生1856年生于英国曼彻斯特近郊，他父亲是书商和出版家。汤姆生原来打算成为一名工程师。14岁进曼彻斯特的欧文斯学院（后改为曼彻斯特大学）攻读工程。由于父亲去世，经济困难，无法交纳工程实习所需的一笔保险费，乃改学本来就很喜爱的物理和数学。欧文斯学院很早就开设实验课，他在这里受到了良好的训练。他以工程学位毕业后，靠奖学金到剑桥大学三一学院继续深造。著名物理学家瑞利是他的导师，指导他在电磁理论方面进行系统研究，并让他进行实验室的实际工作。例如，早期他发表过关于静电单位和电磁单位比值的论文。1884年，瑞利离开卡文迪什实验室，汤姆生被推荐接任卡文迪什实验室的实验教授（即实验室主任），其时年方28岁。1918年成为三一学院院长。1940年8月30日逝世于剑桥。

J. J.汤姆生对物理学经典理论有很深造诣，尤其在热学和电磁学方面，发表过很多论文。麦克斯韦的名著《电磁通论》（第三版）就是经J. J.汤姆生整理出版的。他自己虽然并不擅长实验技术，动手能力较差，但他很熟悉实验中的实际工作，善于设计，敏于判断，思想活跃，在选择研究课题，指导实验室成员开展工作，组织和调配实验室的集体力量等方面，很好地发挥了导师的作用。在同事们和学生们的协助下，他自己也完成了许多精彩实验。他连续担任卡文迪什实验室教授长达35年，把卡文迪什实验室建设成了世界第一流的物理学研究基地。1895年起，从全国各地甚至世界各国招收一批批年轻有为的学者作为研究生，形成了一个以汤姆生为核心的研究集体。经他培养的研究人员中有七人得诺贝尔奖。他从事的研究对物理学的发展有重要影响。例如：研究阴极射线导致了电子的发现；研究正（离子）射线，导致了质谱仪的发明和同位素的研究；研究原子模型，为卢瑟福发现原子核和玻尔发展原子理论开辟了道路。汤姆生还根据自己和他人的实验（包括勒纳德的铝窗实验）判定，阴极射线的微粒（即电子）要比普通分子原子小得多，是原子的组成部分。

3. 原子核物理的建立

原子核是比原子更深一个层次的物质结构。原子核物理学是研究原子核的性质，它的内部结构、内部运动、内部激发状态、衰变过程、裂变过程以及它们之间的反应过程的学科。

卢瑟福

卢瑟福（Ernest Rutherford）（1871—1937）是一位成绩卓著的实验物理学家，是原子核物理学的开创者。他因在揭示原子奥秘方面做出的卓越贡献获1908年度的诺贝尔化学奖。

少年时的卢瑟福是个很爱动脑筋的孩子，尤其喜欢自己动手做些小玩意。有一次，家里的大钟坏了，卢瑟福便动手把钟拆开来，他的兄弟姐妹都认为一定会受到父母的责罚，但卢瑟福竟把钟修好了，而且以后还走得很准。后来，他还自制了一架照相机，自己拍摄，自己冲洗，成了个摄影迷。

24岁时，卢瑟福获得一笔奖学金，来到英国剑桥大学卡文迪什实验室进行深造。从此，他开始了在英国的科学研究生活。37岁那年，由于他对于放射性现象研究的杰出成就，他获得了诺贝尔化学奖。但他并没有满足，决心对原子进行更深入的探索。

早在古希腊时代，就有人提出，自然界天地万物是由原子构成的。长期以来，人们一直认为原子是物质最小的单位，是不可分割的，它的形状像个实心小球。而此时随着科学的发展，一些科学家认识到原子内部还有着更小的单位，卢瑟福的老师汤姆逊就持这一种观点。他们认为，原子的模样像西瓜，瓜瓣就像是原子内均匀分布的正电荷，而瓜子就是电子。“原子果真像老师所说的那样吗？“卢瑟福想通过实验来探究一下自己一直思索的这个问题。

他想，如果原子果真像个西瓜，那么，如果用比原子更小的粒子作“炮弹”来轰击它，就一定很容易地穿过它而笔直地前进。于是，他决定用一种叫做α的粒子做“炮弹”，来轰击原子，看看会发生什么情况。

然而，要做这个实验并不是一件容易的事。除了要设计一套专门仪器外，实验本身就像是用机关枪扫射几个散落在茫茫草原中的小核桃一样的困难。

在年轻的助手和几个学生帮助下，卢瑟福终于设计出了一个试验装置：一个“α”射线的放射源，就像一挺机关枪，一个金属箔作靶子，就像放核桃的草地，在它的旁边放一个硫化锌的荧光屏，屏后安装一架显微镜，来观察实验的情况。

实验开始了，发射源发射出的α粒子“炮弹”，以每秒2000米的速度穿过金属箔，在漆黑的实验室里，荧光屏上出现了点点闪光。

“这是怎么回事呢？”学生们问道。

“这说明绝大多数α粒子穿过金属靶子飞走了，只有个别α粒子被弹了回来。”卢瑟福说。

可这意味着什么呢？卢瑟福陷入了沉思。

实验使卢瑟福感到惊叹，他开始了连续不停的实验和思考，像着了魔一样整日整夜地呆在实验室里。管理实验大楼的工友搞不清他是否离开过，他的妻子儿女也难得见他一面。一天清晨，卢瑟福兴冲冲地冲进了办公室，对着正在整理东西的助手大声地说道：“我知道了，我知道了。原子到底是什么样子我知道了。”略一停顿，他又说：“它大致可以设想为一个小的太阳系。”助手怔怔地看着他，耸了耸肩说：“什么？您是说我们在一个看不见的世界里当了普罗米修斯吗？——普罗米修斯是希腊神话中为人类送来火种的神。“是的，就像是太阳系。”卢瑟福继续解释到，“原子既不是像小实心球，也不像西瓜，它的中心有个小的、带阳电的核，而带阴电的电子在围绕着这个核飞转。这就如同原子核是太阳，电子就像行星，绕着太阳转……”

“那么，α粒子被弹回来的现象怎么解释呢？”助手问他。“这是因为原子内部大部分是空隙，所以比原子更小的粒子能很容易穿过；又因为当中有个核，α粒子碰上这个坚硬的核就会被弹了回来。

卢瑟福终于打开了原子神秘之宫的大门！他的这一崭新的原子结构理论，具有划时代的意义。从此，原子学和原子核物理学便诞生并发展起来。

1919年，卢瑟福用人为的方法第一次分裂了原子，他用α粒子轰击氮原子，使它变成了一个氧原子和一个氢原子。1926年，在他的指导下，两个年轻研究人员瓦耳顺和科克拉夫特设计出了一架巨型原子捣碎机，用这架仪器，他们把轻金属锂转变为氦。1933年，62岁的卢瑟福仍在不知疲倦地进行着研究工作。就在这一年，他又发现和命名了质子——氢原子核，并预言核内存在着中子。

由于他卓越的成就和影响，多种荣誉和奖赏不断向他涌来。英国皇家学会授予他最高奖章——科柏莱奖章。几十所大学和科学团体争相授予他荣誉学位和学籍。在巨大的荣誉面前，卢瑟福仍然保持着谦虚的态度，从不夸耀自己的成绩。1937年10月，卢瑟福由于长期紧张地工作，积劳成疾，在英国剑桥医院与世长辞。

为纪念这位杰出的科学家，英国皇家学会在一所实验室门前，为他雕塑了一座半身铜像。每年都有很多人来到他的墓碑前，向这位揭开原子秘密的先驱者表示深深的怀念与敬意。

实验仪器

附：原子核被发现以后，曾经以为原子核是由质子和电子组成的。1932年，英国科学家查德威克发现了中子，这才使人们认识到原子核可能具有更复杂的结构。

质子和中子统称为核子，中子不带电，质子带正电荷，因此质子间存在着静电排斥力。万有引力虽然使各核子相互吸引，但在两个质子之间的静电排斥力比它们之间的万有引力要大万亿亿倍以上。所以，一定存在第三种基本相互作用——强相互作用力。人们将核子结合成为原子核的力称为核力，核力来源于强相互作用。从原子核的大小以及核子和核子碰撞时的截面估计，核力的有效作用距离力程约为一千万亿分之一米。

1935年，汤川秀树（Hideki Yukawa）为解释核子之间的强作用短程力，基于同电磁作用的对比，提出这种力是由质子和（或）中子之间交换一种具有质量的基本粒子——介子引起的。1936年，安德森和尼德迈耶在实验上确认了一种新粒子，其质量是电子质量的207倍，这就是后来被称为μ子的粒子。μ子是不稳定的粒子，它衰变成电子、一个中微子和一个反中微子，平均寿命为百万分之二秒。汤川秀树最初提出的介子的电荷是正的或负的。1938年，凯默基于实验上发现的核力的电荷无关性的事实，发展了稍早些时候出现的同位旋的概念，建立了核力的对称性理论。

1947年，孔韦尔西等人用计数器统计方法发现μ子并没有强作用。1947年鲍威尔（C.F.Powell）等人在宇宙线中利用核乳胶的方法发现了真正具有强相互作用的介子，其后，在加速器上也证实了这种介子的存在。

从此以后人类认识到的基本粒子的数目越来越多。就在1947年，罗彻斯特和巴特勒（C.Butler）在宇宙线实验中发现v粒子（即K介子），这就是后来被称为奇异粒子的一系列新粒子发现的开始。由于它们独特的性质，一种新的量子数——奇异数的概念被引进到粒子物理中。在这些奇异粒子中，有质量比质子轻的奇异介子，有质量比质子重的各种超子。在地球上的通常条件下，它们并不存在，在当时的情况下，只有借助从太空飞来的高能量宇宙线才能产生。

这些发现了的基本粒子，加上理论上预言其存在但尚未得到实验证实的引力场量子——引力子，按相互作用的性质，可分成引力子、光子、轻子和强子四类。为了克服宇宙线流太弱这个限制，从20世纪50年代初开始建造能量越来越高、流强越来越大的粒子加速器。实验上也相继出现了新的强有力的探测手段，如大型气泡室、火花室、多丝正比室等，开始了新粒子的大发现时期。

20世纪40年代到60年代，对微观世界理性认识的最大进展是量子力学的建立。经过一代物理学家的努力，量子力学能很好地解释原子结构、原子光谱的规律性、化学元素的性质、光的吸收及辐射等等现象，特别是当它同狭义相对论结合而建立相对论性量子力学以后，它已经成为微观世界在原子、分子层次上的一个基本理论。但是，量子力学还有几个方面的不足：它不能反映场的粒子性；不能描述粒子的产生和湮没的过程；它有负能量的解，这导致物理概念上的困难。量子场论是由狄拉克（P.A.M.Dirac）、约旦、维格纳

（E.P.Wigner）、海森伯（W.Heisenberg）和泡利等人在相对论量子力学的基础上，通过场的量子化的途径发展出来的，它很好地解决了这三个问题。库什（P.Kusch）和弗利1947年发现的电子反常磁矩，和由兰姆（W.E.Lamb）等发现的氢原子能级的分裂，只有通过量子电动力学的重正化理论才能得到正确的解释。今天，量子电动力学已经经受了许多实验上的验证，成为电磁相互作用的基本理论。

并非所有的基本粒子都是“基本”的想法，最早是在1949年由费米（E.Fermi）和杨振宁提出的。他们认为，介子不是基本的，基本的是核子，而介子只是由核子和反核子构成的结合态。1955年，坂田昌一扩充了费米和杨振宁的模型提出了强子是由核子、超子和它们的反粒子构成的模型。1961年，在实验上发现了不少共振态。1964年，已发现的基本粒子（包括共振态）的种类增加到上百种，因而使得盖耳—曼和兹韦克提出，产生对称性的基础就是构成所有强子的构造单元，它们一共有三种，并命名为夸克。

20世纪60年代以来，在宇宙线中、加速器上以及在岩石中，都进行了对夸克的实验找寻，但迄今还没有被确证为成功的报道。在20世纪60年代和70年代，有更多的能量更高、性能更好的加速器建成。虽然在这些加速器上没有找到夸克，但却得到了间接的，但是更有力地说明夸克存在的证据。与强子的数目急剧增加的情况相反，自从1962年利用大型火花室，在实验上证实了两类中微子之后，长时间内已知的轻子就只有四种，但是到了1975年情况有了改变，这一年佩尔（M.L.Perl）等在正负电子对撞实验中发现了一个新的轻子，它带正电或带负电，达质子的两倍，所以又叫重轻子。与它相应，普遍相信应有另一种中微子存在，但是尚未得到实验上的证实。

夸克理论提出不久，就有人认识到强子的强相互作用和弱相互作用的研究应建立在夸克的基础上，同时还要充分考虑强子的结构特性和各种过程中的运动学特点，才能正确地解释强子的寿命、宽度、形状因子、截面等动态性质。1965年，中国发展的强子结构的层子模型，就是这个方向的首批研究之一。层子的命名，是为了强调物质结构的无限层次而作出的。在比强子更深一层次上的层子，就是夸克。近20年来，粒子物理实验和理论发展的主流，一直沿着这个方向，在弱作用方面，已有了突破性的进展，在强作用方面，也有重大的进展。

最早的弱相互作用理论，是费米为了解释中子衰变现象在1934年提出来的。弱相互作用下宇称不守恒的发现，给弱作用理论的研究带来很大的动力。随后不久便确立了描述弱作用的流在洛伦兹变换下应当具有的形式，而且适用于所有的弱作用过程，被称为普适费密型弱相互作用理论。1961年，格拉肖（S.L.Glashow）提出电磁相互作用和弱相互作用的统一理论。这个理论的基础，是杨振宁和密耳斯（RL.Mills）在1954年提出的非阿贝耳规范场论。但是在这个理论里，这些粒子是否具有静止质量，理论上如何重正化等问题，没有得到解答。1967年—1968年，温伯格（S.Weinberg）、萨拉姆（A.Salam）阐明了作为规范场粒子是可以有静止质量的，还算出这些静止质量同弱作用耦合常数以及电磁作用耦合常数的关系。这个理论中很重要的一点是预言弱中性流的存在，而当时实验上并没有观察到弱中性流的现象。由于没有实验的支持，所以当时这个模型并未引起人们的重视。1973年，美国费米实验室和欧洲核子中心在实验上相继发现了弱中性流，之后，人们才开始对此模型重视起来。在1983年，鲁比亚实验组等在高能质子—反质子对撞的实验中发现的特性同理论上期待的完全相符规范粒子，这给予电弱统一理论以极大的支持，从而使它有可能成为弱相互作用的基本理论。

目前，粒子物理已经深入到比强子更深一层次的物质的性质的研究。更高能量加速器的建造，无疑将为粒子物理实验研究提供更有力的手段，有利于产生更多的新粒子，以弄清夸克的种类和轻子的种类，它们的性质，以及它们的可能的内部结构。弱电相互作用统一理论日前取得的成功，特别是弱规范粒子的发现，加强了人们对定域规范场理论作为相互作用的基本理论的信念，也为今后以高能轻子作为探针探讨强子的内部结构、夸克及胶子的性质以及强作用的性质提供了可靠的分析手段。在今后一个时期，强相互作用将是粒子物理研究的一个重点。

把电磁作用、弱作用和强作用统一起来的大统一理论，近年来引起相当大的注意。但即使在最简单的模型中，也包含近20个无量纲的参数。这表明这种理论还包含着大量的现象性的成分，只是一个十分初步的尝试。它还要走相当长的一段路，才能成为一个有效的理论。另外从发展趋势来看，粒子物理学的进展肯定会在宇宙演化的研究中起推进作用，这个方面的研究也将会是一个十分活跃的领域。

原子核主要由强相互作用将核子结合而成，当原子核的结构发生变化或原子核之间发生反应时，要吸收或放出很大的能量。一些很重的原子核（如铀原子核）在吸收一个中子以后，会裂变成为两个较轻的原子核，同时放出二十到三十中子和很大的能量。两个很轻的原子核也能熔合成为一个较重的原子核，同时放出巨大的能量。这种原子核熔合过程叫做聚变。

粒子加速器的发明和裂变反应堆的建成，使人们能够获得大量能量较高的质子、电子、光子、原子核和大量中子。可以用来轰击原子核，系统地开展关于原子核的性质及其运动、转化和相互作用过程的研究。

高能物理研究发现，核子还有内部结构。原子核结构是一个比原子结构更为复杂的研究领域，目前，已有的关于原子核结构，原子核反应和衰变的理论都是模型理论，其中一部分相当成功地反映了原子核的客观规律。

一公斤铀裂变时所释放的能量，相当于约两万吨TNT炸药爆炸时所释放的能量，一公斤重氢原子核聚变所释放的能量还要大几倍。轻原子核聚变为较重的原子核并释放能量的过程，就是太阳几十亿年来的能量来源，也是热核爆炸的能量来源。如果能使重氢的聚变反应有控制地进行，那么能源问题就将得到较彻底的解决。由于放射性同位素所放出的射线能产生各种物理效应、化学效应和生物效应，因此放射性同位素在工业、农业、医学和科学研究中有广泛的应用。

4. 爱因斯坦与相对论

20世纪最伟大的物理学家阿尔伯特·爱因斯坦（Albert Einstein）1879年3月14日出生在德国西南的乌耳姆城，一年后随全家迁居慕尼黑。爱因斯坦的父母都是犹太人，父亲赫尔曼·爱因斯坦和叔叔雅各布·爱因斯坦合开了一个为电站和照明系统生产电机、弧光灯和电工仪表的电器工厂。母亲玻琳是受过中等教育的家庭妇女，非常喜欢音乐，在爱因斯坦六岁时就教他拉小提琴。

爱因斯坦的叔叔雅各布在电器工厂里专门负责技术方面的事务，爱因斯坦的父亲则负

年轻的爱因斯坦

责商业的往来。雅各布是一个工程师，自己就非常喜爱数学，当小爱因斯坦来找他问问题时，他总是用很浅显通俗的语言把数学知识介绍给他。在叔父的影响下，爱因斯坦较早地受到了科学和哲学的启蒙。

爱因斯坦十六岁时报考瑞士苏黎世的联邦工业大学工程系，可是入学考试却告失败。他接受了联邦工业大学校长以及该校著名的物理学家韦伯教授的建议，在瑞士阿劳市的州立中学念完中学课程，以取得中学学历。

1896年10月，爱因斯坦跨进了苏黎世工业大学的校门，在师范系学习数学和物理学。他对学校的注入式教育十分反感，认为它使人没有时间、也没有兴趣去思考其他问题。幸运的是，窒息真正科学动力的强制教育，在苏黎世的联邦工业大学要比其他大学少得多。爱因斯坦充分的利用学校中的自由空气，把精力集中在自己所热爱的学科上。在学校中，他广泛地阅读了赫尔姆霍兹、赫兹等物理学大师的著作，他最着迷的是麦克斯韦的电磁理论。他有自学本领、分析问题的习惯和独立思考的能力。

爱因斯坦

1900年，爱因斯坦从苏黎世工业大学毕业。由于他对某些功课不热心，以及对老师态度冷漠，被拒绝留校。他找不到工作，靠做家庭教师和代课教师过活。在失业一年半以后，关心并了解他才能的同学马塞尔·格罗斯曼向他伸出了援助的手。格罗斯曼设法说服自己的父亲把爱因斯坦介绍到瑞士专利局去作一个技术员。

1902年2月21日，爱因斯坦取得了瑞士国籍，并迁居伯尔尼，等待专利局的招聘。1902年6月23日，爱因斯坦正式受聘于专利局，任三级技术员，工作职责是审核申请专利权的各种技术发明创造。1903年，他与大学同学米列娃·玛丽克结婚。

1900年—1904年，爱因斯坦每年都写出一篇论文，发表于德国《物理学杂志》。头两篇是关于液体表面和电解的热力学，企图给化学以力学的基础，以后发现此路不通，转而研究热力学的力学基础。1901年提出统计力学的一些基本理论，1902—1904年间的三篇论文都属于这一领域。

1904年的论文认真探讨了统计力学所预测的涨落现象，发现能量涨落取决于玻尔兹曼常数。它不仅把这一结果用于力学体系和热现象，而且大胆地用于辐射现象，得出辐射能涨落的公式，从而导出维恩位移定律。涨落现象的研究，使他于1905年在辐射理论和分子运动论两方面同时做出重大突破。

4.1 1905年的奇迹

1905年，爱因斯坦在科学史上创造了一个史无前例的奇迹。这一年他写了六篇论文，在三月到九月这半年中，利用在专利局每天八小时工作以外的业余时间，在三个领域做出了四个有划时代意义的贡献，他发表了关于光量子说、分子大小测定法、布朗运动理论和狭义相对论这四篇重要论文。

爱因斯坦

1905年3月，爱因斯坦将自己认为正确无误的论文送给了德国《物理年报》编辑部。他腼腆的对编辑说："如果您能在你们的年报中找到篇幅为我刊出这篇论文，我将感到很愉快。"这篇"被不好意思"送出的论文名叫《关于光的产生和转化的一个推测性观点》。

这篇论文把普朗克1900年提出的量子概念推广到光在空间中的传播情况，提出光量子假说。认为：对于时间平均值，光表现为波动；而对于瞬时值，光则表现为粒子性。这是历史上第一次揭示了微观客体的波动性和粒子性的统一，即波粒二象性。

在这文章的结尾，他用光量子概念轻而易举的解释了经典物理学无法解释的光电效应，推导出光电子的最大能量同入射光的频率之间的关系。这一关系10年后才由密立根给予实验证实。1921年，爱因斯坦因为"光电效应定律的发现"这一成就而获得了诺贝尔物理学奖。

这才仅仅是开始，阿尔伯特·爱因斯坦在光、热、电物理学的三个领域中齐头并进，一发不可收拾。1905年4月，爱因斯坦完成了《分子大小的新测定法》，5月完成了《热的分子运动论所要求的静液体中悬浮粒子的运动》。这是两篇关于布朗运动的研究的论文。爱因斯坦当时的目的是要通过观测由分子运动的涨落现象所产生的悬浮粒子的无规则运动，来测定分子的实际大小，以解决半个多世纪来科学界和哲学界争论不休的原子是否存在的问题。

三年后，法国物理学家佩兰以精密的实验证实了爱因斯坦的理论预测。从而无可非议的证明了原子和分子的客观存在，这使最坚决反对原子论的德国化学家、唯能论的创始人奥斯特瓦尔德于1908年主动宣布："原子假说已经成为一种基础巩固的科学理论"。

1905年6月，爱因斯坦完成了开创物理学新纪元的长论文《论运体的电动力学》，完整地提出了狭义相对论。这是爱因斯坦10年酝酿和探索的结果，它在很大程度上解决了19世纪末出现的古典物理学的危机，改变了牛顿力学的时空观念，揭露了物质和能量的相当性，创立了一个全新的物理学世界，是近代物理学领域最伟大的革命。

1905年9月，爱因斯坦写了一篇短文《物体的惯性同它所含的能量有关吗？》，作为相对论的一个推论。质能相当性是原子核物理学和粒子物理学的理论基础，也为20世纪40年代实现的核能的释放和利用开辟了道路。

在这短短的半年时间，爱因斯坦在科学上的突破性成就，可以说是"石破天惊，前无古人”。即使他就此放弃物理学研究，即使他只完成了上述三方面成就的任何一方面，爱因斯坦都会在物理学发展史上留下极其重要的一笔。爱因斯坦拨散了笼罩在“物理学晴空上的乌云”，迎来了物理学更加光辉灿烂的新纪元。

4.2 广义相对论的探索

狭义相对论建立后，爱因斯坦并不感到满足，力图把相对性原理的适用范围推广到非惯性系。他从伽利略发现的引力场中一切物体都具有同一加速度这一古老实验事实找到了突破口，于1907年提出了等效原理。在这一年，他的大学老师、著名几何学家闵可夫斯基提出了狭义相对论的四维空间表示形式，为相对论进一步发展提供了有用的数学工具，可惜爱因斯坦当时并没有认识到它的价值。

等效原理的发现，爱因斯坦认为是他一生最愉快的思索，但以后的工作却十分艰苦，并且走了很大的弯路。1911年，他分析了刚性转动圆盘，意识到引力场中欧氏几何并不严格有效。同时还发现洛伦茨变化不是普遍的，等效原理只对无限小区域有效……。这时的爱因斯坦已经有了广义相对论的思想，但他还缺乏建立它所必需的数学基础。

1912年，爱因斯坦回到苏黎世母校工作。在他的同班同学、母校任数学教授的格罗斯曼帮助下，他在黎曼几何和张量分析中找到了建立广义相对论的数学工具。经过一年的奋力合作，他们于1913年发表了重要论文《广义相对论纲要和引力理论》，提出了引力的度规场理论。这是首次把引力和度规结合起来，使黎曼几何获得实在的物理意义。

不过他们当时得到的引力场方程只对线性变换是协变的，还不具有广义相对论原理所要求的任意坐标变换下的协变性。这是由于爱因斯坦当时不熟悉张量运算，错误的认为，只要坚持守恒定律，就必须限制坐标系的选择，为了维护因果性，不得不放弃普遍协变的要求。

4.3 科学成就的第二个高峰

爱因斯坦

在1915年到1917年的3年中，是爱因斯坦科学成就的第二个高峰，类似于1905年，他也在三个不同领域中分别取得了历史性的成就。除了1915年最后建成了被公认为人类思想史中最伟大的成就之一的广义相对论以外，1916年在辐射量子方面提出引力波理论，1917年又开创了现代宇宙学。

1915年7月以后，爱因斯坦在走了两年多弯路后，又回到普遍协变的要求。1915年10月到11月，他集中精力探索新的引力场方程，于11月4日、11日、18日和25日一连向普鲁士科学院提交了四篇论文。

在第一篇论文中他得到了满足守恒定律的普遍协变的引力场方程，但加了一个不必要的限制。第三篇论文中，根据新的引力场方程，推算出光线经过太阳表面所发生的偏转是1.7弧秒，同时还推算出水星近日点每100年的进动是43秒，完满解决了60多年来天文学的一大难题。

1915年11月25日的论文《引力的场方程》中，他放弃了对变换群的不必要限制，建立了真正普遍协变的引力场方程，宣告广义相对论作为一种逻辑结构终于完成了。1916年春天，爱因斯坦写了一篇总结性的论文《广义相对论的基础》；同年底，又写了一本普及性的小册子《狭义与广义相对论浅说》。

1916年6月，爱因斯坦在研究引力场方程的近似积分时，发现一个力学体系变化时必然发射出以光速传播的引力波，从而提出引力波理论。1979年，在爱因斯坦逝世24年后，间接证明了引力波存在。

1917年，爱因斯坦用广义相对论的结果来研究宇宙的时空结构，发表了开创性的论文《根据广义相对论对宇宙所做的考察》。论文分析了“宇宙在空间上是无限的”这一传统观念，指出它同牛顿引力理论和广义相对论都是不协调的。他认为，可能的出路是把宇宙看作是一个具有有限空间体积的自身闭合的连续区，以科学论据推论宇宙在空间上是有限无边的，这在人类历史上是一个大胆的创举，使宇宙学摆脱了纯粹猜想的思辨，进入现代科学领域。

广义相对论建成后，爱因斯坦依然感到不满足，要把广义相对论再加以推广，使它不仅包括引力场，也包括电磁场。他认为这是相对论发展的第三个阶段，即统一场论。

1925年以后，爱因斯坦全力以赴去探索统一场论。开头几年他非常乐观，以为胜利在望；后来发现困难重重，他认为现有的数学工具不够用；1928年以后转入纯数学的探索。他尝试着用各种方法，但都没有取得具有真正物理意义的结果。

1925—1955年这30年中，除了关于量子力学的完备性问题、引力波以及广义相对论的运动问题以外，爱因斯坦几乎把他全部的科学创造精力都用于统一场论的探索。

1937年，在两个助手合作下，他从广义相对论的引力场方程推导出运动方程，进一步揭示了空间——时间、物质、运动之间的统一性，这是广义相对论的重大发展，也是爱因斯坦在科学创造活动中所取得的最后一个重大成果。

附：狭义相对论和广义相对论建立以来，已经过去了很长时间，它经受住了实践和历史的考验，是人们普遍承认的真理。相对论对于现代物理学的发展和现代人类思想的发展都有巨大的影响。相对论从逻辑思想上统一了经典物理学，使经典物理学成为一个完美的科学体系。狭义相对论在狭义相对性原理的基础上统一了牛顿力学和麦克斯韦电动力学两个体系，指出它们都服从狭义相对性原理，都是对洛伦兹变换协变的，牛顿力学只不过是物体在低速运动下很好的近似规律。广义相对论又在广义协变的基础上，通过等效原理，建立了局域惯性长与普遍参照系数之间的关系，得到了所有物理规律的广义协变形式，并建立了广义协变的引力理论，而牛顿引力理论只是它的一级近似。这就从根本上解决了以前物理学只限于惯性系数的问题，从逻辑上得到了合理的安排。相对论严格地考察了时间、空间、物质和运动这些物理学的基本概念，给出了科学而系统的时空观和物质观，从而使物理学在逻辑上成为完美的科学体系。

狭义相对论给出了物体在高速运动下的运动规律，并提示了质量与能量相当，给出了质能关系式。这两项成果对低速运动的宏观物体并不明显，但在研究微观粒子时却显示了极端的重要性。因为微观粒子的运动速度一般都比较快，有的接近甚至达到光速，所以粒子的物理学离不开相对论。质能关系式不仅为量子理论的建立和发展创造了必要的条件，而且为原子核物理学的发展和应用提供了根据。

广义相对论建立了完善的引力理论，而引力理论主要涉及的是天体。到现在，相对论宇宙学进一步发展，而引力波物理、致密天体物理和黑洞物理这些属于相对论天体物理学的分支学科都有一定的进展，吸引了许多科学家进行研究。

一位法国物理学家曾经这样评价爱因斯坦：“在我们这一时代的物理学家中，爱因斯坦将位于最前列。他现在是、将来也还是人类宇宙中最有光辉的巨星之一”，“按照我的看法，他也许比牛顿更伟大，因为他对于科学的贡献，更加深入地进入了人类思想基本要领的结构中。”

5. 物理学的新起点：量子力学

量子力学是研究微观粒子的运动规律的物理学分支学科，它主要研究原子、分子、凝聚态物质，以及原子核和基本粒子的结构、性质的基础理论，它与相对论一起构成了现代物理学的理论基础。量子力学不仅是近代物理学的基础理论之一，而且在化学等有关学科和许多近代技术中也得到了广泛的应用。

5.1 量子力学的产生与发展

量子力学是在旧量子论的基础上发展起来的。旧量子论包括普朗克的量子假说、爱因斯坦的光量子理论和玻尔的原子理论。19世纪末正当人们为经典物理取得重大成就的时候，一系列经典理论无法解释的现象一个接一个地发现了。德国物理学家维恩通过热辐射能谱的测量发现的热辐射定理。德国物理学家普朗克为了解释热辐射能谱提出了一个大胆的假设：在热辐射的产生与吸收过程中能量是以hV为最小单位，一份一份交换的。这个能量量子化的假设不仅强调了热辐射能量的不连续性，而且与辐射能量和频率无关由振幅确定的基本概念直接相矛盾，无法纳入任何一个经典范畴。当时只有少数科学家认真研究这个问题。

1900年，普朗克提出辐射量子假说，假定电磁场和物质交换能量是以间断的形式（能量子）实现的，能量子的大小同辐射频率成正比，比例常数称为普朗克常数，从而得出黑体辐射能量分布公式，成功地解释了黑体辐射现象。

1905年，爱因斯坦引进光量子（光子）的概念，并给出了光子的能量、动量与辐射的频率和波长的关系，成功地解释了光电效应。其后，他又提出固体的振动能量也是量子化的，从而解释了低温下固体比热问题。 1916年美国物理学家密立根发表了光电效应实验结果，验证了爱因斯坦的光量子说。

1913年丹麦物理学家玻尔为解决卢瑟福原子行星模型的不稳定（按经典理论，原子中电子绕原子核做圆周运动要辐射能量，导致轨道半径缩小直到跌落进原子核，与正电荷中和），提出定态假设：原子中的电子并不像行星一样可在任意经典力学的轨道上运转，稳定轨道的作用量$fpdq$必须为h的整数倍（角动量量子化），即$fpdq=nh$，n称之为量子数。

按照这个理论，原子中的电子只能在分立的轨道上运动，原子具有确定的能量，它所处的这种状态叫“定态”，而且原子只有从一个定态到另一个定态，才能吸收或辐射能量。这个理论虽然有许多成功之处，但对于进一步解释实验现象还有许多困难。玻尔又提出原子发光过程不是经典辐射，是电子在不同的稳定轨道态之间的不连续的跃迁过程，光的频率由轨道态之间的能量差$\Delta E=h\nu$确定，即频率法则。这样，玻尔原子理论以它简单明晰的图像解释了氢原子分立光谱线，并以电子轨道态直观地解释了化学元素周期表，导致了72号元素铪的发现，在随后的短短十多年内引发了一系列的重大科学进展。这在物理学史上是空前的。

由于量子论的深刻内涵，以玻尔为代表的哥本哈根学派对此进行了深入的研究，他们对对应原理、矩阵力学、不相容原理、测不准关系、互补原理、量子力学的几率解释等都做出了贡献。

1923年4月美国物理学家康普顿发表了X射线被电子散射所引起的频率变小现象，即康普顿效应。按经典波动理论，静止物体对波的散射不会改变频率。而按爱因斯坦光量子说这是两个“粒子”碰撞的结果。光量子在碰撞时不仅将能量传递而且也将动量传递给了电子，使光量子说得到了实验的证明。

光不仅仅是电磁波，也是一种具有能量动量的粒子。在人们认识到光具有波动和微粒的二象性之后，为了解释一些经典理论无法解释的现象，法国物理学家德布罗意于1923年提出微观粒子具有波粒二象性的假说。德布罗意认为：正如光具有波粒二象性一样，实体的微粒（如电子、原子等）也具有这种性质，即既具有粒子性也具有波动性。这一假说不久就为实验所证实。1924年，德布罗意提出了表达波粒二象性的爱因斯坦—德布罗意关系：$E=h\nu$，$p=h/\lambda$，将表征粒子性的物理量能量、动量与表征波性的频率、波长通过一个常数h相等。同年美籍奥地利物理学家泡利发表了“不相容原理”：原子中不能有两个电子同时处于同一量子态。这一原理解释了原子中电子的壳层结构。这个原理对所有实体物质的基本粒子（通常称之为费米子，如质子、中子、夸克等）都适用，构成了量子统计力学—费米统计的基点。为解释光谱线的精细结构与反常塞曼效应，泡利建议对于原于中的电子轨道态，除了已有的与经典力学量（能量、角动量及其分量）对应的三个量子数之外应引进第四个量子数。这个量子数后来称为“自旋”，是表述基本粒子一种内在性质的物理量。

1925年，德国物理学家海森伯和玻尔，建立了量子理论第一个数学描述——矩阵力学。1926年，奥地利科学家提出了描述物质波连续时空演化的偏微分方程——薛定愕方程，给出了量子论的另一个数学描述——波动力学。后来，物理学家把二者将矩阵力学与波动力学统一起来，统称量子力学。

由于微观粒子具有波粒二象性，微观粒子所遵循的运动规律就不同于宏观物体的运动规律，描述微观粒子运动规律的量子力学也就不同于描述宏观物体运动规律的经典力学。当粒子的大小由微观过渡到宏观时，它所遵循的规律也由量子力学过渡到经典力学。

量子力学与经典力学的差别首先表现在对粒子的状态和力学量的描述及其变化规律上。在量子力学中，粒子的状态用波函数描述，它是坐标和时间的复函数。为了描写微观粒子状态随时间变化的规律，就需要找出波函数所满足的运动方程。这个方程就是薛定愕方程。

当微观粒子处于某一状态时，它的力学量（如坐标、动量、角动量、能量等）一般不具有确定的数值，而具有一系列可能值，每个可能值以一定的几率出现。当粒子所处的状态确定时，力学量具有某一可能值的几率也就完全确定。这就是1927年，海森伯得出的测不准关系，同时玻尔提出了并协原理（又称互补原理），对量子力学给出了进一步的阐释。

量子力学和狭义相对论的结合产生了相对论量子力学。经狄拉克、海森伯和泡利等人的工作发展了量子电动力学。20世纪30年代以后形成了描述各种粒子场的量子化理论——量子场论，它构成了描述基本粒子现象的理论基础。量子力学是在旧量子论建立之后发展建立起来的。旧量子论对经典物理理论加以某种人为的修正或附加条件以便解释微观领域中的一些现象。由于旧量子论不能令人满意，人们在寻找微观领域的规律时，从两条不同的道路建立了量子力学。

5.2 量子力学的基本内容

量子力学的基本原理包括量子态的概念，运动方程、理论概念和观测物理量之间的对应规则和物理原理。

在量子力学中，一个物理体系的状态由波函数表示，波函数的任意线性叠加仍然代表体系的一种可能状态。状态随时间的变化遵循一个线性微分方程，该方程预言体系的行为，物理量由满足一定条件的、代表某种运算的算符表示；测量处于某一状态的物理体系的某一物理量的操作，对应于代表该量的算符对其波函数的作用；测量的可能取值由该算符的本征方程决定，测量的期待值由一个包含该算符的积分方程计算。

波函数的平方代表作为其变数的物理量出现的几率。根据这些基本原理并附以其他必要的假设，量子力学可以解释原子和亚原子的各种现象。

关于量子力学的解释涉及许多哲学问题，其核心是因果性和物理实在问题。按动力学意义上的因果律说，量子力学的运动方程也是因果律方程，当体系的某一时刻的状态被知道时，可以根据运动方程预言它的未来和过去任意时刻的状态。

但量子力学的预言和经典物理学运动方程（质点运动方程和波动方程）的预言在性质上是不同的。在经典物理学理论中，对一个体系的测量不会改变它的状态，它只有一种变化，并按运动方程演进。因此，运动方程对决定体系状态的力学量可以作出确定的预言。

但在量子力学中，体系的状态有两种变化，一种是体系的状态按运动方程演进，这是可逆的变化；另一种是测量改变体系状态的不可逆变化。因此，量子力学对决定状态的物理量不能给出确定的预言，只能给出物理量取值的几率。在这个意义上，经典物理学因果律在微观领域失效了。据此，一些物理学家和哲学家断言量子力学摈弃因果性，而另一些物理学家和哲学家则认为量子力学因果律反映的是一种新型的因果性——几率因果性。量子力学中代表量子态的波函数是在整个空间定义的，态的任何变化是同时在整个空间实现的。

20世纪70年代以来，关于远隔粒子关联的实验表明，类空分离的事件存在着量子力学预言的关联。这种关联是同狭义相对论关于客体之间只能以不大于光速的速度传递物理相互作用的观点相矛盾的。于是，有些物理学家和哲学家为了解释这种关联的存在，提出在量子世界存在一种全局因果性或整体因果性，这种不同于建立在狭义相对论基础上的局域因果性，可以从整体上同时决定相关体系的行为。

量子力学用量子态的概念表征微观体系状态，深化了人们对物理实在的理解。微观体系的性质总是在它们与其他体系，特别是观察仪器的相互作用中表现出来。人们对观察结果用经典物理学语言描述时，发现微观体系在不同的条件下，或主要表现为波动图像，或主要表现为粒子行为。而量子态的概念所表达的，则是微观体系与仪器相互作用而产生的表现为波或粒子的可能性。

量子力学表明，微观物理实在既不是波也不是粒子，真正的实在是量子态。真实状态分解为隐态和显态，是由于测量所造成的，在这里只有显态才符合经典物理学实在的含义。微观体系的实在性还表现在它的不可分离性上。量子力学把研究对象及其所处的环境看作一个整体，它不允许把世界看成由彼此分离的、独立的部分组成的。关于远隔粒子关联实验的结论，也定量地支持了量子态不可分离性的观点。

5.3 量子力学的二次革命

在20年代中期创立量子力学的狂热年代里，也在进行着另一场革命，量子物理的另一个分支——量子场论的基础正在建立。不像量子力学的创立那样如暴风疾雨般一挥而就，量子场论的创立经历了一段曲折的历史，一直延续到今天。尽管量子场论是困难的，但它的预测精度是所有物理学科中最为精确的，同时，它也为一些重要的理论领域的探索提供了范例。

激发提出量子场论的问题是电子从激发态跃迁到基态时原子怎样辐射光。1916年，爱因斯坦研究了这一过程，并称其为自发辐射，但他无法计算自发辐射系数。解决这个问题需要发展电磁场（即光）的相对论量子理论。量子力学是解释物质的理论，而量子场论正如其名，是研究场的理论，不仅是电磁场，还有后来发现的其他场。

1925年，玻恩，海森堡和约当发表了光的量子场论的初步想法，但关键的一步是年轻且本不知名的物理学家狄拉克于1926年独自提出的场论。狄拉克的理论有很多缺陷：难以克服的计算复杂性，预测出无限大量，并且显然和对应原理矛盾。

20世纪40年代晚期，量子场论出现了新的进展，理查德·费曼（Richard Feynman），朱利安·施温格（Julian Schwinger）和朝永振一郎（Sinitiro Tomonaga）提出了量子电动力学（缩写为QED）。他们通过重整化的办法回避无穷大量，其本质是通过减掉一个无穷大量来得到有限的结果。由于方程复杂，无法找到精确解，所以通常用级数来得到近似解，不过级数项越来越难算。虽然级数项依次减小，但是总结果在某项后开始增大，以至于近似过程失败。尽管存在这一危险，QED仍被列入物理学史上最成功的理论之一，用它预测电子和磁场的作用强度与实验可靠值仅差2/1000000000000。

尽管QED取得了超凡的成功，它仍然充满谜团。对于虚空空间（真空），理论似乎提供了荒谬的看法，它表明真空不空，它到处充斥着小的电磁涨落。这些小的涨落是解释自发辐射的关键，并且，它们使原子能量和诸如电子等粒子的性质产生可测量的变化。虽然QED是古怪的，但其有效性是为许多已有的最精确的实验所证实的。

对于我们周围的低能世界，量子力学已足够精确，但对于高能世界，相对论效应作用显著，需要更全面的处理办法，量子场论的创立调和了量子力学和狭义相对论的矛盾。

量子场论的杰出作用体现在它解释了与物质本质相关的一些最深刻的问题。它解释了为什么存在玻色子和费米子这两类基本粒子，它们的性质与内禀自旋有何关系；它能描述粒子（包括光子，电子，正电子即反电子）是怎样产生和湮灭的；它解释了量子力学中神秘的全同性，全同粒子是绝对相同的是因为它们来自于相同的基本场；它不仅解释了电子，还解释了μ子，τ子及其反粒子等轻子。

QED是一个关于轻子的理论，它不能描述被称为强子的复杂粒子，它们包括质子、中子和大量的介子。对于强子，提出了一个比QED更一般的理论，称为量子色动力学（QCD）。QED和QCD之间存在很多类似：电子是原子的组成要素，夸克是强子的组成要素；在QED中，光子是传递带电粒子之间作用的媒介，在QCD中，胶子是传递夸克之间作用的媒介。尽管QED和QCD之间存在很多对应点，它们仍有重大的区别。与轻子和光子不同，夸克和胶子永远被幽禁在强子内部，它们不能被解放出来孤立存在。

QED和QCD构成了大统一的标准模型的基石。标准模型成功地解释了现今所有的粒子实验，然而许多物理学家认为它是不完备的，因为粒子的质量，电荷以及其他属性的数据还要来自实验；一个理想的理论应该能给出这一切。

今天，寻求对物质终极本性的理解成为重大科研的焦点，使人不自觉地想起创造量子力学那段狂热的奇迹般的日子，其成果的影响将更加深远。现在必须努力寻求引力的量子描述，半个世纪的努力表明，QED的杰作——电磁场的量子化程序对于引力场失效。问题是严重的，因为如果广义相对论和量子力学都成立的话，它们对于同一事件必须提供本质上相容的描述。在我们周围世界中不会有任何矛盾，因为引力相对于电力来说是如此之弱以至于其量子效应可以忽略，经典描述足够完美；但对于黑洞这样引力非常强的体系，我们没有可靠的办法预测其量子行为。

一个世纪以前，我们所理解的物理世界是经验性的；20世纪，量子力学给我们提供了一个物质和场的理论，它改变了我们的世界；展望21世纪，量子力学将继续为所有的科学提供基本的观念和重要的工具。我们作这样自信的预测是因为量子力学为我们周围的世界提供了精确的完整的理论；然而，今日物理学与1900年的物理学有很大的共同点：它仍旧保留了基本的经验性，我们不能彻底预测组成物质的基本要素的属性，仍然需要测量它们。

或许，超弦理论是唯一被认为可以解释这一谜团的理论，它是量子场论的推广，通过有长度的物体取代诸如电子的点状物体来消除所有的无穷大量。无论结果何如，从科学的黎明时期就开始的对自然的终极理解之梦将继续成为新知识的推动力。从现在开始的一个世纪，不断地追寻这个梦，其结果将使我们所有的想象成为现实。

19世纪末20世纪初，经典物理学的各个分支学科均发展到了完善、成熟的阶段，随着热力学和统计力学的建立以及麦克斯韦电磁场理论的建立，经典物理学达到了它的顶峰，当时人们以系统的形式描绘出一幅物理世界的清晰、完整的图画，几乎能完美地解释所有已经观察到的物理现象。由于经典物理学的巨大成就，当时不少物理学家产生了这样一种思想：认为物理学的大厦已经建成，物理学的发展基本上已经完成，人们对物理世界的解释已经达到了终点。物理学的一些基本的、原则的问题都已经解决，剩下来的只是进一步精确化的问题，即在一些细节上作一些补充和修正，使已知公式中的各个常数测得更精确一些。

然而，在19世纪末20世纪初，正当物理学家在庆贺物理学大厦落成之际，科学实验却发现了许多经典物理学无法解释的事实。首先是世纪之交物理学的三大发现：电子、X射线和放射性现象的发现。其次是经典物理学的万里晴空中出现了两朵“乌云”：“以太漂移”的“零结果”和黑体辐射的“紫外灾难”。这些实验结果与经典物理学的基本概念及基本理论有尖锐的矛盾，经典物理学的传统观念受到巨大的冲击，经典物理学发生了“严重的危机”。由此引起了物理学的一场伟大的革命。爱因斯坦创立了相对论；海森堡、薛定愕等一群科学家创立了量子力学。现代物理学诞生了！

20世纪物理学大事记

时　间	事　件
1900年	瑞利发表适用于长波范围的黑体辐射公式
1900年	普朗克提出了符合整个波长范围的黑体辐射公式，开用能量量子化假设从理论上导出了这个公式
1900年	维拉尔德（P.Willard，1860—1934）发现γ射线
1901年	考夫曼（W.Kaufmann，1871—1947）从镭辐射测射线在电场和磁场中的偏转，从而发现电子质量随速度变化
1902年	勒纳德从光电效应实验得到光电效应的基本规律：电子的最大速度与光强无关，为爱因斯坦的光量子假说提供实验基础
1902年	吉布斯出版《统计力学的基本原理》，创立统计力学理论
1903年	卢瑟福和索迪（F.Soddy，1877—1956）发表元素的嬗变理论
1905年	爱因斯坦（A.Einstein，1879—1955）发表关于布朗运动的论文，并发表光量子假说，解释了光电效应等现象
1905年	朗之万（P.Langevin，1872—1946）发表顺磁性的经典理论
1905年	爱因斯坦发表《论运动体的电动力学》一文，首次提出狭义相对论的基本原理，发现质能之间的相当性
1906年—1917年	密立根（R.A.Millikan，1868—1953）测单个电子电荷值，前后历经11年，实验方法做过三次改革，做了上千次数据
1908年	佩兰（J.B.Perrin，1870—1942）实验证实布朗运动方程，求得阿佛伽德罗常数
1908年—1910年	布雪勒（A.H.Bucherer，1863—1927）等人，分别精确测量出电子质量随速度的变化，证实了洛伦兹—爱因斯坦的质量变化公式
1911年	昂纳斯发现汞、铅。锡等金属在低温下的超导电性
1911年	威尔逊（C.T.R.Wilson，1869—1959）发明威尔逊云室，为核物理的研究提供了重要实验手段
1911年	赫斯（V.F.Hess，1883—1964）发现宇宙射线
1912年	劳厄（M.V.Laue，1879—1960）提出方案，弗里德里希（W. Friedrich），尼平（P.KniPning，1883—1935）进行X射线衍射实验，从而证实了X射线的波动性
1912年	能斯特（W. Nernst，1864—1941）提出绝对零度不能达到定律（即热力学第三定律）
1913年	布拉格父子（W.H.Bragg，1862—l942；W.L.Bragg，1890—1971）研究X射线衍射，用X射线晶体分光仪，测定X射线衍射角，根据布拉格公式：Zdsin6=算出晶格常数d

续表

时间	事件
1913年	玻尔（N.Bohr，1885—1962）发表量子化原子轨道理论，解释了氢原子光谱
1914年	查德威克（J.Chadwick，1891—1974）发现能谱
1915年	爱因斯坦建立了广义相对论
1916年	密立根用实验证实了爱因斯坦光电方程
1916年	爱因斯坦根据量子跃迁概念推出普朗克辐射公式，同时提出了受激辐射理论，后发展为激光技术的理论基础
1919年	卢瑟福首次实现人工核反应
1919年	爱丁顿（A.S.Eddington，1882—1944）等人在日食观测中证实了爱因斯坦关于引力使光线弯曲的预言
1919年	阿斯顿（F.W.Aston，1877—1945）发明质谱仪，为同位素的研究提供重要手段
1923年	康普顿（A.H.Compton，1892—1962）用光子和电子相互碰撞解释X射线散射中波长变长的实验结果，称康普顿效应
1924年	德布罗意（L.de Broglie，1892—1987）提出了物质波理论
1924年	泡利（W.Pauli，1900—1958）发表不相容原理
1925年	海森伯（W.K.Heisenberg，1901—1976）创立矩阵力学
1926年	薛定愕（E.Schrodinger，1887—1961）发表波动力学，证明矩阵力学和波动力学的等价性
1926年	费米（E.Fermi，1901—1954）与狄拉克（P.A.M.Dirac，1902—1984）独立提出费米—狄拉克统计
1926年	玻恩（M.Born，1882—1970）发表波函数的统计诠释
1927年	海森伯发表不确定原理
1927年	戴维森（C.J.Davisson，1881—1958）与革末（L.H.Germer，1896—1971）用低速电子进行电子散射实验，证实了电子衍射
1927年	玻尔提出量子力学的互补原理
1928年	拉曼（C.V.Raman，1888—1970）等人发现散射光的频率变化，即拉曼效应
1928年	狄拉克发表相对论电子波动方程，把电子的相对论性运动和自旋、磁矩联系了起来
1930年—1931年	狄拉克提出正电子的空穴理论和磁单极子理论
1931年	劳伦斯（E.O.Lawrence，1901—1958）等人建成第一台回旋加速器
1931年	A.H.威尔逊（A.H.Wilson）提出金属和绝缘体相区别的能带模型，并预言介于两者之间存在半导体，为半导体的发展提供了理论基础
1932年	查德威克发现中子

续表

时间	事件
1932年	尤里（H.C.Urey，1893—1981）将天然液态氢蒸发浓缩后，发现氢的同位素——氘的存在
1932年	安德森（C.D.Anderson，1905—）从宇宙线中发现正电子，证实狄拉克的预言
1932年	海森伯、伊万年科（Д.Д.И ваненко）独立发表原子核由质子和中子组成的假说
1932年	考克拉夫特（J.D.Cockcroft，1897—1967）与沃尔顿（E.T.Walton）发明高电压倍加器，用以加速质子，实现人工核蜕变
1933年	泡利在索尔威会议上详细论证中微子假说，提出β衰变
1933年	迈斯纳（W.Meissner，1882—1974）和奥克森菲尔德（R.Ochsenfeld）发现超导体具有完全的抗磁性
1934年	费米发表β衰变的中微子理论
1933年	布拉开特（P.M.S.Blackett，1897—1974）等人从云室照片中发现正负电子对
1934年	约里奥—居里夫妇发现人工放射性
1935年	汤川秀树发表了核力的介子场论，预言了介子的存在
1935年	N.玻尔提出原子核反应的液滴核模型
1938年	哈恩（O.Hahn，1879—1968）与斯特拉斯曼（F.Strassmann）发现铀裂变
1939年	迈特纳（L.Meitner，1878—1968）和弗利行（O.Frisch）根据获滴核模型指出，哈恩-斯特拉斯曼的实验结果是一种原子核的裂变现象
1939年	奥本海默（J.R.Oppenheimer，1904—1967）根据广义相对论预言了黑洞的存在
1940年—1941年	朗道（Л.И.Л а н д а у，1908—1968）提出氦II超流性的量子理论
1940年	开尔斯特（D.W.Kerst）建造第一台电子感应加速器
1941年	布里奇曼（P.W.Bridgeman，1882—1961）发明能产生10万巴高压的装置
1942年	在费米主持下美国建成世界上第一座裂变反应堆
1946年	阿尔瓦雷兹（L.W.Alvarez，1911—）制成第一台质子直线加速器
1946年	柏塞尔（E.M.Purcell）用共振吸收法测核磁矩，布洛赫（F.Bloch，1905—1983）用核感应法测核磁矩，两人从不同的角度实现核磁共振。这种方法可以使核磁矩和磁场的测量精度大大提高
1947年	普里高津（I.Prigogine，1917—）提出最小熵产生原理
1947年	鲍威尔（C.F.Powell，1903—1969）等用核乳胶的方法在宇宙线中发现强相互作用的介子，被命名为π介子
1947年	罗彻斯特和巴特勒（C.Butler，1922—）在宇宙线中发现奇异粒子
1948年	朝永振一郎、施温格（I.Schwinger）费因曼（R.P.Feynman，1918—1988）等分别发表相对论协变的重正化的量子电动力学理论，逐步形成消除发散困难的重正化方法

续表

时 间	事 件
1948年	肖克利（W.Shockley），巴丁（J.Bardeen）与布拉顿（W.H.Brattain）发明晶体三极管
1948年	张文裕发现μ子系弱作用粒子，并发现了μ^-子原子
1949年	迈耶（M.G.Mayer）和简森（J.H.D.Jensen）等分别提出核壳层模型理论

第十讲 20世纪科学的进展

20世纪是人类社会、人类历史上变化最烈、发展最快的世纪。发展之快，变化之剧往往使人目不暇接，使人“思难适变”。在以世纪之初新物理学革命为先导的科学革命大浪潮中，天文学、地质学及生物学等学科都呈现出飞速发展的势头。各种惊人的发现，重大理论的变革层出不穷，科学的发展进入了一个前所未有的新时代。有研究表明，人类80%的科学发现、技术发明和工程建设是20世纪的科学家和工程师们创造的。这不仅仅是因为日日新、月月异的科技成果已大规模大力度地进入了寻常百姓生活，更是因为科学技术在世界经济、社会发展和各国综合实力方面所显示的巨大作用。

1. 天文学

20世纪的天文学，由于观测手段随着技术的发展变得更为先进，观测范围因技术上的一些进步而大大地扩大了。利用先进的射电望远镜，人类的视野已经扩展到了150亿光年的空间距离。现代物理学和现代技术的发展，使天体物理学成为天文学的主流，经典的天体力学和天体测量学也有新的发展，人们对宇宙的认识达到了空前的深度和广度。而原子物理学理论启发了人们用核反应来解释星体发出辐射时的温度和辐射速度。天文学进入了全波时代。

19世纪中叶诞生的天体物理学（Astrophysics），一跃而成为天文学的主流；20世纪40年代后期打开了射电天窗，兴起了一门利用波长从毫米到米的电磁辐射研究天体的新学科；60年代，航天时代的到来，使天文学冲破了地球大气的禁锢，到大气外去探测宇宙；天文学开始成为全波段的宇宙科学，使我们得以考察大到150亿光年空间深度的天象，并追溯早于150亿年前的宇宙事件。

20世纪天文学进入了黄金时代，正在为阐明地球、太阳和太阳系的来龙去脉、星系的起源和星系的演化、宇宙的过去和未来、地外生命和地外文明等重大课题作出贡献。

在20世纪上半叶已经成熟的经典分析方法仍在继续发展。较重要的成果有布朗的月球运动理论和1919年罗斯改进的火星运动理论。除分析方法外，20世纪初还出现一条新的发展途径，这就是庞加莱提出的天体力学定性理论，其中包括变换理论、特征指数理论、周期解理论和稳定性理论，对以后的天体力学发展有较大的影响。19世纪纽康证实水星近日点进动问题中有超差。这个问题用经典力学再也无法解释。直到1915年爱因斯坦建立了广义相对论后才得到解释。

20世纪50年代以后出现了两个新的因素。一是人造卫星和空间探测器的发射，向天体力学提出了新课题，由此并发展成一个新的学科分支——天文动力学，专门研究这些飞行器的运动问题。二是电子计算机的出现，使计算的速度和精度有极大地提高，从而使需要繁重计算工作的天体力学数值方法得到迅速发展。此外，60年代建立的卡姆（KAM）理论，是对定性理论的重大发展。70年代，三体问题的拓扑学研究又成为一个活跃的领域。

20世纪以来，天体测量学有了飞跃的发展。国际时间局、国际纬度服务、国际极移服务等国际机构的工作，定出全世界统一的时间服务和极移服务的标准。天文时计也由摆钟发展为石英钟和原子钟。这些技术上的发展使天体测量的精度大为提高。随着观测精度的提高，人们发现了地球自转的不均匀性，并由此出现了从世界时到历书时，更进到原子时这样的时间计量系统。同时还深入研究了地极的周年摆动、张德勒摆动和长期极移。

一个世纪以来，随着镜面材料、精密机械和自动控制的进展，极大地改善和增强了天文学家的望远能力。19世纪末，还只有美国利克天文台一架0.9米反射望远镜，到1978年，口径2～6米的大型反射望远镜已有23架，另有13架正在建造。施密特1931年发明的折反射望远镜，一直是探索银河系和河外深空的有效工具。在19世纪末，照相底片是人眼以外唯一有效的辐射接收器。20世纪初开始光电光度技术的实验。第二次世界大战后出现多种高效能的光电转换装置，探测到以往用同样聚光设备不可能记录到的微弱辐射，同时提高了观测和处理天文底片的自动化程度。

约翰逊、摩根、斯特龙根、斯特鲁维等都为实测天体物理作出创造性的贡献。1910年，德国的威尔逊等测定了恒星温度，进而算出恒星的直径。另一方面，理论天体物理研究有了新的发展。爱丁顿、米尔恩、佩恩—加波希金、昌德拉塞卡、史瓦西等人运用理论天体物理方法，卓有成效地探讨了恒星大气理论、恒星和行星的内部结构、星际物质的特性和状态、恒星的能源和演化。目前，人们正在用这种方法去解星系世界的过程和演变之谜。

太阳是一个典型的恒星。我们对恒星的大气、内核和能源的知识，很多来自太阳。19世纪最后十年，美国海耳和法国德朗达尔分别发明太阳单色光照相仪和太阳谱线速度仪，从而开始了现代太阳研究的新时期。他们通过单色光观察太阳的光球和色球，发现了钙云（谱斑）。在海耳的倡议下，卡内基研究所于20世纪初筹建了威尔逊山天文台，安装了太阳塔和分光设备，广泛地巡视太阳，发现了黑子的磁性和22年的磁周期。巴布科克父子继承海耳的太阳研究传统，于20世纪50年代初，研制出太阳光电磁像仪，进一步推动太阳活动规律和活动区物理的探讨。1931年法国李奥制成日冕仪，使人们在不发生日食的时候也能观察日冕，探索太阳高层大气。1962年—1975年间发射了8个环绕地球的轨道太阳观测台，1973年天空实验室进入轨道，都为深入认识太阳活动和日地关系提供了空前丰富的资料。半个多世纪以来，对太阳系天体的地面光学观测和研究工作取得显著成就。1930年，汤博发现冥王星。在已确认的34颗行星卫星中，有12颗是20世纪探索到的。1978年以来又发现某些小行星也有卫星。空间天文时代的到来，使太阳系天体的探索从观测科学转变为考察和实验科学，飞临考察和就地实测都取得划时代的成就。1969年—1972年，12人登上了月球；1974年—1975年就近观察了水星，揭示了水星满布环形山的面貌；1975年以来，空间探测器多次穿越金星的浓密大气，在下降航程中，完成多项实测；1976年，无人实验室在火星表面两处着陆，就地考察；1972年—1977年发射的4架探测太阳系外围空间的探测器，都已先后飞掠木星，发现了木星的几颗新卫星（尚待确认）和木星的光环。

19世纪末，哈佛大学天文台在皮克林和坎农的领导下，着手恒星分类。1890年—1936年，陆续出版载有272150颗恒星光谱一元分类的《亨利·德雷伯星表》及其补编，为建立恒星表面温度序列奠定了基础。1905年，赫茨普龙根据光谱特征，确认恒星有巨星和矮星之分。20世纪头十年，他在1905—1907年和罗素在1913年分别绘制银河星团的星等—色指数图，和已知距离的恒星的绝对星等—光谱型图，从中发现恒星分布的规律：绝大多数恒星处在所谓的主星序上，而巨星和白矮星则分别弥漫在主星序之上的巨星分支中和主星序的左下角。罗素还提出恒星在图上的演化走向，后人把恒星的光谱光度图称为赫罗图。1937年柯伊伯首先发现，一些银河星团在赫罗图上的位置差异可以用年龄不同加以解释，这说明赫罗图是探讨恒星演化的有效工具。1938年贝特指出，主序星的能源是氢变氦的热核反应，成功地阐明了恒星的产能机制，为理解太阳型恒星百亿年的演化程奠定了基础。博克等人的光学观测，以及60年代以来贝克林、斯特罗姆等人的红外观测，都表明恒星起源于星际暗云，因吸积、收缩而成原恒星（或称星胚或星胎）。人类对恒星的形成和演化的认识和晚期演化等等。人类对恒星的形成和演化的认识和理解，是20世纪天文学的一项重大成就。20世纪初，卡普坦通过恒星计数和光度函数的统计研究，建立了以太阳系居中的、直径长40000光年的银河系模型。1918年，沙普利对太阳系为银河系中心的传统观念提出挑战，他分析了当时已知的球状星团的视分布，并根据造父变星的周光关系估算它们的距离，从而得出银河系是直径300000光年。1926年，林德布拉德指出，恒星运动的不对称效应是银河系自转的反映。随后，银河系的较差自转为奥尔特所证实，并求出太阳以每秒250公里的速度，沿圆轨道绕银心运动，估计2.5亿年公转一周。他还估算出银河系的质量。

根据河外星系的启示，人们推测银河系也有旋涡结构。50年代初，摩根的高光度星空间分布研究和奥尔特等人的中性氢21厘米谱线射电分析，都确切地描绘出银河系旋涡结构和旋臂。60年代，林家翘比较成功地用密度波理论解释了旋涡结构及其维持机制。1912年，勒维特观测小麦哲伦云的造父变星，发现周光关系，从而推测小麦哲伦云的距离可能十分遥远，也许在银河系之外。1924年底，哈勃（美国天文学家，1889—1953）宣布他利用造父变星的周光关系，计算出仙女星系、人马不规则星系的距离，指出它们是银河系以外的恒星系统。从那时起，诞生了星系天文学。古老的宇宙岛观念被证明是客观现实；在银河系之外“天外有天”的大宇宙概念的建立，是20世纪天文学的又一重大成的大宇宙概念的建立，是20世纪天文学的又一重大成就。1929年，哈勃发现河外星系的谱线红移量和星系距离成正比关系。假若承认红移是天体退行运动的多普勒效应，那么红移—距离关系意味着星系普遍退行，而它们所处的空间整体在膨胀。宇宙膨胀正是相对论宇宙学所预期的结果之一。

哈勃

1956年，哈马逊把红移—距离的线性关系扩展到红移0.20，即退行速度达到光速的1/5。1977年，桑德奇更延伸到0.75，即退行速度为光速之半。按此而求出的距离已超过50亿光年。这就是我们生活于一个不断运动并演化着的宇宙中的观测依据。70年代以来，探索远达百亿光年以上的宇宙深空已成为现代天文学的主要课题。虽然早在30年代初，央斯基等人就发现了来自地球以外的宇宙无线电波，但通过光学波段以外的天窗，用无线电方法接收并研究天体的射电波，则是40年代后期的事。那时， 海伊、博尔顿、赖尔等人相继探测射电天空，从而建立了射电天文学。地球大气能透过某些波长的红外辐射早已为人们所知。60年代制成了制冷的红外灵敏器件，红外手段终于成为探测星空的武器。几十年来，约翰逊、诺伊吉保尔、沃尔克等人的地面和空间观测，表明红外手段在探测行星、冷星、尘埃中的恒星、银河系暗星云、类星体和其他特殊星系的本原方面有极大潜力。

2. 地质学

在地质学发展的历史上，曾经出现过三次著名的争论。第一次是以赫顿为代表的火成论与维尔纳为代表的水成论之间的争论；第二次是以居维叶为代表的灾变论与以赖尔为代表的渐变论之间的争论；第三次则是发生在20世纪的地壳构造的固定论与活动论之间的争论。第三次争论以活动论最后取得胜利而告终，被认为完成了地学领域的一次伟大的革命。

近代欧洲人研究了岩石的成因。在这方面产生了两种主要的观点：水成论和火成论。

1893年，美国人威廉斯（1847—1918）提出了地质年代学的概念，企图按地质构造来确定地壳岩层的年龄。但这方面的认真研究是20世纪才开始的。由于放射性元素有一个固定的半衰期，在半衰期内核数目会减少到原有数目的一半。所以，研究地壳岩石中元素的各种稳定和不稳定同位素的丰度和它们之间比值的变化，便可以确定矿物、岩石的地质年龄。但一般来说，人们普遍认为地球表面的大陆是静止的，没有运动。近代的地质科学还没有关于大陆运动的思想。

魏格纳

1912年1月，德国人魏格纳（1880—1930）在马尔堡科学协进会作了题为《大陆的水平位移》的演讲，提出了关于大陆漂移的假说。1915年，魏格纳利用服兵役的病假期写成了《海陆的起源》一书，从地球物理学、地质学、古生物学和生物学、古气候学、大地测量学等5个方面详细论述了他的大陆漂移说。这是第一个关于大陆运动的系统学说。魏格纳认为，全世界的所有大陆原来是一个被整海（泛大洋）包围着的整陆（泛大陆），由于潮汐和地球自转的作用，巨大的大陆岩体分裂成几块，慢慢分开，漂浮在玄武岩底的海洋上，向各个方向移动，经过几亿年的时间，这些移动形成了世界各大洋大洲今日的面貌。

1928年，英国人霍尔姆斯提出了著名的地幔对流说。霍尔姆斯认为，地壳下的地幔物质可以发生热对流，上升的地幔流遇到大陆屏障后，会向两边流去，产生的引张力将陆块扯裂，然后使之漂移，在陆面上形成裂谷；两股相向流动的地幔汇合起来向下流动时，挤压力和拉力造成了地槽和海渊。霍尔姆斯把地幔作为大陆漂移的传送带，从而较好地解决了大陆漂移的驱动力问题。当然，霍尔姆斯的说法也仍然是一种假说，当时的大陆地质学和海洋地质学都还不能提供地幔对流的足够证据。

1960年是海洋地质学上有纪念意义的一年。这一年，瑞士人J.皮卡德和一位美国人乘坐奥古斯特·皮卡德（1884—1962）发明的“的里雅斯特”号深潜器，下潜到1万多米深的马里亚那海沟底部，使人类探测到了海洋的最深处。另外，美国普林斯顿大学的赫斯（1906—1969）在这一年提出了海底扩张说。赫斯认为，洋中脊是洋壳生成的地方，地幔对流环将地幔物质从这里挤出，形成新的洋底；对流环分离时携带新洋底背离洋脊运动，在海沟处重新返回地幔深部；陆块边界若与下降的对流环为邻，便会发生强烈的变形；另外，海底平顶山原是洋脊处的火山岛，后来被侵蚀作用削平，由于随洋底运动，逐渐离开洋脊，淹没在海洋中。1962年，赫斯以《海洋盆地的历史》为题正式发表了他的上述观点。

在大陆漂移、地幔对流、海底扩张等学说及古地磁学、地震学研究资料的基础上，英国剑桥大学的麦肯齐、R.L.帕克尔，美国普林斯顿大学的摩根、哈得逊、河畔拉蒙特地质研究所的法国人勒比雄等人在1967年—1968年间提出了板块构造理论。勒比雄在他的文章中将地球的岩石圈划分为欧亚、非洲、澳洲、南极洲、美洲、太平洋六大板块，详细讨论了它们的运动。摩根的论文还讨论了地幔物质在洋脊热点处涌出的情况。板块构造理论认为地壳板块是地幔软流圈上的刚性块体，板块的边界处是构造运动最活跃的地方，在这里存在着3种边界应力：由于两个板块相对运动而产生的挤压力（如造山带的隆起、海沟处一个板块俯冲到另一个下面时）；两个板块背离运动时的引张力（如东非裂谷和海底全球大裂谷的形成）；两个板块相互滑过时的剪切力（如转换断层的形成）。总之，板块之间的相对运动被视为全球地壳构造运动的基本原因。这样一个全新的地壳运动理论的诞生，表明了人类对脚下的大地和海底的构造运动规律有了超越日常经验的理论认识。在某种意义上，这是人类地球观的一次革命，它可以同哥白尼革命相媲美。

3. 生物学

进入20世纪，随着物理学化学等学科的快速发展，生物学的研究得到了有力的支持。借助于物理学和化学的新理论及新方法，生物学的研究出现一系列的重大进展。

由于生物学在19世纪已达到了细胞的层次，一些生物学家在19世纪70年代已开始在细胞学的领域内向遗传学方向迈进了。

1900年，在生物学发展史上出现一个重要的事件——孟德尔的再发现。

大约从1885年起，荷兰的德弗里斯（1848—1935）开始在生物界寻找这种突变，他后来在美洲的樱草花的一个野生群内发现了。有些植株明显地不同于正常类型，几代以后德弗里斯从这些植株里得到了更明显的变种。德国的科林斯（1864—1933）和奥地利的切马克（1871—1962）也在从事植物杂交的研究，正当他们的工作就要结束时，他们发现孟德尔早已得出了他们正要得出的结果。1900年，德弗里斯等在自己发表的论文中，明确指出了孟德尔早在他们之前就已经得到了关于遗传的重要结论。正如科林斯在他的论文所说的那样："我还以为自己发现了新东西，但是，不久我就发现，在上个世纪60年代，布隆镇修道院的孟德尔院长经过一系列的豌豆试验，不仅获得了与我完全一致的结论，而且提出了完全相同的解释。而这一切居然发生在几十年前的1866年。"1901年，孟德尔的论文重新以德文发表。三位科学家不约而同地发现了孟德尔发现过的遗传定律，这就是被史学家称之为的"孟德尔再发现"。

英国的贝特森（Bateson，1861—1926）将孟德尔的论文翻译成了英文，并向英国生物界广泛传播孟德尔的学说。1906年，贝特森第一次提出了“遗传学”一词。

科塞尔

核酸是瑞士人米歇尔（1844—1927）于1868年在德国做研究时从脓细胞中最先提取出来的。后来经过德国人科塞尔（1853—1927）的研究及其学生琼斯（1865—1935）和美籍俄国人列文（1896—1940）在美国的研究，基本上搞清了核酸的化学成分和基本结构。确定了核酸有两种，即脱氧核糖核酸（DNA）和核糖核酸（RNA）。

1879年，德国的弗莱明（Fleming，1843—1915）运用染色的方法观察细胞，发现细胞内的有些物质可以吸收某些染料，而有一些则不能吸收。在细胞核中，有一些物质大量吸收碱性苯胺染料，他便称这些物质为染色质。在无性生殖中当细胞接近分裂时，人们发现染色质会自己形成若干条分离的丝，这被称作染色体。

1903年，美国生物学家萨顿（1877—1916）和德国的鲍弗里（1862—1915）提出了遗传的染色体学说，认为遗传因子就在染色体上。1904年美国的萨顿证明了染色体总是成对存在的。1909年丹麦的约翰逊提议用“基因”一词代替遗传因子。

1910年，美国人摩尔根（1866—1945）发表了关于果蝇性连锁遗传的论文，第一次将一个基因和一个具体的染色体的行为联系起来。此后，摩尔根和他的学生又发表了《遗传的物质基础》和《基因论》，系统地阐述了基因学说和染色体理论，证明了基因是染色体上的遗传单位。

摩尔根
美国遗传学家
1933年获诺贝尔生物及医学奖

20世纪40年代以后，人们逐渐认识到核酸是基因的载体，遗传学研究又掀起一个新的热潮。物理学和化学向生物学的渗透，使遗传学又取得重大突破，产生分子遗传学。它一产生就超出遗传学范围，把分子水平的研究迅速扩展到生物学领域，从而形成分子生物学，引起生物学革命，又发展了遗传工程这一崭新的生物技术。

1944年美国的艾弗里（1877—1955）等人在实验中发现：死去的S型菌并未复活，而是S型菌的DNA进入了R型菌，使其转化为新的S型致病肺炎双球菌。艾弗里等人的实验不仅揭开了“格里菲思之谜”，并且在世界上第一次证明遗传基因就在DNA上。［1928年，英国细菌学家格里菲思（1877—1944）对两种S型和R型肺炎球菌进行研究，少量的S型菌就会使小鼠患肺炎而死亡，而R型菌则不会。一次，格里菲思把加热杀死的S型菌和活的R型菌混合注射到小鼠身上，小鼠竟然也患病死亡了。这就是著名的“格里菲思之谜”。］

显然，搞清DNA的化学结构及作用是研究遗传的关键问题。20世纪40年代后，不同的研究工作由彼此独立转到融为一体，最终探明了DNA的结构，从而导致了分子生物学的诞生。

20世纪40年代末，DNA的功能和结构日益引起学术界的重视。英国的维尔金斯（1916—2004）和富兰克林（1920—1958）研究小组与美国的鲍林（1901—1994）研究小组在DNA

晶体结构研究方面都取得了卓有成效的进展。但维尔金斯认为探索DNA结构的唯一途径是使用晶体学和数学计算的方法，拒绝采用建立结构模型的方法，因此，未能进一步取得最终的结果；而鲍林虽是最早认定DNA分子具有与氨基酸链类似的螺旋结构的科学家，而且研究的环境最优越，但他错误地认为DNA分子是由三股螺旋组成的，使他误入歧途。

美国的沃森（1928—）和克里克（1916—2004）当时是两个年轻的学者。受薛定愕《生命是什么？》一书的影响，对基因研究产生了浓厚的兴趣。1951年11月，两人在剑桥大学卡文迪什实验室相遇，决定开始合作。

克里克与沃森认为：当时的X射线晶体衍射技术水平尚不足以清晰显示生物大分子较为复杂的三维图像，仅靠数学计算，难以确定大分子中所有原子的准确位置。如果设想DNA分子呈螺旋状，则不妨依据X射线衍射图上的几组数据，先构建出分子模型的大模样，再不断调整其中原子排列的细节，直到其与真实分子的衍射图十分接近为止，此时得到的即应是DNA的实际立体结构。

1951年11月，沃森听了富兰克林关于DNA结构的学术报告，沃森和克里克认识到他们要从事DNA的结构分析研究。由于并非他们分内的工作，没有研究经费，也没有从实验中直接得到数据的条件，只能利用别人的数据进行分析，从而建立自己分子结构模型。他们很快就提出了一个三股螺旋的DNA结构的设想。但当他们请维尔金斯和富兰克林来讨论这个模型时，富兰克林当即指出DNA结构应是双螺旋，而且他们把DNA的含水量少算了一半。

克里克

这是由于沃森在听富兰克林的报告时没有做记录，富兰克林估算出DNA分子中每个核苷酸是由8个水分子环绕着的，而沃森却用脑子记成了每一段的 DNA分子含有8个水分子，于是第一个模型宣告失败。

1952年5月以后，沃森和克里克得到了维尔金斯和富兰克林的进一步的实验报告。克里克请数学家帮助计算的结果表明，嘌呤有吸引嘧啶的趋势，并从查哥夫那里知道嘌呤与嘧啶的碱基比为1∶1，于是形成了碱基配对的概念。沃森和克里克此时已知道鲍林建立了氢键连接的3链结构，这对他们也是一个触动。经过紧张地工作，不断修正错误，他们终于在1953年2月建立起DNA 双螺旋结构的分子模型。

1953年4月25日，英国著名的科学期刊《自然》杂志发表了沃森、克里克的一篇优美精练的短文，宣告了DNA分子双螺旋结构模型的诞生。这一期杂志还发表了富兰克林和维尔金斯的两篇论文，以实验报告和数据分析支持了沃森、克里克的论文。

DNA分子双螺旋结构模型的诞生宣告了分子生物学的诞生。为此，沃森、克里克和维尔金斯获得了1962年的诺贝尔医学和生理学奖。

沃森和克里克建立DNA双螺旋结构模型后不久，又发表文章说明DNA分子结构的遗传含义。他们设想DNA双螺旋结构就是基因，携带着遗传密码；在复制过程中，原来的一个双螺旋结构分子变为两个同原来完全相同的双螺旋分子。

1953年4月25日，沃森、克里克发表于英国《自然》杂志上的论文，宣告了DNA分子双螺旋结构模型的诞生

沃森和克里克在剑桥大学

1956年，美国的科恩伯格（1918—）从大肠杆菌里分离了一种催化核苷酸形成DNA的酶——DNA聚合酶。1957年，他用含有4种核苷酸、聚合酶和DNA的无细胞体系合成了DNA。他的重要发现是，产物DNA中碱基比例和原先的DNA碱基比例相同。1958年，梅塞尔森（1930—）等用大肠杆菌研究DNA复制。实验结果证明，在细胞分裂中DNA确实是以半保留复制的方式产生的。1959年，美国生化学家泰勒（1916—）用氚标记碱基追踪DNA的复制。以上实验结果都证明沃森和克里克的设想是正确的。DNA双螺旋结构的重大意义显示出来，它解决了基因自我复制的分子基础问题。此后，基因是如何表达的问题，成为分子生物学研究的中心课题。

科恩伯格
1959年获诺贝尔医学和生理学奖

在探求基因如何控制蛋白质合成时，面临一个难题：4种不同的碱基怎样排列组合进行编码才能表达出20种不同的氨基酸。美国物理学家伽莫夫（1904—1968）于1955—1956年间用数字的排列组合来估算编码。他认为，应用3个碱基组成3联密码，$4^3=64>20$。由此他进一步推断一种氨基酸可能不只有一个密码。伽莫夫专门组织对遗传密码设计的讨论，克里克也参加了。1961年，克里克和布伦纳进行了研究密码比例和翻译机制的实验。结果表明，密码确是以3联体核苷酸的形式代表着20种不同的氨基酸。

到1963年，20种氨基酸的遗传密码都被测出，到1969年，64种遗传密码的含义已全部得到解答，经克里克建议，人们将它们排列成一个遗传密码表。很多科学家认为，这个表在生物学上的意义，可以与元素周期表在化学上的意义相比。

对于遗传信息通过什么途径来调节和控制遗传的问题，20世纪50年代人们也进行了大量研究。克里克在1957年提出一个设想：RNA可能是DNA和蛋白质之间的中间体。1958年，克里克又提出基因自我复制和指导蛋白质合成的“中心法则”，即DNA把信息转给RNA，RNA通过中间的“受体”用信息指导氨基酸进行蛋白质的合成，而且这一过程是不可逆的。这种受体很快被证实是一种转移核糖核酸。1961年，法国分子生物学家雅可布（1920—）和莫诺（1910—1976）证明在DNA与蛋白质之间的中间体是一种被称为信使RNA的多核苷酸链（简称mRNA）。

1970年，美国生化学家特明（1934—）和巴尔的摩（1938—）在癌症研究工作中，各自独立地发现了逆转录酶。这一发现不但打破了中心法则的不可逆性，也为病毒可以改变宿主细胞的遗传性提供了科学依据，是对中心法则的一个重要补充，又一次轰动了生物学界。两人都获1975年诺贝尔医学和生理学奖。

分子生物学的兴起，对细胞学的发展也产生深刻影响。20世纪50年代以后，由于电子显微镜的改进及广泛应用，使人们可以观察到许多以前无法看到的微细结构。到60年代初，对细胞的观察已深入到亚细胞结构水平和分子水平，人们将细胞结构研究与功能研究紧密结合起来，以阐明生命的基本活动。细胞生物学作为一个独立的分支学科诞生了。70年代，人们对细胞有了进一步的认识。细胞的生物学特点可概括为：细胞是遗传信息和代谢信息的储存和传递系统，是从小分子合成复杂高分子特别是核酸和蛋白质的系统，是一个内部有能量流动又保持整体动态平衡的开放系统。这种认识与20世纪50年代前相比，不仅在结构上深入到新的层次，而且从功能上反映了生命活动的本质。此外，20世纪60年代以来，在细胞膜、染色体、线性体等的结构和功能的研究方面也取得了重大进展。

20世纪60年代后，随着分子生物学的建立及其发展，生物进化理论也有进一步的发展，进入到了第三个阶段，原来的综合进化理论发展成为当代达尔文主义的新综合理论，即所谓的分子水平的综合进化理论。这个理论更加科学地说明了选择的进化机制和变异对进化的意义，成为这一阶段进化理论的主流。另一方面，出现了中性突变进化理论和间断均衡学说，从不同的水平对进化现象加以说明和解释，并向当代达尔文主义提出挑战。综合进化理论表达了这样一种生物进化观点：种群是生物进化和物种形成的基本单位，进化是种群基因库变化的结果，突变、选择和隔离是生物进化的基本环节。

值得一提的是，在科学家普遍接受达尔文主义进化学说的时候，拉马克主义也有一些拥护者。从1920年至1937年，麦克杜格尔（McDougall）接连好多代训练老鼠避开一条引向电击的途径而选择一条引向食物的途径，他发现训练所需的次数一代一代地减少下去。从细菌和原生动物生长的研究中，拉马克的观点获得更加显著的证据。詹宁斯（Jennings）从1930年起证明某种原生动物能改变自身以适应不习惯的环境条件，例如高温和有毒的化学制品，这种获得的变化是遗传的，因为这些原生动物回过来适应早先的条件时，如同它们适应新条件时的变化一样缓慢。欣谢尔伍德（Hinshelwood）从1938年起把细菌细胞的生长作为一种化学反应来对待，研究了这种过程的动力学，取得了类似的结果。

近年来抗药性菌株的出现已成为一个重要的问题，这种细菌的发生一般归因于偶然产生的一个突变有机体，它能在药物中生存，并通过自然选择而占优势。但是欣谢尔伍德却提出细菌自身能对药物发生适应性改变的理由，特别是因为在稀释的接种体里几乎全部细菌都生存下来了，并且在一个亚致死的药物培养基中产生了菌落，而不只是一两个突变体。批评者指出每一个细菌生存并繁殖到相当长的时期后，便可以形成一个抗药突变体，但是欣谢尔伍德却认为这个见解不能说明这种现象的量变特点，因为菌体细胞的分裂速度在药物培养基中大大降低了，虽然有机物质的产生速度是很大的。拉马克主义始终是具有相当异端色彩的一种少数派意见。1940年，由于在苏联发展了多少有点类似的米丘林学说，这种异端色彩就更明显了。

4. 系统论、信息论和控制论

随着近代科学的发展，学科越分越细，分支学科也越来越多。另外，学科与学科之间、科学与技术之间的交叉渗透，使得自然科学趋于整体化，科学与技术趋于一体化，各种研究和工程技术越来越复杂，规模也越来越庞大。科学、技术、生产的相互渗透，使各种控制问题越来越复杂，这使得人们必须更多地从整个系统出发考虑和解决问题。于是在20世纪中叶，应运而生了由系统论、信息论和控制论构建起来的系统科学。到了60年代，由于出现复杂的工程大系统需要用计算机来控制生产过程，系统辨识成为重要研究课题。

所谓系统科学，就是以系统的存在和发展规律为研究对象的一种学科体系。同其他科学一样，系统科学也包括基础理论科学、技术基础科学和工程应用科学三个层次。系统论主要就是研究各种复杂系统的基本理论及其各系统的相互作用的基本规律。而信息论和控制论则是系统科学体系中的技术科学层次，是沟通系统工程技术与系统科学基础理论的桥梁。信息论主要是研究对系统信息的认识问题，控制论主要是研究对系统信息的利用问题。在研究系统中所存在的信息传递和控制的过程中，信息论和控制论不但提供了一套描述不同系统的统一词汇和概念，而且给出了解决系统特定问题的研究方法。

系统一词，来源于古希腊语，是由部分组成整体的意思。一般系统论则试图给一个能描示各种系统共同特征的一般的系统定义，通常把系统定义为：由若干要素以一定结构形式联结构成的具有某种功能的有机整体。钱学森把极其复杂的研究对象称为系统。美籍奥地利理论生物学家贝塔朗菲（Ludwig Von Bertalanffy，1901—1972），是系统论的创始人。

贝塔朗菲的系统论思想发端于“机体论”。他在1924年—1932年间发表的《现代发展论》、《理论生物学》等著作中都表达了他的机体论思想，提出了生物学的有机概念。强调生物有机体是一个整体、一个开放系统；生物有机体与环境又组成一个大的系统。认为生物科学的任务就是要发现生物系统中的运动规律，并提出用数学和模型方法来研究生物机体系统论。贝塔朗菲的这种系统论思想的萌芽在当时并没有受到重视。1937年，他在芝加哥大学讲演时第一次明确提出了一般系统论的原理，但由于种种原因没有正式发表，直到1945年他写的《关于一般系统论》一文中又一次提出了一般系统论的原理并在同年的《德国哲学周刊》上正式发表。由于战争的发生，该杂志被毁于战火之中，论文也就不为人知。但是贝塔朗菲并不气馁，他坚信自己确立的一般系统论原理是符合现代科学的发展的。他坚持不懈地研究和宣传，终于在1948年正式确立了一般系统论为社会所承认。他在同年出版的《生命问题》一书，概括了系统思想在历史上的发展和一般系统论的基本理论，是一般系统论问世的主要标志。从此贝塔朗菲为系统论的宣传和传播作出了积极的努力。1954年他同经济学家保尔丁，生物数学家拉波特等一起创立了“一般系统论学会”，该学会在美国许多城市都设立了地方团体，在社会科学、行为科学、政治科学、经济学等领域中推广并促进系统论的发展。1968年贝塔朗非全面总结40年来的工作和研究成果，出版的《一般系统论：基础、发展和应用》一书成为一般系统论的经典著作。

英文信息一词（Information）的含义是情报、资料、消息、报导、知识的意思。所以长期以来人们就把信息看作是消息的同义语，简单地把信息定义为能够带来新内容、新知识的消息。但是后来发现信息的含义要比消息、情报的含义广泛得多，不仅消息、情报是信息，指令、代码、符号语言、文字等，一切含有内容的信号都是信息。信息论的创始人是美国贝尔电话研究所的申农。

申农（C.E.Shannon，1916–2001），美国数学家，是控制论的创始人维纳的学生。他为解决通讯技术中的信息编码问题，突破老框框，把发射信息和接收信息作为一个整体的通讯过程来研究，提出通讯系统的一般模型；同时建立了信息量的统计公式，奠定了信息论的理论基础。1948年申农发表的《通讯的数学理论》一文，成为信息论诞生的标志。申农创立信息论，是在前人研究的基础上完成的。1922年卡松（Cur Son）提出边带理论，指明信号在调制（编码）与传送过程中与频谱宽度的关系。1924年奈奎斯特（Nyguist.H）发表了名为《影响电报速率因素的确定》的文章。1928年哈特莱（Hartley，L.V.R）发表《信息传输》的文章，首先提出消息是代码、符号而不是信息内容本身，使信息与消息区分开来，并提出用消息可能数目的对数来度量消息中所含有的信息量，为信息论的创立提供了思路。美国统计学家费希尔从古典统计理论角度研究了信息理论，苏联数学家哥尔莫戈洛夫也对信息论作过研究。法国物理学家L.布里渊（L.Brillouin）1956年发表《科学与信息论》专著，从热力学和生命等许多方面探讨信息论，把热力学熵与信息熵直接联系起来，使热力学中争论了一个世纪之久的“麦克斯韦妖”的佯谬问题得到了满意的解释。英国神经生理学家阿西比（W.B.Ashby）1964年发表的《系统与信息》等文章，还把信息论推广应用于生物学和神经生理学领域，也成为信息论的重要著作。这些科学家们的研究，以及后来从经济、管理和社会的各个部门对信息论的研究，使信息论远远地超越了通讯的范围。

申农

维纳

控制论作为一个相对独立的科学学科的形成却起始于上世纪二三十年代，而1948年美国人维纳出版了《控制论》一书，标志着控制论的正式诞生。从控制的观点揭示了动物与机器的共同的信息与控制规律，研究了用滤波和预测等方法，从被噪声湮没了的信号中提取有用信息的信号处理问题，建立了维纳滤波理论和信号预测理论，也提出了信息量的统计数学公式，甚至有人认为维纳也是信息论创始人之一。

维纳（Norbert Wiener，1894—1964），美国数学家，控制论创始人。维纳少年时是一位天才的神童，他11岁上大学，学数学，但喜爱物理、无线电、生物和哲学，14岁考进哈佛大学研究生院学动物学，后又去学哲学，18岁时获得了哈佛大学的数理逻辑博士学位。1913年刚刚毕业的维纳又去欧洲向罗素、哈代和希尔伯特这些数学大师们学习数学，正是多种学科在他头脑里的汇合，才结出了控制论这颗综合之果。1919年维纳在麻省理工学院任教。在研究勒贝格积分时，就从统计物理方面萌发了控制论思想。第二次世界大战期间，为了对付德国的空中优势，英美两国极待提高他们的防空体系的性能。维纳两次参加了美国研制防空火力自动控制系统的工作。当时高射炮发射出的炮弹的速度比德国的飞机快不了多少，而飞机驾驶时有一定随机性，这就要求高射炮在瞄准时不能再直接对准目标或只是有个大约的提前量，而是要预测飞机将要飞到的精确位置，以使击中目标，这就产生了自动控制问题。维纳概率论和数理统计等数学工具用于火炮控制系统提出了一套最优预测方法，但这只能给出一种可能性最大预测，并不能给出百分之百的击中率。为此他开始把早年学的动物学知识用了起来。

1943年维纳与别格罗和罗森勃吕特合写了《行为、目的和目的论》的论文，从反馈角度研究了目的行为，找出了神经系统和自动机之间的一致性，这是第一篇关于控制论的论文。这时，神经生理学家匹茨和数理逻辑学家合作应用反馈机制制造了一种神经网络模型。第一代电子计算机的设计者艾肯和冯·诺依曼认为这些思想对电子计算机设计十分重要，就建议维纳召开一次关于信息、反馈问题的讨论会。1943年底在纽约召开了这样的会议，参加者中有生物学家、数学家、社会学家、经济学家，他们从各自角度对信息反馈问题发表意见。以后又连接举行这样的讨论会，对控制论的产生起了推动作用。《控制论》一书的副标题是“关于在动物和机器中控制和通信的科学”。

控制论是多门科学综合的产物，也是许多科学家共同合作的结晶。控制论诞生后，得到了广泛地应用与迅猛地发展，大致经历了三个发展时期。

第一个时期为20世纪50年代，是经典控制论时期。这个时期的代表除了生物控制论外，有我国著名科学家钱学森1945年在美国发表的《工程控制论》。

第二个时期是20世纪60年代的现代控制论时期。导弹系统、人造恒星、生物系统研究的发展，使控制论的重点从单变量控制到多变量控制，从自动调节向最优控制，由线性系统向非线性系统转变。美国卡尔曼提出的状态空间方法以及其他学者提出的极大值原理和动态规划等方法，形成了系统测辨、最优控制、自组织、自适应系统等现代控制理论。

第三个时期是20世纪70年代后的大系统理论时期。控制论由工程控制论、生物控制论向经济控制论、社会控制论和人口控制论等发展。1975年国际控制论和系统论第三届会议，讨论的主题就是经济控制论的问题。1978年的第四届会议，主题又转向了社会控制论。电子计算机的广泛应用和人工智能研究的开展，使控制系统显现出规模庞大，结构复杂，因素众多，功能综合的特点，从而控制论也向大系统理论发展。在1976年国际自动控制联合会的学术会上，专题讨论了“大系统理论及应用”问题。控制论也形成了工程控制论、生物控制论、社会控制论。其中生物控制论又分化出神经控制论、医学控制论、人工智能研究和仿生学研究。社会控制论则把控制论应用于社会的生产管理、效能运输、电力网络、能源工程、环境保护、城市建议，以至社会决策等方面。维纳在1950年出版的《人有人的用处——控制论和社会》一书中着重论述了通信、法律、社会政策等等与控制论的联系。阿希贝1958年发表的《控制论在生物学和社会中的应用》一文，认为运用非线性系统的控制理论，可以研究社会系统。

为了解决控制与决策中的非数值问题和适应20世纪80年代以后智能机研究的需要，以及要解决知识信息处理的问题，遂产生了知识工程，并已研制成专家系统、自然语言理解系统和智能机器人等。

进入20世纪，科学的发展不但极为迅猛，还表现出了一些新的特点和趋势。最显著的特征之一就是整个科学体系已成为一个庞大而复杂的系统，构成了一个大科学的态势。这主要表现为：（1）科学研究已不再是个人或少数人在实验室里的活动，而成为一项社会事业，成为国家的一个重要部门。科学家人数成倍地增加。科研组织规模日益扩大并出现了空前的国际合作。科研经费以惊人的幅度增长。各国政府都加强了对科学研究的规划、管理和经费投入。（2）当代科学形成了分层次的、立体网络式的、开放的大系统。一方面，原有的传统学科不断分化，分支学科越来越多、越分越细，专业化越来越强。另一方面，各学科又相互渗透、交叉、融合，学科之间的界限越来越不明显，出现了许多交叉学科、边缘学科、横断学科。自然科学与社会科学相互交叉，出现了科学社会学、环境科学、社会学、决策科学等一大群交叉学科。（3）众多学科的协同作战成为科学研究的一种重要形式。随着科学研究的深入，面临的课题越来越复杂，单一学科的研究已无法胜任，科学研究的社会化和国际化日益突出。因此，多学科的联合攻关已成为科学研究的重要形式。这既是社会发展的需要，也是科学发展的必然。

20世纪科学大事记

时　间	事　件
1901年	诺贝尔奖第一次颁发
1901年	ABO血型系统发现
1902年	遗传的染色体理论奠基
1905年	狭义相对论发表
1908年	原子实在性得到证实
1910年	染色体学说创立
1911年	发现金属低温超导现象
1911年	确立原子核概念
1911年	奥地利人赫斯发现宇宙射线
1912年	大陆漂移学说首次公布
1913年	玻尔发表量子化原子轨道理论
1915年	爱因斯坦建立了广义相对论
1919年	阿尔法粒子打开原子核
1922年	第一个动态宇宙模型提出
1924年	美国人哈勃首次发现银河系外还有星系

续表

时　间	事　件
1927年	宇宙膨胀的概念出现
1929年	哈勃提出宇宙膨胀理论
1930年	发现冥王星
1932年	发现中子、正电子
1935年	预言介子的存在
1938年	发现铀裂变现象
1944年	薛定愕出版《生命是什么?》
1946年	大爆炸理论发表
1948年	信息论、控制论和系统论创立
1948年	盖莫夫等提出宇宙起源的大爆炸理论
1950年	创立人工智能学说
1951年	银河系的构造探明
1953年	发现DNA分子双螺旋模型
1955年	发现反质子
1964年	大爆炸理论获得一定程度的验证
1983年	发明“聚合酶链式反应”法
1987年	发现超新星
1995年	顶夸克被证实

第十一讲　高科技时代——20世纪的技术

现代生产力迅速发展，现代自然科学发展的巨大成就，科学技术的社会化，战争和对抗是刺激新技术产生和发展的一个重要因素，国际竞争是加速新技术涌现的催化剂，这些都是20世纪技术的迅速发展的社会原因。20世纪的技术发展史中，产生了一些全新的技术领域，如核能技术、计算机技术、激光技术和空间技术等。此外许多应用科学和传统技术领域，如能源技术、材料技术、机电加工技术、建筑技术、交通运输技术、军事技术、农学和医学等都有新的巨大发展。总之，现代科学革命和现代技术革命正在深刻地改变着人类社会的面貌，极大地丰富和提高着人类的物质文明和精神文明，推动着整个社会的发展。

“高技术”，一般认为是指基本原理主要建立在最新科学成就基础上的技术，是“尖端”的、“前沿”的、“先进”的技术。目前，得到世界各国公认的高技术领域有生物技术、电子信息技术、航天技术、新材料技术、新能源技术和海洋技术等。

1. 原子能的发现与利用

新能源技术是高技术的支柱，包括核能技术、太阳能技术、燃煤磁流体发电技术、地热能技术、海洋能技术等。其中核能技术与太阳能技术是新能源技术的主要标志，通过对核能、太阳能的开发利用，打破了以石油、煤炭为主体的传统能源观念，开创了能源的新时代。

原子能（指原子核能，又称核能）是原子核结构发生变化时放出的能量。在实用上指重元素的原子核发生裂变时和轻元素的原子核发生聚变时所放出的巨大能量，它们分别称为裂变能和聚变能。20世纪初发现原子核里蕴藏着的核能，为人类开辟了一种极重要的新能源，是人类历史上划时代的重大成就。这一成就首先被应用于军事目的，美国于1945年7月16日试制成功第一颗原子弹，并于8月6日和8月9日在日本的广岛和长崎投放，造成数十万人的死亡。

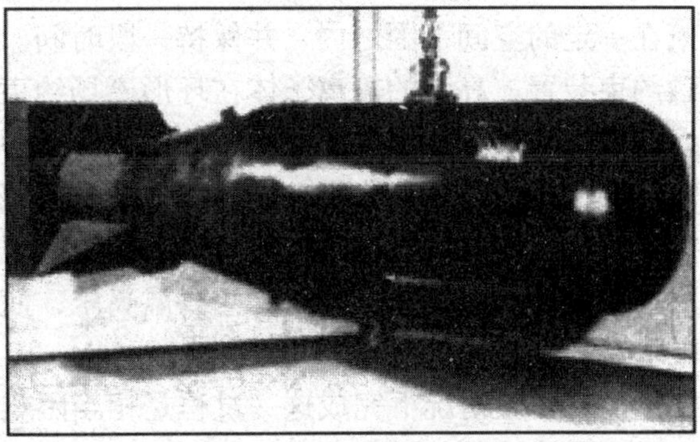
投向广岛的原子弹“小男孩”

第二次世界大战以后，各大国很快自行研制出了原子弹，打破了美国的核垄断和核威胁。1949年9月22日，前苏联爆炸了第一颗原子弹；1952年1月3日，英国的第一颗原子弹试制成功；1960年2月13日，法国爆炸了第一颗钚弹；1964年10月16日，中国也试爆成功第一颗原子弹。当时，世界局势处于缓和，世界大战的可能性变小，原子能的和平利用被摆到议事日程上来。

核电站是原子核裂变反应放出的核能来发电的装置，是人类核能（裂变能）和平利用的重要方面，标志着人类改造自然进入了一个新阶段。其核心是核反应堆，它是一个能维持和控制核裂变反应的装置，在这里实现核能热能转换。释放出的热能由一回路系统的冷却剂带出，用以产生蒸汽。因此，整个一回路系统被称为核蒸汽供应系统，也称核岛，它相当于常规火电厂的锅炉系统。由蒸汽驱动汽轮发电机组进行发电的二回路系统，与常规火电厂的汽轮机发电机系统基本相同，也称常规岛。1954年，前苏联建成了第一座小型的原子能发电站，1956年和1957年，英国和美国也建成了核电站。经过20世纪60年代的反复摸索实践，核电技术已经比较成熟。其成本比火电低，正常运转时对环境污染也比火电小得多，对环境的放射性污染微乎其微。核电站的主要问题是一旦出现事故，如发生核爆炸，其危害性非常严重。历史上发生的几次核电事故均属人为造成，与核电技术无关。最著名的一次核电事故是1986年4月26日发生在前苏联切尔诺贝利核电站由于工作人员违反操作规程造成的第4号机组爆炸事件，导致数十人丧生，对周围环境产生了严重的放射性污染。

目前的核电站都是依靠核裂变反应获得能量，但裂变反应会产生大量的核废料，而这些核废料会产生严重的放射性污染。到目前为止，还未找到对这些废料的永久性处理办法。为克服这一问题，科学家们正在探讨利用核聚变反应获取能量。

核聚变是两个或两个以上的较轻原子核，如氢（H）的两种同位素：氘（D）和氚（T）在超高温等特定条件下聚合成一个较重的原子核[如氦（$_2He^4$）]，同时释放出巨大能量。因为这种反应必须在极高的温度（1.5×10^8℃）下进行，所以叫热核反应。据计算，1千克热核聚变燃料放出的能量为核裂变的4倍。核聚变原料主要是氢、氘和氚。氘也叫重氢，1千克海水含有0.034克氘，故地球上大海里有2.34×10^{13}吨氘，足够人类使用几十亿年。

为了实现聚变反应的条件，以获得有意义的聚变能量，目前在两个主要领域内开展大量的研究工作：磁约束和惯性约束。磁约束就是用一定强度和几何形状的磁场将带电粒子约束在一定的空间范围之内，并保持一段时间。著名的托卡马克装置就是能产生环形磁场的磁约束装置。高温的等离子体在环形磁场约束下不与器壁接触作螺旋状运动，被加热、压缩。惯性约束是利用聚变等离子体的惯性进行约束的。由于惯性，等离子体扩散到一定距离需要一定的时间，如果在这种扩散还来不及进行得太充分时，在这一瞬间即注入很大的能量将它引爆，就能达到释放能量的目的。氢弹的爆炸过程就是一种惯性约束过程。它利用原子弹作为引线，一瞬间产生高温高压，使附近的聚合反应物在还没有来得及扩展时即被引爆。

然而在一般情况下完成这一过程是相当困难的，为了使释放的能量来得及吸收，不致使产生破坏性效果，反应物一般一次不能给得太多，而且要使反应物达到一定的密度就要进行浓缩。这样反应物的体积很小，表面积也很小。从激光器问世以后，惯性约束所提出的大功率、小范围和短瞬间要求有了实现的可能。大功率激光器的巨大能量，高度集中的焦斑和超短的脉冲时间可以满足理想性约束中的三项要求。

聚变能目前尚处于研制阶段，离实用还有相当距离，但基于其取之不尽的资源来源和优越的性能，且没有像裂变堆那样产生大量放射废物，故其远景是很好的。人们预计21世纪中叶可望实现商用。

2. 航空与航天技术

莱特兄弟

奥维尔（弟）威尔伯（兄）

1903年12月17日，美国的莱特兄弟（兄威尔伯，1867—1912；弟奥维尔，1871—1948），制造出了第一架依靠自身动力进行载人飞行的飞机“飞行者”1号，并且获得试飞成功，首次弟弟在空中呆了12秒，飞行距离36米；第二次，哥哥飞行了260米，时间59秒。标志着飞机从此诞生了。

1911年，英国的肖特兄弟申请了多台发动机飞机设计的专利。这种飞机装有3副螺旋桨，2台发动机。这种飞机还装有两套飞行操纵机构，两名驾驶员都能操纵飞机而不必换座位。

1910年12月10日，在法国巴黎展览会上，有一架飞机在表演时坠毁。但是，这架飞机却引起人们很大关注，因为它使用的一台新型发动机。设计者就是飞机驾驶员罗马尼亚人亨利·科安达本人。他的发动机是用一台50马力的发动机使风扇向后推动空气，同时增设一个加力燃烧室，使燃气在尾喷管中充分膨胀，以此来增大反推力。这就是最早的喷气发动机。

“飞行者”号飞机

1930年，波音公司推出了第一架真正现代意义上的客机波音247（每小时248公里，载客10人，航程776公里）。

1934 年德国的奥安获得离心型涡轮喷气发动机专利。1939 年8 月27 日奥安使用他的发动机制成世界第一架喷气式飞机。

1939年9月14日世界上第一架实用型直升机诞生，它是美国工程师西科斯基研制成功的VS-300直升机，有1副主旋翼和3副尾桨 。

VS-300直升机

1947年10月14日在美国加利福尼亚州的桑格菲尔地区，贝尔公司的X—1飞机在试飞中冲破音障，达到马赫数1.06，这时的高度是13000米。1957年，波音公司首次实现了环球不着陆飞行 。

空间科学技术包括空间科学与空间技术，是一门综合性学科。概括地说，空间科学就是在宇宙空间中进行各种科研活动，以研究宇宙空间的物质及其运动变化为目的，包括空间物理、空间生物和空间化学等分支；空间技术（也称航天技术）是从事空间飞行的综合性技术，包括空间飞行、空间系统工程、空间控制与导航、空间通信、遥测遥控等技术。通常认为，航天器、运载器和地面测控技术是空间技术的三大支柱。

现代空间技术是在二次世界大战中火箭技术的基础上发展变化起来的。

火箭的研究在20世纪初就开始了，为此做出贡献的是俄国科学家齐奥尔科夫斯基（К.Э.Циолковский，1857—1935）和美国的戈达德（R.H.Goodard，1882—1945）。

齐奥尔科夫斯基

齐奥尔科夫斯基生于俄国一个贫苦的护林人家庭。9岁那年因病两耳失聪，被迫辍学，但他依靠顽强的毅力坚持自学，成了一名中学教师。在艰苦的条件下，齐奥尔科夫斯基开始了对火箭原理与航天理论的研究。他提出了著名火箭速度公式和多级火箭飞行原理，他建议使用液体燃料推进剂代替固体燃料推进剂，从理论上论证了到宇宙飞行的可能性。为了使人们确信利用火箭可以在太空中飞行，齐奥尔科夫斯基花了20年时间，写了一部科幻小说《在地球之外》。他系统完整地描述了宇宙航行的全过程，他提到了宇航服、太空失重状态、登月车，令人吃惊的是，他的设想与现代太空技术完全一样。可惜的是，齐奥尔科夫斯基的这些科学设想在当时没有得到重视，当时的技术条件也不可能实现其构想。但齐奥尔科夫斯基对空间技术的未来充满信心，他的墓碑上刻着这样一句话："人类不会永远将自己束缚在地球上"。

实现齐奥尔科夫斯基设想的是美国人戈达德（1882—1946）。早在1908年，戈达德就开始研究火箭原理，试验各种火箭燃料。1914年，他首次应用分级原理，设计一枚两级火箭。1916年，他进一步提出研究火箭的计划和设想并得到史密斯研究所的资助。1919年，他发表了题为《达到极限高度的一种方法》的著名论文，预言火箭能冲破地球引力的束缚而到达月球和太空。这个预言当时没有得到舆论的支持，然而，戈达德并未灰心，仍不懈地进行火箭飞行的研究。1926年3月17日，他在美国马萨诸塞州一家农场中发射了用液氧和汽油做推进剂的第一枚液体火箭，这枚火箭在2秒钟内升高约12米，射程约55米。以后又经过多次改进，1930年—1935年间，他发射了多枚火箭，高度达2500米左右。为纪念戈达德在火箭研究中的重大贡献，美国宇航局研究机构于1962年被命名为"戈达德宇航中心"。

20世纪30年代，火箭技术在德、意、英、法等国家发展起来。特别是在德国，为了法西斯侵略战争的需要，大力研制火箭。1936年，在火箭专家冯·布劳恩（W.Von Braun，1912—1977年）领导下，建立秘密火箭试验基地。1942年10月3日，试验发射了长为14米，重为13吨的远程液体火箭V-2，它的推进剂是酒精（75%）和液氧，最大飞行高度80公里，最大速度7.5公里/秒，最大射程300公里。1944年，V-2火箭投入第二次世界大战使用，他们共发射了4300枚V-2火箭，给英国造成了很大的破坏，但没有能挽救纳粹德国覆灭的命运。

德国战败后，美国和前苏联成了德国火箭技术的两个主要受益者。冯·布劳恩率领的研究小组共100多名火箭专家向美军投降，美国还得到了V-2火箭的资料和设备。前苏联军队则占领了德国制造V-2火箭的基地，并将剩下的专家和设备运往苏联。美国和前苏联后来之所以能成为世界上两大航天大国，与对V-2火箭资料、设备和专家的占有是分不开的。

第二次世界大战结束后，美苏两国出于政治和军事的需要，争先恐后地改进和发展火箭技术。1946年美国发射了V-2探空火箭，1949年又发射了二级火箭。苏联也于1947年成功发射V-2，1949年发射的探空火箭能将2.2吨负载带到212公里的高空。1956年，苏联发射成功了第一枚洲际导弹"苏联1"号，使苏联的火箭技术领先于美国。

近年来，我国运载火箭技术已达到国际水平。"长征2"号、"长征3"号火箭已投入商业运用，并向国外开放，先后成功地发射了美国制造的亚洲一号通信卫星以及巴基斯坦、瑞典、澳大利亚等国家的通信卫星。

前苏联在研制洲际导弹的过程中，火箭技术有了极大的发展。

1957年10月4日，前苏联用"前苏联1"号三级火箭成功地把重83.6公斤的世界上第一颗人造地球卫星"斯普特尼号（旅行者1号）"送入空间轨道，开创了空间科学技术的新纪元，标志着空间时代的开始。前苏联的成功使美国极为震惊，他们急起直追。1958年1月，美国也发射了人造地球卫星——"探险者1号"。紧接着美国又于1958年3月17日和次年2月17日将两颗人造地球卫星送入轨道。

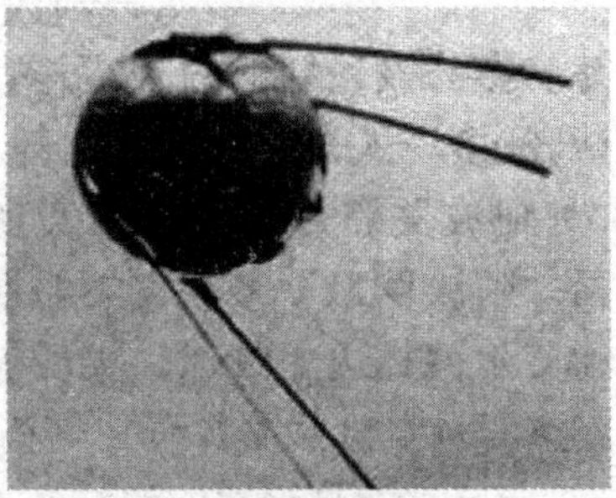
旅行者1号

接着美、苏两国相继开展了航天技术研究和航天器的回收工作。经过多次实验研究，美国于1960年8月17日第一次回收到从人造卫星上弹回来的回收舱，为载人探空飞行开辟了道路。1961年，前苏联成功地发射载有宇航员加加林的第一颗载人卫星。加加林在地球空间轨道上运行108分钟后安全返回地面，标志着人类进入航天时代。继美国、前苏联之后，法国、日本分别于1965年11月26日、1970年2月11日成功发射了各自的人造地球卫星。

1958年，美国成立了国家航天局，开始研究载人航天问题。1959年1月2日，苏联成功发射了第一颗人造行星“梦想一号”。9月12日，“梦想二号”在月球硬着陆。1960年，苏联“梦想三号”成为月球卫星。1960年8月10日，美国成功地回收了卫星。1964年8月19日美国成功发射了第一颗地球同步静止轨道通讯卫星。

我国自行设计、制造的第一颗人造地球卫星“东方红1号”是在1970年4月24日发射的，以后又陆续发射了科学考察卫星、气象卫星、通讯卫星等，并掌握了卫星回收技术。1984年4月，我国又成功地向东经125度赤道上空定点发射了一颗通信卫星。接着，又于1986年、1988年、1990年成功地发射了4颗静止轨道通信卫星，成为世界上继美国、前苏联、欧洲空间局、日本之后第五个利用地球静止轨道的国家。

东方红1号卫星

载人航天是航天技术发展的一个新阶段，是人类驾驶和乘坐载人航天器（载人飞船、空间站、航天飞机）在太空从事各种探测、试验、研究、军事和生产的往返飞行活动。

1961年4月12日，苏联宇航员加加林乘“东方1号”飞船升空，历时108分钟，标志人类首次进入太空。

加加林

1962年2月20日，美国“友谊号”载人飞船发射成功。同年又有两次发射，在太空最长时间已达9小时12分。

1963年6月16日，苏联尼·捷列什科娃乘“东方6号”飞船上天，历时2天又22小时50分，成为世界第一位女宇航员。

1965年3月18日，苏联宇航员列昂诺夫走出上升2号飞船，离船5米，停留12分钟，首次实现人类航天史上的太空行走。

1961年美国总统肯尼迪宣布美将在60年代末实现人类登月计划——阿波罗计划，开始设计阿波罗宇宙飞船和卫星-V火箭。参与该计划的约有2万多家公司和120所大学，共计400多万人，历时10年，耗资达250亿美元。1967年7月阿波罗登月计划终于实现。1969年7月16日，美国“阿波罗11”号宇宙飞船把两名宇航员阿姆斯特朗和艾尔德林送上月球，实现了载人登月计划。这标志着空间科学技术发展到了一个更高的新阶段。

完成人类首次登月的三名宇航员

1976年7月20日，美国的火星探测器在火星着陆。

1999年11月20日，我国自行研制的第一艘无人航天试验飞船“神舟号”试飞成功，成为世界上除美国、俄罗斯以外的第三个掌握载人航天技术的国家。2001年1月10日，我国自行研制的“神舟1”号发射成功。2002年3月25日中国“神舟3”号发射升空，向载人航天飞行迈出了关键一步。2003年10月15日，中国“神舟5”号载人飞船在酒泉卫星发射中心发射升空，中国宇航员杨利伟在绕地球飞行21个小时后成功返回地面，中国成为世界上第三个掌握载人飞船技术的国家。

20世纪70年代后，载人航天技术涉足于空间站和航天飞机，并在许多方面转为民用。各国相继发射大量天文探测器、通信卫星、资源卫星和气象卫星等（已超过5000颗）。用于科学活动的科学卫星和空间探测器也发展很快。美国从1970年7月开始研制航天飞机。1981年4月21日，世界上第一架航天飞机“哥伦比亚”号在美国升空，在近地轨道运行54小时后，安全返回地面。继“哥伦比亚”号之后，美国先后制造和发射了“挑战者”号、“发现”号、“阿特兰迪斯”号和“奋进”号航天飞机。其中，1986年1月28日，“挑战者”号在第十次起飞73秒后不幸爆炸，7名宇航员当即身亡，使美国的航天计划受到重大挫折。在时隔15年后的2001年，参与飞船设计的两名工程师披露了导致飞船爆炸的前因后果：在飞船起飞前，两人曾因为过低的温度和船身接合处的橡皮圈存在隐患，试图阻止飞船的升空，但是负责飞船发射的美国瑟奥科尔公司管理层未予理睬，而决定按时发射，悲剧就此发生。任何一个微小的纰漏都可能在瞬间演变为致命的错误，科学来不得丝毫的浮夸和虚假。

“发现”号航天飞机

国际空间站

航天飞机的用途非常广泛，它可以发射各种卫星。航天飞机装有各种科学仪器和设备，科学家可以在此进行一些在地面上难以完成的科学实验与研究。此外，航天飞机可以用于军事，如进行军事侦察，俘获或击毁敌方军事卫星，对地面目标进行攻击等。

空间技术的发展为科学技术研究提供了崭新的手段，扩大了研究领域，对当代科学技术的发展产生了深远的影响。过去，人们只能从地面上观察宇宙，地球被一层厚厚的大气包裹着，挡住了人们的视野。人造卫星上天以后，大大开阔了人类的视野，使人类的观测和探测手段发生了革命性的变革。

3. 电子信息时代

电子信息技术是电子技术、计算机技术与通信技术的综合，它是一门随着微电子、计算机以及其他相关技术的发展而发展起来的，涉及信息的获取、存储、传递与处理等的新的综合技术。进入20世纪70年代，电子信息技术已成为关键性学科，它的发展应用深刻影响着人们的生产方式、生活方式和思维方式，从根本上改变着人类社会的面貌。

现代电子信息技术的硬件技术的核心是微电子技术。微电子技术是微小型电子元器件与电路的研制、生产及用它们实现电子系统功能的技术领域。在这个领域中最主要的就是集成电路技术。微电子技术是随着集成电路技术的发展而发展起来的一门新兴技术。

微电子技术的发展可以追溯到晶体管的出现。1945年，美国电话电报公司（AT&T）的贝尔实验室成立了固体物理研究小组，试图研究出性能比真空电子器件更好的固态电子器件。1947年底，该研究小组研制出第一个半导体三极管，宣告了半导体技术的诞生。1958年，美国仙童公司的诺伊斯（R.N.Noyce，1927—）等发明用平面工艺制作硅集成电路技术，奠定了半导体集成电路发展的基础。1968年，集成电路进入大规模发展阶段，从双极型集成电路发展到MOS型集成电路。

世界上第一个晶体管

所谓集成电路是将某一单元电路用集成工艺技术制作在同一基片上。标志集成电路水平的指标之一是集成度。所谓集成度就是指在一定尺寸的芯片上能做出多少个晶体管，也有用在一定尺寸的芯片上能做出多少个门电路（一个标准的门电路是由一个或几个晶体管组成）来衡量集成度的。一般将集成100个晶体管以下的集成电路称为小规模集成电路（SSI）；把集成100～1000个晶体管的集成电路称为中规模集成电路（MSI）；集成1000个以上元器件的集成电路称为大规模集成电路（LSI）；集成10万个以上元器件的集成电路称为超大规模集成电路（VLSI）；到20世纪80年代中期更进一步发展了特大规模集成电路（ULSI），集成度达到100万个元器件以上。

集成电路，特别是大规模和超大规模集成电路，可将传统电子装置的体积缩小几百倍至几百万倍（大功率部分除外），因而使过去因体积、能耗、速度、可靠性等原因无法实现的复杂信息处理装置得以造出，从而带动了信息技术的大发展。信息产业的迅速发展和计算机进入千家万户就是得益于集成电路技术的成熟和发展。目前，集成电路的应用日益广泛，国防、工业自动化、家用电器等各个领域都离不开集成电路。

集成电路发展的关键技术主要有：微细图形加工技术、精密控制掺杂技术和薄膜生长技术。

目前，批量生产的超大规模集成电路已能在几十平方毫米的硅片上集成几百万个至几千万个二极管、三极管和电阻、电容等，最小线宽缩小到0.1微米。1992年，16兆位的芯片，集成度达到3200万个元件，条宽减到0.5微米，即500纳米。实验室中研制的新产品甚至可达每片几亿个元件。微电子技术将从微米技术进入纳米技术。

纳米技术发展目标之一是使人们能直接操纵单个原子来制作具有特定功能的产品。纳米技术包括利用X射线、电子束和同步辐射光作为光刻制版光源，位置重合技术的精度将达到1纳米，还包括各种超薄膜的生长技术和超精度的腐蚀技术等。美国科学家研制出弹道发射电子显微镜，可以在硅片上刻写线宽仅为几个纳米的字母。中国科学家用纳米（扫描隧道显微技术）绘制出迄今最小纳米级中国地图。这些都表明纳米技术正步入当代人类生活。

通信技术是实现信息时空转移或变换的技术。通信按其业务内容可分为电报、电话、传真、数字通信、可视电话等。按其传输媒质可分为有线通信和无线通信两大类。

卫星通信利用人造卫星作为中继站来转发无线电信号，实现两个或多个地球站之间的通信。1965年4月6日，美国发射了第一颗商用同步通信卫星，使卫星通信进入实用阶段。从1965年到20世纪90年代初期，国际通信卫星组织已先后发射了五代六种不同型号的130多颗国际通信卫星。全世界商用和专用地球站已超过100万个。在国际通信中，卫星通信承担了70%以上的业务。

移动体之间或移动体与固定体之间的无线电信息传输与交换，称为移动通信。它包括陆地移动通信、航海通信、航空通信和卫星通信等。公众移动通信系统是在第二次世界大战后逐步发展起来的。1969年，美国移动电话自动化的性能扩展到450兆赫频段，当时“改进型移动电话系统”（IMTS）成了美国移动电话系统的标准。1969年，日本也开始研制800兆赫蜂窝状“大容量汽车电话系统”（HCMTS）。1978年后，美国、日本和瑞典等国先后开发出一种同频复用、大容量小区制的移动电话系统，能在全地域自动接入公共电话交换网。这种电话系统的网络由一个个边长为几千米到十几千米的正六边形小区组成，因形如蜂窝，故取名为蜂窝移动电话系统。20世纪80年代又研制出数字式蜂窝移动通信系统。数字移动电话能大大提高频道的容量，不仅通信质量好，而且保密性好，还可以兼容多种通信业务并具有国际漫游等功能。

“信息高速公路”是1993年初提出的一种新型信息网络。它是数字化大容量光纤通信网络，用以把政府机构、企业、学校、科研机构和家庭的计算机联网，能同时高速传送语音、文字、数字、图形、图像的通信网络。1993年1月美国政府以文件形式正式提出要在美国建立全国范围的高速信息沟通网络——数据超级公路（data superhighway），即后来通称的“信息高速公路”。同年9月，美国政府宣布“美国全国信息基础设施（NII）行动计划”，这就是美国的“信息高速公路”计划，并把它作为优先发展项目。1993年12月，美国“信息高速公路”政策已初步成型。日本政府于1993年6月初决定建立连接全国国立、公立研究机构和大学的研究信息网络，称为“信息研究及流通新干线”。欧洲共同体在1993年也提出了建立欧洲信息高速公路计划。在短短的两年时间内，信息高速公路的热潮已遍及全球。

广播和电视都是利用无线电或有线电向广大接收者播送节目（声音、文字和图像）的过程。只播送声音的称为声音广播，简称广播。同时播送图像、文字和声音的称为电视。

有记载的首次成功的无线电广播是在1906年的圣诞节之夜，美国的费森登第一次成功地进行了语言和音乐的无线电广播实验。实验时两地相距为322公里。他使用功率为上千瓦、频率为50赫兹的交流发电机，借助麦克风进行调制，播发讲话和音乐，许多地区，包括海上的船只都可清楚地收听到。以后许多国家都进行了无线电广播试验。正规的定时广播是从1920年开始，马可尼公司取得英国政府的许可证，在英国的切姆斯福以2800米的波长、15千瓦的功率定时播送新闻节目。1920年4月，美国威斯汀豪斯公司的康拉德（F.Conrad）在匹兹堡他的家中私人对外广播娱乐节目。同年11月该公司开设正式的广播台。在英国，马可尼公司于1922年5月在伦敦创办2LD广播台，使用波长为360米。年底英国广播公司（BBC）成立。

收音机发明之初听众用耳机收听广播

无线电广播技术进展的一个重要方面是使用的波长不断改进。20世纪20年代使用的波长最初是中波（波长为300～500米），但试用结果表明，中波的传播距离很短。1918年英国的沃斯顿（G.N.Waston）提出地面波传播理论，指出电磁波是沿着弯曲的地表面通过绕射传播的。在地面传播过程中，波的强度随距离呈指数衰减，而且波长越短，衰减越强烈。根据这一理论，英国于1925年建立了波长为1500米、功率达25千瓦的第一个长波电台。1921年12月无线电爱好者在从美国到英国的试验广播中，利用20米波（短波）获得成功，这引起了物理学家的注意。1924年，爱尔兰物理学家拉摩从理论上论证了电离层内的大量电子会使短波段无线电波产生折射，使电波折返远处地面。与长波相比，短波传播可以做到有较强的方向性，因而用较低的功率就可以发射到较远的距离。200米短波广播试验获得成功后，对短波的研究进展很快。1925年4月，荷兰工程师冯·贝茨利尔（L.J.W.VonBoetzlear），利用4千瓦水冷电子管在一个包装箱内建造了一个波长约为30米的发射机。在同年5月13日的试验中，在印度尼西亚收到了这个发射机发射的无线电信号。两个月后在荷兰和印尼之间建立了短波无线电联系。1927年6月1日，荷兰女皇就利用短波发射机向东、西印度群岛发表了广播讲话，这是第一个全球性的广播系统。从此，短波广播成为长距离广播的主要手段。

中波、长波和短波广播都是一种调幅广播（即用语音去调制载波的幅度）。一个调幅广播频道所占带宽只有4.5～5千赫，特别是由于受到收音机通带宽度能限制，保真度较差，难于得到高质量的接收。1941年开始有调频广播制式。调频广播电台工作在甚高频频段。一个调频广播频道所占带宽约为200千赫，声音信号最高频率可达15千赫，因而保真度高。另外，调频广播的信噪比高，抗干扰能力强。在调频广播基础上，1961年又发展了与单声道广播兼容的调频立体声广播制式。这是一种利用立体声原理使听众获得声源方位感和临场感的广播方式，按声道数区分有两声道调频立体声广播和四声道调频立体声广播等。它们都是与单声道广播兼容的，即用普通调频收音机也可以收听调频立体声广播节目，用调频立体声收音机也可以收听普通调频广播电台播出的节目。各国使用的双声道调频立体声广播有两种制式："极化调制"制和"导频"制。中国采用导频制。导频制调频立体声广播在发送端应将左右两个声道信号经立体声编码器编码后成为三种信号，即和信号（左右信道信号之和）、差信号（左右信道信号之差）及导频信号。

电视是一种用无线或有线的方法即时传送活动图像的技术。在发送端，用电视摄像机把景物图像变成相应的电信号，通过无线电波或有线电路传输出去，在接收端再把这些信号还原成景物图像。电视首先在广播上得到应用，后又逐步推广到工业、军事和科研等方面。

1884年德国科学家尼普科夫（P.G.Nipkow，1860—1940）发明螺盘旋转扫描器，实现了最原始的电视传输和显示。1925年英国贝尔德（J.L.Baird，1888—1946）等实现了影像粗糙的机械扫描电视系统。到1932年，人们改进了美国科学家兹沃雷金（V.K.Zworykin，1889—1982）1923年发明的光电摄像管。1930年发明的电子扫描系统和RCA公司电子束显像管的改进，使电视进入了现代阶段。1937年在英国，1939年在美国开始了黑白电视广播。到20世纪50年代初期，黑白电视广播开始在各国普及。中国在1958年开始黑白电视广播。

兹沃雷金

美国最先试播一种与黑白电视不兼容的顺序制彩色电视，到1953年采用了NTSC兼容制彩色电视制式，1954年正式开播。前联邦德国、法国相继于1963年、1966年确定了兼容的PAL与SECAM彩色电视制式，与美国的NTSC制式并列为世界三种彩色电视制式，分别在世界各国和各地区得到采用。大多数国家从20世纪60年代后期转向彩色电视广播。中国从20世纪70年代初开始发展彩色电视广播，采用PAL-D.K制式。

从20世纪50年代开始，电视技术已从广播领域扩展到其他应用领域。最早应用于工业方面，而且用量较大。中国在20世纪50年代末期研制成功黑白工业电视。这种工业应用电视系统的组成主要是摄像机、传输线路和监视器，供观察监视之用。到20世纪70年代，电视技术同数字技术、计算机技术、图像处理技术结合，产生了多种测量、分析、处理系统，为电视技术的多功能、多领域应用创造了条件。此外还有观察监视电视、教育电视、特殊环境电视等。

电缆电视（cable television）是一种用射频电缆或光缆来传输、分配声音、图像及数据信息的电视系统，又称有线电视。共用天线电视于20世纪40年代末期最初出现在美国，以后发展成为电缆电视。中国于1974年开始安装电缆电视系统。国际电工委员会于1982年发表公告，规定了电缆电视系统的图像和声音信号的质量标准。

同时，性能优越的高清晰度电视（high definition television）开始出现。这是一种画面像素超过百万，图像质量可与35毫米电影相比的新型电视体制，简称 HDTV。它与普通电视相比，信息容量增加4～5倍。高清晰度电视不同于高保真度电视和加强型电视。高保真度电视（Hi-FiTV）并不改变现行的传输信号标准，它保持宽高比（4∶3）和扫描制式不变，只是对现行系统的某些缺陷进行改进；加强型电视也不改变现行扫描制式和宽高比，只是改变信号传输制式，即增加视频信号带宽，用时分传送方式传输信号。高清晰度电视则增加了扫描行数和增大了视频带宽，从而使水平和垂直清晰度均提高一倍左右。同时还由于增加了宽高比，并配有立体声伴音，而能提供细节清晰的优质图像和立体声伴音。此外，还加大显示屏幕的尺寸，使视场角增大至20°~30°，图像信息容量接近人眼最大处理能力。从20世纪70年代起，日本、美国、联邦德国、英国等国家对HDTV图像质量、信号形式、传输方式等方面进行探索，开展可行性的实验研究，并研制出一系列HDTV设备。到90年代中期，HDTV已从研究试验阶段逐步走向民用阶段。

“雷达”一词英文为“RADAR”，是由四个英文词“radio detection and ranging”缩写而成。它的含意是利用无线电波来检测目标并测定目标的位置。

雷达的优点是白天黑夜均能检测到远距离的较小目标，不为云雾和雨雪所阻挡，具有全天时全天候特性。雷达不仅是现代战争必不可少的电子装备，而且也应用于国民经济（如交通运输、气象预报和资源探测等）和科学研究（如航天、大气物理、电离层结构和天体研究等）的许多领域。20世纪30年代初，英、美、法、德都先后组织力量开始研制雷达，最初的发展是缓慢的。第二次世界大战期间，交战双方都在雷达技术上花了很大力量，促进了它的迅速发展。1939年，英国的科学家们终于突破了多腔磁控管的研制，能在3吉赫波段上产生20千瓦的功率。这一发明使微波雷达成为现实，标志着现代雷达的诞生，是雷达技术的第一个具有划时代意义的重大进展。第二次世界大战结束后，雷达技术迅速向民用转移。1946年美国陆军通信兵用雷达成功地检测到从月球来的雷达回波，这标志着“雷达天文学”的开始。当时摆在雷达领域科学家和工程师们面前的迫切任务是：测距、测角和跟踪目标的精度要有数量级的提高；增加作用距离要用宽脉冲同提高距离分辨力要用窄脉冲之间的矛盾要解决；掩盖运动目标的强大的地杂波必须抑制；多个目标要同时跟踪等等。为保持和利用相位信息，在技术上必须保持相位的稳定性，不能因信号处理打乱了原来的相位关系。这就是相干性的概念，这是从物理光学中移植过来的一个重要概念。在20世纪50年代后期发展起来的上述这些新型雷达大多属于相干雷达。从这一主要贡献着眼，人们就把50年代的雷达史归结为相干多普勒雷达体制突破和发展的历史。在60—70年代，雷达系统采用了众多新技术后确实取得了很大进展。几种主要相干雷达——合成孔径雷达、相控阵雷达、脉冲压缩雷达等，到70年代后期又有新的进展。合成孔径雷达的计算机成像在70年代中期取得突破并从军用移植到民用，于1978年开始进入空间飞行器——装在第一颗海洋卫星上。它从空间高度获得的图像分辨率高达25米×25米，经过计算机处理，提供了大量地理、地质和海洋状态信息。相控阵雷达和脉冲多普勒雷达也都与计算机密切结合，提供了大量对军事目的极为重要的信息。现在，电子计算机（主要是小型机和微机）已经成为雷达系统的一个重要组成部分。

4. 计算机的诞生与应用

计算机是代替和延长人脑功能的技术，它在一定程度上物化并放大了人脑的智力。人脑智力一直是人们着力探索的重大科学技术问题之一。计算机的研制正是揭示人脑智力之谜的远征中的一个组成部分。

1822年，英国数学家巴贝奇（Charles Babbage）设计了一台差分机，它是利用机器代替人来编制数表，从而免除政府在编制大量数表时动用许多人力去进行浩繁的计算工作。1834年他又完成了分析机的设计方案，它是在差分机的基础上做了较大的改进，不仅可以做数制运算，还可以做逻辑运算。分析机已经具有现代计算机的概念，但因当时的技术条件是不可能制造完成的。

1888年，美国统计学家霍勒瑞斯（Herman Hollerith）为人口统计局创建了第一台机电式穿孔卡系统——制表机，它是将机械统计原理与信息自动比较和分析方法结合起来的统计分析机，使美国统计人口所需的时间从过去的8年缩短为2年。霍勒瑞斯在1896年创办了制表机公司，1911年他又组建了一家计算制表记录公司，该公司到1924年改名为国际商用机器公司，这就是举世闻名的美国IBM公司。

1938年，德国工程师朱斯（Konrad Zuse）成功制造了第一台二进制计算机Z-1，它是一种纯机械式的计算装置，它的机械存储器能存储64位数。此后他继续研制了Z系列计算机，其中Z-3型计算机是世界上第一台通用程序控制的机电计算机，它使用了2600个继电器，采用浮点二进制进行运算，运算一次加法只用0.3秒。1944年，美国麻省理工学院科学家艾肯（Howard Aiken）研制成功了一台通用型机电计算机MARK-I，它使用了3000多个继电器，总共由15万个元件组成，各种导线总长达到800千米以上。1947年，艾肯又研制出运算速度更快的机电计算机MARK-II。

至此在计算机技术上存在着两条发展道路，一条是各种机械式计算机的发展道路；另一条是采用继电器作为计算机电路元件的发展道路。后来建立在电子管和晶体管等电子元件基础上的电子计算机正是受益于这两条发展道路。

1946年2月，美国宾夕法尼亚大学莫尔学院物理学家莫克利（John W.Mauchly）和工程师埃克特（J.Presper Eckert）领导的科研小组共同开发了世界上第一台数字电子计算机ENIAC（electronic numerical integrator and calculator，电子数值积分计算机）。ENIAC是一个庞然大物，其占地面积为170平方米，总重量达30吨。机器中约有18 000只电子管、1500个继电器以及其他各种元器件，在机器表面则布满电表、电线和指示灯，每小时耗电量约为140千瓦。这样一台“巨大”的计算机，每秒可以进行5000次加法运算，相当于手工计算的20万倍，机电计算机的1000倍。ENIAC的主要任务是分析炮弹轨道，一条炮弹的轨道用20秒就能算出来，比炮弹本身的飞行速度还快。ENIAC原来是计划为第二次世界大战服务的，但它投入运行时战争已经结束，这样一来，它便转向为研制氢弹而进行计算。ENIAC的成功是计算机发展史上的一座里程碑。

莫克利和埃克特

ENIAC

1944年8月至1945年6月是计算机科学技术快速发展时期。冯·诺依曼（John von Neuman，1903—1957）博士与莫尔学院科研小组合作，提出了一个全新的存储程序的通用数字电子计算机方案EDVAC（electronic discrete variable automatic computer，离散变量自动电子计算机），这就是人们通常所说的冯·诺依曼型计算机。该计算机采用“二进制”代码表示数据和指令，并提出了“程序存储”的概念，从而奠定了现代计算机的坚实基础。

英国数学家图灵（1912—1954）建立了图灵机理论模型，并提出了机器智能定义的图灵测试，为计算机的发展奠定了重要的基础。为纪念图灵对计算机的贡献，美国计算机博物馆于1966年设立了“图灵奖”。

冯·诺依曼

图灵

自从ENAIC诞生到现在已有半个多世纪，计算机获得了突飞猛进的发展。人们依据计算机性能和当时软硬件技术（主要根据所使用的电子器件），将计算机的发展阶段划分为以下5个阶段。第一代计算机（1946—1958），采用的主要元件是电子管，采用二进制代替十进制，主要采用穿孔纸或卡片作为输入输出设备，速度很慢，几乎没有系统软件，主要用于科学计算。典型的第一代计算机有ENIAC、EDVAC、UNIVAC-I、IBM 701、IBM 702、IBM 704、IBM 705、IBM 650等；第二代计算机（1959—1964），采用的主要元件是晶体管，存储容量增大，可靠性提高，提出了操作系统的概念，开始出现汇编语言，除科学计算外，还用于数据处理和实时控制等领域。典型的第二代计算机有IBM 7040、IBM 7070、IBM 7090、IBM 1401、UNIVAC-LARC、CDC 6600等；第三代计算机（1965—1970），开始采用中小规模的集成电路元件，存储容量进一步提高，而体积更小，操作系统的出现，高级语言进一步发展，使计算机功能更强，计算机开始广泛应用于各个领域并走向系列化、通用化和标准化，计算机应用范围扩大到企业管理和辅助设计等领域。典型的第三代计算机有IBM 360、PDP-II、NOVA1200等；第四代计算机（1971年至今），采用大规模集成电路和超大规模集成电路作为基本电子元件，出现了影响深远的微处理器，引入光盘，输入采用OCR（字符识别）与条形码，输出采用激光打印机，软件配置丰富，软件系统工程化、理论化，程序设计部分自动化。计算机在办公自动化、数据库管理、图像处理、语音识别和专家系统等领域大显身手。典型的第四代计算机有ILLIAC-IV、VAX-II、IBM PC、APPLE等。目前，第五代计算机正处于研发当中。

乔布斯　　沃兹匹克

“丽莎”(LISA)苹果机,是第一台带鼠标器的办公室计算机。鼠标器可代替键盘的部分工作

1971年，美国英特尔公司制成了一种单片式的中央处理器（CPU），即微处理器。微处理器加上半导体存储器（RAM与ROM）、外围接口（I/O）和时钟发生器与他部件，就组成了微型计算机。英特公司在1971年和1972年先后开始生产INTEL4004和8008微处理器，以及由它们构成的MCS-4和MCS-8微型计算机。

1976年，美国硅谷的乔布斯和沃兹匹克这两个年仅20岁的青年设计成功了“苹果”微型机，为计算机进入家庭首开先河。随后，又迅速以新产品“丽莎”投放市场。微型机从此获得了巨大的发展。

5. 生物技术与生命科学

生物技术又称生物工程，它是以工程学的观点和方法研究生物结构、功能及其相互关系，以创造新的生物过程或新的生物品种为目的的一门综合性技术。

酶是由生物体产生的具有催化剂活性的蛋白质。它们可特定地促成某个化学反应而它们本身却不参与反应，且具有反应效率高，反应条件温和，反应产物污染小，能耗低，反应容易控制的特点。所谓“酶工程”，就是利用人工的方法对酶进行分离，提纯，固化以及加工改造，使其能够充分发挥快速、高效、特异的催化功能，促进某些生化反应的进行，生产生物产品的技术。酶工程的名称出自20世纪20年代初，早期的酶技术主要是从动物、植物、微生物中分离提取，纯化，制造各种游离的酶制剂，并将它们应用到化工、食品和医药等方面。在20世纪50年代，游离酶制剂的生产开始有了迅速发展。但由于酶是生物体内根据自身需要而产生的，因而在生物体内每一种酶的含量通常是在0.0001～0.01之间，这给酶的分离提取工作带来很大困难，同时，由于游离的酶制剂在使用后又不能回收，使酶应用的成本较高。自20世纪六七十年代以来，酶的固定化技术兴起后，传统酶技术中的很多问题得到解决，从而使酶工程发展成为一门全新的当代高技术。

发酵工程又称微生物工程。发酵是一门古老的技术，从考古学获得的资料来看，古代人类在完全不懂得什么是发酵的情况下就已学会用发酵技术来制造一些有用的食品，如古巴比伦人在公元前3世纪就会用大麦芽酿造啤酒。1884年，法国化学家巴斯德开始研究发酵，他通过一系列的试验证明，发酵正是微生物活动的结果，不同种类的微生物可引起不同的发酵过程。比如，将葡萄汁酿造成葡萄酒是发酵，它是酵母菌的功劳。酒在空气中变酸也是发酵，它是由醋酸杆菌或乳酸杆菌落入发酵桶而造成的。巴斯德的贡献给发酵技术带来了巨大的影响。从此，随着人们对微生物和发酵认识的深入与重组DNA、细胞融合等现代生物技术以及工程学的引入，发酵技术这门古老的技术获得了新的生命，并由此产生了当代发酵技术——发酵工程。发酵工程的开端在20世纪40年代初期，由于当时战争对青霉素等抗生素的大量需求，促进了大规模生产抗生素工艺的建立，为发酵工程的发展奠定了基础。20世纪60年代氨基酸、单细胞蛋白和核苷酸等工业的建立，标志着人类已能控制微生物发酵生产。20世纪70年代以来，随着生命科学、生物技术的发展，人们对微生物的体内结构有了深层次的了解，掌握了微生物与高等生物通用的遗传密码，而且有了遗传工程和电子计算机等技术手段，从而使发酵技术发生根本性的变化，进入现代发酵工程的新阶段。

细胞是一切生命体的基本结构和功能单位。细胞工程就是以细胞理论为基础，以细胞为基本单位，在细胞水平上进行遗传操作，使细胞的某些遗传特征按照人们的意愿发生改变，为人类提供优良品种和产品的生物技术。20世纪50年代，日本科学家把仙台病毒混在两种不同的动物细胞中，结果细胞之间发生凝聚，异种细胞产生了融合，在这些细胞中存在着两个以上的细胞核。到20世纪60年代，科学家从这种细胞的融合现象出发，发展出了细胞融合这样一门重要的遗传工程技术。在植物细胞融合技术的应用方面，目前已产生了一些先前用传统的杂交技术无法获得的新的杂种植物。“西红柿马铃薯”就是番茄和马铃薯之间体细胞融合的结果，它是20世纪80年代初由原联邦德国科学家完成的。这种新型的“西红柿马铃薯”，植株的地下部分结马铃薯，而地上部分生西红柿。在动物细胞融合技术的应用方面，最值得一提的是单克隆抗体的制备及其应用。20世纪70年代，英国科学家在细胞融合技术基础上，发明了单克隆抗体技术。单克隆抗体技术带来了免疫学上的一项重大技术革命，为许多疾病的诊断和治疗开辟了广阔的前景。

细胞器移植技术又称组分移植技术，它是将体细胞的组分（细胞核或细胞质、染色体以至基因物质）直接移植到另一个细胞（体细胞或卵细胞）中去，形成杂交细胞。这项技术开始于20世纪六七十年代，当时，我国动物学家童第周曾用极细的玻璃管，从鲤鱼的卵细胞中取出细胞核，并将其移进已除去细胞核的鲫鱼卵细胞中，在精心照料下，这种特殊的换核细胞最终发育成了能在水中游动的长着鲫鱼的嘴、鲤鱼的须的鲫鲤鱼。随着科学技术手段的发展，目前科学家已采用显微注射技术成功地将DNA、RNA及蛋白质直接注入细胞体内以培养新的细胞。细胞拆合对改良品种具有重要的意义。胚胎移植也是当今流行的改良家畜品种及解决人类不育等问题的细胞工程。早在1890年，英国科学家曾将安哥拉兔的早期胚胎移植到已接受配种的野兔输卵管中，结果生育的6只小兔中有2只具有长细毛、白化的安哥拉兔的特征。1978年，第一个试管婴儿在英国诞生，标志着胚胎移植技术已发展到了一个新的历史水平。

细胞和组织培养技术就是取出生物体的一部分组织或细胞，使其在试管、培养皿等环境中生长、繁殖的技术，它是体细胞工程的重要组成部分，也是其他生物技术不可缺少的研究手段。 植物组织培养技术最早应用于花卉的繁殖上。1960年，法国科学家利用兰花茎尖繁殖技术繁殖兰花成功。之后，世界各地相继实现将植物组织培养成植株。植物组织培养技术也被应用到植物的无病毒繁殖上。1934年，怀特从感染烟草病毒的烟草获得离体根进行培养，发现迅速生长的根尖部病毒浓度最低，越往后的成熟区病毒浓度越高。后来其他的人也发现茎部有类似现象，由此可知病毒在植物中的分布是不均匀的。于是人们开始思考，能否从感染病毒的植物中提取无病毒的组织进行组织培养，从而获取完全无病毒的植株。一些科学家对此进行了深入的研究，最后，马铃薯的茎尖培养和其他一些作物的无病毒植株获得了成功。

1997年2月，英国科学家伊斯维姆·穆特成功地“克隆”出“多莉”羊，标志着克隆技术发展到了一个新的水平。克隆是英语“clone”的音译，意为生物体通过体细胞进行的无性繁殖，以及由无性繁殖形成的基因型完全相同的后代个体组成的种群。

伊斯维姆和他克隆的“多莉”羊

基因工程又叫DNA重组技术，其主要操作是将不同来源的生物基因（DNA）按照人的意愿，在生物体外或体内进行切割、拼接和重组，然后把经过重组的DNA分子转入所操作生物体内进行复制和表达，从而产生出人们所期望的基因产品，或创造出人们所需要的新的生物。基因工程的实质是在生物体之间转移遗传信息。

基因工程的发展主要源于两方面的基础理论研究：一是限制性内切酶的研究。20世纪50年代末60年代初期，瑞士科学家阿尔伯（W.Arber，1929—）在观察大肠杆菌时，发现了一种能切割DNA的酶。1968年，他首次分离出这种酶，并命名为限制性内切酶。1970年，美国约翰霍普金斯大学微生物学家史密斯（H.O.Smith，1931—）成功地分离出专一性很强的DNA限制性内切酶，这种酶可以专一识别 DNA序列，并在DNA链中将它切开，这就是“内切”的来历。此后新的内切酶不断被发现和分离，目前已达数百种。由于内切酶的这些特点，决定了它们在基因工程中将扮演“剪刀”的角色。二是连接酶的研究。1967年，科学家阿尔伯和史密斯从代号为T的噬菌体感染的大肠杆菌里分离和提取到了连接酶，这种连接酶能使DNA分子相邻的两端或是被“剪刀”断开的DNA片段重新连接起来。显然，这种连接酶可以在基因工程中充当“糨糊”的角色，它们能够把切割下来的基因导入受体细胞，粘在受体细胞DNA分子的特定位置上。

1971年到1972年间，美国斯坦福大学生物化学家伯格（P.Berg，1962—）使用一种DNA限制性内切酶切开SV40病毒的环状DNA，再用同一种酶切外源DNA片段，两者很容易黏合，形成一种杂交分子，即重组DNA技术产生。1977年，美国斯坦福大学的科学家成功地利用重组DNA技术产生出下丘脑分泌的生长素释放抑制因子（一种能抑制脑下垂体释放生长激素的神经激素）。1978年，哈佛大学的科学家又用此方法生产出胰岛素。

基因工程的产生使整个生物技术跨入了一个崭新的发展时代，传统的生物技术与基因工程的结合形成了真正有生命力的现代生物技术。例如，在发酵工程方面，运用传统的生物技术方式要用10万只羊的下丘脑才能获得1毫克生长激素抑制素，耗资巨大。现在通过基因工程，将人工合成的人生长激素抑制素基因重组一个高效表达载体在大肠杆菌中表达，只需要10升这种重组的大肠杆菌培养液，经计算机严格控制条件就可以获得，这就是现代发酵工程的威力。1989年，美国利用植物细胞组织培养技术培养出转基因烟草，结果在烟草叶片上产生了占叶蛋白总量的13%的抗体。按照这种水平计算，美国只需要用其目前种烟草土地面积的1%来种这种转基因烟草，每年就可以生产出270公斤的抗体，足够27万病人用1年，这是基因工程与细胞工程结合后产生巨大社会效益和经济效益的一个明证。现在的遗传育种基因工程技术把一些有用的优良或特殊性状的基因转入到农作物中，缩短育种时间达几万倍。目前已经培育出了抗病毒、抗除草剂、抗虫、高蛋白的各种农作物品种，也培养出了携带人的生长激素基因的猪种和鱼种，它们都比普通猪和鱼要长得快、长得大等。诸如此类的例子不胜枚举。

我国的基因工程研究及应用虽起步较晚，但已获得了较大的发展，取得了一定的成果。据不完全统计，已经研制成功和正在研制的基因工程产品就有几十种，有些已经投产并开始使用，如基因工程α干扰素，基因工程乙型肝炎疫苗等。总之，基因工程给传统生物技术带来了彻底的革新，而且其应用范围仍然在不断加深扩展，前景十分广阔。

分子生物学发展到20世纪80年代，在分子水平上研究人类基因结构和功能的关系很自然地被提到科学工作的日程上来。

人体细胞是十分复杂的，在细胞核中含有23对46个染色体，约有5万到10万个基因和约30亿碱基对。以此为研究对象的“人类基因组研究计划——制图和测序”旨在阐明人类基因组30亿个碱基对的序列，发现所有人类基因并搞清其在染色体上的位置，破译人类全部遗传信息，使人类在分子水平上全面地认识自我。这项计划的完成，对阐明人类基因表达调控的机理是必要的基础，能使遗传性疾病的治疗和有关的药物生产更有的放矢。利用这个基本数据对不同种族基因组进行比较研究，对探索人类的起源和进化同样是必要的基础。这是一项工程宏伟，耗资巨大，历时长久，需要大量科技人员共同努力的计划，被称为“生物学的大科学”，被视为生物学和医学的极为重要的基础设施。

这项计划开始是由美国生物学家杜尔贝科（R.Dulbecco，1914—）在1985年首先提出的，1986年在美国纽约长岛冷泉港的学术会议上第一次进行了公开的正式的讨论，大家热情地期待着这个计划能迅速实施。但是由于在耗资问题、必要性问题、方法问题、阶段性成果的检测和核对等许多问题上存在不同的意见，特别是巨额的经费未能落实，使这个拟议中的计划又凉了下来。经过1987年一年的讨论和向美国国会游说等，1988年美国政府终于批准了这项预计投资30亿美元、历时15年的经费预算。美国国内参加这项计划的有美国国家卫生研究院、能源部和十几所大学。“人类基因组计划”的国际组织也于1988年4月成立，组织成员包括了北美、欧洲、亚洲和大洋洲的许多国家的科学家和研究单位，这个组织负责对计划实施的过程中的制图和测序等进行组织合作和学术交流。

人类基因组研究计划最基本的工作，就是完成全部人类基因的测序。首先，必须确定基因在基因组的相对位置，建立遗传图谱；其次，在特定染色体区内对基因定位，构建物理图谱；再次，进行DNA的核苷酸测序分析，建立序列图谱；最后鉴定全部基因的位置、结构和功能，完成基因图谱。

1989年国际组织制定了第一个五年计划，1993年到期。这一阶段取得了部分的研究成果，如测序方法的改进，法国科学家宣布制出了第21个染色体的基因图（1992），美国也宣布制出了Y染色体的基因图（1992），随后法国科学家又宣布制出全部染色体的基因图（1993）。但是这些都只能说是初步的，在方法上和准确性上都有不少需要改进或进一步研究的问题。由于阶段性成果逐渐取得，又产生了成果如何分享、应不应该取得专利和什么成果应该取得专利等一系列问题。在另一方面，对此计划的信心也逐渐增强，特别是基因制图给基因治疗带来的现实希望，使为此目的而设立的公司逐渐兴起。

参与这项计划的有美、英、日、德、法和中国6个国家的1100多名科学家，计划项目于1990年开始启动。中国于1994年才正式启动人类基因组计划，由杨焕明、于军教授等组成的基因组科研队伍于1998年8月在中国科学院遗传所组建了人类基因组中心，并于1999年7月获准加入人类基因组计划并向国际人类基因组申请承担1%的测序任务，即3号染色体上3000万个碱基对的测序。中国科学家经过艰苦工作于2000年4月底完成测序任务。到2000年6月，人类基因组草图绘制全部完成。精确的人体基因组图谱有望不久绘制出来。

20世纪的技术发展可以用“应接不暇”、“日新月异”形容。科研成果从发明到应用的周期大大缩短，高新技术产品不断更新。据粗略统计，20 世纪上半叶所取得的科学技术成果，远远超过了19 世纪，20世纪60 年代以来的成果竟超过了以往两千年的总和。科学与技术一体化的特征日益突出，科学与技术之间的联系是如此紧密，相互促进作用是如此巨大，各学科与各门工程技术之间的相互渗透又如此广泛深入，以致形成了一个极其庞大复杂的科学技术系统。技术的进步与社会生活产生了极其密切的联系，深刻地影响着我们的生活。同时，技术竞争的加剧，科学技术伦理问题也日显突出。

20世纪技术大事记

年　份	事　件
1903年	第一架飞机试飞成功
1904年	世界上第一只电子管问世
1906年	发明无线电广播
1907年	第一台复印机问世

续表

年 份	事 件
1907年	发明塑料
1909年	美国人皮尔里成为第一个到达北极的人
1913年	工业流水线出现
1914年	第一架现代滑翔机问世
1915年	第一条跨越大西洋的无线电通信系统开通
1919年	第一个电台在英国开始播音
1921年	短波首次跨越海洋传播
1922年	胰岛素提取成功
1923年	第一台电冰箱问世
1923年	柯达彩色胶片问世
1925年	脉冲调制雷达诞生
1926年	第一枚液体燃料火箭发射成功
1926年	黑白电视机问世
1928年	青霉素问世
1931年	发明回旋加速器
1932年	第一台电子显微镜问世
1932年	美国人海曼研制出了第一台临床心脏起搏器
1933年	最早的器官移植成功
1934年	发明尼龙
1934年	人工合成维生素C
1937年	第一架射电望远镜建成
1939年	第一台电子数字计算机问世
1941年	“巨人”计算机研制成功
1942年	世界上第一座原子核反应堆建成
1945年	第一颗原子弹爆炸成功
1945年	第一枚氢弹试验成功
1945年	制成小儿麻痹疫苗
1946年	发现DNA分子双螺旋模型
1946年	制造出第一台通用电子数字计算机
1947年	发明晶体管
1947年	首例肾移植手术成功
1949年	第一架商用客机开始运营

续表

年 份	事 件
1949年	碳14年代测定法开始实际应用
1949年	人工合成脱氧核糖核酸(DNA)
1951年	第一座试验性核电站建成
1951年	发明体外心脏起搏器
1953年	第一台激光器诞生
1953年	美国人平卡斯研制的第一批口服避孕药上市
1954年	美国首播彩色电视节目
1957年	第一颗人造地球卫星由苏联发射成功
1958年	美国人基尔比制成第一块集成电路
1959年	无人太空船首次成功登陆月球
1961年	第一艘载人飞船上天
1963年	第一例肝脏移植手术
1964年	第一颗同步通信卫星发射成功
1967年	心脏移植手术成功
1969年	人类第一次在月球上行走
1969年	美国大学校园网“阿帕网”(ARPANet)建成,互联网诞生
1971年	世界上第一个空间站升空
1971年	英特尔公司推出第一代微处理器:Intel4004
1972年	CT研制成功
1974年	转基因动物诞生
1975年	个人计算机问世
1975年	制造单克隆抗体
1977年	中子弹研制成功
1978年	“试管婴儿”路易丝在英国出世
1981年	“哥伦比亚”号航天飞机发射成功
1983年	发明“聚合酶链式反应”法
1983年	分离出艾滋病病毒
1978年—1983年	蜂窝式移动电话网络出现，1978年在试验室研制成功，1983年正式投入商用
1985年	南极上空发现臭氧洞
1988年	人类基因组测序计划开始
1989年	万维网创立
1989年	全球卫星定位系统投入使用

续表

年　份	事　件
1989年	高清晰度电视机问世
1990年	哈勃望远镜进入轨道
1990年	美国国家卫生研究院进行世界首例基因治疗
1993年	“奔腾”型计算机微处理器问世
1994年	英吉利海峡隧道建成通车
1994年	发现艾滋病病毒蛋白酶抑制剂
1995年	日本无人海底探测器创潜入海底10911米的世界纪录
1996年	发现火星陨石有生命迹象
1997年	成功克隆绵羊“多莉”
1997年	探测车成功登陆火星
1998年	国际空间站开始装配
1999年	人体第22对染色体密码被破译
1999年	科学家将光速降低到每秒17米
2000年	人类基因组测序完成

第十二讲　新科技革命与未来

科学史就是科学技术不断进步的历史，也是人类认识自然，改造自然的历史。回顾人类科学技术发展的进程，特别是近代科学技术近400年的历史，我们清楚地看到科学技术的发展一日千里，不但使社会生产力获得极大的发展，而且使社会经济生活，政治生活和文化生活也发生了深刻变化。科学革命极大地影响着人类的生活，深刻地改变了并继续改变着我们的世界。

科学技术的历史也充分展示了这样一个真理：科学技术的发生和发展有着深刻的历史原因，有其内在的必然联系和自身发展规律。了解科学技术发展的特点，总结历史经验，探讨科学技术发展的规律，把握科学技术的发展趋势，使科学技术更好地造福于人类，创造更加辉煌的人类文明，是我们面临的重要课题。

进入21世纪，世界各国之间科学技术的竞争已经成为各国关注的热点问题。20世纪上半叶科学技术革命的深入发展，及20世纪下半叶世界新科学技术进入革命时代。在现在的21世纪，人类将进入一个科学技术突飞猛进的时代，迎来一场新的科学革命。

1.　科技强国的兴衰

纵观世界科学技术的发展历程，在不同的历史时期，科学技术的发展在世界各个国家或地区是不平衡的。自近代科学诞生以来，产生过5个世界科学活动中心，即1540年—1610年间的意大利；1660年—1730年间的英国；1770年—1830年间的法国；1810年—1920年间的德国；1920年至今的美国。

1. 1　文艺复兴时期的意大利（1540年—1610年）

意大利是文艺复兴的中心。文艺复兴运动所倡导的哲学思想，是人文主义理论，赞美人，赞美生和自然，崇尚理性和科学。人文主义理论与近代科学世界观有着密切的联系。

正是在这种思想解放的历史条件下，以达·芬奇和伽利略为代表的意大利科学家，继承和发展了古希腊的科学文化，开创了实验科学的传统，使自然科学开始从神学中解放出来。当时所表现出的科学思想，开始了对古代亚里士多德思想体系的怀疑和挑战，几乎一切古代的哲学信条，都要经过科学实验的检验。

意大利科学是建立在工场手工业基础之上的科学，也是科学与资本主义贸易结合的产物。正如恩格斯所表述的那样："工业巨大地发展起来，并产生了很多力学上的、化学的以及物理学上的新事实，这些事实不但提供了大量的可供观察的材料，而且自身也给予了和以往完全不同的实验工具，并使新的仪器制造成为可能。可以说，这时才第一次可能有真正系统的实验科学。"

正是在当时的历史条件下，伽利略的科学思想得以迅速传播。他的学生维维安尼和托里拆利在佛罗伦萨建立了齐芒学会。他们开展大量的实验研究，进行了近代科学史上几个重要的实验，如“大气压”和“真空”实验等。

这个时期的意大利在经济和文化方面是欧洲最先进的国家。但由于当时共和政权只限于少数几个先进城市，就全国而言没有完成政治上的统一，同时哥白尼、布鲁诺、伽利略等人的科学理论的传播被教会残酷镇压，经济衰落、政治分裂、外患频繁，导致科学逐渐衰落，从而逐渐失去了科学中心的地位。

1.2 资本主义兴起时期的英国（1660年—1730年）

从1500年至1763年，第一次国际分工已大规模完成。西欧从事手工业生产并指挥全球经济活动。英国在其中显然处于全球经济活动中心，并且率先完成了第一次产业革命。

英国是资本主义生产发展较早的国家。通过生产、商业和金融活动，城市资产阶级的财富和人数都得到增长。当时发生了资产阶级革命和宗教改革，还发生了产业革命，出现经济腾飞，这是资本主义经济初具形态和新的伦理精神完全诞生的标志。在这场革命和运动中，降生了文艺复兴孕育的资本主义制度和资本主义精神。这些因素，促成了英国作为世界科技中心的地位。

这个时期，自然科学刚刚摆脱宗教的桎梏，科学家迫切需要组织起来，以科学团体的名义争得社会的承认和资本家的支持，于是，科学团体和科学组织便在西欧相继产生。

1645年在伦敦成立了“无形学会”，也称“哲学学会”，它是科学家的活动场所，也是英国皇家学会的前身。1662年，英国成立了皇家学会，为英国发展科学作了组织上的准备，对英国科学研究起到了推动作用。1665年创办《皇家学会哲学学报》，登载会员的论文和科研报告。英国皇家学会是近代科学的摇篮，是世界上第一个真正的国家科学院，这对提倡自然科学研究，交流学术思想，审议科学成就起了积极的作用。

在英国科学高潮时期，英国有60多位杰出的科学家，约占全世界科学家总数的近40%。他们的科学发现和发明成果数量占世界的40%。

17世纪，牛顿力学的创立是人类认识客观世界的一次飞跃。他的代表作《自然哲学的数学原理》把人类带到一个新的领域，在这个领域，自然界的规律可用准确的量化的语言来描述。这不仅使英国而且使世界的科学飞速发展起来。

在这个时期，英国政府重视科学技术的发展，鼓励科技发明。蒸汽机的发明使英国成为了世界第一次工业革命的中心。牛顿、波义耳、胡克、哈雷等科学家的科学成就极大地推动了科学的进展，为近代科学走向辉煌奠定了坚实的基础。

培根等英国经验论为人们的认识和科学发展提供了新的世界观和方法论。1620年，培根的代表作两卷集《新工具》一书问世。在《新工具》一书中培根阐述了自己的哲学思想，继承并发展了古代原子论的唯物主义思想，认为世界是客观的、物质的、由分子组成的，并且是有规律运动着的；指出科学的任务在于认识自然界及其规律；在科学方法论上，培根创立了归纳法。英国科学发展中的经验论传统与新教的功利主义价值观契合。新教伦理是与当时科学家的精神气质相合的价值体系。以此价值观为基础，构成17世纪英国文化的特色。

到17世纪上半叶，英国大学发生了巨大变化，英国大学中培养的科学家和医生的比例增长较快，而牧师和诗人的比例则相对下降。同时，资本主义专利制度在英国建立起来，促进科学的发展。专利制度实际上是运用法律和经济手段维护专利权人的正当权益（人权）。1624年，英国颁布了现代专利法的始祖——垄断法，规定如下：专利权授予最初的发明人，专利权人在国内有制造和使用该项发明的权利，专利不能违反法律，损害国家利益，专利的有效期为14年等。专利法管理和推广技术发明成果，促进科技的进步和社会的发展，正如林肯所说："专利制度是在天才之火上加利益之油。"

至18世纪中期后，英国科学开始衰落。在1780—1815年的35年间，皇家学会被一群贵族子弟所充斥，600多名会员中，真正从事科学研究的仅100多人。

1.3 启蒙运动与法国的科学（1770年—1830年）

到了18世纪，法国虽然在经济上还不能超过英国，但是却是唯一能够与英国竞争的国家，这个时期也处于经济活跃期，形成了影响深远的经济特点。国债、包税制度等金融资本得到空前的发展，自由派贵族积极参与商业活动，采矿业、冶金业、奢侈品工业、纺织业较为发达，规模小、数量大的富农经济成为革命前农业资本主义发展的主要代表。

17世纪末，随着资产阶级的兴起，法国近代科学开始冲破宗教的枷锁，进入了新的发展时期。拉瓦锡的化学理论，笛卡儿的数学理论，帕斯卡的气压和液压定律，达朗贝尔的动力学等，都是卓越的科学成果。涌现出像拉格朗日、拉普拉斯、阿拉果、盖·吕萨克、库仑、居维叶、布丰、拉马克等世界一流的科学家。这个时期，科学组织相继出现，"自由研究"蔚然成风。

启蒙运动开展的不断深入，直接酝酿爆发了1789年的法国资产阶级大革命，并产生了欧洲最为先进的资本主义制度和科学发展的具体体制。1666年法国皇家科学院在巴黎成立，这是一个官方的科学机构，院士由法国国王发薪，并要求院士们研究国家需要解决的问题，例如绘制法国地图、测量航海经纬度以及机械工艺的改良。1667年创办《学者杂志》并建立巴黎天文台。到了18世纪，法国皇家科学院更加重视理论自然科学的研究；1793年法国皇家科学院被法国资产阶级大革命改头换面，在此基础上1795年正式成立法国科学研究院，科学因此登上法国社会殿堂，成为一种专门职业，法国科学院在18世纪末19世纪初一度成为世界科技发展中心。

在认识论方面，18世纪法国唯物主义者在一定程度上克服了英国经验论和西欧大陆唯理论的片面性错误，力求使感觉经验和理性思维的认识结合起来，获得了巨大成就。

但在拿破仑失败以后，法国发生了巨烈的动荡，教育受到了极大的影响，不少学校解体，法国的科学至19世纪下半叶已落在了德国的后面。

1.4 称雄世界百年的德国科技（1810年—1920年）

18世纪末德国古典哲学产生，出现了辩证法的思想，它是对朴素辩证法的复归，但却具有更高级的形式，由此，人们的思维方法就响起了形而上学的丧钟。

康德（1724—1804年）的星云假说是以牛顿力学为基础的，同时他又把历史主义的观点带进了自然科学，他相信大自然的有秩序的发展，并用吸引和排斥的统一来说明。康德哲学系统地提出和阐述了主体的能动性，开拓了从主客体关系去讨论哲学根本问题的新方向，它不仅完成了近代哲学由本体论向认识论的转变，而且把单纯研究认识的传统认识论扩展成了研究整个人类主体的功能、价值及人类文化的哲学，宣告了人的哲学的真正诞生。康德哲学不仅推翻18世纪在欧洲流行的以证明上帝存在、灵魂不朽和意志自由为宗旨的旧形而上学体系，而且提出了一整套关于哲学的性质、方法、对象、功能的新见解，这些见解极大地影响了德国科学的发展。而德国古典哲学集大成者黑格尔的哲学的真实含义和革命性质，则是在于它永远结束了认为人的思维和行动的一切结果具有最终性质的看法，并使辩证法同逻辑学、认识论、本体论统一起来，猜测到了思维规律和客观现实规律的一致性，在传统的方法论、逻辑学、认识论、自然观、历史观等领域引起了深刻的变革。

德国最早在欧洲形成了科学与技术相结合的体制。应用科学研究和技术开发在第二次产业革命中联袂主演，科学与技术联姻的过程也就是科学研究与技术开发体制形成的过程。19世纪中期以后，研究与开发体制开始在欧洲出现。最早的研究与开发形式是德国创立的研究生制度，大学导师与研究生合作研究的科技成果为企业所吸收，许多企业家本身就是科学家或工程师，而大学教授中也不乏公司董事和经理身份。这种研究与开发体制最具典型性的是1869年德国建立的大型煤化学实验室，创建者为德国化学家威廉·霍夫曼，他在实验室里边教学边指导学生搞科学实验，成果应用于化学工业。德国化工技术在第二次产业革命中能跃居世界前列，同这种研究与开发体制分不开。

德国采取了有计划办学的方法。在1810年创立柏林大学后，又把一批中等技术学校改为大学，组成了科学技术教育体系，使德国迅速形成了一支相当数量的科技队伍，保证了德国科技和工业的发展。

1870年德国政府又建立了皇家物理技术研究所，它是世界上第一个国家实验室。德国的研究与开发体制在第一次世界大战中显示了优势，德军依靠军事技术优势在很长一段时期内保持了战争的主动。1877年建立了国立化学研究所，1879年又建立了国立机械研究所。1900年德国这种研究开发体制进一步推广到克虏伯、西门子等大公司，一批颇具规模的大企业实验室纷纷建立，促进了德国科技发展。到19世纪末期，德国不仅在科学技术上全面超过了英国与法国，在主要工业的发展速度上也超过了英国，成为了世界的科技和经济中心。

不幸的是，德国的科学技术和民族奋发精神，被垄断资产阶级引向了军国主义的歧途，引向了战争的深渊。随着第一次世界大战的战败，德国退出了世界科技中心的地位。

1.5 当代世界科技中心——美国（1920年—）

从18世纪开始，由于欧洲出现了大批工人失业，许多人纷纷移民到美国，以寻找新的出路。大规模的移民产生了欧洲工业技术的大转移和科学的引进，它奠定了美国科技发展的基础，也形成了美国人继承与学习欧洲科学技术的传统。

由于美国的科学技术兴起，主要得益于欧洲的科学传统和体制，这使得美国科学的起飞具有较高的起点。欧洲的各种科技成果几乎当年就能在美国得到响应，其速度之快，超过了欧洲大陆之外的任何国家，如1803年开始研制蒸汽机车，1807年美国人富尔顿就制成了蒸汽轮船，又如1904年英国人发明了二极管，仅隔两年，美国人就制出三极管。

美国经过独立战争、南北战争，实现了国内统一，建立了联邦政府，推进了社会进步，解放了生产力。美国的第一部宪法就明文规定，国会与政府支持科学，促进科学进步，奖励科学发明。美国政府还采取了各项优惠的科技政策，以吸引科技人才，特别是第二次世界大战后，接收了大量由于战争受到迫害的科学家。

为了发展科学技术，美国大力开展了科学普及活动，宣传科学。1789年，议会提出建立全国科学报告会制度，1820年全国各大城市陆续建立了科学讲座制度。同时，美国大力提高教育水平，兴办各类学校。1865年南北战争结束后，建立了麻省理工学院等100多所学校，并逐步形成了教育与科学研究相结合的体制。从1865年到1880年的15年间，大学和中等技术学校增长了6倍，达450所之多。

1932年罗斯福总统提出了“科学研究是国家资源”的论断，这一论断导致了1933年科学顾问委员会和国家计划委员会的正式成立，1934年这两个委员会又纳入了国家资源委员会。第二次世界大战爆发后，美国利用国家的力量，把联邦实验室、工业实验室、高等学校实验室及非盈利研究机构等，由政府科学研究与发展局直接调控。1950年，美国正式成立了国家科学基金会，支持基础研究。美国国家科学基金会的成立，标志着美国式的“大学科”科研体制成为了美国科学事业的主导。

此外，与国家科学基金会并立的美国国立卫生研究院、原子能委员会都是美国重要的科学研究管理机构。1959年，美国政府颁布法令，建立联邦科学技术委员会；1972年，国会成立了技术评价办公室；1974年，国会成立预算办公室，参与科学技术的宏观调控。

美国在学习和采用欧洲先进技术的基础上，发展了本国的工业技术，大大地推动了美国工业的发展，使得美国的经济实力得到了迅速上升。至1870年，美国工业总值开始超过农业，到1890年，美国的工农业生产总值已超过英国、法国和德国，居世界首位。

第二次世界大战后，全世界每年的重大科学成果，有45%以上属于美国科学家的贡献。全世界诺贝尔奖获得者，有三分之一属于美国国籍。美国在20世纪成为了名副其实的世界科技中心。

2. 新科技革命

自近代科学诞生以来，科技史上有过三次科技革命。从力学革命到蒸汽机技术革命的第一次科技革命自16世纪中叶始，历经17、18世纪，革命的中心是在欧洲的意大利和英国，近代力学和天文学是带头学科。天文学的功绩在于破除迷信，解放思想，而在力学的实际推动下，数学、生物学、化学等近代学科相继诞生。在科学革命的影响下，始于18世纪中叶，一场以机械技术、尤其是动力机技术为核心，以蒸汽机为代表的技术革命拉开帷幕，并从英国扩展至欧、美、亚各主要资本主义国家，开始并完成了资本主义工业化的历史进程。

从电磁学革命到电力技术革命，被称为第二次科技革命。其中19世纪中叶自然科学的三大发现最为引人注目。科学革命的主战场也逐渐从意大利、英国转向法国和德国。 而以电力技术为核心的技术革命于19世纪后期展开并一直延伸至20世纪初。第二次科技革命再一次极大地提高了社会生产力，广泛而深刻地影响着人类生活的各个领域，将人类带进了又一个新的时代——电力文明时代。

进入20世纪40年代以后，出现了意义更为深远的第三次科技革命。这次科技革命起源于四项重大科学发现。虽然有些项目在战前已被发现，但战争妨碍了它们的发展和应用。只是在第二次世界大战之后这些科学发现的重大意义才充分显示出来。

第一项重大发现是爱因斯坦在1905年提出的相对论。传统的物理学都以牛顿的理论为基础，认为时间和空间是绝对的，两者是没有任何直接联系的。似乎宇宙间存在着一个永远走动着的大钟，在任何情况下，它的速率永远都是相同的，世界上的一切运动在时间上都以它为度量标准。爱因斯坦通过实验和思索得出结论说，时间和空间不是绝对的，而是相对的。爱因斯坦指出，在接近光速的情况下，运动着的尺子要缩短，运动着的时钟要变慢。换句话说，牛顿定律在高速情况下是不成立的，但在常规下因影响甚微，可视其为正确。爱因斯坦的相对论具有极其重要的基本理论意义，是现代物理学的理论基础之一。它对微观和宏观领域以接近光速运动的现象的研究，具有重大指导意义。这一理论在其后的原子能研究中得到了应用。

第二项重大发现是量子力学。1900年，德国物理学家普朗克首先提出量子假说。认为物体在发射和吸收辐射时，能量的变化不是连续的，而是一份一份的，这一份份的能量就是量子。随后，英国物理学家卢瑟福和丹麦物理学家玻尔把量子论用于原子结构的研究，证实原子是由带正电的原子核和带负电的电子组成。电子在不同轨道上围绕着原子核运动，当电子从外层轨道跳到内层轨道时就放出相应波长的电磁波。20世纪20年代，德国物理学家海森伯和奥地利物理学家薛定愕等创立了物理波理论，指出电子和一切物质粒子都像光一样，既具有连续的波动性质，又具有不连续的粒子性质。对于电子等微观运动，牛顿力学已不适用，必须代之以从量子概念发展起来的量子力学。海森伯、薛定愕创建的完整量子力学成功地揭示了微观世界的基本规律。它解决了原子结构以及原子中电子运动的问题。它为元素周期律提供了物理解释。它对于了解原子如何结合成分子、阐明分子的性质提供了理论武器。量子力学应用于化学形成量子化学，能够设计具有特定性能的分子。量子力学和狭义相对论结合形成原子核物理学，指导制造原子弹、氢弹和建立核电站。量子力学还为电子技术、半导体技术和激光技术等奠定了理论基础。

第三项重大发现是分子生物学。它是在物理学和化学影响与渗透下发展起来的一门全新的生物学科。它的核心是通过对生物体的主要物质，特别是蛋白质、酶和核酸等生物大分子的结构和运动规律的研究，探讨生命现象的本质。早在20世纪初，美国人摩尔根提出染色体学说，说细胞核中的染色体带有遗传基因。1944年美国人艾弗里等发现脱氧核糖核酸携带着遗传信息。1953年，美国的沃森和英国的克里克在英国《自然》杂志上发表了《核酸的分子结构》一文，提出脱氧核糖核酸的双螺旋结构。这篇文章的发表，标志着分子生物学的诞生。这以后，分子生物学发展很快，在人工合成蛋白质和核酸，测定蛋白质、酶、核酸的化学结构和空间结构，了解这些生物大分子的结构与功能的关系上，有很多成果。

第四项重大发现是系统科学。20世纪初以来，各门自然科学蓬勃发展，学科愈分愈细，分支学科愈来愈多。与此同时，学科之间又互相渗透，相互交叉，使自然科学整体化。系统科学就是对各种客观存在采用从整体上研究它的客观特性的学科。它主要包括了控制论、信息论、系统论等。这几种理论几乎同时在20世纪40年代发展起来。美国数学家维纳研究如何使一个系统按照事先规定的目标进行运动，如何根据信息反馈不断调整控制某一系统的运动。1948年他出版了《控制论》，标志着控制论的诞生。美国数学家申农研究如何把各种信息存储、传输和转换，1948年—1949年发表两篇论文：《通讯的数学理论》和《噪声中的通信》，为现代信息论奠定了基础。美籍奥地利生物学家贝塔朗菲于1948年提出了一般系统论，探讨了系统科学的方法论。这三个理论有许多共同点。它们都在探讨各种不同系统所遵从的一般理论，分析所有系统所应具有的概念、规律等。系统科学的发展推动了各种具体的系统工程技术的发展。

新科技革命的兴起在四项重大科学发现的基础上，战后各个科学技术领域，特别是原子能、电子计算机、宇航工程、生物工程方面都有惊人的发明和突破。

尽管第三次科技革命的时间跨度比前两次要短得多，但其内容之丰富，影响之深远，都是前两次所无法比拟的。因为时间、地点、环境和条件都发生了深刻的变化，第三次科技革命所面临的社会历史背景已不可同日而语。这是一场新的科技革命，是人类科学发展史上最为壮丽的革命。它具有鲜明的新特点，带来了科学上更大的新突破，给予我们了更多的启示，引导我们思考科学的未来。

新特点

（1）科学与技术相互渗透和融合，科学与技术发展分离的状况正在迅速发生变化。一方面，许多科学新发现、新理论的论证更加依赖新的技术手段，依赖重大科学装置和新测量仪器；另一方面，科学与技术相互作用、相互转化的速度不断加快，逐渐形成统一的科学技术体系。

（2）科技进步对经济增长的贡献日益增大，人类也由此突破了对物质生产的狭隘认识，越来越重视自身智力和精神的成长，知识型经济已为不可阻挡的世界潮流。

（3）原始性创新成为科技竞争的制高点。20世纪以前，科学技术在经济发展中处于从属地位。今天，科学理论不仅走在技术和生产前面，而且为技术、生产的发展开辟了各种可能的途径。据有关资料统计，现代技术革命的成果约有90%是源于科学理论基础上的原始性创新，原始性创新已成为当代科技竞争的战略制高点。比如，20世纪80年代中期，日本动用大量人力、财力研制模拟式高清晰度电视，并在集成电路方面对欧美诸强构成了巨大竞争压力。然而进入80年代中期到90年代，美国利用自己强大的研究开发实力另辟蹊径，从原理上进行创新，推出了数字高清晰度电视，从而在技术水平和市场竞争中远远领先于日本。因此，为抢占未来科技与经济发展的制高点，主要发达国家和一些发展中国家都在制定和实施各种基础研究和前沿高技术研究战略和计划。

（4）科学技术发展日益国际化、全球化。当今世界，任何国家都不可能独立完成所有的科技问题，研究开发国际化、全球化已成必然趋势。由多国政府共同支持的大科学研究计划方兴未艾，如人类基因组计划、全球环境变化、联合空间实验室计划等相继出台。同时，全球性的信息网络，促进了全球研究开发资源的充分流动和共享，逐步形成了一个“全球研究村”。

从科学技术自身体系上讲，与历次科技革命相比，新科技革命还表现出以下的特点：

①它不是单项出现，逐步扩展，而是以群体的形式出现，飞跃发展。

②科学技术在高度分化基础上出现高度综合的趋势。一方面科学技术的发展使学科分化日益精细，学科分支不断增多。另一方面，使学科间的联系更加密切，相互交叉，相互渗透，愈来愈朝综合方向前进。

③科学、技术和生产密切结合，出现三者一体化的趋势。

新突破

（1）信息科技正处在新的起跑线上

信息科技的发展超出了几乎所有人的想象。计算机技术正孕育着重大变革。由于传统的半导体技术发展已经接近极限，下一代的计算机必须有全新的技术、材料和设计方法。一是分子计算机进入最后攻关。这一技术将会突破目前晶体管的物理局限，使得未来的计算机功能大大增强，尺寸大大缩小。二是光子计算机前景看好。由于光具有能像电一样传递信息而不会与周围环境相互干扰的特性，因此光子计算机取代电子计算机是一项发展的必然。三是生物计算机再度热门。随着生物技术的发展，人们开始模仿人的大脑，用基因学的机制来开发新一代计算机。四是运用量子理论设计的计算机从理论论证进入了实验研究，估计将在今后15年左右出现。此外，计算机的智能化趋势已经显现，也就是说，将来有可能机器比人类更聪明，从而改变地球的文明。

因特网将再度腾飞。一是因特网无处不在，规模空前。二是因特网向空中发展和海底延伸。三是因特网正在更新换代。“目前世界各国都在加紧新一代因特网的探究，与现在使用的互联网相比，新一代因特网具有：更大，新一代因特网将逐渐放弃IPv4，启用IPv6地址协议，从2的32次方增加到2的128次方，有人形容世界上每一粒沙子都会有一个IP地址；现有IPv4地址将在近年迅速耗尽，因特网发展将受严重限制。更快，是指新一代因特网将比现在的网络传输速度提高1000倍以上，新一代因特网的基础带宽可能会是40G（每秒400亿比特）以上。更安全。目前的计算机网络因为种种原因，在体系设计上有一些不够完善的地方，新一代因特网将在建设之初就从体系设计上充分考虑安全问题，使网络安全的可控性、可管理性大大增强。”

（2）生物学世纪的创新浪潮

生物学的全新变化，将以人们难以想象的方式改变着未来的世界。而生物学发展最引人注目的是，它不仅在了解生命，还在操纵生命。转基因技术、克隆技术和细胞再造技术等重大成果获得突破，为人类攻克心脏病、帕金森病和癌症等疑难疾病带来了希望。

（3）新材料科技正在引发新的产业革命

20世纪80年代以来，具有优异性能和广阔应用前景的一类新型材料异军突起，成为当今科技发展最活跃的领域之一。

新材料的前沿和杰出代表是纳米技术。这项技术就是对原子和分子进行加工，并且将其组装成具有特定功能的结构，控制小到肉眼看不到的一种材料，从而向微观世界进军。纳米技术的应用十分广泛。应用于军事，可以利用昆虫作为平台，把分子机器人植入昆虫的神经系统，控制昆虫飞向敌方收集情报；应用于制造业，现已造出了米粒大小且能开动的汽车、蜜蜂大小的直升机；应用于生物医学，可以制出只有几毫米粗的人造手，帮助医生实施手术；至于在微电子方面，各种纳米器件、纳米发光二极管及利用纳米丝、纳米棒制成的微型探测器已经问世。有人预言，纳米技术所引起的世界性技术革命和产业革命，将会比历史上任何一次技术革命对社会经济、政治、国防等领域所产生的冲击更为巨大。

对于当代科技的进步，有人估计，如果1950年的时候，人类知识总量翻一番用50年，那么到2020年将只需73天。这种变化速度必将给世界上技术领先者和跟随者之间的距离提供两个可能：变得更大和变得很小。

新影响

（1）科技创新成为新的经济发展观的基础

科技创新是新的经济理论形成和发展的重要基石。经济发展的新规律已在多方面突破了传统经济理论的局限，并且较好地解释了信息和网络时代出现的许多新经济现象。

科技进步最直接和最显著的结果是导致了一种崭新的经济形态——知识经济的出现。由于知识经济的发展，使美国经济进入20世纪90年代以来，保持了100多个月的连续增长，这种经济的超常规发展，改变了传统经济理论中菲利普曲线的走向，在传统经济学中是很难解释的。可以说，知识经济的本质是数字化、网络化和全球化，而其根本动力来自于科技进步。据测算，发达国家20世纪初科技进步对经济增长的贡献率仅为5%～20%，20世纪中上升到50%左右，20世纪80年代后达到60%～80%。

（2）为社会可持续发展提供了可能

可持续发展的核心是发展，其源泉将主要缘于科学技术的进步。科技创新不断地突破“增长的极限”，使可持续发展成为现实。科技创新还使人类活动范围不断拓展。太阳能、生物能等多种可再生新能源的开发和利用，将极大地缓解人类面临的资源枯竭问题。

（3）科学技术日渐成为国家安全的核心要素

科技发展水平在相当程度上决定了各国在全球政治舞台上的地位，全球科技格局的“一超多强”是政治、经济“一超多强”格局的重要基础。1999年美国国务院的报告提出，科技与外交的关系正在由“为了外交的科技”转变为“为了科技的外交”。科技将成为国际政治和外交活动中的重要手段。

科技发展强烈影响着国家的安全观，以军事安全为核心的传统安全观正在拓展为包括经济安全、军事安全、文化安全、社会安全以及生态环境安全等内容的现代大安全观。未来战争必将成为核威慑、信息威慑及生物威慑的高技术战争，其影响和破坏范围将远远超过传统战争，因而将从根本上改变未来战争的方式。可以说，没有强大的科学技术为后盾，就没有未来的国家安全保障。

（4）将使人们的生活观念发生深刻变化

信息和生物技术革命的结合将使人们的生活方式乃至思维方式发生变革。网络提高了思维的预见性、准确性和高效性，从而使人产生新的思维方式；未来生物技术还将改变人类的生命方式，创造无数的生命奇迹；技术正在成为“第二语言”，成为未来世界交流的主要内容之一。同时，技术将极大地改变人们交往和交流的方式。一个以满足人们精神需要为目的的新型文化产业正迅速崛起，一个建立于网络基础上的虚拟社区和现实社会相互交融的人类社会形态可望形成，人类将前所未有地在更深、更广的范围内享受高科技发展带来的恩惠。

（5）引发对科技价值观的新争论

科学技术是一把“双刃剑”，如果说以往人们更多的是注意到了它对人类有利的一面，那么未来人们对科技发展可能带来的不利影响将会更加关注。如克隆技术、基因组移植等高新技术在21世纪将给人类带来什么后果，已引起越来越多的思考。这方面的最典型的代表人物莫过于太阳微系统公司的首席科学家比尔乔伊。他最近专门撰文指出，无规则的技术创新可能毁灭人类。他特别提出对“具有思维能力的机器人，在控制生物体结构方面可望取得突破的遗传学和在单个原子基础上创造物体的纳米技术”的担心。以上三种技术都具备一个共同的、人类以前创造的诸如原子弹等危险发明所不具备的特点：可以不依赖于群体的作用而轻而易举地自我复制，就像单个黑客散布计算机病毒在整个网络传播一样，给物质世界带来一系列影响。事实上，当今发展最快的技术，往往也是最令人担心的技术，它很可能成为难以控制的危险，人类必须高度警觉。

3. 科学的未来

21世纪将是一个“大竞争和大发展的世纪”。一方面，围绕抢占经济、技术制高点的“无硝烟的战争”将更加激烈地在全球展开；另一方面，大竞争将促使各国间的相互借鉴、相互促进，在竞争中加强合作，从而在全球范围内形成一股推动科技加速发展的巨大动力。

展望未来，21世纪是科技大创新、大提高、大飞跃、大发展的世纪，可谓人类社会发展史上最为波澜壮阔的新世纪。鸟瞰当今世界风云，一个以高资金、高效益、高竞争，高风险为核心的计算机技术和信息技术、生物基因技术、纳米新材料技术、航空航天技术和新能源技术等构成的高科技群体，正以势不可挡之势改变着人类社会面貌。科学技术进步的“科学化、社会化”无论其产出具有重大历史意义的高科技成果，还是进化中所展示的社会功能之深远意义的宏大规模和光辉前景都是史无前例的。

从科学技术发展的历史看，21世纪世界科学技术发展的总趋势将表现在以下几个方面：

（1）作为先导技术的信息技术将谋求全面、更大的进展

信息技术在20世纪取得了飞速的发展，但仍未到达顶峰。21世纪必将有更大的突破，迎来信息革命的高潮。信息技术将成为率先渗透到经济社会生活各领域的先导技术，世界正在进入以信息产业为主导的新经济时代。

首先，微电子技术正在高速发展，孕育着更大突破。研究表明，芯片集成度每12个月左右就增加一倍。微电子技术已开始进入到了“后光刻时代”，如用纳米电子学方法替代光刻工艺，将使集成电路的集成度在现有的基础上提高上万倍，这必将引发微电子技术的一次新的革命。

其次，计算机技术正向多极化方向发展。巨型机、中型机、小型机、微型机构成了计算机的家族世界。在性能上将不断完善，如IBM提出的超高性能计算机计划，峰值将达到300万亿次以上。同时，光子计算机、生物计算机也将向着实质性阶段迈进。

通讯技术与网络技术的相互融合，构成以无线保真技术为基础的无线技术，也将成为今后的重要领域。这项技术可以通过便携式电脑或其他运算元件随时随地高速联网，将使个人拥有更强的网络通信能力。

未来信息技术的发展方向将是信息密集程度的增加，集成电路制造技术的发展，费用的迅速下降。计算机与通讯的结合互联网、移动电话与卫星网络的发展，对人类经济社会的进一步发展，将产生极为巨大的影响。在信息储存方面，储存容量将稳定地增长，集成技术将进一步地发展。微机电系统技术对未来全球通讯系统的发展将可能有重大影响。

信息技术的不断深入发展，也必将导致以人工智能为技术核心的智能革命。如果说工业革命是用机器放大人的体能，那么智能革命是以智能机器放大人的智能。智能机器是机器发展的质变，它使智力物质化，是人类智力的放大器。把人的智能变成机器的智能，然后以此为手段，实现生产的智能化，同时把人的自然智力和机器的人工智力两方面的潜能都充分释放出来，以实现智力的人工进化和脑—机的共生体，这将成为21世纪高技术的核心，导致社会的智能化。

对智能社会来说，智力比知识更有力量，因此，知识的获取、处理、使用和创新才是真正强大的力量，这是人类智能的体现。智能革命将促使世界的财富要发生大转移，即从物质资源拥有者手中转移到高智能、高知识的掌握者手中。

（2）生物科学将成为21 世纪的主导科学

21世纪的科学趋势是各门科学不断地交叉、加速综合，不同学科的作用和地位将发生

变化。如果说20世纪的主导学科是物理学的话，那么21世纪的主导科学就是生命科学，它是能满足人类多种需求的科学。

①由于生命科学与人口问题、人类生存和健康问题、粮食问题、资源问题、生态环境保护等等问题密切相关，而21世纪这些问题将进一步突出，因此，生物生命科学成为主导科学是社会发展的必然。

②物理、化学、计算机科学为生命科学本身的发展提供了强大的研究手段，而它的发展当然也会推动其他学科的发展，以至可能发展成为科学革命的中心。

③关注人类自身的健康，使得基因技术成为了未来科学发展的重心。人类的疾病、保健等极为重要的关键性问题将随着生物生命科学的进展获得巨大突破。其中，人类基因组序列工作框架图的绘就，直接引发了基因革命的新冲击波。基因革命在21世纪有望通过改变物质生产方式而重塑全球经济。

（3）能源技术将成为世界性关注的领域

能源问题与社会经济、政治和生活密切相关，未来能源技术必将成为普遍关注的焦点。除常规能源的进一步有效、合理利用，寻找新型能源也必将成为未来能源技术的主要研究内容。能源技术发展的趋势将较少地依靠单一能源而更多依靠多种能源。

宇宙太阳能发电。将实现在宇宙大规模、廉价地进行太阳能发电的技术，以及安全可靠的送电技术，建设成宇宙太阳能电站。

太阳能发电技术的扩展。大楼和住宅的外墙、窗玻璃、房顶等，都将使用具有太阳能电池性能的材料。同时，开发出高效蓄电技术。太阳能发电将占整个能源供给的一半以上。

未来的原子能。将研究出小型而且安全的原子能发电方式，原子能作为主要能源将被重新评价。核聚变发电技术进一步发展，火力发电以及核裂变发电方式将全面废止。

世界电力网的形成。在世界范围内，常温超导电缆电力网的普及，各国将利用时差来调节高峰用电，实现能源的最佳供给。

蓄热技术的发展。开发出夏热冬用的蓄热技术，实现太阳热能的高效利用。

利用巨大的自然能源。开发出将台风、地震、火山等大自然的强大威力变换成能源加以利用的技术。

（4）纳米技术挑战极限

纳米科技的最终目的是以原子、分子为起点，去制造具有特殊功能的产品。其应用主要在纳米材料和纳米器件两方面，而对人类社会生活及生产方式产生最深刻且广泛影响的将是后者。纳米器件的研制和应用水平是进入纳米时代的重要标志。

纳米技术具有彻底改变物质生产方式的巨大潜能。它有可能在新世纪引发一场新的产业革命。

21世纪是科学技术全面发展和科学理性充分发展的世纪，世界科技革命开始向更高的阶段迈进，新的科技浪潮正迎着新世纪的曙光蓄势待发。新的科学发现和技术发明，特别是高技术的不断创新使其产业化，将对全球化的竞争和综合国力的提高、对世界的发展和人类文明的进步产生更加巨大而深刻的影响。

展望未来，科学技术将会成为各国综合国力较量的主战场。科学技术将向经济、社会的各个领域广泛渗透，对社会、经济的发展产生深刻影响。科技的进步、生产方式的变化、经济的发展、社会的变迁又将改变人们的工作、学习和生活方式以及价值观念。

专题一　诺贝尔自然科学奖

诺贝尔奖是以瑞典著名化学家、硝化甘油炸药发明人阿尔弗雷德·贝恩哈德·诺贝尔（Alfred Bernhard Nobel）（1833—1896）的部分遗产作为基金创立的。诺贝尔奖最初共设5项，其中自然科学奖有物理学奖、化学奖、医学和生理学奖。诺贝尔奖包括金质奖章、证书和奖金支票。

1901年12月10日，德国人伦琴、荷兰人范特霍夫、德国人贝林因各自做出的“最重要的发现或发明”，而分别荣获了首次颁发的诺贝尔物理学、化学、医学和生理学奖，从此拉开了诺贝尔科学奖的序幕。

由于诺贝尔科学奖在开始颁发时有一个非常有利的条件，那就是有许多仍然健在的19世纪科学巨人可供挑选，从而使它获得了巨大的声望和威信，成为了科学界至高无上的荣誉和科学成就的最高标志。不仅如此，诺贝尔科学奖还在社会领域中扮演着重要的角色。人们经常把拥有诺贝尔科学奖获得者的数目，作为比较这个国家在科学上的地位的普遍尺度，以及这个国家科学政策成败得失的标志。总而言之，诺贝尔科学奖不只是一般意义上的科学共同体对科学家及其贡献的承认，同时它又代表着各个国家的实力和形象，具有突出的多方面的象征意义。

1. 诺贝尔其人其事

阿尔弗雷德·贝恩哈德·诺贝尔1833年10月21日生于瑞典首都斯德哥尔摩的一个工程师家庭。诺贝尔随其父先后迁居俄、德、法、意等国，一边从事发明研究，一边致力于创办炸药、化工、钢铁企业。他冒着生命危险，发明了安全炸药、无烟炸药、雷管等。他一生中完成了350多项发明，建立了几十家企业。

诺贝尔的父亲是一位颇有才干的发明家，倾心于化学研究，尤其喜欢研究炸药。受父亲的影响，诺贝尔从小就表现出顽强勇敢的性格，他经常和父亲一起去实验炸药。多年随父亲研究炸药的经历，也使他的兴趣很快转到应用化学方面。

1862年夏天，他开始了对硝化甘油的研究。这是一个充满危险和牺牲的艰苦历程，死亡时刻都在陪伴着他。在一次进行炸药实验时发生了爆炸事件，实验室被炸的无影无踪，5个助手全部牺牲，连他最小的弟弟也未能幸免。这次惊人的爆炸事故，使诺贝尔的父亲受到了十分沉重的打击，没有多久就去世了。他的邻居们出于恐惧，也纷纷向政府控告诺贝尔，此后，政府不准诺贝尔在市内进行实验。

但是诺贝尔百折不挠，他把实验室搬到市郊湖中的一艘船上继续实验。经过长期的研究，他终于发现了一种非常容易引起爆炸的物质——雷酸汞，他用雷酸汞做成炸药的引爆物，成功地解决了炸药的引爆问题，这就是雷管的发明。它是诺贝尔科学道路上的一次重大突破。

矿山开发、河道挖掘、铁路修建及隧道的开凿都需要大量的烈性炸药，所以硝化甘油炸药的问世受到了普遍的欢迎。诺贝尔在瑞典建成了世界上第一座硝化甘油工厂，随后又在国外建立了生产炸药的合资公司。但是，这种炸药本身有许多不完善之处，存放时间一长就会分解，强烈的振动也会引起爆炸，在运输和贮藏的过程中曾经发生了许多事故。针对这些情况，瑞典和其他国家的政府发布了许多禁令，禁止任何人运输诺贝尔发明的炸药，并明确提出要追究诺贝尔的法律责任。面对这些考验，诺贝尔没有被吓倒，他又在反复研究的基础上，发明了以硅藻土为吸收剂的安全炸药，这种被称为黄色炸药的安全炸药，在火烧和锤击下都表现出极大的安全性。这使人们对诺贝尔的炸药完全解除了疑虑，诺贝尔再度获得了信誉，炸药工业也很快地获得了发展。

在安全炸药研制成功的基础上，诺贝尔又开始了对旧炸药的改良和新炸药的生产研究。两年以后，一种以火药棉和硝化甘油混合的新型胶质炸药研制成功。这种新型炸药不仅有高度的爆炸力，而且更加安全，既可以在热辊子间碾压，也可以在热气下压制成条绳状。胶质炸药的发明在科学技术界受到了普遍的重视。诺贝尔在已经取得的成绩面前没有停步，当他获知无烟火药的优越性后，又投入了混合无烟火药的研制，并在不长的时间里研制出了新型的无烟火药。

诺贝尔一生的发明极多，获得的专利就有255种，其中仅炸药就达129种，就在他生命垂危之际，他仍念念不忘对新型炸药的研究。

诺贝尔一生未婚，没有子女。一生的大部分时间忍受着疾病的折磨。他生前有两句名言：“我更关心生者的肚皮，而不是以纪念碑的形式对死者的缅怀”。“我看不出我应得到任何荣誉，我对此也没有兴趣”。

在他的整个一生中，他身体虚弱、健康不佳，但他却能够在工作中建树惊人的功绩。早年的贫困与忧虑，使得他喜爱偏远的地方和安静的生活。尽管作为一个炸药和武器方面的发明家和工业家，他却厌恶暴力与战争，并且是一名忠诚的和平之友。他变成一位从早年起就把整个世界作为自己工作场所的彻底世界主义者。

1896年12月10日诺贝尔在意大利的桑利玛去世，终年63岁。他的遗体被运回瑞典，在那里火化以后，于12月29日用隆重的礼仪安葬在斯德哥尔摩北方公墓的一座家庭墓穴里；在这座墓穴中，他的父母和弟弟埃米尔已先入葬。

2. 诺贝尔奖的由来

在诺贝尔生前的最后十年内，他曾先后三次立下过非常相似的遗嘱。头两次立的（于1889年和1893年）由于有了1895年写的最后遗嘱而作废。

1895年晚秋，诺贝尔在巴黎度过了两个月；在马拉可夫大街寓所里，他写出了遗嘱的细节，这份遗嘱，成为诺贝尔基金会和诺贝尔奖金的基础。这份遗嘱是在1895年11月27日由他亲手用瑞典文写成的。

诺贝尔在最后立下的遗嘱中，以自己900多万美元的遗产，作为基金设立诺贝尔奖。

诺贝尔的遗嘱选登

“我，签名人阿尔弗雷德·贝恩哈德·诺贝尔，经过郑重的考虑后特此宣布，下文是关于处理我死后所留下的财产的遗嘱：

在列举了特定的私人遗物之后，遗嘱写道：

在此我要求遗嘱执行人以如下方式处置我可以兑换的剩余财产：将上述财产兑换成现金，然后进行安全可靠的投资；以这份资金成立一个基金会，将基金所产生的利息每年奖给在前一年中为人类做出杰出贡献的人。将此利息划分为五等份，分配如下：一份奖给在物理界有最重大的发现或发明的人；一份奖给在化学上有最重大的发现或改进的人；一份奖给在医学和生理学界有最重大的发现的人；一份奖给在文学界创作出具有理想倾向的最佳作品的人；最后一份奖给为促进民族团结友好、取消或裁减常备军队以及为和平会议的组织和宣传尽到最大努力或做出最大贡献的人。物理学奖和化学奖由斯德哥尔摩瑞典科学院颁发；医学和生理学奖由斯德哥尔摩卡罗琳医学院颁发；文学奖由斯德哥尔摩文学院颁发；和平奖由挪威议会选举产生的5人委员会颁发。对于获奖候选人的国籍不予任何考虑，也就是说，不管他或她是不是斯堪的纳维亚人，谁最符合条件谁就应该获得奖金，我在此声明，这样授予奖金是我的迫切愿望……

这是我唯一有效的遗嘱。在我死后，若发现以前任何有关财产处置的遗嘱，一概作废。”

阿尔弗雷德·贝恩哈德·诺贝尔

1895年11月27日

诺贝尔指定的两位遗嘱执行人都不是他的家族成员， 他们中一位是诺贝尔最后三年的私人助理拉格纳·索尔曼， 另一位是挚友瑞典企业家鲁道夫·里尔雅克斯特。

诺贝尔逝世后，1900年6月瑞典政府批准设置了诺贝尔基金会，并于1901年1月1日开始管理基金。同年，在诺贝尔逝世5周年纪念日，即1901年12月10日举行了第一次颁奖仪式。

自此以后，除因战时中断外，每年的这一天分别在瑞典首都斯德哥尔摩和挪威首都奥斯陆举行隆重授奖仪式。

基金会管理机构还对诺贝尔奖金做了进一步的规定：每个各项奖金可由两个获奖者平均分享（最多不超过三人）；如果当年无人得奖，则该奖金可留待翌年；每一项奖金在五年内至少应颁发一次。实际上，从1901年开始授奖以来，都是每年颁发一次，只有在二次世界大战期间（1940—1942年），因战争关系，才停顿了几年。由于按规定，每年要从基金利息中抽出10%加入基金，另加上一部分没有发出的奖金也并入基金，因此基金的数目越来越大。在同一年里，各项奖金的数额是相同的，不同的年份，奖金数额有所变动，其幅度主要取决于市场行情，因为这些奖金是靠基金资本的年收入来支付的。

诺贝尔基金会的理事，由各奖金颁发机构挑选，总共有15名，每个奖金机构选择三名。理事们选举产生基金会的董事会成员，但正副董事长不在其内，他们是由瑞典政府任命的。理事会的其他主要任务是，审阅董事会的年度报告及审计员们的财务报告，并对董事会当年的工作进行审核批准。

基金会的董事会，由五名董事和三名副董事组成。他们从董事会的成员中选举一名执行主任。董事会的主要任务是，管理基金和基金会的其他财产。

执行主任是基金会的行政负责人。他负责起草基金会投资政策的基本方向，就投资和人事等问题向董事会提出建议，以及管理基金会的各种财产。

执行主任还负责在斯德哥尔摩举行的隆重授奖仪式的安排工作。在五任执行主任中，最杰出的是拉格纳·索尔曼，他是阿尔弗雷德·诺贝尔的生前友好与合作者，也是他的遗嘱的执行人之一。索尔曼先生从基金会的开始，直到他在1948年去世，曾在基金会里担负过不同的职务，应该说他在工作中，始终贯彻执行阿尔弗雷德·诺贝尔的精神。基金会的存在，在很大程度上由于他在执行这项遗嘱方面，所具有的严肃热情和所进行的献身工作。随着他的去世，将基金会与这位捐献者联系起来的最后一个人，也就不复存在了。

自从1926年以来，基金会在斯德哥尔摩有了自己的办公大楼，即坐落在斯图尔街十四号的诺贝尔大厦。

诺贝尔奖金每年于诺贝尔逝世周年纪念日（12月10日），以隆重的仪式在斯德哥尔摩宽敞的音乐厅里颁发，和平奖于同一天在奥斯陆挪威国会所召集的会议仪式上颁发。

1968年瑞典中央银行于建行300周年之际，提供资金增设诺贝尔经济奖（全称为“瑞典中央银行纪念阿尔弗雷德·贝恩哈德·诺贝尔经济科学奖金”，亦称“纪念诺贝尔经济学奖”），并于1969年开始与其他5项奖同时颁发。诺贝尔经济学奖的评选原则是授予在经济科学研究领域做出重大贡献的人，并优先奖励那些早期做出重大贡献者。

诺贝尔奖的奖金数视基金会的收入而定，其范围约从11000英镑（31000美元）到30000英镑（72000美元）。奖金的面值，由于通货膨胀，逐年有所提高，最初约为3万多美元，20世纪60年代为7.5万美元，80年代达22万多美元，进入20世纪90年代达到100万美元，而到2005年已高达约130万美元。

诺贝尔奖章由著名艺术家设计，制作十分精致考究。第一枚诺贝尔奖章系1902年铸造，直径6.6厘米，用约200克黄金制成，瑞典雕刻家李得柏设计。诺贝尔奖共有六项，而奖章只有五种（物理学与化学奖奖章一样）。尽管诺贝尔奖章每届设计不尽相同，但均

正面是诺贝尔的浮雕像

物理学和化学奖奖章

医学和生理学奖奖章

文学奖奖章

和平奖奖章

经济学奖奖章

装奖章的锦盒

镌刻有诺贝尔浮雕像，用罗马数字铸有其生卒日期；还刻有获奖者姓名、奖项、获奖年月，以及赞词“多么仁慈而伟大的人物，人们仰赖他的贡献和发现，使得人们智慧生活更见充实”。文学奖奖章图案为一个青年坐在一棵桂冠树下，入迷地听着、记录着缪斯女神的歌；医学和生理学奖章图案为一位医学天才为了给病女孩解渴，正在收集从岩石上涌出的水，她的膝上放着一本打开的书；物理学、化学奖章刻绘女神伊希斯从云中浮现，圣母握着象征财富和科学智慧的号角，轻轻拉开女神的面纱，露出她冷峻的面容，象征人类文明的不断进步和发展；和平奖章镌刻的诺贝尔肖像与其他奖章姿态不同，铭文“为了人类的和平与情谊”；经济学奖章的诺贝尔肖像与其他奖章形象不同，获奖者名字雕刻在奖章边上。

1999年物理学奖获得者韦尔特曼的获奖证书

每份获奖证书的设计也各具风采。每一份诺贝尔奖获奖证书都是一件独一无二的艺术品。文学奖的获奖证书用中世纪绘制图书插图的技术在特制的羊皮纸上绘制而成，而其他奖项的证书使用的则是特别定制的手工制成的纸张。

每份获奖证书的设计也各具风采。在33厘米×20厘米见方的纸张或羊皮上，左侧是由艺术家根据各位诺贝尔奖得主获奖工作的特质为其创作的画作，右侧是书法家用瑞典文或挪威文书写的、说明其获奖事宜的正文。

诺贝尔奖的颁奖仪式隆重而简朴，每年出席的人数限于1500人至1800人之间，其中男士要穿燕尾服或民族服装，女士要穿严肃的晚礼服，仪式中的所用白花和黄花必须从圣莫雷空运来，这意味着对知识的尊重。

从1901年起，每年12月10日下午4时30分，分别在瑞典首都斯德哥尔摩（科学、文学奖）和挪威首都奥斯陆（和平奖）举行隆重的诺贝尔奖仪式。自然科学奖授奖仪式在斯德哥尔摩音乐厅举行，出席仪式的有瑞典国王、王后、议长、首相、诺贝尔奖获得者、诺贝尔基金会主席、诺贝尔奖各项评委会代表、部分政府大臣以及著名科学家、作家、社会名流和各国驻瑞典使节等。在授奖仪式上，诺贝尔基金会主席首先致词。接着，诺贝尔奖各项评委会代表介绍获奖者的成就和贡献，诺贝尔奖获得者代表发表演讲。随后，瑞典国王分别向物理学、化学、医学和生理学、文学和经济学奖的各位获奖者颁发一份有题词的证书，一枚带有诺贝尔头像和铭文的金质奖章以及一张奖金支票。最后授奖仪式在瑞典国歌声中结束。

诺贝尔奖评选的全过程都是保密的，而且没有复议。在发表最后结果时，也只有获奖人的姓名和简要理由。有关评选的记录和候选人材料等，50年内都不得向外界公开。即使过了这一时限，也仅供研究诺贝尔奖的专业人员查阅。诺贝尔奖各颁奖机构都极为强调其严格的独立性。即便是瑞典和挪威政府，对评选结果也不能施加任何影响。

根据诺贝尔遗嘱，在评选的整个过程中，获奖人不受任何国籍、民族、意识形态和宗教的影响，评选的唯一标准是成就的大小。物理奖和化学奖由瑞典皇家科学院评定，医学和生理学奖由瑞典皇家卡罗琳医学院评定，文学奖由瑞典文学院评定，和平奖由挪威议会选出。

3. 诺贝尔奖产生的过程（评选机构）

诺贝尔基金会，是根据阿尔弗雷德·诺贝尔遗嘱的规定建立起来的。这项遗嘱于1895年11月27日，也就是在他1896年12月10日去世前大约一年的时间，于巴黎签署的。瑞典国王于1900年6月29日在议会颁布管理诺贝尔基金会和奖金颁发机构的章程。

受这一章程的制约机构是：

（1）诺贝尔基金会及其理事会和董事会；

（2）四个奖金颁发机构：瑞典皇家自然科学院、皇家卡罗琳医学院、瑞典文学院和挪威议会的诺贝尔委员会；

（3）五个诺贝尔委员会，分别负责每项奖金事务（其中包括上面提到的挪威议会的那个委员会，它本身就是一个奖金颁发机构）；

（4）四个诺贝尔学会，分别对每家奖金颁发机构负责。

五个诺贝尔委员会各有三至五名委员，分别由所属的机构指定。每个委员会可以召集专家参加评议和推荐工作，在某些情况下，它们可以增选临时委员，临时委员有权参与决定。委员和专家们，可以从超出奖金颁发机构本身的范围去挑选，而且不分国籍。委员会的职能是为对口的相应奖金颁发机构，进行筹备工作和提供咨询意见；但挪威委员会由于本身就是奖金颁发机构，因此其职能有所例外。

诺贝尔学会分别由每个奖金颁发机构建立，以便对奖金的执行过程，进行必要的调查，并以各种方式推行基金会的宗旨。后一项职责现在变得更加重要。

各协会及其成立年份如下：

- 自然科学院诺贝尔学会（1905），下设物理学部（1937）和化学部（1944）。
- 卡罗琳医学院诺贝尔学会，下设生物化学学部（1937）、生理神经学部（1945）和细胞研究与遗传学学部（1945）。
- 瑞典文学院诺贝尔学会，下设诺贝尔现代文学图书馆（1901）。
- 挪威诺贝尔学会，下设一座收藏关于和平与国际关系方面书籍的图书馆（1902）。

每个授奖单位设有一个由 5 人组成的诺贝尔委员会负责评选工作，该委员会三年一届。

从诺贝尔的遗产接收过来的钱，总共有3100多万瑞典克朗。根据章程规定，将这笔钱的大部分用作“主要基金”（即奖金基金，约2800万克朗），剩下的一小部分，用来设立“建筑物基金”（行政大楼和每年举行授奖仪式使用的大厅租金）和“组织基金”，五项奖金部门各有一份“组织基金”，用来支付各自的诺贝尔学会的组织费用。

主要基金的增长，是通过每年将它在当年所获净收入的1/10作为附加资金，通过无法分配的奖金的利息，以及通过把这些无法分配的奖金的全部或部分（不低于1/3），交付主要基金作为资本而取得的。每年将主要基金得到的净收入，扣除前面所提到的1/10，然后平均分成5份，交给各奖金颁发机构使用。各奖金颁发机构，都将自己摊到的那份金额的1/4，留下作为与奖金颁发有关事宜的费用，其余部分则交给各自的诺贝尔学会，每份金额的3/4，构成奖金的款项。

除了组织基金之外，颁发各项奖金的部门还有由它们支配的“特别基金”和“储蓄基金”，作为规定范围之内某些特殊目的的费用。一切基金和其他财产，均属诺贝尔基金会所有，并由它来进行管理。总而言之，主要基金的收入，在减去32.5%（即10%的附加资本，加上剩下的90%中的25%，作为各奖金部门的经费），然后将它分成5个等份，就是每年颁发的诺贝尔奖金的金额。

诺贝尔奖的评选过程为：

（1）每年9月至次年1月31日，接受各项诺贝尔奖推荐的候选人。通常每年推荐的候选人有1000~2000人；

（2）具有推荐候选人资格的有：先前的诺贝尔奖获得者、诺贝尔奖评委会委员、特别指定的大学教授、诺贝尔奖评委会特邀教授、作家协会主席（文学奖）、国际性会议和组织（和平奖）；

（3）不得毛遂自荐；

（4）瑞典政府和挪威政府无权干涉诺贝尔奖的评选工作，不能表示支持或反对被推荐的候选人；

（5）每年2月1日起，各项诺贝尔奖评委会对推荐的候选人进行筛选、审定，工作情况严加保密；

（6）10月中旬，公布各项诺贝尔奖获得者名单；

（7）12月10日是诺贝尔逝世纪念日，这天在斯德哥尔摩和奥斯陆分别隆重举行诺贝尔奖颁发仪式，瑞典国王出席并授奖。

诺贝尔奖评选实际上是“无条件提名—投票制”评选。它的基本操作分为5个步骤：

① 每年秋季各专门委员会给许多国家的大学知名教授、科学院院士和符合诺贝尔评奖委员会组成条件的数千名人士发出私人邀请信，约请他们提名来年的诺贝尔奖获奖候选人。根据诺贝尔基金会的规定，每个提名人都不得提自己为候选人；提名人和被提名人名单在评奖结果公布之前必然严格保密，其中，被提名名单要保密50年。

② 所有获奖候选人的提名必须在评奖当年的2月1日以前反馈到各专门委员会。

③ 提名到达各专门委员会后，由各专门委员会聘请专家就获得提名的候选人进行评估，并将评估结果交诺贝尔奖评奖委员会。

④ 各专门委员会就评估后的候选人进行公开辩论。然后，通过投票做出最后决定，并立即宣布。最后决定一经宣布，任何人不得提出申诉。

⑤ 每年12月10日诺贝尔逝世纪念日，诺贝尔基金会将为所有奖项举行颁奖仪式。

4. 关于诺贝尔奖的统计

◆ 获奖人次按学科统计

	物理学	化学	医学和生理学	总计
颁奖次数	99	97	96	292
获奖人次	177	149	184	510
占总人次的比例	34.7 %	29.2 %	36.1 %	100 %
每次授奖的平均人次	1.79	1.54	1.92	—

✧ 先后两次获奖的科学家共有4位，在上表中每位作两人次进入统计。其中有法国的居里夫人（1903年物理学奖，1911年化学奖）；美国的鲍林（1954年化学奖，1962年和平奖）；美国的巴丁（1956、1972年两次物理学奖）；英国的桑格（1958、1980 年两次化学奖）。

◆ 获奖者最多的前10 位国家及分科统计

学科 国家	物理学	化学	医学和生理学
	人数		
美　国	80	56	90
英　国	20	25	27
德　国	22	26	16
法　国	12	8	8
瑞　典	4	4	8
瑞　士	2	6	6
苏　联	10	1	2
荷　兰	8	3	2
意大利	3	1	2
丹　麦	3	1	4
奥地利	3	2	2
总　计	167	133	167

✧ 获奖者改变国籍时，其获奖工作在哪个国家做出的，就计入哪个国家，另一国家就不再计入。例如：居里夫人的获奖工作是在法国做的，我们就将她计入法国的获奖者，而不计入波兰。从上表可以看出，获奖人次居前10 位的11 个国家，其获奖人次为467 ，占总人次的84.12 %；他们包揽了物理学奖的94.14 % ，医学和生理学奖的91.15 %，化学奖的91%。美国是拥有诺贝尔奖获奖者最多的“超级大国”，除文学奖略逊色于法国外，其他5项奖均居世界各国之首，特别是获得的医学和生理学奖、物理学奖、化学奖超过或接近总数的半数。

◆ 获奖最多的前10位大学

大学名称	国家	物理学	化学	医学和生理学	总计
剑桥大学	英国	19	15	14	48
哈佛大学	美国	9	11	10	30
哥伦比亚大学	美国	10	4	9	23
加利福尼亚大学	美国	2	10	3	15
慕尼黑大学	德国	5	8	2	15
芝加哥大学	美国	9	3	2	14
柏林大学	德国	6	5	3	14
加州工学院	美国	9	3	2	14
牛津大学	英国	1	6	5	12
巴黎大学	法国	1	3	6	10
麻省理工学院	美国	7	3	0	10
普林斯顿大学	美国	7	2	0	9

✧ 上表统计时，凡获奖者在某大学获得学士、硕士和博士的，该大学均列入统计。例如，杨振宁在西南联大获学士学位、清华大学获硕士学位、后在芝加哥大学获博士学位， 那么这三所大学均各进入统计1 次。

◆ 获奖的华人

诺贝尔奖自1901年颁发以来，共有六位华人获诺贝尔自然科学奖，他们分别是李政道、杨振宁、丁肇中、李远哲、朱棣文和崔琦 。

1957年，李政道和杨振宁因“发现宇称原理的破坏”而被授予诺贝尔物理学奖。

1976年，丁肇中因“发现一类新的基本粒子”而获得诺贝尔物理学奖。

1986年，李远哲因“发明了交叉分子束方法使详细了解化学反应的过程成为可能，为研究化学新领域——反应动力学做出贡献”而获得诺贝尔化学奖。

1997年，朱棣文因“发明了用激光冷却和捕获原子的方法”荣获诺贝尔物理学奖。

1998年，崔琦与德国的霍斯特·斯托尔默和美国的罗伯特·劳克林因在量子物理学研究做出的重大贡献而获诺贝尔物理学奖。

◆ 女性获奖者

妇女获奖人次只占获奖总人次的4.3% ， 这是一个较小的比例。在六个奖项中， 只有和平奖、文学奖的比例分别达该项获奖数的10%左右； 经济学奖一直还无妇女摘冠。

获得诺贝尔科学奖的女性科学家

科学家	国籍	奖项	年度	获奖成果
玛丽·居里	(波兰裔)法国	物理奖	1903	对放射性现象所做出的卓越研究工作
玛丽·居里	(波兰裔)法国	化学奖	1911	发现放射性元素镭和钚
依伦·约里奥·居里	法国	化学奖	1935	在新的放射性元素合成方面的贡献
盖提·拉尼兹·考瑞	(捷克裔)美国	医学和生理学	1947	发现糖元的催化转化机理
玛丽·古博特·迈耶	(德国裔)美国	物理奖	1963	发现原子核的壳层结构
多梦西·克劳福特·霍奇金	(埃及裔)英国	化学奖	1964	测定维生素B_{12}等复杂晶体的结构
罗莎琳·雅洛	美国	医学和生理学	1977	创立对多肽类激素的放射免疫分析
巴巴拉·麦克林斯托克	美国	医学和生理学	1983	发现“可移动的遗传基因”
瑞塔·莱维·蒙塔尔西尼	美国	医学和生理学	1986	发现生长因子
格特鲁德·艾琳	美国	医学和生理学	1988	发现糖尿病治疗的重要药理学机制
克里斯丁努斯莱因·芙尔哈德	德国	医学和生理学	1995	发现早期胚胎发育的基因控制机制

◆ 父子获奖者

✧ 共同荣获1915年诺贝尔物理学奖的英国布拉格父子。
✧ 分别荣获1906年和1937年诺贝尔物理学奖的英国汤姆森父子。
✧ 分别荣获1929年化学和1970年医学和生理学诺贝尔奖的瑞典奥伊勒父子。
✧ 分别荣获1922年和1975年诺贝尔物理学奖的丹麦玻尔父子。
✧ 分别荣获1924年和1981年诺贝尔物理学奖的瑞典西格巴恩父子。

◆ 夫妻获奖者

✧ 获1903年诺贝尔物理学奖的法国科学家皮埃尔·居里和玛丽·居里夫妇。
✧ 获1935年诺贝尔化学奖的法国科学家约里奥·居里夫妇。
✧ 获1947年诺贝尔医学和生理学奖的美国(捷克裔)科里夫妇。

5. 历届诺贝尔自然科学奖获得者

自诺贝尔奖设立以来，自然科学奖共有508人获奖(510人次)，其中物理学奖176人(177人次)，化学奖148人(149人次)，医学和生理学奖184人。

历届诺贝尔自然科学奖获得者名单（1901—2005年）

年 份	奖 项	获奖者	国 家	获奖成果
1901	物理	伦琴	德国	发现X射线
	化学	范特霍夫	荷兰	发现溶液中化学动力学定律和渗透压规律
	医学和生理学	贝林	德国	发明血清免疫疗法并用于防治白喉病
1902	物理	洛伦兹 塞曼	荷兰 荷兰	关于磁对辐射现象影响的研究
	化学	费舍尔	德国	合成糖和嘌呤的研究
	医学和生理学	罗斯	英国	证明疟原虫是由蚊子传入人体的
1903	物理	贝克勒尔 皮埃尔·居里 玛丽·居里（女）	法国 法国 （波兰裔） 法国	发现天然放射性 对放射性现象所做出的 卓越研究工作
	化学	阿伦尼乌斯	瑞典	提出电解质离解理论首创电离学说
	医学和生理学	芬森	丹麦	用紫外线治疗狼疮等疾病
1904	物理	瑞利	英国	气体密度的研究和发现氩
	化学	拉姆赛	英国	发现空气中6种惰性气体元素并确定其在周期表中的位置
	医学和生理学	巴甫洛夫	俄国	消化生理学方面的贡献
1905	物理	伦纳德	德国	关于阴极射线的研究
	化学	拜耳	德国	有机染料和芳香族化合物的研究
	医学和生理学	科赫	德国	发现结核杆菌和结核菌素
1906	物理	JJ.汤姆森	英国	关于气体放电的研究并发现电子
	化学	莫瓦桑	法国	分离并研究元素氟
	医学和生理学	戈尔季	意大利	神经系统精细结构的研究
1907	物理	迈克尔逊	美国	发明光学干涉仪并使用其所进行的光谱学和基本度量学研究
	化学	毕西纳	德国	发现引起发酵的物质是酶及生物化学研究成果
	医学和生理学	拉韦朗	法国	发现并阐明原生动物在疾病发生中的作用
1908	物理	李普曼	法国	发明彩色照相干涉法
	化学	卢瑟福	英国	提出放射性元素的蜕变理论
	医学和生理学	梅奇尼科夫	俄国	免疫学理论与应用的研究

续表

年 份	奖 项	获奖者	国 家	获奖成果
1909	物理	马可尼 布劳恩	意大利 德国	发明和改进无线电报
	化学	奥斯特瓦尔德	德国	关于催化作用、化学平衡条件和化学反应速度等的研究
	医学和生理学	科歇尔	瑞士	甲状腺生理学、病理学及外科手术的研究
1910	物理	范德瓦尔斯	荷兰	关于气态和液态方程的研究
	化学	瓦拉赫	德国	在脂环族化合物领域的研究成果
	医学和生理学	科赛尔	德国	首创以化学方法研究细胞蛋白质、核蛋白，创立细胞化学
1911	物理	维恩	德国	发现热辐射定律
	化学	玛丽·居里（女）	法国 （波兰裔）	发现放射性元素镭和钚
	医学和生理学	古尔斯特兰德	瑞典	关于眼的屈光度的研究
1912	物理	达伦	瑞典	发明可用于同燃点航标、浮标气体蓄电池联合使用的自动调节装置
	化学	格林尼亚 萨巴蒂埃	法国	发明有机镁试剂和有机化学领域的研究成果 发明金属粉末有机催化剂
	医学和生理学	卡雷尔	法国	发明血管缝合术，以及在血管与器官移植方面的研究
1913	物理	昂内斯	荷兰	关于低温下物体性质的研究和制成液态氦
	化学	维尔纳	瑞士 （法裔）	提出“配位数”概念,建立络和物的配位理论
	医学和生理学	里谢	法国	阐明过敏症是一种异常免疫反应
1914	物理	劳厄	德国	发现晶体中的X射线衍射现象
	化学	理查兹	美国	精确测定多种元素的原子量
	医学和生理学	巴拉尼	奥地利	内耳前庭器官生理学和病理学的研究

续表

年份	奖项	获奖者	国家	获奖成果
1915	物理	H.布拉格 L.布拉格	英国	用X射线对晶体结构的研究
	化学	威尔斯塔特	德国	发现植物色素和叶绿素的化学结构
	医学和生理学	1915年未颁发诺贝尔医学和生理学奖		
1916年未颁发诺贝尔奖				
1917	物理	巴克拉	英国	发现元素的次级X辐射特性
	化学	1917年未颁发诺贝尔化学奖		
	医学和生理学	1917年未颁发诺贝尔医学和生理学奖		
1918	物理	普朗克	德国	提出量子假说
	化学	哈伯	德国	发明将氮和氢元素合成为氨的方法
	医学和生理学	1918年未颁发诺贝尔医学和生理学奖		
1919	物理	斯塔克	德国	发现极隧射线的多普勒效应以及光谱线在电场中的分裂
	化学	1919年未颁发诺贝尔化学奖		
	医学和生理学	博尔德特	比利时	发现体液免疫系统和创立抗菌血清理论
1920	物理	纪饶母	瑞士	发现镍钢合金的反常现象及其在精密物理中的重要性
	化学	能斯特	德国	发现热力学第三定律等化学热力学理论成就
	医学和生理学	克劳	丹麦	发现体液和神经因素对毛细血管运动机理的调节功能
1921	物理	爱因斯坦	德国和瑞士	对数学物理学的成就，特别是光电效应定律的发现
	化学	索迪	英国	提出放射性位移法则和同位素理论
	医学和生理学	1921年未颁发诺贝尔医学和生理学奖		
1922	物理	H.D.玻尔	丹麦	关于原子结构以及原子辐射的研究
	化学	阿斯顿	英国	发现非放射性元素的同位素和改进质谱仪
	医学和生理学	希尔	英国	对肌肉能量与物质代谢的研究
		迈尔赫夫	德国	发现肌肉耗氧量同乳酸代谢之间的固定关系

续表

年 份	奖 项	获奖者	国 家	获奖成果
1923	物理	密立根	美国	关于基本电荷的研究以及验证光电效应
	化学	普雷格尔	奥地利	发明微量分析有机物质的方法
	医学和生理学	班廷 麦克劳德	加拿大 英国	发现胰岛素
1924	物理	西格巴恩	瑞典	发现X射线中的光谱线
	化学	1924年未颁发诺贝尔化学奖		
	医学和生理学	爱因托芬	芬兰	发现心电图的机理
1925	物理	弗兰克 赫兹	德国	发现电子与原子碰撞定律
	化学	席格蒙迪	奥地利	阐明胶体溶液的不均匀性和设计与此相联系的方法，确立胶体化学
	医学和生理学	1925年未颁发诺贝尔医学和生理学奖		
1926	物理	佩兰	法国	研究物质结构的不连续性和淀积平衡
	化学	斯维德伯格	瑞典	发明高速离心机并用于分散胶体化学研究
	医学和生理学	菲比格	丹麦	提出寄生虫致癌学说（后被证实此学说是错误的）
1927	物理	康普顿 威尔逊	美国 英国	发现康普顿效应 发明云雾室
	化学	维兰德	德国	确定多种同类物质的化学结构
	医学和生理学	瓦格纳-姚雷格	奥地利	用接种疟原虫的发热疗法治疗麻痹性痴呆
1928	物理	理查森	英国	研究热离子现象，并提出理查森定律
	化学	温道斯	德国	研究甾醇、维生素结构及其相互联系
	医学和生理学	尼科尔	法国	对于斑疹伤寒的研究
1929	物理	德布罗意	法国	发现电子的波动性
	化学	哈登 奥伊勒·歇尔平	英国 瑞典 （德裔）	糖发酵和酶的作用的研究
	医学和生理学	艾克曼 霍普金斯	荷兰 英国	发现维生素B_1并用于治疗神经炎

续表

年份	奖项	获奖者	国家	获奖成果
1930	物理	拉曼	印度	研究光散射并发现拉曼效应
	化学	H.费尔舍	德国	研究血红素和叶绿素的组成，并合成了血红素
	医学和生理学	兰德施泰纳	奥地利	发现人类血型
1931	物理	1931年未颁发诺贝尔物理学奖		
	化学	博施 伯尔吉乌斯	德国	发明合成氨和水煤气的高压技术 发明并发展化学高压法
	医学和生理学	瓦尔堡	德国	发现呼吸酶的性质和作用方式
1932	物理	海森堡	德国	在量子力学方面的贡献
	化学	郎缪尔	美国	在表面化学和等离子物 理方面的发现和研究
	医学和生理学	谢林顿 艾德理安	英国	发现神经细胞活动的机制
1933	物理	薛定愕 狄拉克	奥地利 英国	创立波动力学理论 提出狄拉克方程和空穴理论
	化学	1933年未颁发诺贝尔化学奖		
	医学和生理学	摩尔根	美国	发现染色体的遗传机制，创立染色体遗传理论
1934	物理	1934年未颁发诺贝尔物理学奖		
	化学	尤里	美国	重氢的发现
	医学和生理学	惠普尔 迈诺特 默菲	美国	发现用肝脏组织治疗恶性贫血症
1935	物理	查德威克	英国	发现中子
	化学	伊伦·约里奥·居里（女） 约里奥·居里	法国	发明人工制造放射性同位素的方法和放射学、核裂变方面的研究
	医学和生理学	斯佩曼	德国	发现胚胎发育中背唇的诱导作用
1936	物理	赫斯 C.D.安德森	奥地里 美国	发现宇宙射线 发现正电子
	化学	德拜	荷兰	提出分子磁耦极矩概念并用X射线衍射技术探明分子中原子的排列与结合形式

续表

年份	奖项	获奖者	国家	获奖成果
1936	医学和生理学	戴尔 勒韦	德国	发现传递神经冲动的化学物质
1937	物理	戴韦森 G.P.汤姆森	美国 英国	发现晶体对电子的衍射现象
	化学	霍奥斯 卡勒	英国 瑞士	对碳水化合物的研究并人工合成维生素C 对类胡萝卜素、核黄素和维生素A、B的研究
	医学和生理学	森特·焦尔季	匈牙利	关于组织氧化和维生素C的研究
1938	物理	费米	意大利	发现由中子照射产生的新放射性元素并用慢中子实现核反应
	化学	库恩	德国	研究并人工合成多种维生素
	医学和生理学	海曼斯	比利时	发现颈动脉窦和主动脉弓调节呼吸的作用
1939	物理	劳伦斯	美国	发明回旋加速器，并获得人工放射性元素
	化学	鲁奇卡 布特南特	（南斯拉夫裔） 瑞士 德国	萜烯和性激素方面的研究 发现并提纯多种性激素
	医学和生理学	多马克	德国	发现磺胺的抗菌效应
1940—1942年未颁发诺贝尔奖				
1943	物理	斯特恩	美国	开发分子束方法和测量质子磁矩
	化学	海韦希	匈牙利	用同位素示踪技术研究化学和物理学过程
	医学和生理学	达姆 多伊西	丹麦 美国	发现维生素K 发现维生素K的化学性质
1944	物理	拉比	美国	发明核磁共振法
	化学	哈恩	德国	发现重核裂变
	医学和生理学	厄兰格 加塞	美国	神经纤维作用机制的研究

续表

年 份	奖 项	获奖者	国 家	获奖成果
1945	物理	泡利	奥地利	发现不相容原理
	化学	维尔塔南	芬兰	在农业化学和营养化学方面的研究并发明饲料保存方法
	医学和生理学	弗莱明 钱恩 弗洛里	英国 （德裔）英国 （澳大利亚裔）英国	发现青霉素及治疗效果 发明青霉素的生产技术
1946	物理	布里奇曼	美国	发明获得强高压的装置，并在高压物理学领域所作出的发现
	化学	萨姆纳 诺斯普 斯坦利	美国	酶的分离提纯,并证明酶的蛋白质性质 研究病毒蛋白酶
	医学和生理学	缪勒	美国	用X射线诱发基因产生突变
1947	物理	阿普顿	英国	高层大气物理性质的研究，发现阿普顿层（电离层）
	化学	罗宾逊	英国	对生物碱和其他植物制品的研究
	医学和生理学	何塞 柯里 盖提·拉尼兹·考瑞	阿根廷 （捷克裔）美国 （捷克裔）美国	发现脑下垂体前叶激素对糖代谢的作用 发现糖元的催化转化机理
1948	物理	布莱克特	英国	改进威尔逊云雾室方法和由此在核物理和宇宙射线领域的发现
	化学	蒂塞留斯	瑞典	发展电泳技术和吸附色谱法并发现血清蛋白的复杂本质
	医学和生理学	米勒	瑞士	发现并合成有机杀虫剂DDT
1949	物理	汤川秀树	日本	提出核子的介子理论并预言介子的存在
	化学	吉奥克	美国	对化学热力学的研究，特别是在极低温下物质的变化
	医学和生理学	赫斯 莫尼茨	瑞士 葡萄牙	发现间脑对内脏活动的调节作用 发现前额叶切除对某些精神病的治疗作用

续表

年份	奖项	获奖者	国家	获奖成果
1950	物理	鲍威尔	英国	发展研究核过程的照相方法，并发现π介子
	化学	狄尔斯 阿尔德	德国	发现双烯合成法
	医学和生理学	肯德尔 亨奇 赖希施坦斯	美国 美国 （波兰裔）瑞士	发现肾上腺皮质激素的结构和生物效应
1951	物理	考克罗夫特 沃尔顿	英国 爱尔兰	用人工加速粒子轰击原子产生原子核嬗变
	化学	麦克米伦 西博格	美国	发现超铀元素
	医学和生理学	塞勒	南非	发现黄热病疫苗
1952	物理	布洛赫 珀塞尔	（瑞士裔）美国 美国	发现精密测量核磁力的新方法，以及由此获得的发现
	化学	马丁 辛格	英国	发明有机化学中的分配色谱法和纸色谱法
	医学和生理学	瓦克斯曼	（俄裔）美国	发现链霉素
1953	物理	泽尔尼克	荷兰	发明相衬显微镜
	化学	施陶丁格	德国	对高分子聚合的原理、结构构型和基本理论及概念方面的研究
	医学和生理学	克雷布斯 李普曼	（德裔）英国 （德裔）美国	发现并证明三羧酸循环理论 发现辅酶A及其在生理代谢中的重要作用
1954	物理	玻恩 博特	英国 美国	对量子力学和波函数的统计诠释 发明用于核反应和γ射线研究的符合计数方法
	化学	鲍林	美国	阐明化学键的本质并用于复杂分子结构的研究

续表

年份	奖项	获奖者	国家	获奖成果
1954	医学和生理学	恩德斯 韦勒 罗宾斯	美国	发现脊髓灰质炎病毒的组织培养技术
1955	物理	拉姆	（德裔）	对氢、氦光谱精细结构的研究
		库什	美国	精密测量电子的磁矩
	化学	维格诺德	美国	首次人工合成多肽激素
	医学和生理学	西奥雷尔	瑞典	发现过氧化酶的性质和作用方式
1956	物理	肖克利 巴丁 布拉顿	美国	发明晶体管及对晶体管效应的研究
	化学	欣谢尔伍德 谢苗诺夫	英国 苏联	对化学反应动力学理论的研究及应用
	医学和生理学	库南德 福斯曼 理查兹	（法裔）美国 德国 美国	发明心导管术和发现循环系统的病理变化
1957	物理	李政道 杨振宁	（华裔）美国 （华裔）美国	发现弱相互作用下宇称不守衡，从而导致有关基本粒子的重大发现
	化学	托德	英国	对核酸的组成成分核苷酸与核酸辅酶的研究，并首次人工合成出核苷酸单体
	医学和生理学	博韦特	意大利	对合成类箭毒化合物的研究
1958	物理	切伦科夫 弗兰克 塔姆	苏联	发现并解释切伦科夫效应
	化学	桑格	英国	分离和测定一种蛋白质——胰岛素的氨基酸结构
	医学和生理学	比德尔 塔特姆 莱德伯格	美国	提出遗传基因通过一定的化学反应起作用的理论 发现细菌的基因重组和遗传物质结构
1959	物理	塞格雷 钱伯伦	（意大利裔） 美国 美国	发现反质子

续表

年份	奖项	获奖者	国家	获奖成果
1959	化学	海洛夫斯基	捷克斯洛伐克	创立极谱学理论并发现极谱法
	医学和生理学	奥乔亚	（西班牙裔）美国	分离提纯DNA聚合酶并人工合成DNA
		科恩伯格	美国	
1960	物理	格拉塞	美国	发明气泡室
	化学	利比	美国	发明放射性碳元素年代测定法
	医学和生理学	伯内特	澳大利亚	发现获得性免疫耐受性
		梅达沃	英国	
1961	物理	霍夫斯塔特	美国	关于电子对原子核散射的先驱性研究，并由此发现原子核的结构
		穆斯保尔	德国	关于γ辐射共振吸收的研究和穆斯保尔效应的发现
	化学	卡尔文	美国	揭示了植物光合作用机理的最初形式
	医学和生理学	贝凯西	（匈牙利裔）美国	确立“行波学说”发现关于耳蜗感音的物理机理
1962	物理	朗道	苏联	关于凝聚态物质，特别是液氦的开创性理论
	化学	佩鲁茨	（奥地利裔）英国	测定肌红蛋白和血红蛋白的原子排列
		肯德鲁	英国	
	医学和生理学	沃森	美国	提出和建立DNA的双螺旋结构模型
		克里克	英国	
		威尔金斯	英国	
1963	物理	韦格纳	（匈牙利裔）美国	发现基本粒子的对称性及支配质子与中子相互作用的原理发现原子核的壳层结构
		马丽里·古博特·迈尔	（德裔）美国	
		詹森	德国	
	化学	齐格勒	德国	发明并改进了用于高分子聚合的齐格勒催化剂
		纳塔	意大利	
	医学和生理学	埃克尔斯	澳大利亚	关于传递神经之间的信息传递机制的研究
		霍奇金	英国	关于神经兴奋和传导机制的研究
		赫克利斯		

续表

年 份	奖 项	获奖者	国 家	获奖成果
1964	物理	汤斯	美国	在量子电子学领域的基础研究成果，为微波激射器、激光器的发明奠定理论基础
		巴索夫	苏联	
		普罗霍洛夫	苏联	发明微波激射器
	化学	多梦西·克劳	（埃及裔）	测定维生素B12等复杂晶体的结构
		福特·霍奇金	英国	
	医学和生理学	布洛赫	（德裔）美国	发现胆固醇对脂肪酸代谢的调节机制
		吕南	德国	
1965	物理	费因曼	美国	在量子电动力学方面取得对粒子物理学产生深远影响的研究成果
		施温格	美国	
		朝永振一郎	日本	
	化学	伍德沃德	美国	人工合成胆固醇、叶绿素、维生素B12等天然有机化合物
	医学和生理学	雅各布	法国	提出“信使核糖酸”和“操纵子”学说 发现酶和细菌合成中的遗传调节机制
		莫诺	法国	
		雷沃夫	法国	
1966	物理	卡斯特勒	法国	发明并发展用于研究原子内光、磁共振的双共振方法
	化学	马利肯	美国	创立化学结构的分子轨道理论
	医学和生理学	劳斯	美国	对致癌病毒的研究
		哈金斯	美国	发现雌性激素对前列腺癌的抑制作用
1967	物理	贝蒂	（法裔）美国	核反应理论方面的贡献，特别是关于恒星能源的发现
	化学	G. 波特	英国	发明测定快速化学反应的技术
		诺里什	英国	
		艾根	德国	
	医学和生理学	沃尔特	美国	对视觉生理的研究，包括对遗传性色盲的生化了解等重要贡献
		哈兰特	美国	用电生理方法研究鱼复眼之间存在相互抑制的作用
		格兰尼特	（芬兰裔）瑞典	视网膜电生理的研究

续表

年份	奖项	获奖者	国家	获奖成果
1968	物理	阿尔瓦雷斯	美国	发展氢气泡室技术和数据分析，发现大量共振态
	化学	翁萨格	美国	创立多种热动力作用之间相互关系理论，为现代不可逆过程热力学奠定基础
	医学和生理学	霍利	美国	提出确定核酸的技术并测定了一种RNA的核苷酸顺序
		霍拉纳	（印度裔）美国	基因密码破译、蛋白质合成机制、信使RNA方面的研究
		尼伦伯格	美国	遗传密码破译
1969	物理	盖尔曼	美国	对基本粒子的分类及其相互作用的发现
	化学	巴顿	英国	提出并阐明构象分析理论，发展了有机化合物晶体结构理论和立体化学理论
		哈塞尔	挪威	
	医学和生理学	德尔布吕克	（德裔）美国	发现病毒的遗传复制机制和基因结构
		赫尔希	美国	
		卢里亚	（意大利裔）美国	
1970	物理	阿尔文	瑞典	磁流体动力学的基础研究和发现，及其在等离子物理富有成果的应用
		内尔	法国	关于反磁铁性的基础研究和发现
	化学	莱格伊尔	阿根廷	发现糖–核苷酸及其在糖代谢过程中的作用
	医学和生理学	奥伊勒	瑞典	发现激素在机体内的代谢过程
		阿克塞尔罗德	美国	关于神经末梢传递物质的释放机制的研究
		卡茨	英国	
1971	物理	加博尔	（匈牙利裔）美国	发明并发展全息照相法
	化学	赫兹伯格	（德裔）加拿大	运用光谱学阐明分子的电子结构和几何形状，特别是对自由基电子结构的研究

续表

年份	奖项	获奖者	国家	获奖成果
1971	医学和生理学	萨瑟兰	美国	发现环–磷酸腺苷AMP及其同激素的作用
1972	物理	巴丁 库珀 施里弗	美国 美国 美国	创立BCS超导微观理论
	化学	安芬森 莫尔 斯坦	美国 美国 英国	对核糖核酸酶的三维结构及其 124个氨基酸顺序的研究
	医学和生理学	埃德尔曼 R.波特	美国 英国	对抗体分子化学结构的研究,创立分子免疫学
1973	物理	江崎铃于奈 贾埃弗 约瑟夫森	日本 （挪威裔） 美国 英国	发现半导体隧道效应 提出并发现通过隧道势垒的超电流的性质，即约瑟夫森效应
	化学	费舍尔 威尔金森	德国 英国	研究金属有机化合物方面的贡献
	医学和生理学	弗里施 洛伦兹 廷伯根	（奥地利裔） 德国 奥地利 （荷兰裔） 英国	动物行为学研究方面开拓性的成就
1974	物理	赖尔 赫威斯	英国 英国	发明应用合成孔径射电天文望远镜进行射电天体物理学的开创性研究 发现脉冲星
	化学	弗洛里	美国	在大分子物理化学性质方面的研究
	医学和生理学	克劳德 迪夫 帕拉德	比利时 比利时 美国	发现细胞的结构和功能性组织
1975	物理	A. 玻尔 莫特尔森 雷恩沃特	丹麦 （美裔）丹麦 美国	发现原子核中集体运动和粒子运动之间的联系，并且根据这种联系提出核结构理论

续表

年 份	奖 项	获奖者	国 家	获奖成果
1975	化学	康福斯 普雷洛格	（澳大利亚裔）英国 （南斯拉夫裔）瑞士	酶催化反应和有机分子合成方面的研究 揭示了有机物分子复杂的立体化学并构现象和空间排列及其反应机理
	医学和生理学	杜尔贝科 巴尔的摩 特明	（意大利裔）美国 美国 美国	发现病毒在机体内的制癌机理
1976	物理	丁肇中 里希特	（华裔）美国 美国	各自独立发现新的J/ψ基本粒子
	化学	李普斯科姆	美国	对硼氢化合物及其衍生物的结构与结合键方面的独创性研究
	医学和生理学	布卢姆伯格 盖达赛克	美国 美国	发现乙型肝炎病毒与大利抗原的关系 发现导致库鲁病的全新病原微生——慢病毒
1977	物理	范弗莱克 莫特 P. W. 安德森	美国 英国 美国	对磁性和无序体系电子结构的基础性研究
	化学	普利高金	比利时	提出耗散结构理论，为现代热动力学奠定基础
	医学和生理学	雅洛（女） 吉尔曼 沙里	美国 （法国裔）美国 （波兰裔）美国	发展放射免疫分析方法分离、鉴定并合成控制脑下垂体激素分泌的下脑丘释放因子
1978	物理	卡皮查 彭齐亚斯 威尔逊	苏联 （德裔）美国 美国	低温物理领域的基本发明和发现 发现宇宙微波背景辐射
	化学	米切尔	英国	创立化学渗透理论，阐明细胞合成中的能量转换
	医学和生理学	阿尔伯 内森斯 H. O. 史密斯	瑞士 美国 美国	发现限制性内切酶以及在分子遗传学方面的研究

续表

年份	奖项	获奖者	国家	获奖成果
1979	物理	格拉肖 温伯格 萨拉姆	美国 美国 巴基斯坦	关于基本粒子间弱相互作用和电磁作用的统一理论的贡献，并预言弱中性流的存在
	化学	H.C.布朗 维蒂希	美国 德国	发现硼化合物试剂在有机合成中的作用 发现化合物与酮、醛反应可形成烯类以及维蒂希重排反应
	医学和生理学	科马克 豪斯菲尔德	美国 英国	发明电子计算机控制的X射线断层扫描仪（CT扫描仪）
1980	物理	克罗宁 菲奇	美国	发现电荷共轭宇称不守恒
	化学	伯格 吉尔伯特 桑格	美国 美国 英国	创建人工重组DNA技术发明测定DNA中核苷酸和RNA中碱基顺序的方法
	医学和生理学	贝纳塞拉夫 多塞 斯内	美国 法国 美国	发现免疫应答基因 发现控制免疫反应的细胞表面结构 关于器官移植与免疫机制的研究
1981	物理	西格巴恩 布洛姆格 肖洛	瑞典 （荷兰裔）美国 美国	开发高分辨率测量仪器以及对光电子和轻元素的定量分析 非线性光学和激光光谱学的开创性工作发明高分辨率的激光光谱仪
	化学	霍夫曼 福井谦一	美国 日本	分别提出了以量子力学为基础的分子轨道对称守恒原理和化学反应前沿轨道理论
	医学和生理学	斯佩里 休伯尔 威塞尔	美国 美国 瑞典	关于大脑两半球功能分工的研究 关于视觉神经系统信息加工过程的研究
1982	物理	威尔逊	美国	提出重整群理论，阐明相变临界现象
	化学	克卢格	英国	将X射线衍射技术与电子显微技术结合发明显微影象重组技术，以及在结构分子生物学方面的研究

续表

年 份	奖 项	获奖者	国 家	获奖成果
1982	医学和生理学	贝格斯特隆 萨米埃尔松 维恩	瑞典 瑞典 英国	前列腺素及相关生物活性物质的研究
1983	物理	钱德拉塞卡 福勒	（印度裔）美国 美国	对恒星结构和演化具有重要意义的物理过程进行的理论研究 对宇宙中化学元素形成具有重要意义的核反应所进行的理论和实验的研究
	化学	陶布	（加拿大裔）美国	阐明金属配位化合物的电子转移反应机理
	医学和生理学	巴巴拉·麦克林斯托克（女）	美国	提出“可移动的遗传基因学说”
1984	物理	鲁比亚 范德梅尔	意大利 荷兰	证实传递弱相互作用的中间矢量玻色子 W^+，W^-和Zc的存在 发明粒子束的随机冷却法，使质子–反质子束对撞产生W和Z粒子的实验成为可能
	化学	梅里菲尔德	美国	发明了用于生物高聚物领域的肽合成法
	医学和生理学	杰尼 科勒 米尔斯坦	丹麦 德国 英国和阿根廷	提出了关于抗体形成和免疫系统的三个学说证实了细胞免疫学理论 创立单克隆抗体技术
1985	物理	克里津	德国	发现量子霍尔效应
	化学	豪普特曼 卡尔	美国	开发了用于X射线衍射确定物质晶体结构的直接计算法
	医学和生理学	M. S. 布朗 戈德斯坦	美国	有关胆固醇的代谢以及和有关疾病关系方面的研究
1986	物理	鲁斯卡 比尼格 罗雷尔	德国 德国 瑞士	设计第一台透射电子显微镜 设计第一台扫描隧道电子显微镜
	化学	赫希巴奇 李远哲 波拉尼	美国 （华裔）美国 加拿大	在化学反应的动力学方面的贡献

续表

年 份	奖 项	获奖者	国 家	获奖成果
1986	医学和生理学	科恩 瑞塔·莱维·蒙塔尔西尼（女）	美国 美国和意大利	发现生长因子
1987	物理	柏德诺兹 缪勒	德国 瑞士	发现氧化物高温超导材料
	化学	克拉姆 佩德森 莱恩	美国 美国 德国	发现、合成大环聚醚化合物“冠醚”及对冠醚的理论研究
	医学和生理学	利根川进	日本	发现产生抗体多样性的遗传学原理
1988	物理	莱德曼L. 施瓦茨 斯坦伯格	美国 美国 （德裔）美国	产生第一个实验室创造的中微子束,并发现中微子，从而证明了轻子的对偶结构
	化学	戴森霍弗 胡贝尔 米歇尔	德国	确定了光合作用反应中心的立体结构
	医学和生理学	布莱克 格特鲁德·艾琳（女） 希钦斯	英国 美国 美国	发现治疗冠状动脉阻塞的药物 发现糖尿病治疗的重要药理学机制
1989	物理	拉姆奇 德莫尔特 保尔	美国 （德裔）美国 德国	发明分离振荡场方法及其在原子钟中的应用 发展原子精确光谱学和开发离子陷阱技术
	化学	切赫 奥尔特曼	美国 美国	发现RNA的生物催化作用
	医学和生理学	毕晓普 瓦慕斯	美国 美国	发现正常细胞中的原癌基因
1990	物理	弗里德曼 肯德尔 泰勒	美国 美国 加拿大	通过实验首次证明夸克的存在
	化学	E. J. 科里	美国	创建了独特的有机合成理论一逆合成分析理论

续表

年 份	奖 项	获奖者	国 家	获奖成果
1990	医学和生理学	莫里 托马斯	美国 美国	人类器官、骨髓移植方面的突破性成果
1991	物理	热纳	法国	把研究简单系统中有序现象的方法推广到比较复杂的物质形式，特别是推广到液晶和聚合物的研究中
	化学	恩斯特	瑞士	发明了傅立叶变换核磁共振分光法和二维核磁共振技术
	医学和生理学	内尔 萨克曼	德国 德国	发明和应用膜片钳技术，发现了细胞膜存在离子通道
1992	物理	夏珀克	法国	发明并发展用于高能物理学的探测器多丝正比计数管
	化学	马库斯	（加拿大裔） 美国	奠定了电子转移过程理论的基础
	医学和生理学	H. 费希尔 E. 克雷布斯	美国	发现可逆的蛋白质磷酸化作用是生物的最基本功能之一
1993	物理	赫尔斯 泰勒	美国	发现脉冲双星，由此间接证实了爱因斯坦所预言的引力波的存在
	化学	穆利斯 M. 史密斯	美国 加拿大	发明了高效复制DNA片段的“聚合酶链式反应”法 发明了重新编组DNA的“寡聚核苷酸定点突变”法
	医学和生理学	罗伯茨 夏普	美国 美国	发现断裂基因，一个基因可以是不连续的，出现在彻底分离的几个DNA片段中
1994	物理	布罗克豪斯 沙尔	加拿大 美国	在凝聚态物质研究中发展了中子衍射技术
	化学	欧拉	（匈牙利裔） 美国	在碳正离子化学方面的研究
	医学和生理学	吉尔曼 罗德贝尔	美国 美国	发现G蛋白质以及它们在向细胞传导信号方面的作用

续表

年 份	奖 项	获奖者	国 家	获奖成果
1995	物理	佩尔	美国	发现τ轻子
		莱因斯	美国	发现中微子
	化学	克鲁岑 莫利纳 罗兰	荷兰 美国 美国	证明了人造化学物质对地球上空臭氧层构成的破坏作用及机理
	医学和生理学	刘易斯 维绍斯 克里斯丁·努斯莱因·芙尔哈德（女）	美国 美国 德国	发现早期胚胎发育的基因控制机制
1996	物理	戴卫·李 奥谢落夫 理查森	美国 美国 美国	发现了可以在低温度状态下无摩擦流动的氦同位素氦
	化学	柯尔 斯莫利 克鲁特	美国 美国 英国	发现碳元素的第三种存在形式——C^{60}（又称“富勒烯”“巴基球”）
	医学和生理学	多尔蒂 金克纳格尔	澳大利亚 瑞士	发现细胞的中介免疫保护特征，阐明免疫系统如何识别受病毒感染细胞的机制
1997	物理	朱棣文 里昂-塔努吉 菲里普斯	（华裔）美国 法国 美国	发明用激光冷却和捕获原子的方法
	化学	博耶 沃克 斯科	美国 英国 丹麦	腺三磷酶合成机制、作用的研究
	医学和生理学	普鲁西纳	美国	发现一种比病毒还小、核酸的病原微生物——朊病毒
1998	物理	劳克林 施特莫 崔琦	美国 德国 （华裔）美国	发现并研究电子的分数量子霍尔效应

续表

年 份	奖 项	获奖者	国 家	获奖成果
1998	化学	波普尔 科恩	英国 美国	提出了电子密度泛函理论，发展了量子化学的计算方法
	医学和生理学	弗奇戈特 伊格纳罗 穆拉德	美国 美国 美国	发现一氧化氮（NO）在心血管系统中的信使作用
1999	物理	韦尔特曼 霍夫特	荷兰 荷兰	阐明弱电相互作用的量子结构
	化学	泽维尔	埃及和美国	应用超短激光闪光成像技术对基本化学反应过程进行的突破性研究
	医学和生理学	布洛贝尔	（德裔）美国	发现了蛋白质内控制蛋白质在细胞内传输和定位的信号
2000	物理	阿尔费罗夫 克罗莫 基尔比	俄国 德国 美国	提出异层结构理论，并开发了异层结构的快速 晶体管、激光二极管发明集成电路
	化学	黑格 麦克迪尔米 白川英树	美国 美国和新西兰 日本	开发了具有导电性的聚合塑料
	医学和生理学	卡尔松 格林加德 坎德尔	瑞典 美国 美国	发现神经细胞间特殊的信号转导形式
2001	物理	埃里克.A. 康奈尔 沃尔夫冈·科特勒 卡尔.E. 维曼	美国 （德裔）美国 英国	在碱性原子云状态下获得了玻色—爱因斯坦冷凝物，及其早先的对冷凝物性质的基础性研究
	化学	威廉.S.诺尔斯 野依良治 K. 巴里·夏普莱斯	美国 日本 美国	在手征催化氢化反应方面所取得的成绩
	医学和生理学	利兰.H. 哈特维尔 R. 蒂莫西亨特 保罗.M .纳斯	美国 英国 英国	发现了细胞周期的关键分子调节机制

续表

年份	奖项	获奖者	国家	获奖成果
2002	物理	贾科尼	美国	发现了宇宙X射线源
		戴维斯	美国	发现了宇宙中的微中子
		小柴昌俊	日本	
	化学	库特·乌特里希	美国	在生物高分子大规模光谱测定分析中发展了软解吸附作用电
		田中耕一	日本	
		约翰·B·芬恩	瑞士	以核电磁共振光谱法确定了溶剂的生物高分子三维结构
	医学和生理学	悉尼·布雷内	英国	选择线虫作为新颖的实验生物模型使得基因分析能够和细胞的分裂、分化，以及器官的发育联系起来，并且能够通过显微镜追踪这一过程找到了可以对细胞每一个分裂和分化过程进行跟踪的细胞图谱
		罗伯特·霍维茨	美国	
		约翰·苏尔斯顿	英国	
2003	物理	阿列克谢·阿布里科索夫	俄罗斯和美国	在超导体和超流体理论上作出的开创性贡献
		维塔利·金茨堡	俄罗斯	
		安东尼·莱格特	英国和美国	
	化学	彼得·阿格雷	美国	在细胞膜通道方面做出的开创性贡献
		罗德里克·麦金农	美国	
	医学和生理学	保罗·劳特布尔	美国	在核磁共振成像技术领域的突破性成就
		彼得·曼斯菲尔德	英国	
2004	物理	维尔泽克	美国	在夸克粒子理论方面所取得的成就
		格罗斯	美国	
		波利泽	美国	
	化学	西查诺瓦	以色列	发现了人类细胞如何控制某种蛋白质的过程
		赫尔什科	以色列	
		罗斯	美国	
	医学和生理学	理查德·阿克塞尔	美国	在气味受体和嗅觉系统组织方式研究中作出的贡献
		琳达·巴克（女）		

续表

年　份	奖　项	获奖者	国　家	获奖成果
2005	物理	约翰·霍尔 特奥多尔·亨施 罗伊·格劳伯	美国 德国 美国	基于激光的精密光谱学发展贡献对光学相干的量子理论的贡献
	化学	伊夫·肖万 罗伯特·格拉布理查 德·施罗克	法国 美国 美国	有机化学的烯烃复分解反应研究
	医学和生理学	巴里·马歇尔 罗宾·沃伦	澳大利亚	发现幽门螺旋杆菌以及该细菌对消化性溃疡病的致病机理

专题二　中国科学的新生与辉煌

1949年10月1日，中华人民共和国宣告成立，标志着一个旧时代的结束和一个新时代的开始，也标志着中国科学技术进入了一个崭新的历史发展时期，揭开了当代中国科学技术发展史的新篇章。

中国革命胜利后，中国共产党和人民政府面临的主要任务是恢复和发展经济。在新中国成立前夕，1949年3月，中共中央在河北西柏坡召开了七届二中全会。中共中央主席毛泽东代表中央提出了党在革命转变时期的路线、方针和政策，并着重阐述了这个时期的经济纲领。毛泽东提出了全国胜利后经济建设的总目标，使中国稳步地由农业国转变为工业国，把中国建设成为一个伟大的社会主义国家。

中华人民共和国成立后，中国政府把发展科学技术当作是新中国社会主义事业的重要组成部分。在中央人民政府委员会举行的第一次会议上，接受了中国人民政治协商会议《共同纲领》为政府的施政方针。《共同纲领》第43条规定："努力发展自然科学，以服务于工业农业和国防建设，奖励科学的发现和发明，普及科学知识。"在1949年年底召开的全国钢铁事业会议上，党中央领导人陈云作了题为"技术人员是实现国家工业化不可缺少的力量"的报告，对科技人员的作用和地位作了明确的阐述，指出技术人员是我们的"国宝"，也是实现国家工业化不可缺少的力量，要很好地使用他们。从此中国科学技术开始进入了一个新的历史时期。

1. 迎来中国科学技术的新纪元

1949年中华人民共和国成立时，中国的科学技术水平是极为落后的，工农业实用技术还停留在近代科技发展的初级阶段。当时全国科学技术人员不超过5万人，其中自然科学的专门研究人员不超过500人；专门研究机构仅有30多个，而且许多研究机构已经名存实亡，由于得不到起码的资助，经费、设备和其他科研条件奇缺，一些已经有一定基础的研究项目都难以维持下去。一些传统的科学研究工作只能在不需要现代实验设备的条件下勉强维持，现代科学技术几乎一片空白。面对这样的局面，人民政府清醒地认识到，发展中国的科学技术事业，必须从科技队伍的恢复与建设起步。

1949年9月，由全国自然科学工作者代表会议筹委会推举的15名科学界代表，参加了中国人民政治协商会议第一届全体会议。与会代表根据1949年5月在京召开的全国自然科学工作者代表会议筹备会议精神，在向人民政治协商会议提出的提案中，提出了建立国家科学院的热切愿望，提案内容是："建立国家科学院，统筹及领导全国自然科学、社会科学的研究事业。使生产与科学、教育密切配合。科学院并负责审议与奖励全国科学创作、著作及发明，科学院为适应特种需要得建立各种研究机构，此种研究机构发展至相当阶段时，为与生产取得进一步配合可成立独立机构。”科学家们提出，新的科学院的建立，主要是将原有的国家科学研究机构加以整理和改组。

早在建国前夕，中国共产党通过在北京、上海等地的地下党组织与中央研究院和北平研究院的党组织联系，指示做好两方面工作；一是力争尽量多的科学家留下来；二是阻止研究机构迁往台湾。这些工作完成得比较成功。另外，党组织中央研究院的进步人士、科研人员建立安全小组，守护图书、仪器和其他财产，为解放后建立自己的研究机构创造了有利条件。郭沫若还代表中国科学界邀请在国外的李四光、李薰等科学家回国参加即将开始的新中国科技事业。1949年初，著名科学家钱三强被中国共产党邀请协助解放军文化管制委员会参加北京的科技接管工作。钱三强作为科学家参加世界和平代表团赴巴黎参加保卫世界和平大会，见到了后来中国科学院的主要筹备人之一——建院后最早的党的负责人丁瓒。丁瓒向钱三强提出了将来通盘考虑全国科学机构的计划，并委托钱三强考虑把中央研究院和北平研究院统一起来的问题。在周恩来的支持下，钱三强还从经济尚十分困难的政府申请到5万美元购置仪器和设备。这些工作都为中国科学院的成立做了很好的准备。

在1949年9月全国政协会议上，通过了建立中国科学院的提案，并指定中共中央宣传部长陆定一负责筹建工作。承担具体工作的是化学家恽子强、心理学家丁瓒，他们是中国科学院第一任党组书记和副书记。

1949年10月17日，中央人民政府委员会第三次会议通过任命史学家、考古学家、文学家郭沫若为中国科学院院长，经济学家陈伯达、地质学家李四光、社会学家陶孟和、气象学家竺可桢为副院长。

1949年11月1日，中国科学院正式成立。并设立了院办公室，严济慈、丁瓒分别任正、副主任，下设秘书处、行政处、人事处。同时还设立了3个局（计划局、编译局、联络局）。

计划局成立后，在1950年期间先后召开了各专门学科会议48次，与各方面科学家共议调整研究工作方案，并调查了全国自然科学研究机构和全国专家的情况。据对全国57个大学和政府产业部门所设的研究机构调查的结果，1950年在高等学校与工业部门的科研机构共187个，其中工程方面的32个，农业方面的112个，地质调查机构17个，医药卫生8个，其他各科18个。同时还对全国科技人才进行两次调查，据专家推荐，有相当成就的自然科学家865人，其中174人仍在国外。据估计，当时在国外的科学家约5000人。这些调查，使国家对中国科技界的现状有了更进一步的了解，为中国科学院领导决策层和计划局调整科研机构，争取科技人才交流和海外科学家回国提供了第一手资料。

中国科学院的建立，得到了原中央研究院、北平研究所及其他研究机构的广大科学家的热烈支持和响应，中国科学界对中科院的成立，反响十分强烈。

1949年10月26日，科学家曾呈奎、童第周致信中科院副院长陶孟和、竺可桢，提出了要求增加国立海洋研究所的建议，并提出了相应的方案。1949年11月，原中国地理所的黄秉维、施雅凤等13人写信给陶、竺二位副院长，对中国科学院接收地理研究所表示衷心的拥护和欢迎，并对中国地理科学的未来充满信心。1949年11月23日，北京地质调查所裴文中、田本裕等21人向中科院递交了一份对目前中国地质工作的意见书，在分析了当时中国地质工作人员有限、设备有限和行政不统一的客观形势后，提出了建议：主张统一地质机构，统一领导，研究调查计划，集中人力物力使调查与研究结合起来……此外，就地质工作本身性质而言，它是与其他有关科学密切关联的……科学院正好具备这种各种科学联系的条件，所以主张一个统一的地质机关由科学院领导为宜。1952年2月15日，黄海化学工业研究社董事会及董事长给中国科学院写信，无条件申请作为中国科学院直属的化工研究所。

中国科学院的建立使中国的科学事业进入了新的历史时期，它使漂流四方的爱国科学家聚集在一起，共同探索新中国的远大前途。正如1950年6月中国科学院第一次院务会议上科学家们讨论所指出的那样："现在在科学院的集中领导之下，我们可以开始建立正规军队，开始准备作大规模的阵地战了。"

1950年8月17日—24日，中华全国自然科学工作者代表会议在北京召开。469名全国一流科学家参加会议。会后成立了两个重要的科学组织：全国自然科学专门学会联合会和中华全国科学技术普及协会。

郭沫若院长与中科院其他领导人多次到京郊实地考察，选定中关村为科学发展的重要基地。1954年，近代物理所办公楼拔地而起，这是中国科学城正式奠基的突出标志。

从1949年到1960年，中国科学院由不到300人发展到七万人，科研机构由20多个发展到200多个。

中华人民共和国的成立，在海外科学家与留学生中产生极大反响。据中央教育部的初步估计，截至1950年8月30日，在国外留学生有5541人，其中留学美国的3500人，在日本有1200人，在英国的有443人，还有在其他各国的。在这批留学生中，专攻理工农医学科的占70%，文教、政法、财经学科的约占30%，他们大部分是1946年—1948年间出国的，他们中大部分人在各学科领域学有所成，成为一些学科的专家。在他们得知新中国成立后便跃跃欲试，陆续踏上了归国的艰难路程。从1949年8月开始，钱保功等一批留学生几经辗转，历时4个月回到北京．掀开了海外学子大规模归国的一页。

1950年2月，著名数学家华罗庚在归国途中，发出了《致中国全体留美生的公开信》。信中说，"为了抉择真理，我们应当回去；为了国家民族，我们应该回去"。3月11日，新华社播发了这封公开信，全世界听到了中国科学家的心声。

然而，科学家们归来的航程并不平静。1950年9月，著名物理学家赵忠尧与罗时钧、沈善炯、鲍立奎四人乘坐"威尔逊号"客轮归国，同船的还有邓稼先、涂光炽等一百多位留美学者。在客轮抵达日本横滨时，驻日美军非法拘留了赵忠尧、罗时钧和沈善炯三位科学家。中国政府对海外科学家的回归给予了极大的关注。1950年9月24日，刚刚历尽千难万险从海外归来的中国科学院副院长李四光致电美国总统，提出严正抗议。9月30日，《人民日报》发表科学家和大学教授的联名抗议书。

经过中国政府和广大海外留学人员千方百计的努力，自1950年至1953年约有2000名留学生回到了祖国。物理学家赵忠尧、邓稼先、谢希德、杨澄中、程开甲；化学家傅鹰、唐敖庆、徐光宪；生物生态学家邱式邦、蒲蛰龙；化工专家侯祥麟；金属物理学家、冶金专家李薰、叶绪沛、张沛霖、柯俊；工程热物理学家史绍熙；气象学家叶笃正；声学家魏荣爵；铁路电气化专家曹建猷，数学家吴文俊；半导体专家黄昆、林兰英等一大批一流科学家都回到了中国，对中国科学界是一个极大的振奋与充实。

1953年以后，又陆续归国的学者和留学生接近1000人。在这批人中，主要有力学家钱学森、郭永怀、林同骥；核物理学家张文裕；神经生理学家张香桐；林学家吴中伦；加速器专家谢家麟；半导体专家林兰英；生物学家王德宝和钮经义，材料专家师昌绪；泥沙运动与河床演变专家钱宁；爆炸力学家郑哲敏等。

从1949年大约持续到1957年春，回国人数在3000人左右，约占建国前在外留学生、学者总数的50%以上。

1950年8月18日至24日在北京清华大学礼堂召开了中华全国自然科学工作者代表会议，这是中国科学界的空前盛会。参加会议的代表469人，他们中有中国第一流的科学家、科技界的领导干部和青年科学工作者。

这次会议后，中国科学技术活动在更广泛的范围开展起来了。全国各种学术团体在短短几年内共召开全国性学术会议100多次，学会创办的各种学术刊物70多种，并积极与世界40多个国家和地区的科技团体，建立了各种合作与协作交流的联系，安排了各学科领域的科学家出国访问。

1956年2月24日，国务院科学规划委员会成立，由陈毅任主任，薄一波、李富春、郭沫若、李四光任副主任，张劲夫任秘书长，范长江等12人任副秘书长，委员由35人组成，除上述人员外，其余绝大部分委员为我国著名科学家，包括李四光、茅以升、童第周、钱三强、钱学森、严济慈等。1956年11月，陈毅调到外交部工作，中央任命聂荣臻为规划委员会主任。1956年6月，国家技术委员会成立，由黄敬任主任，韩光、刘西尧、张有莲任副主任。

1958年11月23日，中央根据当时任科学规划委员会党组书记聂荣臻的建议，将科学规划委员会同国家技术委员会合并，组成了一个专门领导科学技术研究工作的全国性职能机构——国家科学技术委员会，并任命聂荣臻为主任，韩光为常务副主任，刘西尧等4人任副主任。

1956年4月，根据钱学森的建议，中央正式批准建立了航空工业委员会（航委），负责领导导弹航空科学研究工作，由聂荣臻兼主任，黄克诚、赵尔陆兼副主任。

1958年5月，军委将航委和装备计划科研处合在一起，成立了国防部五院。10月，又根据聂荣臻建议，将航委和国防部五院正式合并，成立了国防部国防科学技术委员会，统一领导全军武器装备的科学研究工作。国防科委也由聂荣臻兼任主任，陈康等4人任副主任。这样，国家科委、国防科委和中国科学院，初步形成了新中国较为完善的科研管理体制。

2. 向科学进军

经过3年国民经济恢复和第一个五年计划的建设，新中国科学技术事业初具规模。在经济建设不断取得成就的同时，中国开始了向科学进军的步伐。

1956年，在周恩来总理的主持下，中国开始制定《1956—1967年科学技术发展远景规划》（简称《12年科技规划》）。当时600多名各种门类和学科的科学家参加编制这个新中国成立以来的第一个科技规划。规划的指导方针是“重点发展，迎头赶上”，从13个方面提出了57项重大科学技术任务、616个中心问题，并从中进一步提出了12个重点任务。最重要的是确定了6项紧急措施，亦即原子能、导弹、电子计算机、半导体、无线电电子学和自动化技术。整个规划共计600余万字。此规划的制定和实施不仅对我国科学技术的发展起了重要推动作用，而且对我国科研机构的设置和布局，高等院校学科及专业的调整，科技队伍的培养方向和使用方式，科技管理的体系和方法，以及我国科技体制的形成起了决定性的作用。“12年科技规划”是中国科技界公认的重要里程碑。

基于当时的历史条件，在“12年科技规划”的制定过程中，对一些问题的认识出现了较大的分歧，如有科学家认为“重点发展”是对的，但“迎头赶上”则是不现实的；对于规划的原则，来自从事基础研究的科学家倾向于从学科角度来进行规划，而自从事技术科学和生产部门的科技专家，则倾向于从经济建设任务出发来进行规划，在当时中国的条件下，这两种方法各有其弊端。经过充分讨论，最后取得了共识，即把“按任务带学科”作为这次规划的基本原则。经过7个多月的讨论和研究，终于编制出十二年科技发展远景规划的纲要（草案）. 经过8月下旬至10月下旬的国务院科学规划委员会扩大会议的总结性讨论和整理，于12月下旬向中央提出了规划纲要的修正草案。中央立即将草案连同关于编制科学规划的工作报告下发各地、各部门，听取各方面的意见。苏联方面也提出了详细的意见和建议。

根据规划的要求，首先对科研机构和学术团体进行了调整和组建。1956年3月，中国农学会成立；四月，中科院在北京筹建植物园；5月，中、苏、朝、越4国渔业研究委员会成立；7月，中国测量制图学会筹委会成立，中国与10个国家成立联合核子研究会，中国化工学会筹备会成立；同月，中科院还决定成立计算机技术研究所，自动化及远距离操纵研究所以及电子学研究所筹委会，在原有的应用物理所建立半导体研究小组；8月，中国园艺学科学院成立，中国园艺学会成立；10月，中国科学情报研究所成立；12月，中科院心理研究所成立；1957年2月，中国力学学会成立；3月，中国农业科学院成立，中华医学会节育技术指导委员合成立；4月，中国水利学会成立；6月，我国第一座天文馆——北京天文馆开馆；12月，全国第一中心图书馆成立，它由北京图书馆和其他在京的大专院校、科研机构和国家机关的多家图书馆联合组成；1958年3月，中国军事科学院成立；9月，中国科学技术大学开学；同月，作为全国性统一的科学技术团体——中华人民共和国科学技术协会在北京成立，它由中华全国自然科学专门学会联合会和中华全国科学技术普及协会合并而成；1959年8月，地质科学研究院成立；9月，全国农业展览馆建成。到1962年，全国科研机构（国防系统除外）已由1956年的381个增加到1296个，各主要学科和技术领域几乎都设置了专门的研究机构。这些科研机构和学术团体的组建，为十二年远景规划的实施奠定了广泛的组织基础。

1956年中央提出了对科学工作采取“百家争鸣”的方针。1956年4月28日，毛泽东在中央政治局会议上作总结发言时说：“百花齐放，百家争鸣，我看这应该成为我们的方针。艺术问题上百花齐放，学术问题上百家争鸣。”这次讲话首次把“百花齐放、百家争鸣”完整地确定为我们党发展科学文化事业的方针。在5月2日的最高国务会议第七次会议上，毛泽东正式宣布了这个方针。他说；“在艺术方面的百花齐放的方针，学术方面的百家争鸣的方针，是有必要的。”同年5月26日，中宣部长陆定一应当时中国科学院院长郭沫若的邀请，代表中共中央在怀仁堂向到会的一千多位自然科学家、社会科学家、文学艺术家等作题为《百花齐放、百家争鸣》的报告，系统地阐述了毛主席和党中央提出的双百方针。陆定一提出：要使文学艺术和科学技术事业得到发展和繁荣，必须采取“百花齐放、百家争鸣”的政策。“百花齐放、百家争鸣”就是提倡在文学艺术工作和科学研究工作中有独立思考的自由，有发表自己意见、坚持自己意见和保留自己的意见的自由。他强调，中共中央着重提出“百花齐放、百家争鸣”的政策，就是要我们在文学艺术工作和科学研究工作方面，把一切积极因素都调动起来，为繁荣我国的文学艺术、为使我国的科学技术赶上世界先进水平而努力。这个讲话于6月13日在《人民日报》上公开发表。

1956年9月，双百方针载入党的八大政治报告和决议，并得到了进一步的阐述。八大报告和决议特别指出“为了保证科学和艺术的繁荣，必须坚持‘百花齐放、百家争鸣’的方针”。“科学上的真理是愈辩愈明的，艺术上的风格是必须兼容并包的。党对学术性质和艺术性质的问题，不应当依靠行政命令来实现自己的领导，而要提倡自由讨论和自由竞赛来推动科学和艺术的发展”。“用行政的方针对于科学和艺术实行强制和专断，是错误的。”

双百方针的提出，在我国科技界引起了极大的反响。郭沫若、钱学森等给中央写信，表达了对这一方针的支持和拥护。郭沫若为了表示对双百方针的积极拥护，还特地以一百种花为题，写了一百首诗，出了一本《百花集》。全国各个部门和系统的科研机构和科技工作者纷纷响应和贯彻，我国科学技术事业出现前所未有的繁荣景象。

1957年2月27日，毛泽东在最高国务会议第十一次扩大会议上所作的《关于正确处理人民内部矛盾的问题》的讲话中，针对社会上存在的有关问题，对双百方针进行了专门论述。

1957年4月10日，《人民日报》发表题为《继续放手贯彻“百花齐放、百家争鸣”的方针》的社论指出，“百花齐放、百家争鸣”并不是一时的权宜之计，而是为发展文化和科学所必要的长时期的方针。党的任务是要继续放手，坚决贯彻“百花齐放、百家争鸣”的方针。

1956年至1957年5月，由于双百方针的正确的贯彻和执行，中国科学界呈现出一派“东风到处百花开”（郭沫若）的大好局面。科学家的思想空前活跃，科学创造的积极性大为提高。正如当时《人民日报》社论所指出的那洋，这对于我国政治界和知识界来说，“是一段不平常的时间”。但是，随着形势的发展，双百方针的贯彻执行受到了严重的干扰，科学文化领域欣欣向荣的局面逐步走向万马齐喑，直至“文化大革命”结束。

1957年11月3日，人民日报社论正式提出了经济领域的“大跃进”的口号。1958年5月八大二次会议了提出了“鼓足干劲、力争上游、多快好省地建设社会主义”的总路线之后，“大跃进”很快就在全国范围内开展起来了。经济领域的急躁冒进情绪也很快传播到科技领域，在科学发展方针上，原先确定的“争取在几十年内改变我国科技落后状况和12年内主要科技领域接近世界先进水平”的目标变成了“迅速赶上和超过世界先进水平”的不切实际的口号。

加快人才的培养是向科学进军的重要保障。为此，中国政府加大了向国外特别是苏联派遣留学生和学者的工作。1954年至1956年，随着向科学进军号召的提出和科学规划的制定，3年共派出留学生5800多名（其中研究生1200多名），主要学习工业和国防方面的重点和尖端学科。1957年—1958年，则着重派研究生特别是大学毕业后又有多年工作经验的人员去学习。自1954年10月中苏两国签订“中苏科学技术合作协议”到1959年，中国先后派出1700多名研究生，7000多名实习生到苏联学习。

为响应“向科学进军”的伟大号召，落实“12年科技规划”的战略部署，从1956年开始，全国范围内开展了轰轰烈烈的群众性科技运动的热潮。1956年l0月，召开了全国第一次职工科普工作积极分子代表大会，《光明日报》为此发表社论《把科普工作推向新阶段》，社论指出，“在向科学进军的号召下，全国广大职工群众学习科学技术的热情空前高涨起来了。”1958年2月27日—3月6日，国务院副总理、全国扫盲协会会长陈毅在18省市扫盲先进单位代表会上指出，从扫识字的盲，扫文化的盲，到扫科学的盲，这样中国才能改变又穷又白的面貌。

由于政府的高度重视，全社会的积极普遍响应，规划得到了良好的贯彻。到1959年这短短的3年时间内，规划的实施取得了丰硕的成果。基础科学研究成绩斐然，技术科学研究与应用方面成果显著。许多尖端技术从无到有，很多关键设备很快从仿制走向自行设计和制造；工程技术领域大面积丰收；农业方面，成功地培育了大批优良品种；工交能源等领域完成了武汉长江大桥、大庆油田等重大工程的建设与开发。

3. 创造辉煌的中国科学技术

在中华人民共和国建国后的10年间，中国科学技术取得了飞速的发展。初步建立起了较完整的基础科学研究体系，新兴尖端技术的迅速崛起，经济建设中的科学技术进步成果斐然，取得了一系列辉煌的成就：

1955年5月14日，我国第一台6000千瓦汽轮机在上海试制成功。

1956年7月13日，我国第一个汽车工业的基地——第一汽车制造厂建成，国产解放牌汽车试制成功。

1958年6月13日，我国第一座实验性重水型原子反应堆正式运转。

1959年9月1日，我国第一台大型通用计算机在中科院计算所诞生。

1959年9月26日，黑龙江省肇州县大同镇境内的一口探井喷出了工业油流，根据地质勘探资料推测，这里很可能蕴藏着丰富的石油资源。当时正值中华人民共和国建国十周年庆典前夕，因此取名为“大庆油田”。

1960年初，来自全国各地的几千名石油科技人员和四万多名职工汇聚大庆，掀开了大庆油田勘探开发大会战的序幕。中国的石油工作者们克服了重重困难，仅用了三年时间终于拿下了这座大油田。

到1963年底，随着一罐罐石油源源不断地从这里运往全国各地，周恩来总理自豪地宣布：中国已基本实现了石油自给。

1960年2月19日，上海机电设计院自行设计制造的T—7M试验型液体燃料探空火箭，在上海南汇简易发射场试射成功，开始了中国的“空间时代”。这是中国探空火箭技术取得的第一个具有工程实践意义的成果。“T—7M”火箭是计划研制的“T—7”探空火箭的模型火箭。研制的目的在于掌握火箭设计、制造和试验技术，创造技术保障条件和培养火箭技术队伍，主要用以研究液体燃料火箭的各项技术和摸索火箭发射场的建设经验等。这枚火箭的起飞总重量190公斤，总长度5345毫米，箭体直径250毫米。火箭飞行高度8~10公里。

1961年9月，我国第一台红宝石激光器研制成功。

1963年，上海第六人民医院的陈中伟、钱允庆等医生经过连续8个小时的手术，完成了世界首例断手再植，并此后的几个月里，全力以赴闯过道道难关，使再植断手转危为安，有了正常体温，有了知觉，可以伸屈活动，能提重物，能写字。经过方方面面的测试，证明断手已成功接活。在世界医学史上写下辉煌的一页。

1964年10月16日15时，中国第一颗原子弹爆炸成功。使中国成为世界上第五个掌握原子弹技术的国家。

1965年9月17日，我国首次在世界上成功地采用人工方法合成牛胰岛素。

1967年6月17日，在我国西部地区成功地爆炸了第一颗氢弹，标志着我国核武器的发展进入了一个新阶段。

1969年9月23日，我国成功地进行了首次地下核实验。

1970年4月24日，我国成功地发射第一颗人造地球卫星。

1975年10月7日，我国在世界上首次用花粉单倍体育种法育成水稻新品种。

基础科学研究体系的建立，为中国科学发展打下了良好的基础，一大批重要成果的取得也标志着中国科学的复苏和走向辉煌的开始。

在数学方面，华罗庚、王元的数论研究，苏步青的几何研究，吴文俊的拓扑学研究都获得了显著的成就。

物理学上，王淦昌等在科学界第一次观察到高能π介子核反应中有反粒子产生、衰变和衰变产物湮没的完整图像，也是实验上第一次发现带奇异数的荷电重力反粒子。这一发现丰富了对基本粒重子族的认识，为任何基本粒子都有反粒子这一相对论量子力学的理论推论提供了新证据。

化学方面，无机合成、有机合成的研究都取得较大的进展，侯德榜的制碱法已进入工业化阶段。同位素化学的研究有了快速的发展，到1958年已有部分成果达到了世界水平。高分子化学作为国家重点领域，发展迅速。

此外，在地质学、天文学、生物学等方面也都呈现出良好的发展态势。

20世纪50年代中期，当若干新兴尖端技术在世界上几个主要发达国家刚刚兴起的时候，我国党和政府领导人根据国民经济和国防建设的需要，不失时机地抓住核技术、电子技术、计算机技术、喷气和火箭技术等几个重要领域，采取紧急措施，集中力量发展新兴尖端技术。在短短几年里，这些新兴尖端技术在我国从无到有，迅速崛起。

我国核科研技术人员利用反应堆、加速器和自己建造的仪器设备，开展了多方面的核科研工作。1958年，原子能研究所在朱光亚领导下，自行设计、制造和安装了第一座轻水零功率装置、热工水力实验回路和核燃料元件试验堆等大型设备，开展了一系列实验研究。为了推动原子能的和平利用，原子能研究所开展了放射性同位素制备和应用的研究以及稳定同位素分离的研究。在核燃料元件后处理方面，开展了沉淀法工艺及有关分析方法的研究；根据核工业的安全生产和环境保护的需要，开展了放射性生物、辐射保护和“三废”治理的研究。

原子能研究所还开展了铀钚化学和核燃料分析的研究工作。在核物理实验方面，开展了中子物理、核反应、核潜学、核磁矩和宇宙线的研究，其中低能核物理实验成果突出，为20世纪60年代“两弹”过技术关作了技术储备；理论物理方面，开展了核力、核结构、核反应、核裂变、基本粒子和计算数学的研究；此外，开展了基础放射化学的研究和反应堆、加速器的安全运行等有关技术研究；还研究了加速器技术、真空技术、核探测器和核电子学。为了探索新能源，原子能研究所于1958年成立了受控聚变研究室，并于1959年建立了“小龙”装置，这是一个用经热压缩加热、磁镜场约束的脉冲式实验装置，采用喷枪注入建立切始等离子体，在此基础上开展受控核聚变研究。

电子工业是在中华人民共和国诞生后迅速崛起的。电子工业在相当长一段时间里归属国防工业，得到优先发展。在电子工业中通信工业发展最早，广播电视工业成就最大。20世纪50年代前期主要试制了战术通讯电台、移动式磁石电话机和交换机、固定式通讯发射与接收设备，并逐渐形成批量生产能力。50年代中后期仿制各类通信产品达几十个品种，掌握了较先进的基础工艺技术。通信工业促进了无线电传播的研究，围绕电离层问题做了许多实验和理论研究工作。同时，开辟了微波技术新领域，1954年仿制苏式H—3警戒雷达，1955年自行设计成功中国第一部P波段远程警戒雷达，1956年又成功地设计了中国第一部微波波段的海岸警戒雷达。到50年代末，我国已能自制各种航海雷达、导航设备和微波中继设备。

北京广播器材厂于1959年9月开始自行设计1000千瓦中波广播发射机，在79个单位的通力协作下，于年底试制成功中国第一部全部采用国产元器件，独立设计，自行制造，发射功率具有世界先进水平的1000千瓦中波机，并于1960年元旦交付使用。这项成就在一定程度上代表了当时中国电子工业的整体水平。1958年3月试制成功中国第一台电子管式黑白电视机；同年5月中国第一部黑白电视发射机研制成功，1959年国庆前夕在北京建成10讯道电视中心设备，这套设备图像分解力和清晰度接近当时的国际先进水平。

1956年秋，科学院成立计算技术研究所筹备委员会，设有计算数学研究室。1957年初，中国科学院召开计算技术协调会议，提出“先集中后分散”，即先把各方面的主要力量集中到计算技术研究所，在较短时间内研制出我国策一台快速通用电子计算机，在积累经验的基础上，以后再分头发展专用或小型计算机。中国科学院、总参谋部、各工业部、高等院校抽调了大批科技工作者到计算技术研究所，参加计算机研制攻关。同时，组织了计算机设计、程序设计和计算方法专业训练班，并先后派出两批科技人员赴苏联考察和实习，短期内培养了大批技术骨干。经过一系列的准备，于1957年下半年正式开始计算机研制工作。根据苏联提供的技术资料，着手仿制苏式M—34小型电子管计算机（当时定名为103型通用数字电子计算机，简称103机）和，B3CM—I型大型电子管计算机（当时定名为104型通用数字电子计算机，简称104机）。研制工作贯彻科研与生产相结合的方针，由计算技术研究所与北京有线电厂共同完成。

103机于1958年6月安装调试，8月1日进行了公开表演运算，被命名为“八一”机。该机字长31位，速度每秒30次，以容量为1k的磁鼓作存储器，全机共用了700多只电子管。104机调试工作于1959年夏天结束。该机共用4200只电子管，4000个晶体二极管，有22个机柜。该机字长40位，速度每秒10000次，以容量为2048个全字长的磁芯体作内存储器，2台容量为4096全字长的卧式磁鼓作外存储器，还有每秒15~20行的快速打印输出机，2单位光电纸带输入机，2台1／4英寸磁带机。全机功能、设备较为齐全，并在建国十周年大庆前夕成功地通过了试运算，宣告了中国第一台大型通用电子计算机试制成功。该机成为中国计算机工业发展史上的一个重要里程碑。

4. 新世纪的科学的春天

10年“文化大革命”，中国的科技事业受到严重破坏，科技实力明显下降。

1978年3月18日至31日，中共中央在北京召开了有6000多名代表参加的全国科学大会。又一次动员全国人民向科学技术现代化进军。大会制定了《1978—1985年全国科学技术发展纲要（草案）》，表彰了826个先进集体，1192名先进科技工作者及7657项优秀科技成果的完成单位与个人，向先进集体和个人颁发了奖状。会上，邓小平同志精辟地提出了科学技术是生产力、科学技术现代化是实现四个现代化的关键、知识分子是工人阶级的一部分等重要论述，使科技事业进入了一个新的发展阶段，迎来了科学的新春。

大会闭幕时，86岁高龄的中国科学院院长郭沫若发表了书面讲话《科学的春天》，并由著名播音员虹云当场朗读。会场上顿时响起一阵阵春潮般的掌声。这个书面讲话就成为中国科学发展史上的名篇力作。

到1994年底，全国国有企事业单位专业技术人员达1865.9万人，是1978年的4.3倍；独立科技研究开发机构达到5860个；各类高校创办研究开发机构达到3000个；大中型工业企业中已设立11656个技术开发机构。

1995年5月6日，中共中央、国务院下发了《关于加速科学技术进步的决定》。接着于5月26日至30日，召开了全国科学技术大会，号召全面落实“科学技术是第一生产力”的思想，坚定不移地实施“科教兴国”战略，为使中华民族在21世纪自立于世界先进民族之林而努力奋斗。这次大会是在改革开放和社会主义现代化建设新形势下召开的一次具有重要意义的会议，是继1956年、1978年之后我国科技发展史上的第三个里程碑。

中国的科学技术开始了进入了快速发展的轨道。“863”计划、“火炬”计划等一大批重大研究项目相继实施，中国的科学技术又一次迎来了辉煌。

1980年1月6日，我国第一批赴南极考察科学家出发。5月18日，我国向太平洋成功地发射了第一枚运载火箭。

1981年2月10日，我国自己设计制造的第一座大型高通量原子反应堆建成。同年6月6日，被国际上被称为“杂交水稻之父”的袁隆平等培育的籼型水稻获建国50年来唯一的国家技术发明特等奖。

1982年12月22日，我国自行设计、制造的首台质子直线加速器在中科院高能物理所建成。

1984年9月21日，我国目前最大的一座受控热核聚变研究实验装置——“中国环流器1号”顺利启动。

1986年3月3日，王大珩、王淦昌、杨嘉墀、陈芳允四位老科学家给中共中央写信，提出要跟踪世界先进水平，发展我国的高技术的建议。这封信得到了邓小平同志的高度重视。经过广泛、全面和极为严格的科学和技术论证后，中共中央、国务院批准了《高技术研究发展计划（863计划）纲要》。从此，中国的高技术研究发展进入了一个新阶段。

1986年12月19日，我国第一个遥感卫星地面站建成。12月24日，赵忠贤等发现新型超导材料。12月31日，我国核潜艇首次远航成功。

1988年7月13日，我国最大的重离子物理实验设备——兰州重离子回旋加速器总装完毕，同年12月12日建成并引出碳离子束。10月16日我国第一座高能加速器——北京正负离子对撞机首次对撞成功。

1989年3月10日，我国首胎“试管绵羊”在内蒙古大学诞生。11月11日世界上第一座低温核供热反应堆达到临界。

1990年6月23日，我国首次将细菌杀虫基因导入棉花，获得转基因抗虫棉植株。

1991年12月18日，我国自己设计建造的第一座核电站——秦山核电站并网发电成功。

1992年，中国载人飞船正式列入国家计划开始研制，这项工程后来被命名为“神舟”号飞船载人航天工程。“神舟”号飞船分别于1999年11月20日、2001年1月10日、2002年3月25日和2002年12月29日成功进行了四次无人试验发射。

1993年5月26日，我国自行研制的两套自由电子激光装置“神光1号”和BFEL运行成功。

1994年4月20日，中国科技网通过美国Sprint公司连入Internet的64K国际专线开通，实现了与Internet的全功能连接。从此我国被国际上正式承认为有Internet的国家。

1995年5月11日，曙光1000 大规模并行计算机研制成功。7月23日，我国在世界上首次合成新核镤-239。

1997年1月6日，中科院国家基因中心洪国藩等在世界上首次构建水稻基因组物理全图成功。

1998年6月3日，由我国科学家参与研制的阿尔法磁谱仪（AMS）搭乘美国“发现号”航天飞机顺利进入太空。12月15日，我国在世界上首次克隆神经性耳聋疾病基因。

1999年9月，中国加入人类基因组计划，负责测定人类基因组全部序列的1%，也就是3号染色体上的3000万个碱基对，使中国成为继美、英、日、德、法之后第六个国际人类基因组计划参与国，也是参与这一计划的唯一发展中国家。

2000年4月，中国完成人类基因组计划1%的测序工作。

2000年6月26日，我国科学家和五国科学家一起向世界公布人类基因组“工作框架图”。

2003年4月14日，美、英、日、德、法、中六国首脑发表了“人类基因组联合宣言”，宣告“人类基因组计划”的完成。

2003年10月15日9时整，神舟5号载人飞船发射成功，将中国第一名航天员杨利伟送上太空。飞船经过绕地球14圈以后，于次日6点23分在内蒙古阿木古郎草原安全着陆，航天员自主走出返回舱，状态良好。这次航天飞行任务的顺利完成，标志着我国突破和掌握了载人航天的基本技术，完成和实现了中国载人航天工程第一步的计划和目标，使中国成为世界上第三个，也是发展中国家第一个能够独立开展载人航天活动的国家。

2004年6月30日，“863计划”重点项目——“曙光4000A”以每秒10万亿次的运算速度成为国内计算能力最强的超级计算机，在之前公布的全球高性能计算机排行榜中，这一计算机系统位列全球第十，创造了中国超级计算机的最好成绩。

5. 共和国科技人物

回顾新中国的科学技术发展的历程，我们看到了一个个为祖国科学技术事业奉献的科学家的身影。他们为了祖国的繁荣昌盛呕心沥血，创造了中国科学技术的一个又一个辉煌。他们是永远值得赞美的人，他们是祖国的骄傲。

● “两弹一星”功勋奖章获得者

于　敏　王大珩　王希季　朱光亚　孙家栋　任新民　吴自良　陈芳允　陈能宽　杨嘉墀
周光召　钱学森　屠守锷　黄纬禄　程开甲　彭桓武　王淦昌　邓稼先　赵九章　姚桐斌
钱　骥　钱三强　郭永怀

● 中国地质力学创始人李四光（1889—1971）地质学家，为中国地质科学的许多领域做出了巨大贡献。

钱学森

邓稼先

中国氢弹之父 于敏

中国地质力学创始人 李四光

● 中国桥梁工程之父茅以升（1896—1989）土力学的开拓者，一代桥梁建筑大师。20世纪30年代，在极其复杂的水文地质条件下，他主持设计并建成了钱塘江大桥，技术达到当时国际水平。

● 童第周（1902—1979）生物学家，我国实验胚胎学的奠基者之一，异种细胞核移植研究先河的开创者。1972年，童第周成功地将鲤鱼胚胎细胞移入去核的鲫鱼卵中，在武汉培育出第一尾属间核质杂种鱼，这一研究成果证实了脊椎动物远缘种间的核质可配合性，克隆动物的载体不局限于同种或亚种的去核卵。

● 华罗庚（1910—1985）中国现代数学家，新中国数学研究事业的创始人，中国在世界上最有影响的数学家之一。

● 黄昆（1919—2005）著名的固体物理、半导体物理学家，晶格动力学的奠基人和权威，声子物理学科的开拓者。从“黄散射”到“黄方程”，从“黄—里斯因子”、“玻恩和黄”到“黄—朱模型”，他在固体物理学发展史上树起了一座座丰碑。

桥梁专家 茅以升

生物学家　童第周

华罗庚

固体物理学家　黄昆

● 袁隆平（1930—　）是世界著名的杂交水稻专家，是我国杂交水稻研究领域的开创者和带头人，为我国粮食生产和农业科学的发展做出了杰出贡献。他的主要成就表现在杂交水稻的研究、应用与推广方面。

● 王选（1937—）中国计算机应用专家。他主持发明的汉字激光照排系统被誉为中国印刷技术的再次革命。

● 王大珩（1915—）我国现代国防光学技术及光学工程的开拓者和奠基人之一。开创并发展了中国光学技术、光学计量、激光技术、光学玻璃、光学工程等领域的工作，为发展国家尖端武器而研制各种大型光学观测设备有突出贡献。是我国“863”高技术计划的主要倡导者。

● 钱三强（1913—1992） 核物理学家，中国原子能事业的开拓者和奠基人之一。从研制原子弹、氢弹，到我国整个高能物理科学发展都做出了卓越的贡献。

杂交水稻之父　袁隆平

当代毕昇　王选

光学家　王大珩

钱三强

附录1　推荐书目

［1］吴国盛. 科学的历程. 北京：北京大学出版社，2002，2版

（该书资料充分、内容可靠，并配有大量珍贵图片，不仅可供青年学生和一般对科学发展史感兴趣的读者欣赏，而且可供教师、科研人员、科学史家和科普工作者参考。

这本书把自然科学的诞生与发展放在人类文明史的长河中描述，又把人类文明的产生作为宇宙演化的一部分来阐述，有助于读者弄清自然科学在人类文明中的位置，以及人类文明在宇宙发展中的位置，从而加深读者对自然科学史的了解。

该书以西方文明和科学的发展为主线，同时讲述了东方文明和科学技术对人类进步的重大贡献。书中对埃及、苏美尔、印度和中国四大古代文明做了简明清晰的描述，继而用较大的篇幅详尽地描述了希腊文明，描述了自然科学和数学在古希腊的蓬勃发展。）

［2］全林. 科技史简论. 北京：科学出版社，2002，1版

（本书以辩证唯物主义为指导，首先介绍了科技史的研究对象、内容和科技史的分期问题。并将科学技术放在广阔的社会大背景条件下，以科学技术发展的历史为线索，重点分析了科学技术发展的历史演变以及科学技术与社会大系统的相互影响与作用关系，揭示科学技术发展的规律性，概括和总结了各个历史时期科学技术发展的经验教训，同时对当代面临的世界新科技革命发展的特点和趋势作了系统分析。）

［3］（美）乔治·巴萨拉. 技术发展简史. 上海：复旦大学出版社，2000，1版

［4］中国科学技术协会组织人事部干部学院. 现代科技的兴起与发展. 上海：科学普及出版社，2004，1版

［5］李啸虎，田廷彦，马丁玲. 改变人类文明的50大科学定律. 上海：上海文化出版社，2005，1版

（本书选取科学发展史上最具有影响、最具传奇色彩和历史内涵的50条科学定理、定律，以通俗生动的语言进行介绍，并配以大量丰富多彩的图片，旨在从文化角度阐述科学定理的发现，突出其中的科学人文理念，使读者不但能感受这些定理定律的科学魅力，增强科学素养，还能进一步品其中的人文思想。）

［6］张攻耀，许良英.世界思想文化名著精读丛书——科学卷，广州花城出版社，2004，1版

［7］（美）比尔·布莱森著. 严维明. 陈邕译. 万物简史. 北京：接力出版社，2005，1版

［8］（美）阿西摩夫. 古今科技名人辞典. 北京：科学出版社，1988，1版

［9］杜石然，范楚玉，陈美东，金秋鹏，周世德，曹婉如.中国科学技术史（上）. 北京：科学出版社，1982，1版

［10］杜石然，范楚玉，陈美东，金秋鹏，周世德，曹婉如.中国科学技术史（下）. 北京：科学出版社，1982，1版

［11］（英）彼得·泰勒克. 科学之书——影响人类历史的250项科学大发现. 山东：山东

画报出版社，2004，1版
［12］（英）S.F.梅森. 自然科学史. 上海：上海人民出版社，1977，1版
［13］林为民. 科学的1000个瞬间. 北京：北京出版社，2005，1版
［14］（英）丹皮尔著，李衍译. 科学史及其与哲学和宗教的关系. 北京：商务印书馆，1975年版
［15］（美）爱德华·格兰特. 剑桥科学史丛书——中世纪的物理科学思想. 上海：复旦大学出版社，2000，1版
［16］（美）威廉·科尔曼. 剑桥科学史丛书——19世纪的生物学和人学. 上海：复旦大学出版社，2000，1版
［17］（英）彼德·迈克尔·哈曼. 剑桥科学史丛书——19世纪物理学概念的发展：能量、力和物质. 上海：复旦大学出版社，2000，1版
［18］（英）威廉·F·拜纳姆. 剑桥科学史丛书——19世纪医学科学史. 上海：复旦大学出版社，2000，1版
［19］［美］加兰·E·艾伦. 剑桥科学史丛书——20世纪的生命科学史. 上海：复旦大学出版社，2000，1版
［20］（美）艾伦·G·狄博斯. 剑桥科学史丛书——文艺复兴时期的人与自然. 上海：复旦大学出版社，2000，1版
［21］（美）托马斯·L·汉金斯. 剑桥科学史丛书——科学与启蒙运动. 上海：复旦大学出版社，2000，1版
［22］（美）理查德·S·韦斯特福尔. 剑桥科学史丛书——近代科学的建构. 机械论与力学. 上海：复旦大学出版社，2000，1版
［23］（英）洛伦·R·格雷厄姆. 剑桥科学史丛书——俄罗斯和苏联科学简史. 上海：复旦大学出版社，2000，1版
［24］（英）布鲁克，约翰.H.. 剑桥科学史丛书——科学与宗教. 上海：复旦大学出版社，2000，1版

（这套丛书集中体现了第二次世界大战以来国际科学思想史领域的最高学术成就。丛书的主编和各卷的作者都是当今的学术泰斗，他们不单学术硕果累累，受到同行的普遍关注，不少作者还是科学史领域各种最高荣誉的获得者。他们擅长历史文献的广泛涉猎，了解国际最新学术成果，善于从历史的文化社会背景和知识背景的分析中，得出科学技术的发展同宗教哲学和社会政治乃至军事外交的关系。因此，能够高屋建瓴、深入浅出地把相关的学术成果用非专业人员易于理解的方式，言简意赅地告诉读者。成书过程中又作了广泛推举论证，甚至作为教材试用多年再出版，剑桥大学出版社又经过精心加工，前后用了25年才使全套书陆续同读者见面，出版之后反应强烈，年年重印，在西方学术界起到举足轻重的作用。这套丛书涉及到的时间跨度约1500年（从公元500年左右罗马帝国衰亡到苏联解体为止）；地域上以中西欧为主，以东欧、俄罗斯、北美、中东为辅。全套丛书循着科学技术发展演变的历史轨迹，先介绍中世纪科学如何在基督教成为国教之后，西方世界开展的大翻译运动，全面恢复了古希腊的传统，与此同时，由于学术机构和大学的产生，学术界的争鸣已成为事实，这就为文艺复兴和科学革命创造了条件。关于15—17世纪的三百年，西方科学何以能够摆脱亚里士多德的系统，如何从占星术、炼金术、神秘主义的阴影中脱颖而出，是本套丛书要重点回答的问题。工业革命的18、19世纪是西方世界科技领先的关键时期，近代科学的建构大体完成。西方世界何以在各个领域都能领先是本套丛书讨论的

另一个重点。）

［25］李佩珊，许良英主编．20世纪科学技术简史．北京：科学出版社，1999，2版

（本书由第一章19世纪“历史的回顾”引出了第二、三章20世纪“物理学的革命”：正是爱因斯坦和普朗克两位伟大的智者用相对论和量子论把20世纪的自然科学带到了一个新的境界。接着是数、理、化、天、地、生等基础学科进展的历史回顾，其中关于生物科学共四章的评论概括了20世纪自然科学中最引人注目的学科的进展，并分析了下个世纪生物学的发展势头。从本书第一部分几章基础科学在20世纪的成就，可以看出科学具有大漠孤烟直，长河落日圆的厚、重、拙的庞大气势，在科学之上才能架构起众多的具有实用意义的技术。“简史”第二部分以17章占全书1／2篇幅的内容把几个重要的技术领域做了回顾。可以看出电子学、计算技术、信息技术、材料、能源、农业、健康以及环境等等在20世纪的成就，也可以看出这些科学与技术对人类社会的深而广泛的影响。）

［26］（英）亚・沃尔夫．十六、十七世纪科学、技术和哲学史（上）．北京：商务印书馆，1997，1版

［27］（英）亚・沃尔夫．十六、十七世纪科学、技术和哲学史（下）．北京：商务印书馆，1997，1版

（本书试图对16和17世纪里整个“自然”知识领域的成就作一个相当完整的叙述。所有的科学，包括迄今尚未纳入科学史的那几门科学，都受到了应有的注意，而且详细叙述了近代这最初两个世纪里，每门科学所做的一切重要工作。技术的各个主要分支也占了相当的篇幅。此外，本卷还相当完备地论述了这个时期的哲学，以帮助理解这个时期的科学家们的一般的理智倾向。）

［28］章志彪．世界科技全景百卷书（1—100）．北京：中国建材工业出版社，2002，1版

［（1）原始科技（2）数学与物理的发端（3）近代科技（4）蒸汽机带来的革命（5）现代科技（6）21世纪之光（7）科学的真与伪（8）真理的足迹（9）科技之谜（10）奖杯的故事（11）饮食文化（12）漫话衣饰（13）生活用品大观（14）农具与农技（15）钟表家族（16）医药纵横（17）话说通讯（18）文化用品博览（19）工具小百科（20）影视俱乐部（21）照明（22）船舶（23）飞机（24）车辆（25）机械（26）材料（27）仪器设备（28）电器（29）计算机（30）技术（31）考古大发现（32）寻找文明遗迹（33）发现新大陆（34）探勘地球宝藏（35）无法解释的存在（36）天文大发现（37）医学大发现（38）数学大发现（39）化学大发现（40）物理大发现（41）智能武器（42）古代军事科技（43）现代军事科技（44）坦克（45）间谍武器（46）兵器大观（47）导弹（48）核武器（49）舰艇（50）未来武器的发展（51）太阳的奥秘（52）遨游天河（53）UFO探索（54）漫步星空（55）探索九大行星（56）认识地球（57）月球探秘（58）在太空生活（59）走进外星人（60）飞天之翼（61）动物的进化（62）恐龙时代（63）动物世界（64）动物的智慧（65）植物世界（66）认识微生物（67）向生物学习（68）生命的奥秘（69）生物的危害（70）生态种种（71）认识自然力量（72）自然大灾难（73）话说古建筑（74）跨江越河话桥梁（75）伟大的工程（76）交通建设（77）城市的飞跃（78）现代经典建筑（79）气象观测（80）治理环境（81）天文学家（82）医学家（83）化学家（84）物理学家（85）数学家（86）生物学家（87）地理学家（88）发明大王（89）科苑女杰（90）华夏骄子（91）环境科学（92）海洋工程（93）机器人技术（94）气象科学（95）交通科学（96）材料科学（97）能源科学（98）医疗技术（99）航空航天工程（100）仿生学］

[29] 安家瑗，安家瑶. 世界古代前期科技史. 北京：中国国际广播出版社，1996，1版
[30] 申先甲，王士平. 世界古代中期科技史. 北京：中国国际广播出版社，1996，1版
[31] 张奎元. 世界古代后期科技史. 北京：中国国际广播出版社，1996，1版
[32] 王巍. 世界中世纪科技史. 北京：中国国际广播出版社，1996，1版
[33] 姚海. 世界近代前期科技史. 北京：中国国际广播出版社，1996，1版
[34] 董粉和. 世界近代中期科技史. 北京：中国国际广播出版社，1996，1版
[35] 何艾生，郑崇友. 世界近代后期科技史. 北京：中国国际广播出版社，1996，1版
[36] 张才彬. 世界现代前期科技史. 北京：中国国际广播出版社，1996，1版
[37] 潘晓南. 世界现代后期科技史. 北京：中国国际广播出版社，1996，1版
[38] 颜 锋，颜 铮. 世界当代科技史. 北京：中国国际广播出版社，1996，1版

（**世界古代前期科技史**：本书简要记叙了自人类出现到公元前6世纪，世界各主要地区科学技术发生、发展的历史。石器时代部分是针对这一历史阶段的重要技术发明，如石器制作，用火、弓箭的发明、农业、建筑、制陶及天文、数学等萌芽进行概括性论述。文明社会部分则是以埃及、美索不达米亚、印度、中国几大地区为线索，对天文历法、数学、农业、水利、医学、建筑、冶金、手工业等，做分门别类的叙述，脉络比较清晰，亦兼及中美洲的玛雅文化。）

（**世界古代中期科技史**：本书叙述了公元前8世纪到公元前3世纪前后世界科学技术发展的基本概况。本书将以这一时期的古希腊和中国春秋战国这两个科学文明中心为主线，兼及北非、西亚和南亚的古代科学技术发展状况，作出系统的论述；内容包括金属冶炼、土木工程、手工业技术、物质构成学说、天文学、地理学、数学、生物学、医学和物理学的发展状况与成就；同时注意揭示科学技术发展与社会历史诸因素的相互关系，从中得出一些历史的启示。）

（**世界古代后期科技史**：本书主要介绍世界古代后期即西方古罗马时期至西罗马灭亡、中国秦汉魏晋南北朝时期的科学技术发展状况，同时以科技发明和重大成果、科技人物和科技著作为主，论及了东西方科技在世界科技史上的地位和影响。全书共分11章，内容依次为世界古代后期科技概述、天文历法、数学、农学、地理学、水利、医学、建筑技术、手工业技术、物理学、化学。每章又分为若干小节，如“世界古代后期的天文历法”包括古希腊罗马的天文学和历法；中国的天文学和历法、印度的天文学等。概述主要介绍了该时期科学技术发展的背景和主要成就，论及了东西方科技发展之异同，讨论了当时科技发展的原因。）

（**世界中世纪科技史**：根据传统看法，中世纪被视作一个文化和科技发展暗淡无光的黑暗时期。因此，迄今国内提及中世纪科技成就时，大多语焉不详，一笔带过。作者认真查阅了各专门学科的学术发展史，发现即使在那个学术荒漠的时代，仍然有一大批特立独行、坚忍卓绝的科学工作者总结了广大劳动人民的智慧结晶，并发扬光大，取得了辉煌的成就，为近代科学的诞生作出了杰出贡献。中国的科学技术更是达到了前所未有的高度，成为世界科技史中的一朵奇葩。本书分阿拉伯、欧洲、中国三个地区，分别涉及数学、物理学、化学、医学、天文历法、地学、生产技术等七个领域，谨作概括综述。）

（**世界近代前期科技史**：从15世纪中叶到17世纪中叶，伴随着从封建主义向资本主义过渡的深刻社会变革，近代科技在欧洲兴起。在文艺复兴精神的激励下，天文学、地理学、生物学、数学、物理学、化学等各个方面都取得了重大成就，学科体系大致形成，科学研究方法趋于成熟。航海、印刷、矿冶、机械制造等实用技术进步显著，推动了相应学科的发展或为其奠定了基础。本书较为系统地论述了近代科技的产生条件和基本特征，具体描述了各个领域中发生或酝酿的革命性变化以及有关人物的事业和贡献，勾勒出在这个承先启后的转折时期中科技发展的脉络。同时，也介绍了这一时期中国明代科技的进

展和中国与西欧的科技交往。）

（**世界近代中期科技史**：近代中期是人类历史上的一个伟大时代，随着资产阶级革命在西方各国取得的胜利、工业革命的风暴，科学技术也得到了迅速发展。本书介绍了经典力学、物理学、天文学、数学、化学、地质学、生物学等基础科学在西方的发展情况，介绍了各学科中的代表人物及其成就，同时也介绍了以蒸汽动力技术为主体的技术科学的发展情况，说明了这时期科学技术的发展对于后世科学技术发展的影响。对于这一时期中国科学技术的发展以及落后的原因，本书也进行了介绍和探讨。）

（**世界近代后期科技史**：19世纪是近代科技发展的重要时期。这一时期的科学技术无论在深度和广度上都是近代前期所不能比拟的。许多重要的观念、重要的规律和理论都在这一时期里先后涌现出来；另一方面，科学的发展为新技术的发明提供了启发和依据，并以前所未见的力量促使生产迅猛增长。19世纪因而获得了“科学世纪”的美称。本书用简约的语言，生动的事例，全景观地再现了19世纪科技的辉煌成就，不仅介绍了物理、数学、化学、天文、地学、生物各学科的成长和发展过程，而且介绍了医学在病理学、细菌学以及临床医学方面所取得的重要成果和发展历程；在技术方面则详实地介绍了化学工业的进展，被称为第二次技术革命的电气化工业技术的开创历程、交通工具革命、机械工程的大发展、建筑和冶金革命。最后用对比的方式描写了这一时期里科学技术在日本和中国的发展，指出封建意识和封建制度是阻碍科学技术发展的根本原因。）

（**世界现代前期科技史**：1870年—1918年，屈指算来不过48年的时间，但这48年却横跨了两个世纪。本书反映的是这一历史阶段世界科学技术发展的概貌。世界现代前期科技史的主要内容包括：发生在这一历史时期的以电力技术为中心的第二次动力革命；发生在19世纪末至20世纪初的物理学革命与相对论的创立过程，并对世纪之交的化学、生物学、数学所取得的成就以及炼钢技术的发展等作了较为详尽的论述。本书内容以史为主、史论结合，透视了作为科学技术这一特定文化现象的哲学内涵，对重要的人物和事件则作了专章介绍或着重论述。）

（**世界现代后期科技史**：本书反映的是1918—1945年世界科学技术史的概貌。书中着重介绍了作为现代物理学两大支柱之一的量子力学的诞生及其所带来的物理学革命；介绍了在计算工具历史发展的基础上诞生第一台电子计算机的过程；对这一历史时期新能源等领域中的科学技术成就作了较为详尽的论述；还就两次世界大战给科学技术带来的影响作了较为客观的反映。）

（**世界当代科技史**：本书是一本世界当代科学技术发展简史。书中分析了当代科学技术产生的时代背景、历史渊源、特点规律和发展趋势，展现了第二次世界大战结束至20世纪80年代末世界科学技术的发展历程。内容涉及基础科学和应用技术的众多领域，着重介绍了高能物理、凝聚态物理、当代宇宙学、当代地质理论、系统科学、分子生物学和生物工程、新能源和新材料、空间技术、海洋技术等方面的重大进展，同时阐述了当代科学进步和新技术革命对当今社会所产生的深远影响。在全面系统描述世界当代科学技术发展历史方面，本书是一个较早的尝试。）

附录2　相关网站

1. 科技之光

http://www.losn.com.cn/

2. 科普大全（成都科学技术协会）

http://www.cdkjx.com/web4/extensive/index.asp

3. 中国科普博览

http://www.kepu.com.cn/gb/index.html

4. 苏州科普之窗

http://www.szkp.org.cn/kejishihua/index.asp

5. 航空航天数字博物馆

http://digitalmuseum.buaa.edu.cn/

6. 中国科学院自然科学史研究所

http://www.ihns.ac.cn/

7. 中国科普

http://www.cpus.gov.cn/

8. 大科普网

http://www.ikepu. com/

9. 三思科学网

http://www.oursci.org /

10. 科学、历史、文化（SHC）

http://www.shc2000.com/

11. 科学文化

http://sci-cul.ihns.ac.cn/

12. 诺贝尔奖

http://nobelprize.org/

13. 船舶数字博物馆

http://shipmuseum.sjtu.edu.cn/

14. 计算机历史博物馆（Computer History Museum）

http://www.computerhistory.org/

15. 北京大学科学史与科学哲学（BHPS）

http://hps.phil.pku.edu.cn/

16. 数理天地

http://www.mikekong.net/Maths/maths-frame.php

17. 奇迹笔记

http://www.qiji.cn/drupal/

18. 中国科技传播网

http://www.tellnet.com.cn/

19. 汽车博物馆

http://www.gdcp.cn/qcjxx/qcbw/zhuye1.htm

20. 近代物理重大发现

http://www.xauat.edu.cn/ex/tsinghua/software/07/03/002/01/00001/index.htm

21. 天津师范大学数学科学学院科学史研究所

http://www.tjnu.edu.cn/tjnuihs/index.htm

22. 美国科学史学会（History of Science Society）

http://www.hssonline.org/main_pg.html

23. 剑桥大学哲学和科学史系（Department of History and Philosophy of Science, UNIVERSITY OF CAMBRIDGE）

http://www.hps.cam.ac.uk/

参考文献

1. 吴国盛. 科学的历程（第二版）. 北京：北京大学出版社，2002
2. 全林. 科技史简论. 北京：科学出版社，2002
3. 邹海林，徐建培编著. 科学技术史概论. 北京：科学出版社，2004
4. 李思孟，宋子良. 科学技术史. 江苏：华中理工大学出版社，2000
5. 中国科学技术协会组织人事部干部学院. 现代科技的兴起与发展. 北京：科学普及出版社，2004
6. 张攻耀，许良英. 世界思想文化名著精读丛书——科学卷. 广东：花城出版社，2004
7. 李啸虎，田廷彦，马丁玲. 改变人类文明的50大科学定律. 上海：上海文化出版社，2005
8. 潘志华. 中国科技走向辉煌. 山东：山东大学出版社，1998
9. 陈建新，赵玉林，关前. 当代中国科学技术发展史. 湖北：湖北教育出版社，1994
10. 李佩珊，许良英主编. 20世纪科学技术简史（第二版）. 北京：科学出版社，1999
11. （英）亚·沃尔夫. 周昌忠等译. 16、17世纪科学、技术和哲学史（上）. 北京：商务印书馆，1997
12. （英）亚·沃尔夫. 周昌忠等译. 16、17世纪科学、技术和哲学史（下）. 北京：商务印书馆，1997
13. 江晓原主编. 简明科学技术史. 上海：上海交通大学出版社，2002
14. 孔国平. 科学技术史概论. 北京：科学出版社，2004
15. ［美］乔治·伽莫夫著，高士圻译. 物理学发展史. 北京：商务印书馆，1981
16. 童鹰. 现代科学技术史. 湖北：武汉大学出版社，2000
17. 郭奕玲，沈慧君. 物理学史（第二版）. 北京：清华大学出版社，2005
18. 斯蒂芬F梅森. 自然科学史. 上海：上海人民出版社，1977
19. 贝尔纳. 历史上的科学. 北京：科学出版社，1959
20. R. J.弗伯斯，E. J. 迪克斯特霍伊斯. 科学技术史. 北京：求实出版社，1985
21. （英）丹皮尔. 科学史. 北京：商务印书馆，1979
22. 王玉仓著. 科学技术史. 北京：中国人民大学出版社，1995
23. 清华大学自然辩证法教研组编. 科学技术史讲义. 北京：清华大学出版社，1982
24. 卢良恕主编. 世界著名科学家传记　生物学家Ⅰ. 北京：科学出版社，1990
25. 吴文俊主编. 世界著名科学家传记　数学家Ⅲ. 北京：科学出版社，1992